中等职业教育名校名专业名实训基地建设工程成果系列

机电制图与 CAD

主　编　吾丰建

参　编　王　刚　李　云　李新熙　王莉萍
　　　　黄天斌　赵　映　苏兴国　吕　娟

西南交通大学出版社
·成　都·

图书在版编目（CIP）数据

机电制图与CAD / 吾丰建主编. -- 成都：西南交通大学出版社，2025.6. -- ISBN 978-7-5774-0454-7

Ⅰ.TH126

中国国家版本馆CIP数据核字第2025MF6776号

Jidian Zhitu yu CAD
机电制图与CAD

主　编／吾丰建	策划编辑／李晓辉　张少华
	责任编辑／李　伟
	责任校对／蔡　蕾
	封面设计／成都三三九广告有限公司

西南交通大学出版社出版发行
（四川省成都市金牛区二环路北一段111号西南交通大学创新大厦21楼　610031）
营销部电话：028-87600564　　028-87600533
网址：https://www.xnjdcbs.com
印刷：四川森林印务有限责任公司

成品尺寸　　185 mm×260 mm
印张　22.5　　字数　584千
版次　2025年6月第1版　　印次　2025年6月第1次

书号　ISBN 978-7-5774-0454-7
定价　59.00元

课件咨询电话：028-81435775
图书如有印装质量问题　本社负责退换
版权所有　盗版必究　举报电话：028-87600562

眉山工程技师学院教材编审委员会

主　任：代　军

成　员：王　刚　鲁煜鹏　贺　林　李　云
　　　　李新熙　王莉萍　韩沂霏　苏广鑫

序 言 PREFACE

随着我国经济的快速发展和产业结构的优化升级，四川省在职业教育领域积极探索适应新时代需求的人才培养模式。为满足社会对高素质技术技能型人才的需求，四川省重点推进"三名工程"建设，其中机电一体化技术和建筑工程管理专业作为省级名专业，以其突出的实践教学优势和行业影响力脱颖而出。本书正是基于四川省"三名工程"建设成果，围绕机电一体化技术和建筑工程管理两个重点专业编写的系列教材之一。

本套教材以工学一体化人才培养模式为核心理念，旨在打破传统教学中理论与实践脱节的问题，通过真实工作场景模拟、项目驱动式学习以及企业深度参与等多种方式，深化产教融合，推动理论与实践紧密结合。通过系统梳理企业岗位需求和职业能力标准，我们将专业知识学习与实际工作场景有机结合，帮助学生在掌握扎实理论基础的同时，提升解决实际问题的能力。教材内容设计注重任务驱动、项目导向，充分体现了"做中学、学中做"的教育理念。

此外，本套教材还特别注重学生职业素养的培养。通过引入典型企业案例和岗位标准，帮助学生了解行业发展趋势，熟悉职业规范，增强就业竞争力。我们希望，这套教材不仅能够成为教师开展工学结合教学的重要工具，也能为学生搭建从课堂走向职场的桥梁。

最后，感谢所有参与教材编写及审定工作的专家、教师和企业技术人员。正是大家的共同努力，才使得这套教材得以面世。我们也诚挚地欢迎广大读者提出宝贵意见，以便我们在未来进一步完善教材内容，更好地服务于职业教育事业的发展。

眉山工程技师学院

2025 年 2 月

前言

随着现代制造业的快速发展和智能制造技术的广泛应用,机电一体化技术领域对专业人才的要求日益提高。"机电制图与 CAD"作为专业核心基础课程,不仅是学生掌握工程制图基本原理和规范的重要途径,也是培养学生空间思维能力、工程实践能力以及信息化应用能力的关键环节。为了更好地适应职业教育的要求,帮助学生夯实专业基础,提高岗位适应能力,特编写了本教材。

本教材结合机电一体化技术的特点,围绕机械制图、电气制图和计算机辅助设计(CAD)三大核心模块展开,内容涵盖机械图样绘制、零件与装配图识读、电气原理图和接线图绘制,以及 AutoCAD 软件的应用等,既强调传统手工制图能力的培养,又突出计算机辅助设计技能的提升。本教材通过理论与实践结合的方式,使学生能够熟练掌握机械零部件的图形表达,准确识读工程图纸,并运用 CAD 技术高效绘制和设计符合行业标准的工程图样。

本教材的编写坚持"以能力培养为核心、以职业需求为导向"的原则,注重教学内容的实践性、规范性和系统性。在编排上,采用任务驱动、项目教学的方式,将知识点融入实际案例,循序渐进地引导学生掌握专业技能。同时,教材融入了思政教育元素,培养学生的职业道德、工匠精神、绿色设计理念,使学生在学习技能的同时,树立正确的职业价值观和社会责任感。

本教材适用于技工院校、职业院校机电一体化技术专业学生,也可作为相关工程技术人员的参考书。为了提高学习效果,教材中配备了大量示例、练习和实践任务,希望能帮助学生更直观、高效地掌握知识。

本教材由眉山工程技师学院组织编写,吾丰建任主编,参编人员还有王刚、李云、李新熙、王莉萍、黄天斌、赵映、苏兴国、吕娟。

本教材的编写得到了各位同行和企业专家的支持与指导,在此表示衷心感谢!由于时间有限,书中难免存在疏漏和不足之处,恳请广大读者批评指正,以便在今后的修订中不断完善。

编 者

2025 年 3 月

数字资源列表

序号	项目	资源名称	资源类型	页码
1	项目一	绘制支架平面图	视频	039
2	项目一	绘制吊钩平面图	视频	046
3	项目一	绘制平面图形	视频	050
4	项目二	绘制正六棱柱	视频	086
5	项目三	绘制正交两圆柱的相贯线	视频	110
6	项目四	绘制支座三视图	视频	133
7	项目五	绘制支座轴测图	视频	149
8	项目六	绘制机件的局部剖视图	视频	186
9	项目七	绘制轴零件图	视频	220
10	项目七	绘制端盖零件图	视频	229
11	项目八	绘制斜齿圆柱齿轮	视频	263
12	项目九	绘制装配图	视频	291
13	项目十	绘制调频器电路图	视频	321

目录 CONTENTS

绪　论 ··· 001

1 项目一　平面图形的绘制 ·· 003
　　课题一　机械制图相关标准 ·· 004
　　课题二　绘制较复杂的平面图形 ··· 017
　　课题三　用 AutoCAD 绘制平面图形 ··· 032

2 项目二　基本几何体的绘制与识读 ··· 056
　　课题一　绘制简单形体的三视图 ··· 056
　　课题二　绘制点、直线、平面的投影 ·· 062
　　课题三　绘制基本几何体的三视图 ·· 073
　　课题四　用 AutoCAD 绘制基本几何体的三视图 ······································· 086

3 项目三　零件表面交线的绘制与识读 ·· 089
　　课题一　绘制截交线的投影 ·· 089
　　课题二　绘制回转体相贯线的投影 ·· 103
　　课题三　用 AutoCAD 绘制相贯线 ·· 110

4 项目四　组合体零件的绘制与识读 ··· 113
　　课题一　绘制组合体的三视图 ·· 113
　　课题二　组合体的尺寸标注 ·· 120
　　课题三　读组合体视图 ··· 126
　　课题四　用 AutoCAD 绘制组合体视图 ·· 133

5 项目五　轴测图的绘制与识读 ······139
- 课题一　绘制正等轴测图 ······139
- 课题二　绘制斜二轴测图 ······147
- 课题三　用 AutoCAD 绘制轴测图 ······149

6 项目六　机械图样的表达方法 ······152
- 课题一　视　图 ······152
- 课题二　绘制剖视图 ······161
- 课题三　绘制断面图 ······175
- 课题四　其他表达方法 ······179
- 课题五　用 AutoCAD 绘制剖视图 ······185

7 项目七　零件图的绘制与识读 ······189
- 课题一　认识零件图 ······189
- 课题二　零件图中的技术要求 ······201
- 课题三　识读零件图 ······210
- 课题四　用 AutoCAD 绘制零件图 ······219

8 项目八　标准件与常用件的绘制 ······237
- 课题一　绘制螺纹紧固件连接的视图 ······237
- 课题二　绘制齿轮的视图 ······249
- 课题三　绘制键、销连接图 ······257
- 课题四　用 AutoCAD 绘制常用件 ······263

9 项目九　装配图的绘制与识读 ······270
- 课题一　识读装配图 ······270
- 课题二　绘制装配图 ······282
- 课题三　用 AutoCAD 绘制装配图 ······291

10 项目十　电气图的绘制与识读 ······303
- 课题一　识读电气图 ······303
- 课题二　典型电气图的绘制与识读——用 AutoCAD 绘制典型电气图 ······321

参考文献 ······347

绪 论

人类表达思想最基本的工具是语言和文字。在工程上表达技术思想，仅用语言和文字就显得不足了。例如，制造压盖（见图0-1）零件时，就难以用语言或文字准确地表达出它的形状和大小等，如果采用图样（见图0-2）表达就一目了然了。

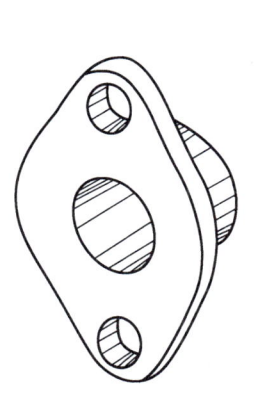

图 0-1　压盖

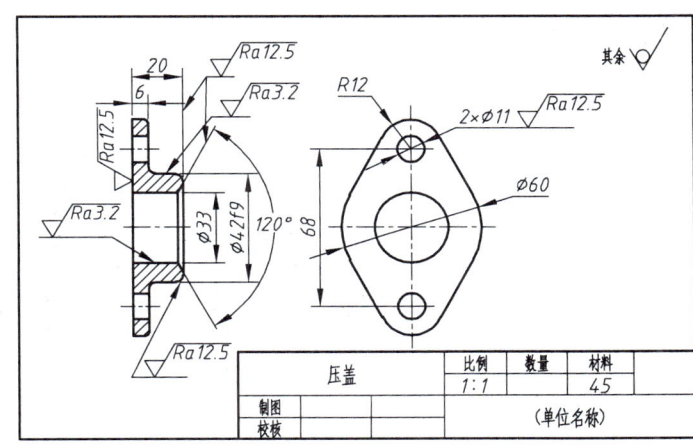

图 0-2　压盖工程图

工程图（工程语言）：在工程技术及生产过程中，按照一定的投影方法和技术规定，将物体的结构形状、尺寸和技术要求正确地表达在图纸上的图。在机械、化工、建筑等领域都要用图样来表达设计意图、组织生产和进行实际生产。因此，工程图是一种表达和交流技术思想的重要工具，是工程界共同的技术语言。

一、制图的学习目的、内容和方法

目前，我国正处于科学技术飞跃发展的新时期，对从事现代化生产的技术人员来说，必须熟悉本专业使用的图样。制图课是一门技术基础课，通过制图课的学习，可使学生掌握制图的基本理论、基础知识和基本技能，具有一定的识读和绘制图样的能力，为生产实践做出更大的贡献。

制图课的主要内容：了解制图的基础知识，学习与制图有关的国家标准及行业标准，掌握制图工具的使用方法和基本几何作图的方法。投影作图：介绍表达各种形体的投影原理和方法。工程制图：介绍识读和绘制工程图样的规则及方法。软件绘图：介绍AutoCAD软件绘图。

制图课是一门既有理论又有较强实践性的技术基础课，课程内容需要通过看图和画图实践才能掌握。在掌握基本理论和方法并严格遵守"国标"有关规定的基础上，运用图物转化规律，多看、多画、反复练习，通过认真完成一系列制图作业来逐步培养自己的空间想象力，提高自己识读和绘制图样的能力。

二、我国工程图的发展简介

制图是研究工程图样的一门科学，同其他科学一样，是劳动人民在长期生产实践中创造和发展起来的。它随着生产的发展而发展，反过来又促进生产的发展。在我国古代，由于水利工程、房屋施工和宫廷建筑的需要，很早就创造了以平面图形来表示空间物体形状的方法。自秦汉以来，历代就已开始根据图样建造宫室。北宋时期，李诫所著的《营造法式》中记载的图样如图 0-3 所示，已与近代的正投影图十分相近。明代宋应星所著的《天工开物》中，也有许多表示机械形状和构造的图样。

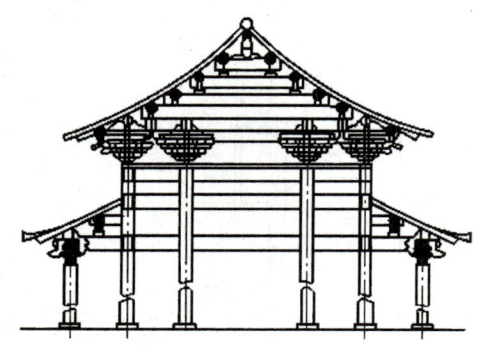

图 0-3 殿堂侧面图

新中国成立后，科学技术发展迅速，制图标准也得到相应的发展。国家科学技术委员会于 1959 年颁布了国家标准《机械制图》，供设计和生产部门共同遵守，从此结束了新中国成立前遗留下来的机械制图标准混乱的局面。多年来，为了适应国内生产技术的发展和国际科学技术交流的需要，国家标准计量局曾对制图标准进行了多次修订，现在执行的是国家市场监督管理总局发布的制图系列最新国家标准。

项目一　平面图形的绘制

项目分析

机械图样是设计者表达设计思想的载体，是操作工人加工零件的依据，是工程技术人员进行技术交流的工具，具有严格的规范性。掌握制图基本知识与技能，是培养画图和读图能力的基础。

学习目标

（1）掌握国家标准《技术制图》中有关图纸幅面、比例、字体、图线及尺寸标注的规定；

（2）掌握机械制图中常用绘图工具（包括铅笔、图板、丁字尺、三角板、圆规、分规）的使用方法；

（3）掌握等分线段、等分圆周及求作正多边形、斜度与锥度、圆弧连接、椭圆等制图中常见的几何作图方法；

（4）能够分析平面图形的定形尺寸、定位尺寸，并根据已知线段、中间线段及连接线段确定作图步骤，从而绘制平面图形；

（5）了解徒手绘图的基本要求、动作要领及基本技能；

（6）了解 AutoCAD 软件用户界面的组成，并掌握调用 AutoCAD 命令的方法；

（7）掌握创建与设置图层的方法，能够创建样板文件；

（8）掌握圆、圆弧、正多边形、矩形、椭圆、椭圆弧等的绘制方法；

（9）掌握对象选择以及对象删除命令的使用方法；

（10）掌握偏移、修剪、圆角、倒角、分解、阵列、复制、移动、旋转、比例缩放、镜像等编辑命令的使用方法；

（11）掌握用 AutoCAD 软件绘制平面图形的基本方法和步骤。

课题一　机械制图相关标准

为了适应现代化生产和管理的需要，便于技术交流，我国制定并发布了一系列国家标准，简称"国标"，包括强制性国家标准（代号"GB"）、推荐性国家标准（代号"GB/T"）和国家标准化指导性技术文件（代号"GB/Z"）。例如，《技术制图　图样画法　视图》（GB/T 17451—1998）即表示技术制图标准中图样画法的视图部分，发布顺序号为17451，发布年号是1998年。

任务一　绘制支承座平面图

 任务引入

图1-1所示为支承座的立体图和投影图，试绘制这一平面图形，要求符合制图国家标准中图线的有关规定。

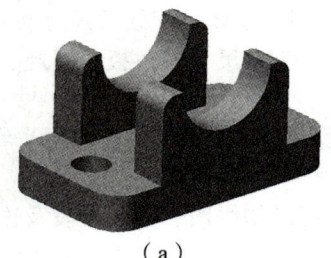
（a）

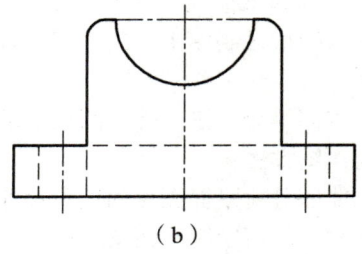
（b）

图1-1　支承座

 任务分析

图1-1（b）所示为平面图形。它是由各种图线组合而成的，准确地表达出了支承座的外形和内部结构。绘制平面图形时，应了解制图国家标准中对各种图线的规定和要求，熟练掌握各种绘图工具的使用方法，掌握科学的绘图方法及步骤。

 知识链接

一、常用图线的种类及用途

工程图样的图形、符号等都是由图线组成的。图线是起点和终点以任意方式连接的一种几

何图形，可以是直线或曲线，也可以是连续线或不连续线。表 1-1 所示为国家标准规定的几种基本线型的名称、形式、宽度及其应用；图线的类型与应用示例如图 1-2 所示。

表 1-1　国家标准规定的基本线型

图线名称	图线样式	图线宽度	主要用途
粗实线	———————	$d=0.25 \sim 2$ mm	可见轮廓线、移出剖面线的轮廓线、可见导线等
细虚线	- - - - - - -	$d/2$	不可见轮廓线、辅助线、机械连接线、屏蔽线等
细实线	———————	$d/2$	尺寸线、尺寸界线、剖面线、引出线等
细点画线	— · — · — · —	$d/2$	轴心线、中心线、对称中心线、结构围框线等
细双点画线	— ·· — ·· — ·· —	$d/2$	假想投影轮廓线、极限位置轮廓线、辅助围框线等
波浪线	～～～～	$d/2$	断裂的边界线、视图与剖视的分界线等
双折线	─╱╲─╱╲─	$d/2$	断裂处边界线等

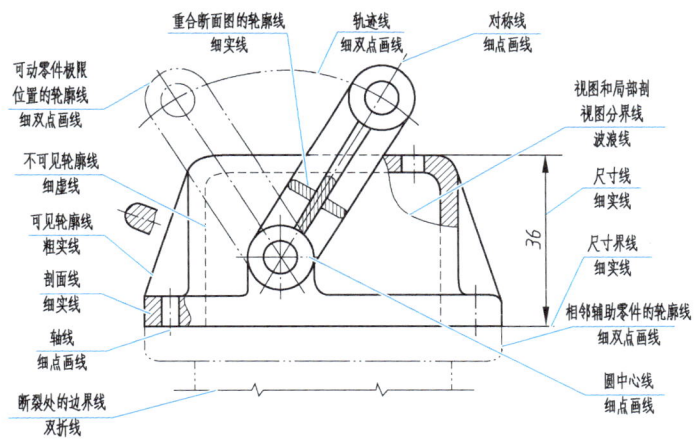

图 1-2　图线的类型与应用示例

二、图线的画法规定

（1）在同一张图样中，同类图线的宽度应基本一致，虚线、点画线等不连续的画线和间隔应各自相等。

（2）点画线和双点画线的首末两端一般应该是线而不是点，且应该超出图形 2～3 mm，图线之间相交、相切时应与线段相交或相切。

（3）虚线与虚线相交及虚线与实线相交处不应留空隙。

（4）在较小的图形上画点画线或双点画线有困难时，可用细实线代替。

（5）若各种图线重合，应按粗实线、虚线、点画线的顺序选用线型。

（6）当虚线是粗实线的延长线时，虚线与粗实线的分界处应留出空隙。

三、绘图工具的使用

1. 图 板

图板是供铺放、固定图纸用的矩形木板,如图 1-3 所示。板面要求平整光滑,左侧为导边,必须平直。使用时,应注意保持图板的整洁完好。

2. 丁字尺

丁字尺由尺头和尺身构成,主要用来画水平线。使用时,尺头内侧必须紧靠图板的导边,用右手推动丁字尺上下移动,移动到所需位置后,改变手势,压住尺身,用右手由左至右画水平线,如图 1-4 所示。

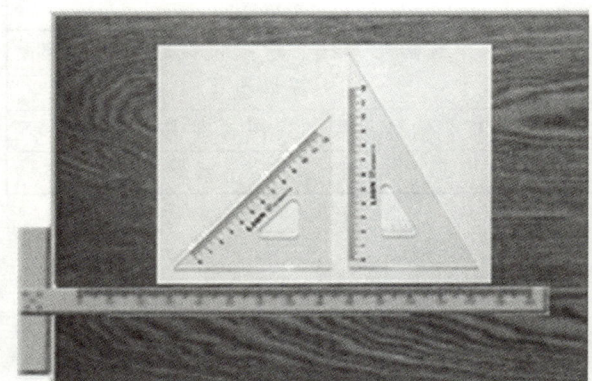

图 1-3　图板、丁字尺和三角板　　　　图 1-4　用丁字尺画直线

3. 三角板

三角板和丁字尺配合使用可画出垂直线、倾斜线和一些常用的特殊角度,如 15°、75°、105°等,如图 1-5 所示。

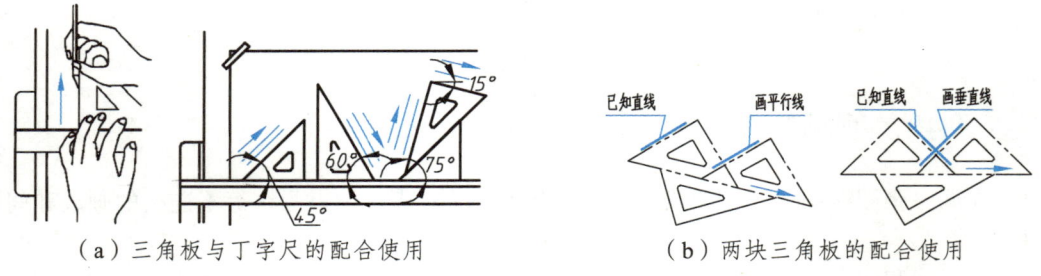

（a）三角板与丁字尺的配合使用　　　　（b）两块三角板的配合使用

图 1-5　三角板的使用方法

4. 圆 规

圆规是画圆及圆弧的工具。使用前应先调整好针脚,使针尖（带台阶端）稍长于铅芯。画图时,先将圆规两腿分开至所需的半径尺寸,借助左手食指把针尖放在圆心位置,且尽量使针尖和铅芯同时与图面垂直,按顺时针方向均匀用力一次画成,如图 1-6 所示。

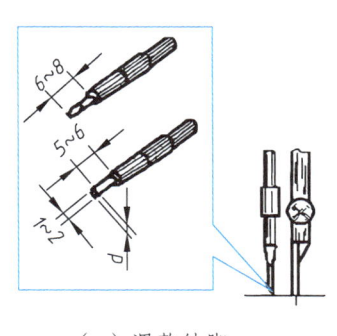 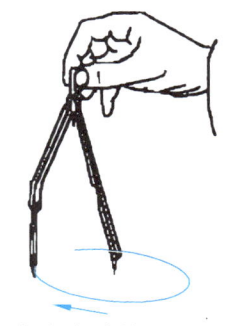

（a）调整针脚　　　　　（b）放置针脚和铅芯位置　　　　（c）顺时针画图

图 1-6　圆规的用法

5. 分　规

分规是量取尺寸、等分线段和圆周的工具。当分规两腿合拢时，针尖应平齐，如图 1-7（a）所示；调整分规两脚间距离的手法如图 1-7（b）所示；用分规等分线段的手法如图 1-7（c）所示。

 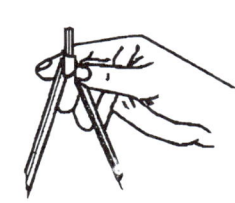 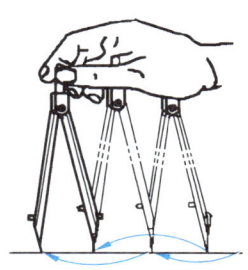

（a）分规　　　　　　　（b）调节分规的手法　　　　　（c）用分规等分线段

图 1-7　分规的用法

6. 铅　笔

绘图铅笔的铅芯有软硬之分，用标号"B""HB"或"H"表示。HB 表示铅芯中等软硬程度，B 前的数字越大，表示铅芯越软，绘出的图线颜色越深；H 前的数字越大，表示铅芯越硬，绘出的图线颜色越浅。

画粗实线常用 B 或 2B 铅笔；画细线和写字时，常用 H 或 HB 铅笔；画底稿时常用 2H 铅笔。铅笔应从没有标号的一端开始使用，以保留铅芯硬度的标号。铅笔的削法如图 1-8 所示。

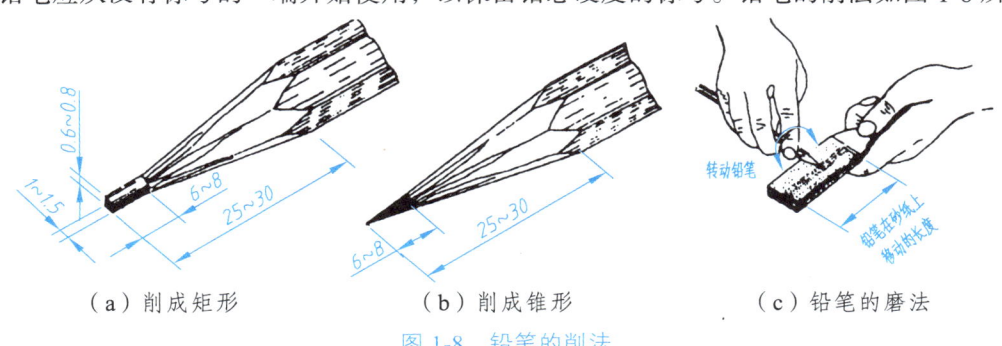

（a）削成矩形　　　　　（b）削成锥形　　　　　　（c）铅笔的磨法

图 1-8　铅笔的削法

常用的手工绘图工具和用品还有比例尺、曲线板、橡皮、胶带纸、擦线纸、小刀、墨线笔、软毛刷、图纸等。

 **任务实施**

绘制支承座平面图的作图步骤见表 1-2。

表 1-2 支承座平面图的作图步骤

步骤与画法	图 例	步骤与画法	图 例
1. 在纸上确定作图的位置（绘制作图的基准线）		4. 绘制不可见轮廓线	
2. 绘制可见轮廓线		5. 擦除作图线，加深图线	
3. 绘制底座两端的沉孔轴线			

任务二　标注平面图形的尺寸

 **任务引入**

标注图 1-9 所示平面图形的尺寸，要求符合制图国家标准中尺寸标注的有关规定。

 **任务分析**

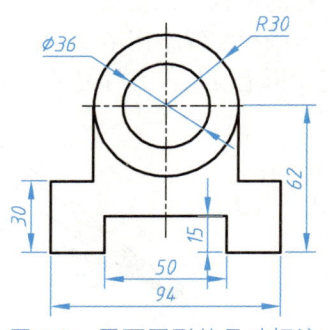

图 1-9　平面图形的尺寸标注

图形只能表达物体的形状，而尺寸才能表达物体的大小。国家标准对图样中的字体、尺寸标注都做了统一规定。尺寸标注的一般要求是：清晰、完整、正确，字迹工整，尺寸数字书写正确。

知识链接

一、标注尺寸的基本规则

（1）机件的真实大小应以图样上所注的尺寸数值为依据，与图形的大小及绘图的准确度无关。

（2）图样（包括技术要求和其他说明）中的尺寸以毫米为单位时，不需要标注计量单位的代号或名称；采用其他单位时，则应注明相应的单位符号，如米、千克应写成 m、kg 等。

（3）机件的每一个尺寸，一般只标注一次，并标注在反映该结构最清楚的图形上。

（4）图样中所标注的尺寸为该图样所示机件的最后完工尺寸；否则应另加说明。

二、标注尺寸的要素

一个完整的尺寸标注一般由尺寸数字、尺寸线和尺寸界线三部分组成，如图 1-10 所示。

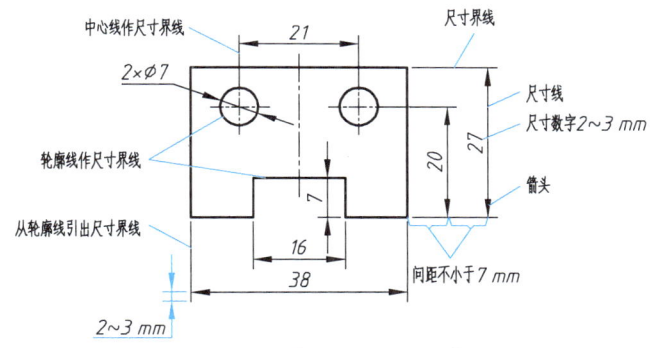

图 1-10　标注尺寸的要素

1. 尺寸界线

尺寸界线用细实线绘制，超出尺寸线 2～3 mm；尺寸界线由轮廓线、轴线或对称中心线处引出，也可利用这些线代替，如图 1-11 所示；尺寸界线一般应与尺寸线垂直，必要时允许倾斜。

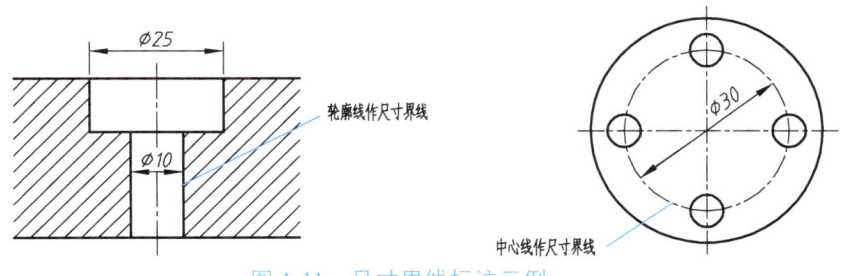

图 1-11　尺寸界线标注示例

2. 尺寸线

尺寸线用细实线绘制。尺寸线必须单独画出，不能用其他图线代替，一般也不得与其他图线重合或画在其延长线上。

尺寸线的终端有箭头和斜线两种形式（见图1-12）。通常，机械图样的尺寸线终端画箭头，土木建筑图样的尺寸线终端画斜线。

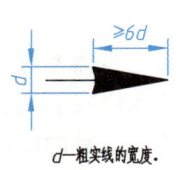

图1-12　尺寸线的终端形式

3. 尺寸数字

线性尺寸数字一般应注写在尺寸线的上方或左方，也允许注写在尺寸线的中断处。注写线性尺寸数字，如尺寸线为水平方向时，尺寸数字规定由左向右书写，字头朝上；如尺寸线为竖直方向时，尺寸数字规定由下向上书写，字头朝左；在倾斜的尺寸线上注写尺寸数字时，必须使字头方向有向上的趋势。

三、字　体

在图样中除了表达机件形状的图形外，还应用必要的文字、数字、字母，以说明机件的大小、技术要求等信息。字体的大小应按字号规定选用，字体号数代表字体的高度。字体高度（h）尺寸为 1.8 mm、2.5 mm、3.5 mm、5 mm、7 mm、10 mm、14 mm、20 mm 八种，字体高度应按 $\sqrt{2}$ 递增。

1. 汉　字

图样中的汉字应采用长仿宋体字，并采用国家正式公布推行的简化字。写汉字时字高不能小于 3.5 mm，字宽一般为 $h/\sqrt{2}$。书写时，必须做到：字体工整、笔画清楚、间隔均匀、排列整齐。

2. 字母和数字

在图样中，字母和数字可写成斜体或直体，斜体字字头向右倾斜，与水平基准线成 75°。在技术文件中，字母和数字一般写成斜体。字母和数字分 A 型和 B 型，B 型的笔画宽度比 A 型宽。用作指数、分数、极限偏差、注脚的数字及字母一般应用小一号字体。

长仿宋体汉字、字母和数字示例见表1-3。

表 1-3　长仿宋体汉字、字母和数字示例

字　体		示　例
长仿宋体汉字	10 号	字体工整、笔画清楚、间隔均匀
	7 号	横平竖直、起落有锋、结构均匀、填满方格
	5 号	国家标准、机械制图、技术要求
	3.5 号	公差配合、表面粗糙度、其余倒角
拉丁字母	大写斜体	ABCDEFGHIJKLM ABCDEFGHIJKLM
	小写斜体	abcdefghijklm abcdefghijklm
阿拉伯数字	斜体	1234567890
	正体	1234567890

 **任务实施**

标注平面图形尺寸的步骤见表 1-4。

表 1-4　标注平面图形尺寸的步骤

步骤与画法	图　例
1. 画尺寸界线、尺寸线 （1）尺寸界线、尺寸线用细实线绘制。 （2）尺寸界线由图形的轮廓线、轴线或对称中心线引出，也可利用图形的轮廓线、轴线或对称中心线作尺寸界线。 （3）尺寸界线必须超出尺寸线 2~3 mm。 （4）线性尺寸的尺寸线要与标注的线段平行，平行的两尺寸线间距均为 7~8 mm。 （5）圆及圆弧的尺寸线要通过圆心	
2. 标注尺寸数字 尺寸数字采用 3.5 号斜体，水平尺寸数字注写在尺寸线的上方，垂直尺寸数字注写在尺寸线的左方	⌀36　R30　62　30　15　50　94

 知识拓展

一、常见尺寸注法

线性尺寸、角度尺寸、圆及圆弧尺寸、小尺寸等的注法见表1-5。

表1-5 尺寸注法示例

内容	图例及说明
线性尺寸	(a)　(b) 线性尺寸的尺寸数字的方向应按图（a）所示的方向注写，水平方向的尺寸数字字头朝上；垂直方向的尺寸数字字头朝左；倾斜方向的尺寸数字的字头保持有朝上的趋势，并尽可能避免在图示30°范围内标注尺寸。当无法避免时，可按图（b）标注
角度、弦长和弧长尺寸标注	（1）角度尺寸界线沿径向引出。 （2）角度尺寸线画成圆弧，圆心是该角顶点。 （3）角度尺寸数字一律写成水平方向
圆的直径尺寸标注	（1）直径尺寸应在尺寸数字前加注符号"ϕ"。 （2）尺寸线应通过圆心，其终端画成箭头。 （3）整圆或大于半圆应注直径

内容	图例及说明
圆弧半径尺寸标注	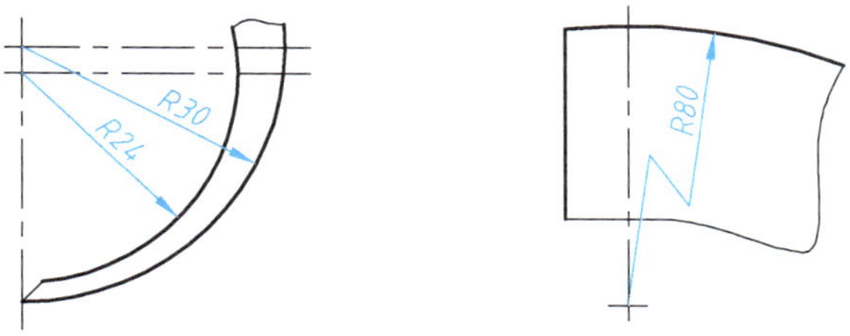 (1) 半径尺寸数字前加注符号 "R"。 (2) 半径尺寸必须注在投影为圆弧的图形上，且尺寸线或其延长线应通过圆心。 (3) 小于或等于半圆的圆弧应注半径尺寸。 (4) 在图纸范围内无法标出圆心位置时，可以如右图所示标注
球面尺寸标注	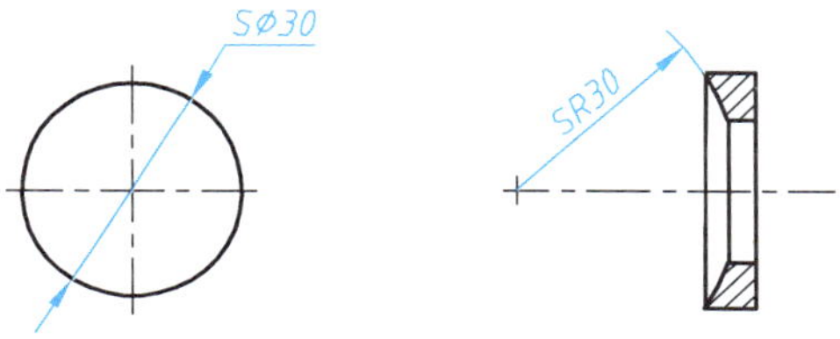 标注球面直径或半径时，应在 "ϕ" 或 "R" 前面加注符号 "S"。对于标准件，轴或手柄的前端，在不引起误解的情况下，可以省略符号 "S"
对称机件和板状类机件尺寸标注	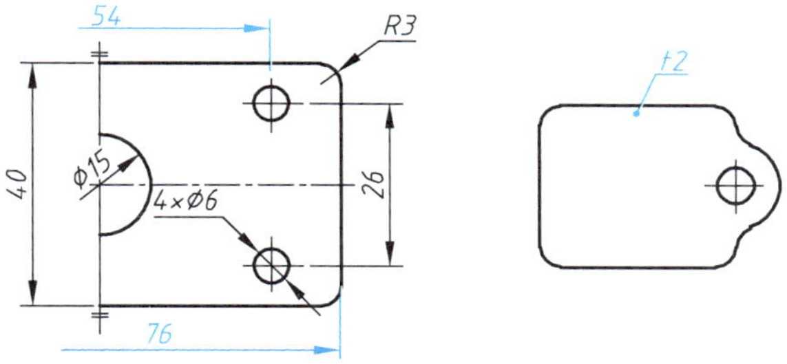 当对称机件的图形只画一半或略大于一半时，尺寸线应略超过对称中心或断裂处的边界线，并在尺寸线一端画出箭头。 标注板状类零件的厚度时，可在尺寸数字前加注符号 "t"
线性小尺寸标注	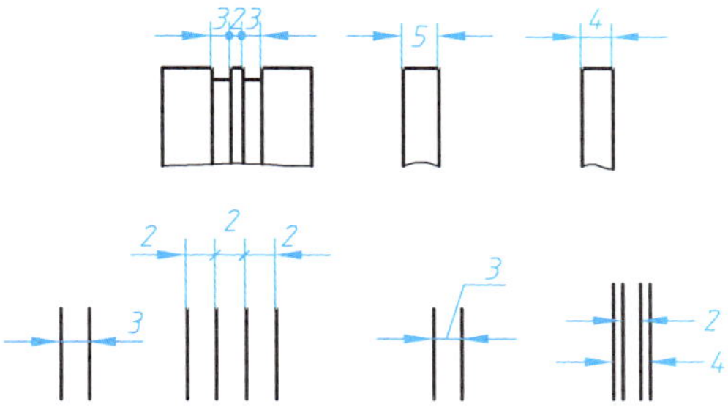 在没有足够位置画箭头或注写数字时，可按上图的形式注写

续表

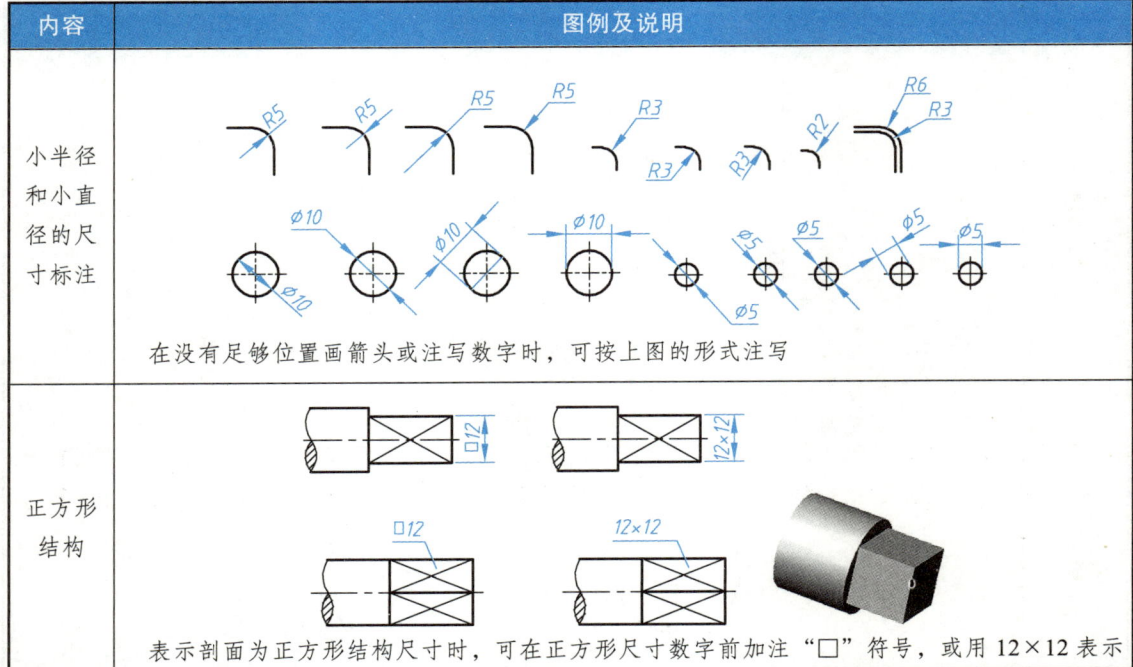

二、尺寸标注中的符号

标注尺寸时,应尽可能使用符号和缩写词。常用的符号和缩写词见表1-6。其中"ϕ"与"R"的使用规则是:当圆心角大于180°时,要标注圆的直径,在尺寸数字前加"ϕ";当圆心角小于等于180°时,要标注圆的半径,在尺寸数字前加"R"。球直径和球半径的标法与圆直径和圆半径的标法相同。

表1-6 常用的符号和缩写词

名 称	符号和缩写词	名 称	符号和缩写词
直径	ϕ	45°倒角	C
半径	R	深度	↓
球直径	$S\phi$	沉孔或锪平	⊔
球半径	SR	埋头孔	∨
厚度	t	均布	EQS
正方形	□	弧长	⌒

任务三 绘制小轴平面图

 **任务引入**

采用合适的比例绘制图 1-13（a）所示小轴的平面图形，并标注尺寸。要求符合国家制图标准中关于比例和线性尺寸、角度尺寸标注的有关规定。

 **任务分析**

图 1-13（b）所示的平面图形所表达的机件的大小与实物是否相等？如何将过小或过大的机件清晰完整地表达出来呢？将实际测量尺寸放大或缩小以后再绘制图形就可以很好地解决这些问题。

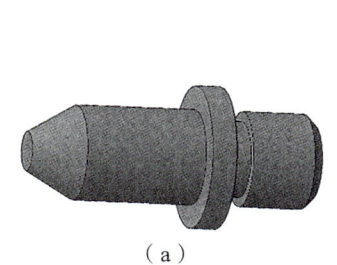
（a）

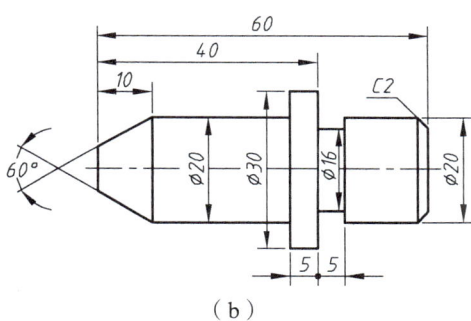
（b）

图 1-13 小轴立体图和平面图

 **知识链接**

一、比 例

图样中图形与其实物相应要素的线性尺寸之比称为比例。

绘制图样时，一般应按比例绘制图样，比例从表 1-7 所规定的系列中选取。必要时，也允许选取表 1-8 中的比例。

表 1-7 规定选取的比例

种 类	比 例
原值比例	1∶1
放大比例	5∶1　2∶1　$5×10^n∶1$　$2×10^n∶1$　$1×10^n∶1$
缩小比例	1∶2　1∶5　1∶10　$1∶2×10^n$　$1∶5×10^n$　$1∶1×10^n$

注：n 为正整数。

表 1-8　允许选取的比例

种 类	比 例				
放大比例	4∶1	2.5∶1	$4 \times 10^n : 1$	$2.5 \times 10^n : 1$	
缩小比例	1∶1.5	1∶2.5	1∶3	1∶4	1∶6
	$1:1.5 \times 10^n$	$1:2.5 \times 10^n$	$1:3 \times 10^n$	$1:4 \times 10^n$	$1:6 \times 10^n$

注：n 为正整数。

二、采用不同比例绘制图形

为了能从图样上得到实物大小的真实概念，应尽量采用原值比例绘图。绘制大而简单的机件可采用缩小比例，绘制小而复杂的机件可采用放大比例。标注尺寸时，无论是缩小还是放大，图样中所标注的尺寸均为机件的实际尺寸。

图 1-14 所示为同一机件采用不同比例所绘制的图形。

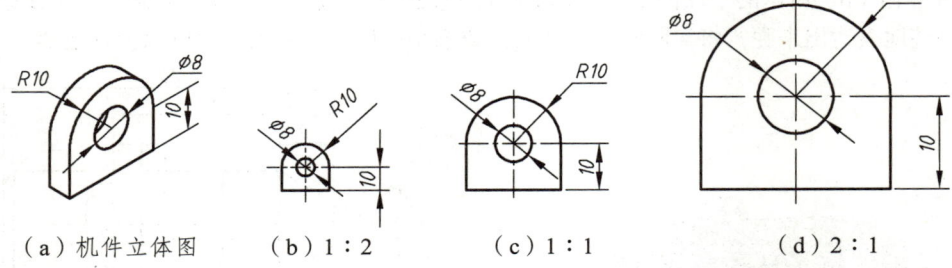

（a）机件立体图　　（b）1∶2　　（c）1∶1　　（d）2∶1

图 1-14　同一机件采用不同比例所绘制的图形

 **任务实施**

如图 1-13 所示，因小轴的尺寸较小，为清晰地反映小轴的形状和尺寸标注，可采用 2∶1 的比例作图，作图步骤见表 1-9。

注意：线性尺寸按放大的倍数绘制，角度按原数值绘制。

表 1-9　小轴平面图的作图步骤

步骤与画法	图 例
1. 作基准线 作出轴向基准线 A 和径向基准线 B	
2. 截取线性尺寸（线性尺寸均乘以 2） 在基准线 B、A 上分别截取标注尺寸 2 倍的长度，标注方向尺寸 20 mm、80 mm、120 mm、10 mm、10 mm 和径向尺寸 ϕ40 mm、ϕ60 mm、ϕ32 mm、ϕ40 mm，以及倒角尺寸 $C4$	

续表

步骤与画法	图 例
3. 截取角度尺寸 过 C、D 点作两斜线,与基准 A 分别成 30°夹角,并交基准线 B	
4.检查,按规定线型加深图线,标注尺寸数字 (1)图中标注的尺寸是零件的真实尺寸; (2)线性尺寸数字一般注写在尺寸线的上方或左侧,也允许注写在尺寸线的中断处; (3)当轴线与尺寸数字相交时,应将轴线断开	

课题二　绘制较复杂的平面图形

平面图形是由若干线段组成的。画平面图形前,需要根据图中的尺寸,确定先画哪些线段,后画哪些线段。标注尺寸时,要根据线段间的几何关系,确定需要标注哪些尺寸,并使标出的尺寸正确、完整、清晰。

任务一　绘制六角开槽螺母平面图

任务引入

绘制图 1-15（a）所示的平面图形,要求符合制图国家标准的有关规定。

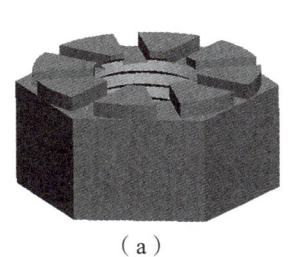
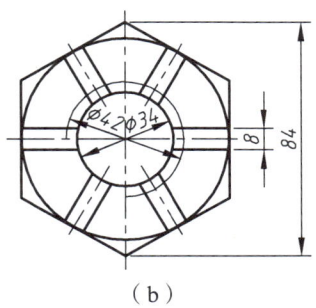

(a)　　　　　　　　　　(b)

图 1-15　六角开槽螺母

017

 **任务分析**

图 1-15（b）所示为六角开槽螺母俯视方向的投影图，它由外轮廓正六边形和其他几何图形组成，如何作图呢？正多边形的共同特点是各条边长均相等，可以借助一个辅助圆来实现。

 **知识链接**

一、等分直线段

任意等分直线段的方法（如将直线段 AB 分为 n 等份）如图 1-16 所示。

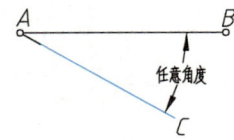

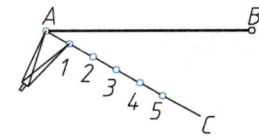

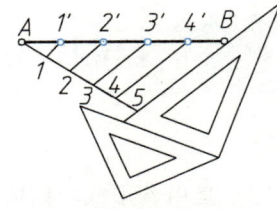

（a）已知线段的一端点，画任意角度的射线　　（b）用分规自射线的起点量取 5 个线段　　（c）将等分的最末点与已知线段的另一端点相连，再过各等分点作该线的平行线与已知线段相交，即得到已知线段的 n 个等分点

图 1-16　等分直线段

二、等分圆周及作正多边形

等分圆周及作正多边形的方法和步骤见表 1-10。

表 1-10　等分圆周及作正多边形的方法和步骤

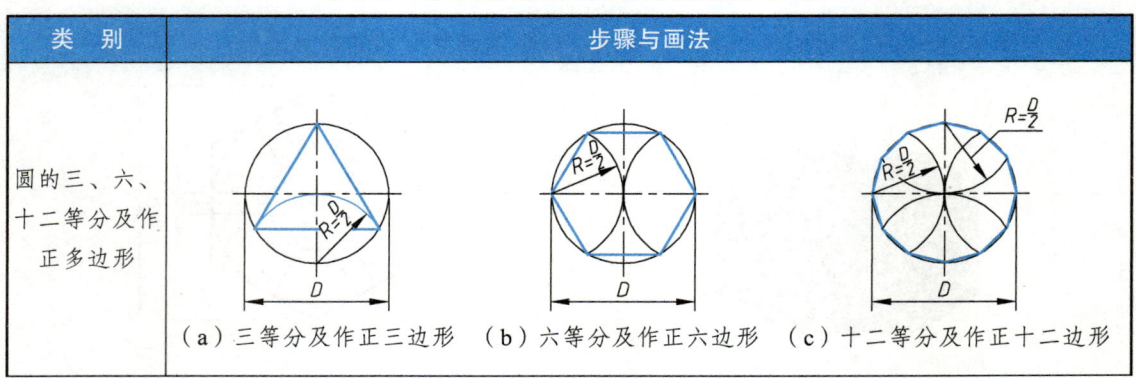

类　别	步骤与画法
圆的三、六、十二等分及作正多边形	（a）三等分及作正三边形　（b）六等分及作正六边形　（c）十二等分及作正十二边形

续表

类 别	步骤与画法
圆的三、六、十二等分及作正多边形	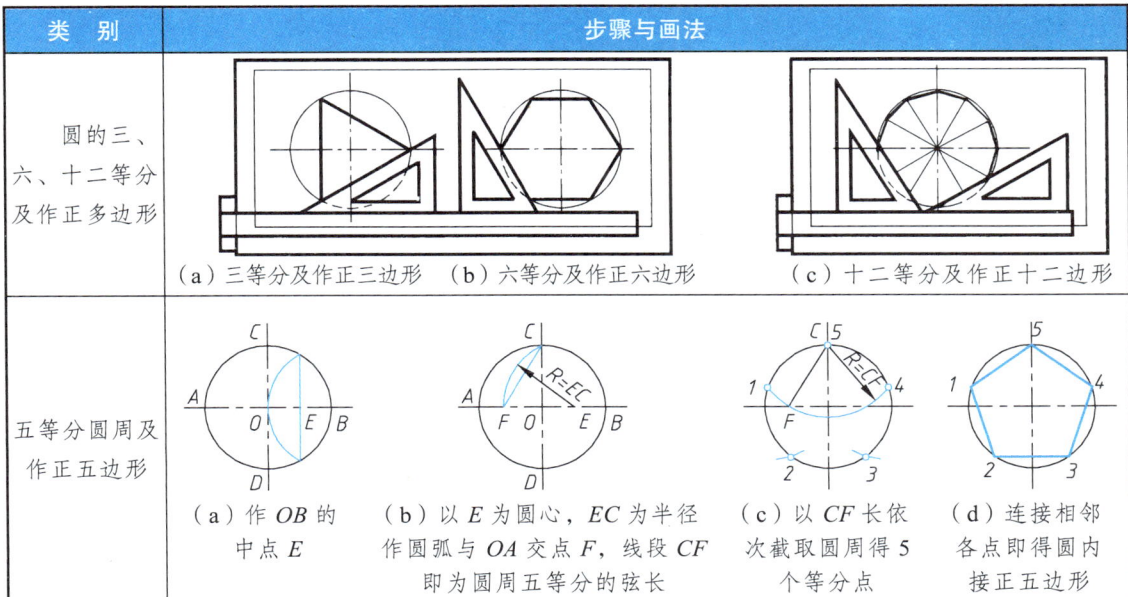 （a）三等分及作正三边形　（b）六等分及作正六边形　（c）十二等分及作正十二边形
五等分圆周及作正五边形	（a）作 OB 的中点 E　（b）以 E 为圆心，EC 为半径作圆弧与 OA 交点 F，线段 CF 即为圆周五等分的弦长　（c）以 CF 长依次截取圆周得 5 个等分点　（d）连接相邻各点即得圆内接正五边形

任务实施

六角开槽螺母平面图的作图步骤见表 1-11。

表 1-11　六角开槽螺母平面图的作图步骤

步骤与画法	图　例	步骤与画法	图　例
1. 作 $\phi 84\,\mathrm{mm}$ 的辅助圆		3. 分别以 A、B 点为圆心，以 D/2 为半径画弧交圆周于 D、E、C、F 点，过圆心分别作中心线 DF、CE	
2. 分别以 1、2 点为圆心，D/2 为半径画弧交圆周于 3、4、5、6 点，连接各点作出正六边		4. 分别以中心线 AB、CE、DF 为基准，作间距为 8 mm 的平行线	

019

续表

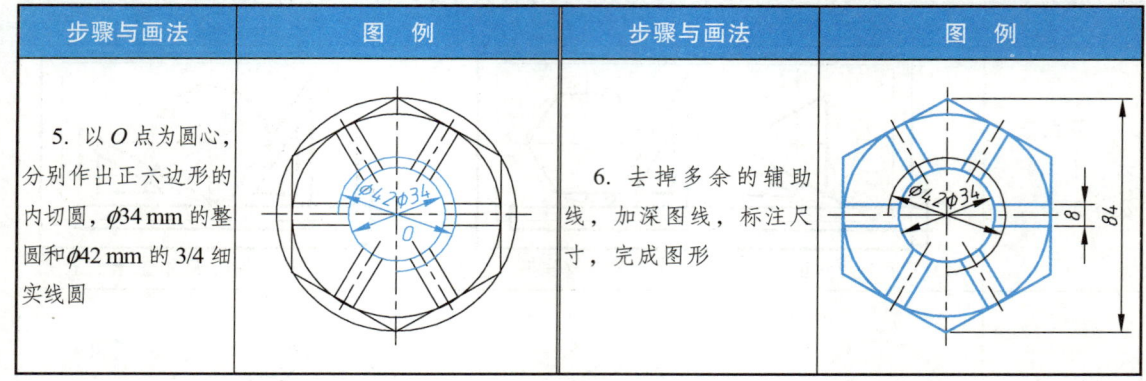

步骤与画法	图例	步骤与画法	图例
5. 以 O 点为圆心，分别作出正六边形的内切圆，⌀34 mm 的整圆和⌀42 mm 的 3/4 细实线圆		6. 去掉多余的辅助线，加深图线，标注尺寸，完成图形	

任务二　绘制支架平面图

 **任务引入**

绘制图 1-17（a）所示支架轮廓的平面图形，要求符合制图国家标准的有关规定。

 **任务分析**

图 1-17（b）所示平面图形是由直线、圆弧连接组成的。尺寸大小和线段间的连接确定了平面图形的形状和位置，因此要对平面图形的尺寸、线段进行分析，以确定画图顺序和正确标注尺寸。

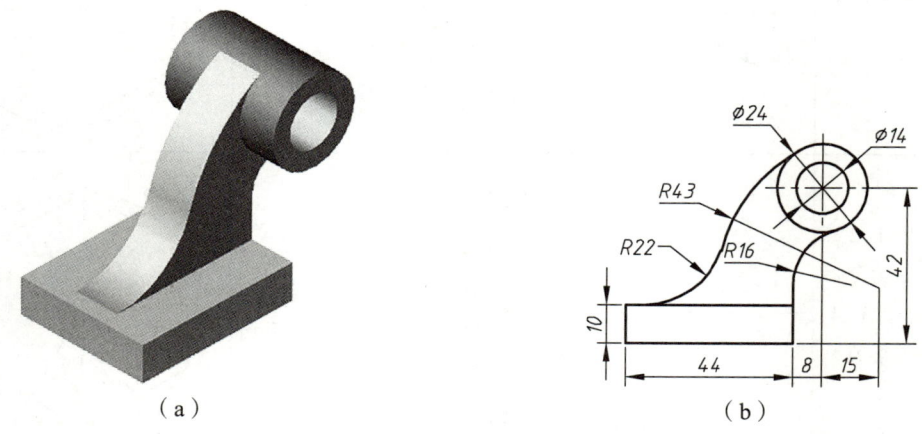

（a）　　　　　　　　　　　　　（b）

图 1-17　支架立体图和平面图

 **知识链接**

用一已知半径的圆弧将两直线、两圆弧或一直线和一圆弧光滑地连接起来称为圆弧连接。为保证连接光滑,画连接弧的关键是要准确地求出连接弧的圆心及切点,再按已知半径作连接弧。圆弧连接的作图原理见表1-12。

表1-12 圆弧连接的作图原理

类别	圆弧与直线连接(相切)	圆弧外连接圆弧(外切)	圆弧内连接圆弧(内切)
图例			
连接弧圆心及切点	连接弧的圆心轨迹是平行于已知直线且相距为R的直线。切点为连接弧圆心向已知直线作垂线的垂足T	连接弧的圆心轨迹是已知弧的同心圆弧,其半径为R_1+R;切点为两圆连心线与已知圆弧的交点T	连接弧的圆心轨迹是已知弧的同心圆弧,其半径为R_1-R;切点为两圆连心线的延长线与已知圆弧的交点T

常见圆弧连接的类型及作图方法见表1-13。

表1-13 常见圆弧连接的类型及作图方法

类 别		步骤与画法
用圆弧连接两直线	用圆弧连接锐角或钝角的两边	1. 作与已知角两边相距为R的平行线,交点O即为连接弧的圆心。 2. 自O点分别向已知角两边作垂线,垂足T_1、T_2即为切点。 3. 以O为圆心,R为半径在两切点T_1、T_2之间画连接圆弧即完成全图
	用圆弧连接直角的两边	1. 以直角顶点为圆心,R为半径画弧,交直角两边于T_1、T_2。 2. 以T_1、T_2为圆心,R为半径画弧,相交得连接弧的圆心O。 3. 以O为圆心,R为半径在T_1、T_2间画连接圆弧即完成作图

续表

类别	步骤与画法			
	已知条件	1. 求连接弧圆心 O	2. 求连接点（切点）	3. 画连接弧并描深
用圆弧连接一直线和一圆弧	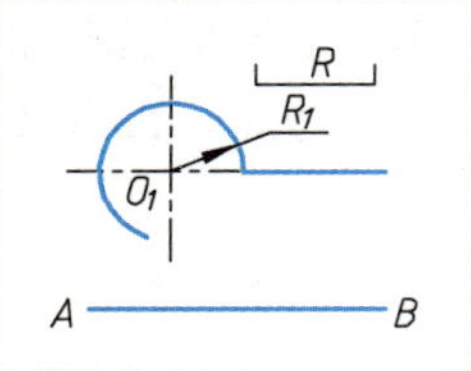	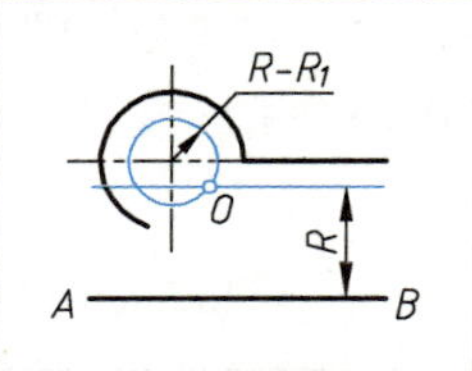	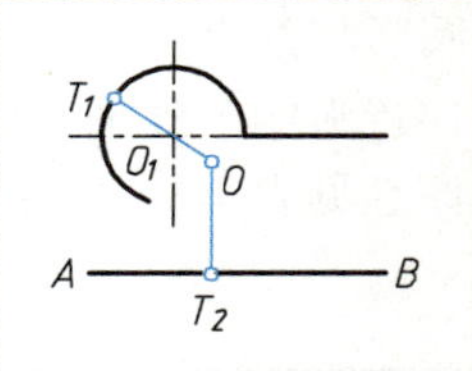	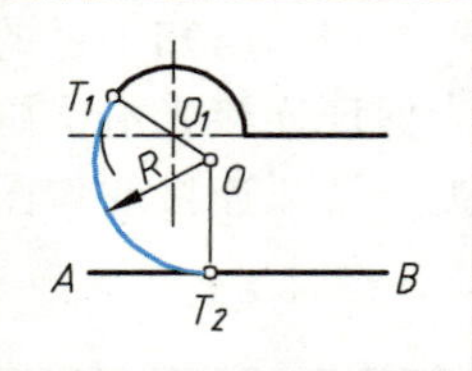
用圆弧连接两圆弧 — 外连接				
用圆弧连接两圆弧 — 内连接				
用圆弧连接两圆弧 — 混合连接	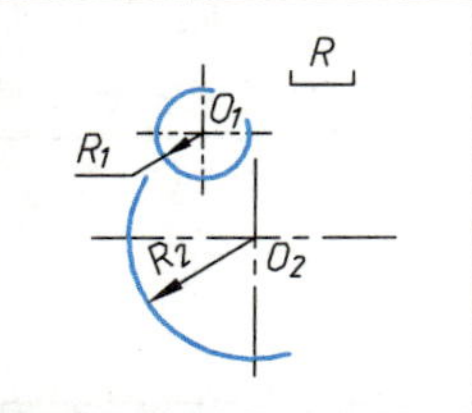	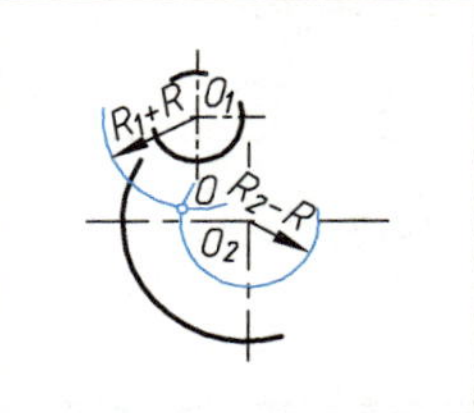	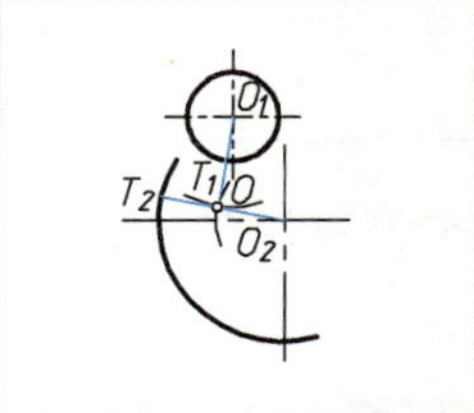	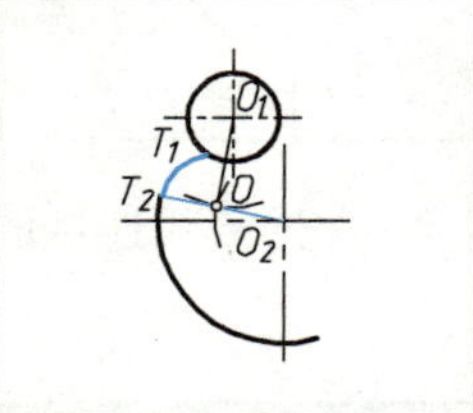

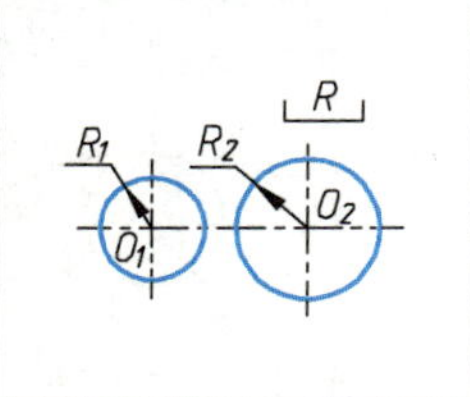

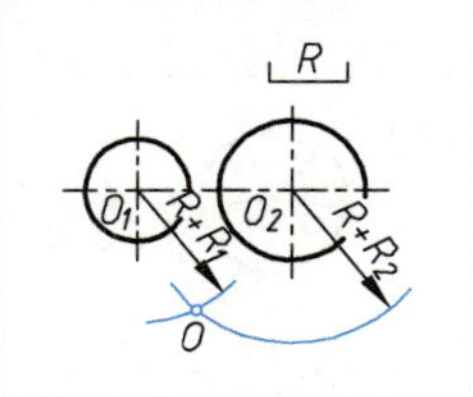

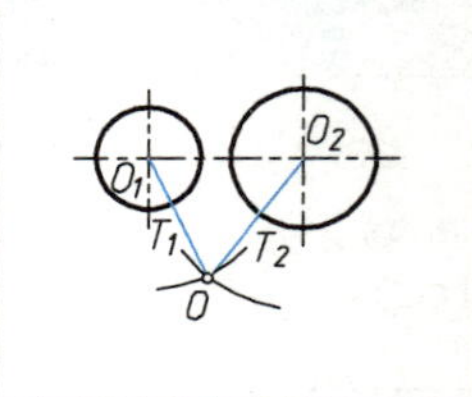

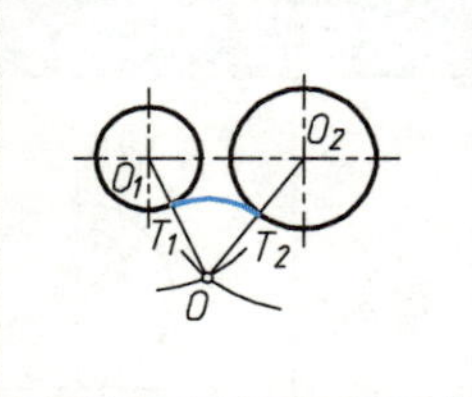

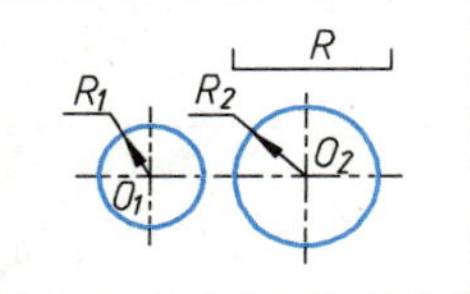

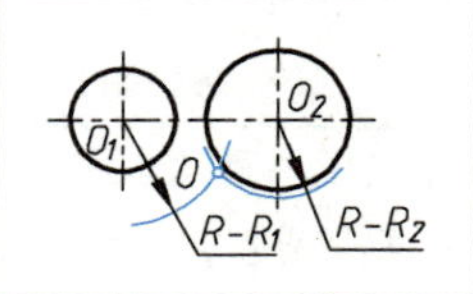

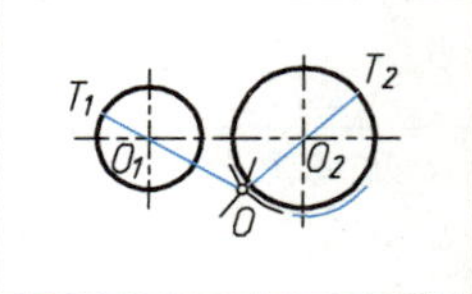

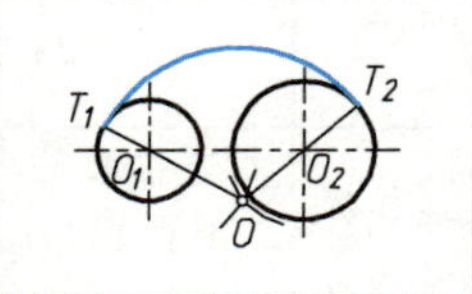

任务实施

一、支架平面图形的尺寸分析

尺寸是作图的依据，按其作用可分为定形尺寸和定位尺寸。

1. 定形尺寸

定形尺寸是确定图形中各几何元素形状的尺寸。如图 1-17 所示，$\phi24$、$\phi14$、$R16$、$R43$、$R22$、10 和 44 都是定形尺寸。

2. 定位尺寸

定位尺寸是确定图形中各几何元素相对位置的尺寸。如图 1-17 所示，8、15、42 都是定位尺寸。

3. 尺寸基准

尺寸标注的起点称为尺寸基准，可作为基准的几何元素有对称图形的对称线、圆的中心线、水平或垂直线段。如图 1-17 所示，底边和左侧边为尺寸基准。

二、平面图形的线段分析

根据平面图形的尺寸标注和线段间的连接关系，可将平面图形中的线段分为以下三类：

1. 已知线段

已知线段指定形、定位尺寸均齐全的线段，如图 1-17 中的 $\phi14$、$\phi24$、10 和 44。

2. 中间线段

中间线段指只有定形尺寸和一个定位尺寸，而缺少一个定位尺寸的线段，如图 1-17 中的 $R43$。

3. 连接线段

连接线段指只有定形尺寸而缺少定位尺寸的线段，如图 1-17 中的 $R16$、$R22$。
绘图顺序一般是首先画已知线段，再画中间线段，最后画连接线段。

三、绘制支架平面图

绘制支架平面图的作图步骤见表 1-14。

表 1-14 支架平面图的作图步骤

步骤与画法	图例	步骤与画法	图例
1. 画基准线	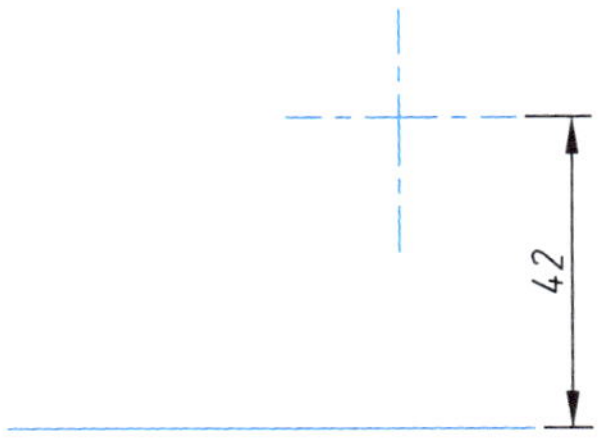	3. 画中间线段	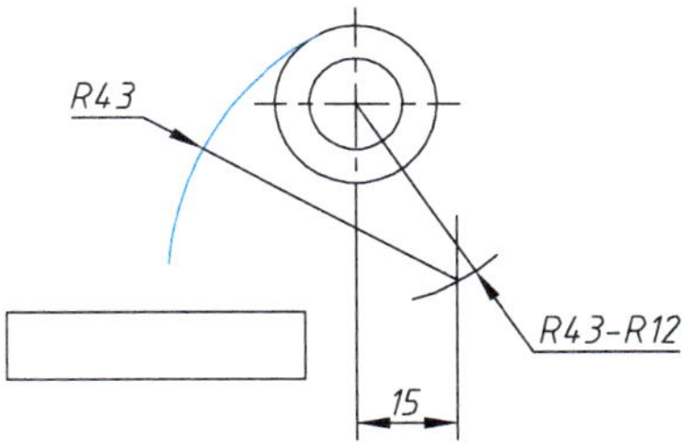
2. 画已知线段	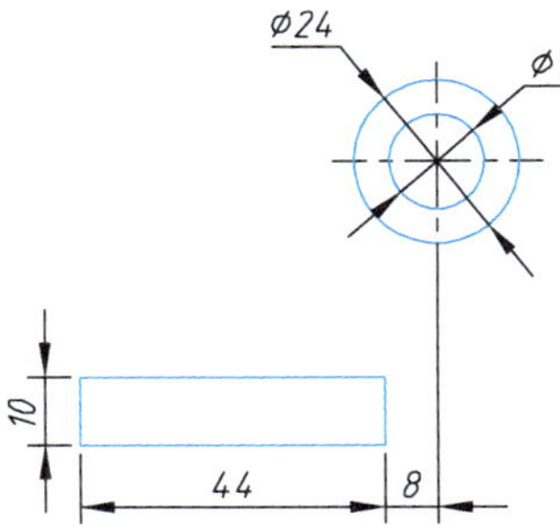	4. 画连接线段	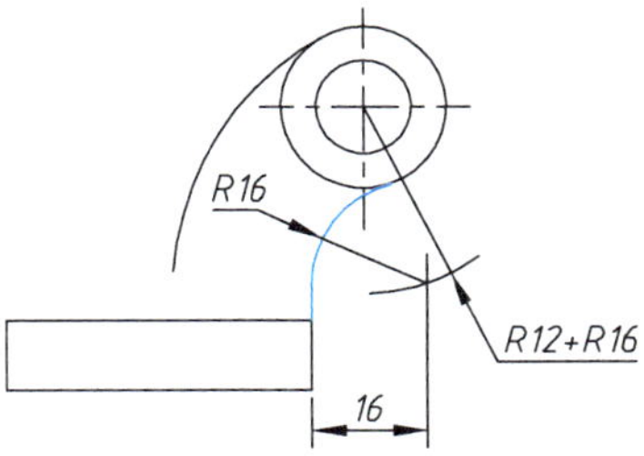

续表

步骤与画法	图 例	步骤与画法	图 例
5. 画连接线段	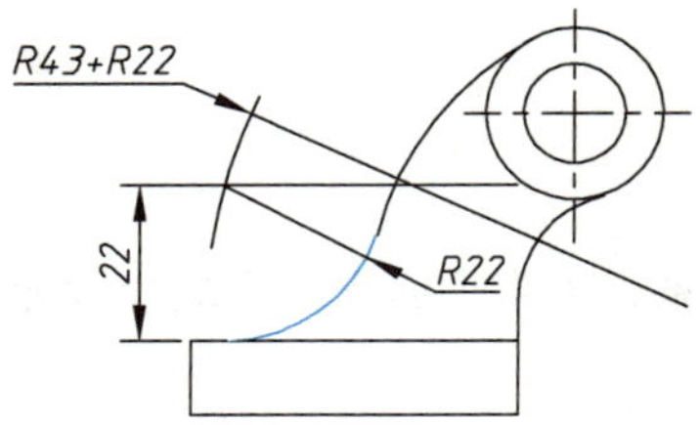	6. 检查、描深	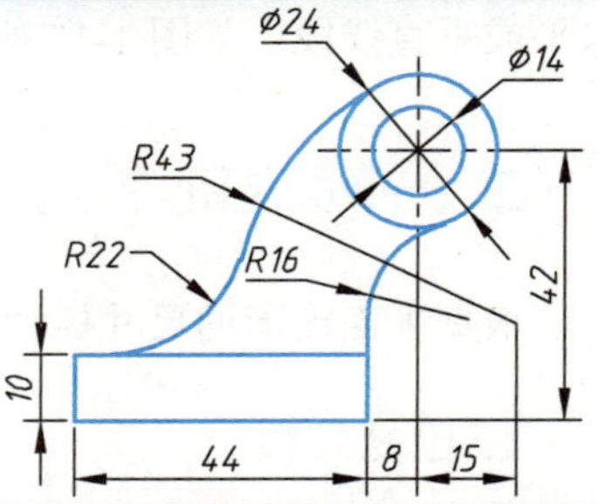

 **知识拓展**

椭圆的画法见表 1-15。

表 1-15 椭圆的画法

类别	步骤与画法		
四心圆法	（1）画长轴 AB 和短轴 CD，连接 AC，并取 CE=OA−OC	（2）作 AE 的中垂线，与长、短轴分别交于 1、2 两点，作出与 1、2 两点对称的 3、4 点，连接 12、23、34、41 各点并延长	（3）分别以 1、3 点为圆心，1A（或 3B）为半径作圆弧；再分别以 2、4 点为圆心，2C（或 4D）为半径作圆弧，这四个圆弧两两相切，切点在 12、23、34、41 四条直线上
同心圆法	（1）分别以长、短轴 AB、CD 为直径做同心圆	（2）过圆心 O 作一系列等分放射线与两圆相交，交点为 I、II…和 1、2…，过点 I、II…引垂线，与过点 1、2…作水平线，分别相交于点 P_1、P_2…各点	（3）依次光滑连接各点，即得椭圆

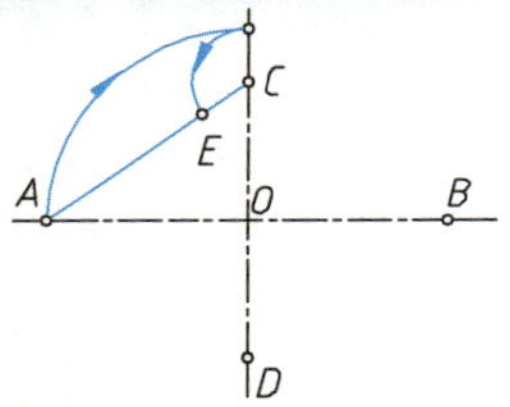

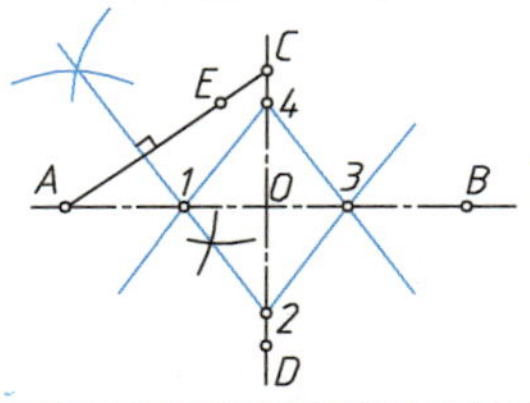

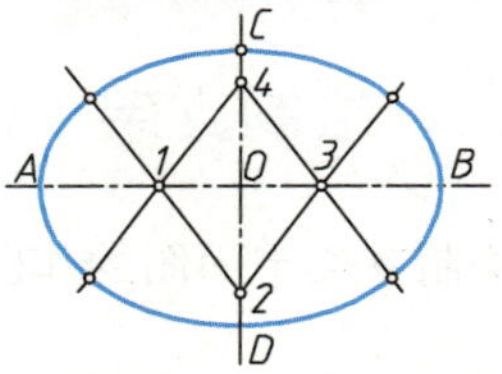

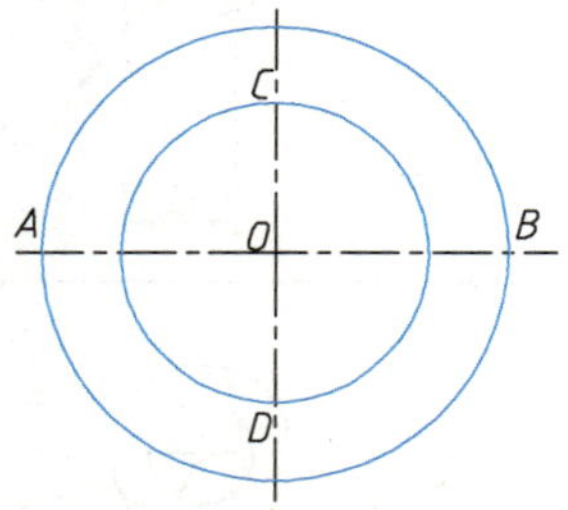

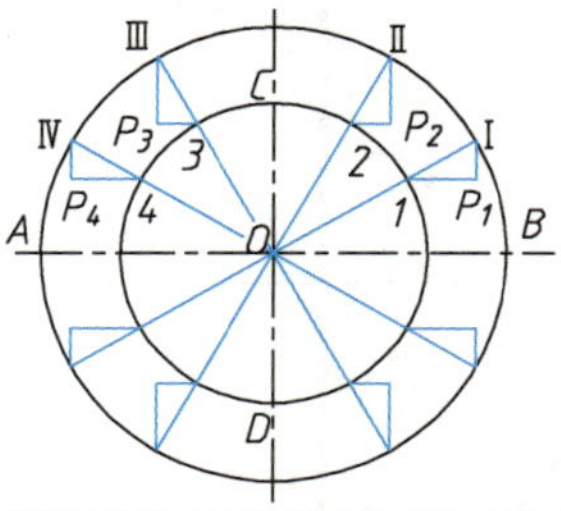

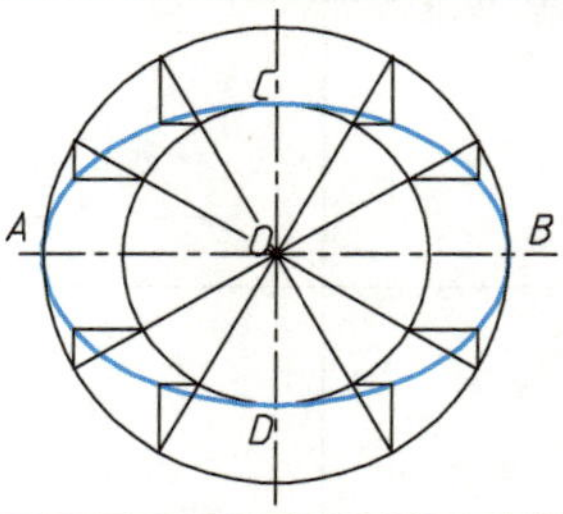

任务三　绘制拉楔平面图

任务引入

绘制图 1-18 所示的拉楔的平面图，要求符合制图国家标准的有关规定。

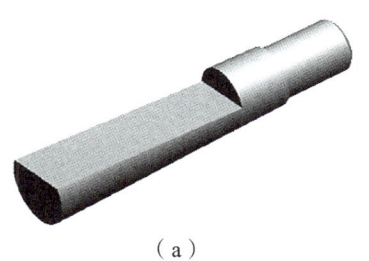
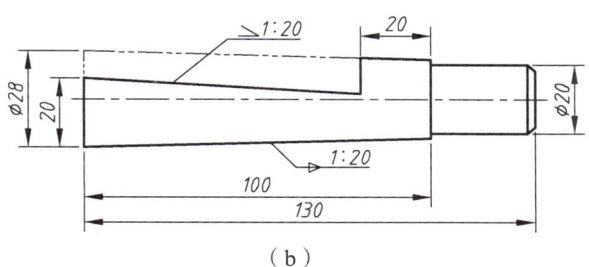

（a）　　　　　　　　　　　　　　　　（b）

图 1-18　拉楔

任务分析

图 1-18 所示的拉楔是一个轴类机件，其立体图如图 1-18（a）所示，左端是锥度为 1∶20 的圆锥体，上方切有一个斜度为 1∶20 的倾斜平面，按国家标准绘制斜度和锥度。

知识链接

一、斜　度

1. 概　念

斜度是指一直线（或平面）对另一直线（或平面）的倾斜程度。其大小用两直线（或平面）夹角的正切来表示，并简化为 1∶n 的形式，如图 1-19（a）所示。

$$\tan\alpha = H/L = (H-h)/l = 1:n$$

2. 斜度符号的画法及标注方法

斜度符号的画法如图 1-19（b）所示。图样上标注斜度符号时，其斜度符号的斜边应与图中斜线的倾斜方向一致，如图 1-19（c）所示。

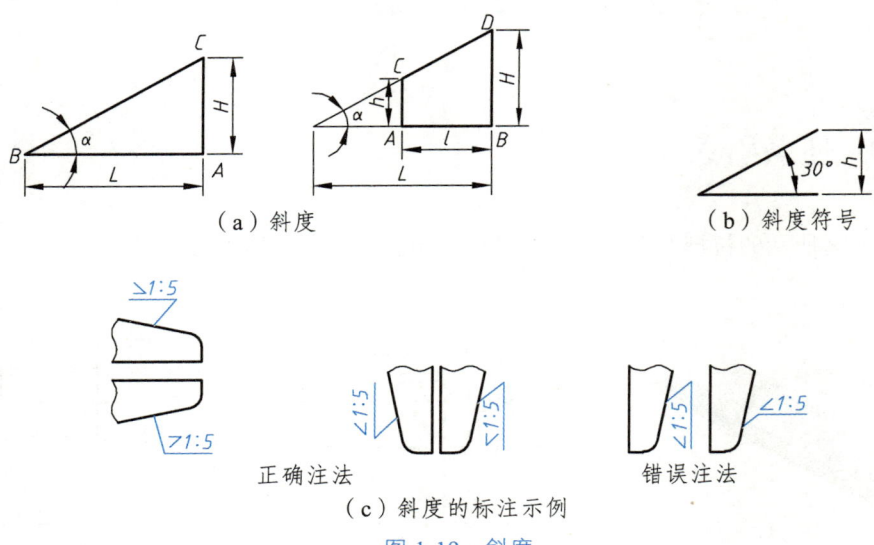

图 1-19 斜度

3. 斜度的作图方法

斜度 1∶6 的作图方法见图 1-20。

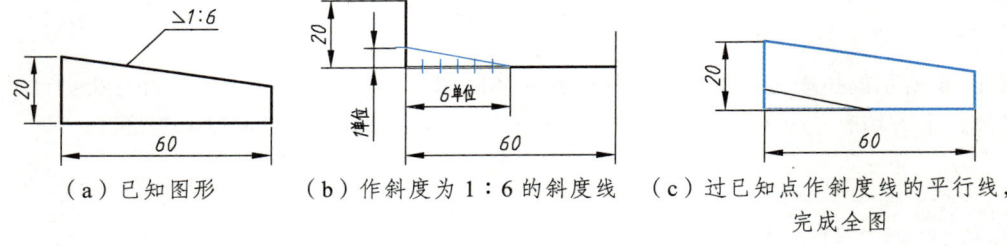

图 1-20 斜度的作图方法

二、锥 度

1. 概 念

锥度是指正圆锥的底圆直径与其高度之比。若是锥台，则为上、下两底面圆的直径差与锥台高度之比，并以 1∶n 的形式表示，如图 1-21（a）所示。

$$2\tan(\alpha/2) = D/L = (D-d)/l$$

2. 锥度符号的画法及标注方法

锥度符号的画法如图 1-21（b）所示。图样上标注锥度符号时，其锥度符号的尖点应与圆锥的锥度方向一致，如图 1-21（c）所示。

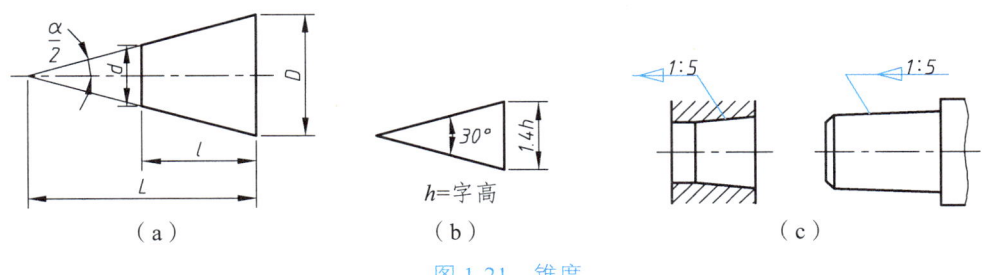

图 1-21 锥度

3. 锥度的作图方法

锥度 1∶3 的作图方法（见图 1-22）

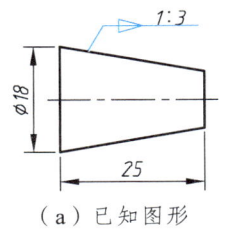 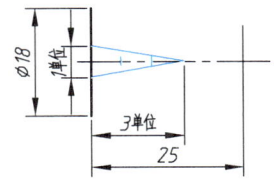 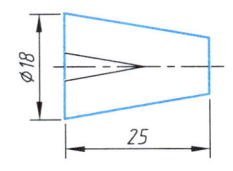

（a）已知图形　　　（b）作锥度为 1∶3 的锥度线　　（c）过已知点作锥度线的平行线，完成全图

图 1-22 锥度的作图方法

 **任务实施**

绘制拉楔平面图形的作图步骤见表 1-16。

表 1-16 绘制拉楔平面图形的作图步骤

步骤与画法	图例
1. 作基准线 作径向基准线和轴向基准线，相交于 M 点。 2. 作已知线段 依据尺寸 100、130、20、φ20、φ28 画已知线段，得交点 C、D、K 点	
3. 作锥度 从 M 点开始在轴线上取 20 个单位长，得到 N 点，从 M 点沿垂直基准线截取 1 个单位长的线段 AB（MA=MB），连接 AN、BN 得到 1∶20 锥度。过 C、D 点分别作 AN、BN 的平行线 CE、DF，完成 1∶20 锥度	

步骤与画法	图 例
4. 作斜面 从 M 点开始在轴线上取 20 个单位长，得到 N 点，从 M 点沿垂直基准线向上截取 1 个单位长的线段 MG，连接 GN 得到 1∶20 斜度的斜线。过点 K 作 GN 的平行线，完成 1∶20 斜度	
5. 检查、描深 检查无误后，擦掉多余的辅助线，按线型描深图线，标注尺寸，完成图形	

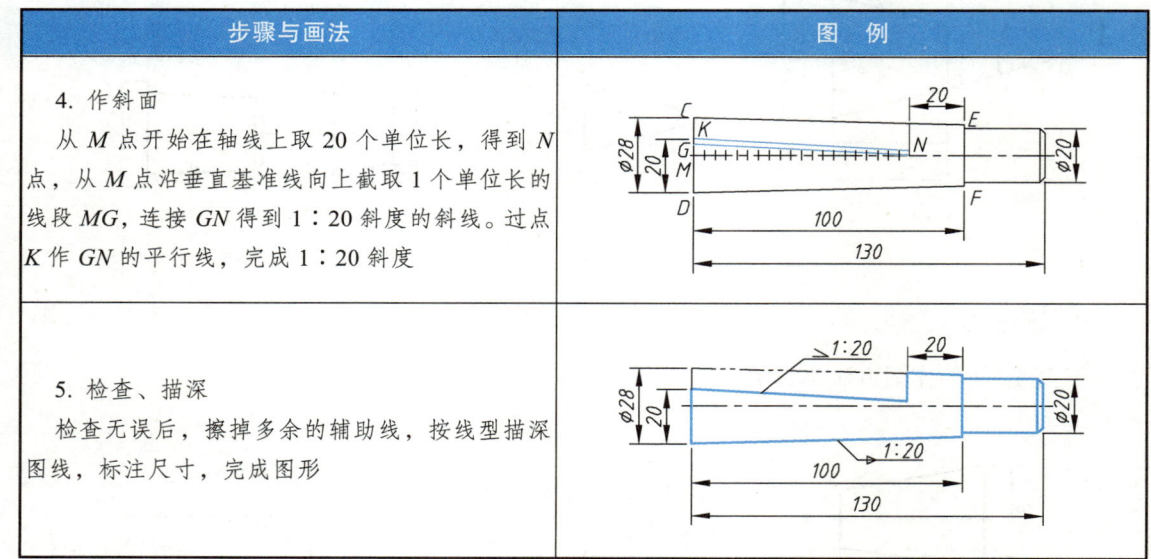

任务四　绘制吊钩平面图

 任务引入

在 A4 图纸上绘制如图 1-23 所示的吊钩平面图形，要求符合国家制图标准的有关规定。

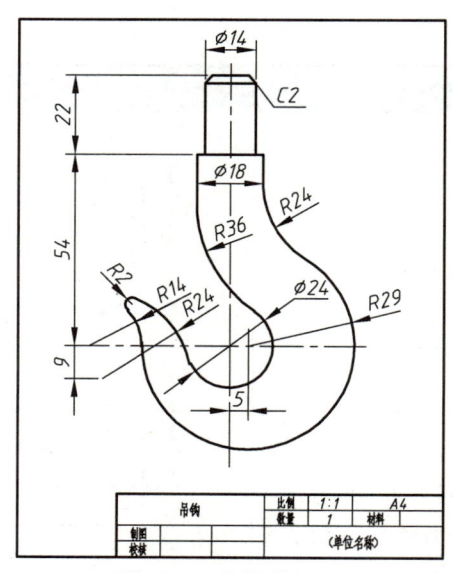

图 1-23　吊钩平面图

 任务分析

一张完整的图纸一般由图幅、标题栏、图形、尺寸、技术要求等组成，如图 1-23 所示吊钩平面图就是一张完整的图纸。

 知识链接

一、图纸幅面和格式

1. 图纸幅面

国家标准 GB/T 14689—2008 对图纸幅面作了相应规定，绘制图样时，图纸幅面应采用表 1-17 中规定的基本幅面。基本幅面代号有 A0、A1、A2、A3、A4 五种。

表 1-17　图纸幅面及图框格式尺寸　　　　　　　　　　　　　　　　单位：mm

幅面代号	幅面尺寸 $B \times L$	周边尺寸		
		a	c	e
A0	841×1 189	25	10	20
A1	594×841			
A2	420×594			10
A3	297×420		5	
A4	210×297			

2. 图框格式

图纸上限定绘图区域的线框称为图框。图框在图纸上必须用粗实线画出，图样绘制在图框内部。其格式分为留装订边和不留装订边两种，如图 1-24 和图 1-25 所示。同一产品的图样只能采用一种图框格式。

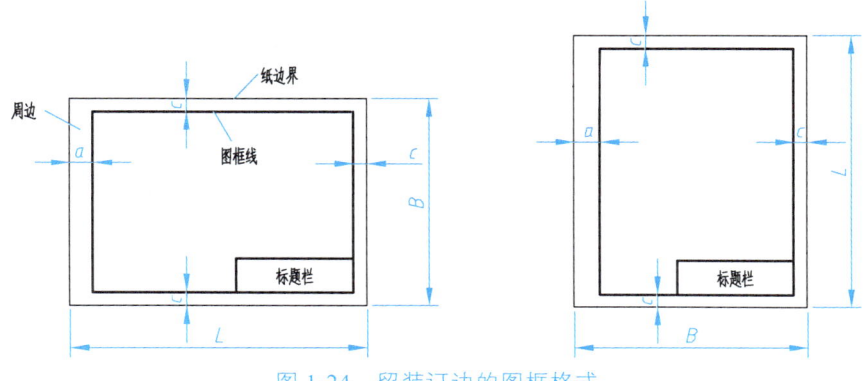

图 1-24　留装订边的图框格式

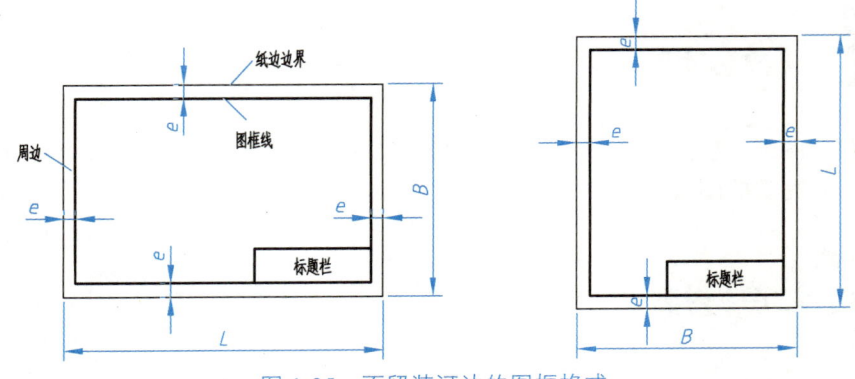

图 1-25 不留装订边的图框格式

二、标题栏

标题栏由名称及代号区、签字区、更改区和其他区组成，每张图样都必须有标题栏。其格式和尺寸按 GB/T 10609.1—2008 的规定绘制，如图 1-26（a）所示。

标题栏的位置应位于图纸的右下角，标题栏中的文字方向通常与看图的方向保持一致。教学中建议采用简化的标题栏，如图 1-26（b）所示。标题栏外框采用粗实线，框内格线采用细实线绘制。

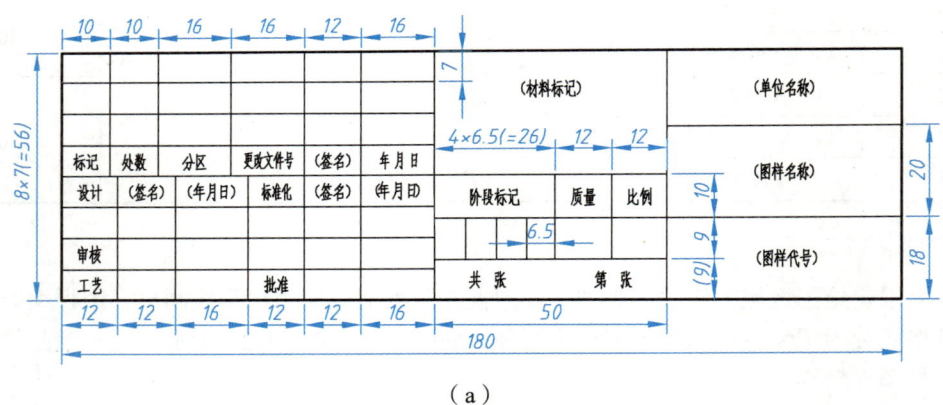

（a）

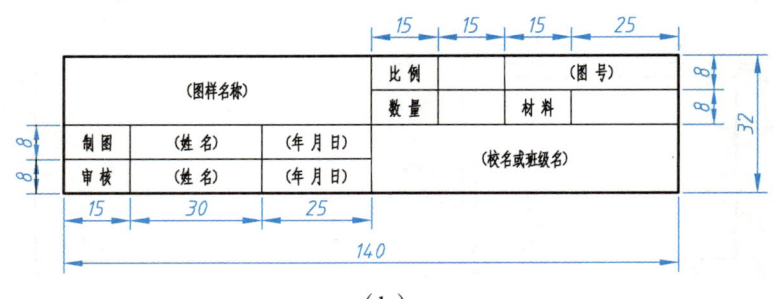

（b）

图 1-26 标题栏的格式

一、准备工作

1. 确定图幅

根据图形及尺寸确定采用 A4 图纸。

2. 确定绘图比例

根据图形的复杂程度和尺寸大小确定采用 1∶1 的绘图比例。

二、绘制图形

绘制吊钩平面图的作图步骤见表 1-18。

表 1-18 吊钩平面图的作图步骤

步骤与画法	图 例
1. 绘制图框、标题栏 2. 绘制基准线 3. 绘制钩柄部分	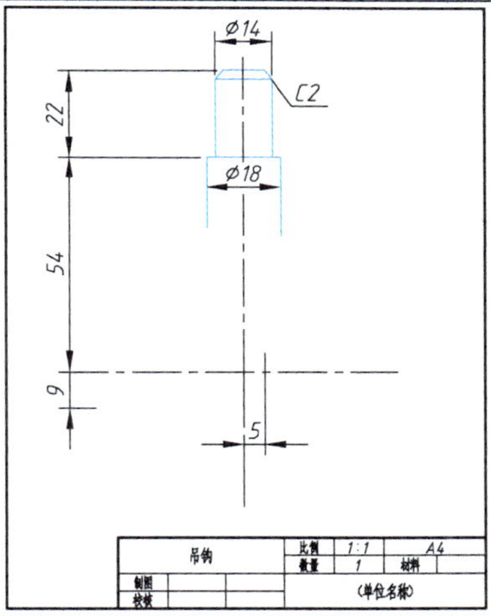
4. 绘制吊钩弯曲中心部分 5. 绘制钩柄过渡部分	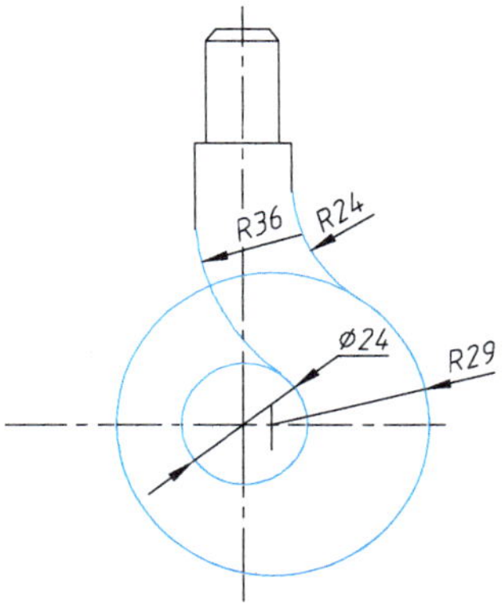

步骤与画法	图 例
6. 绘制钩尖部分	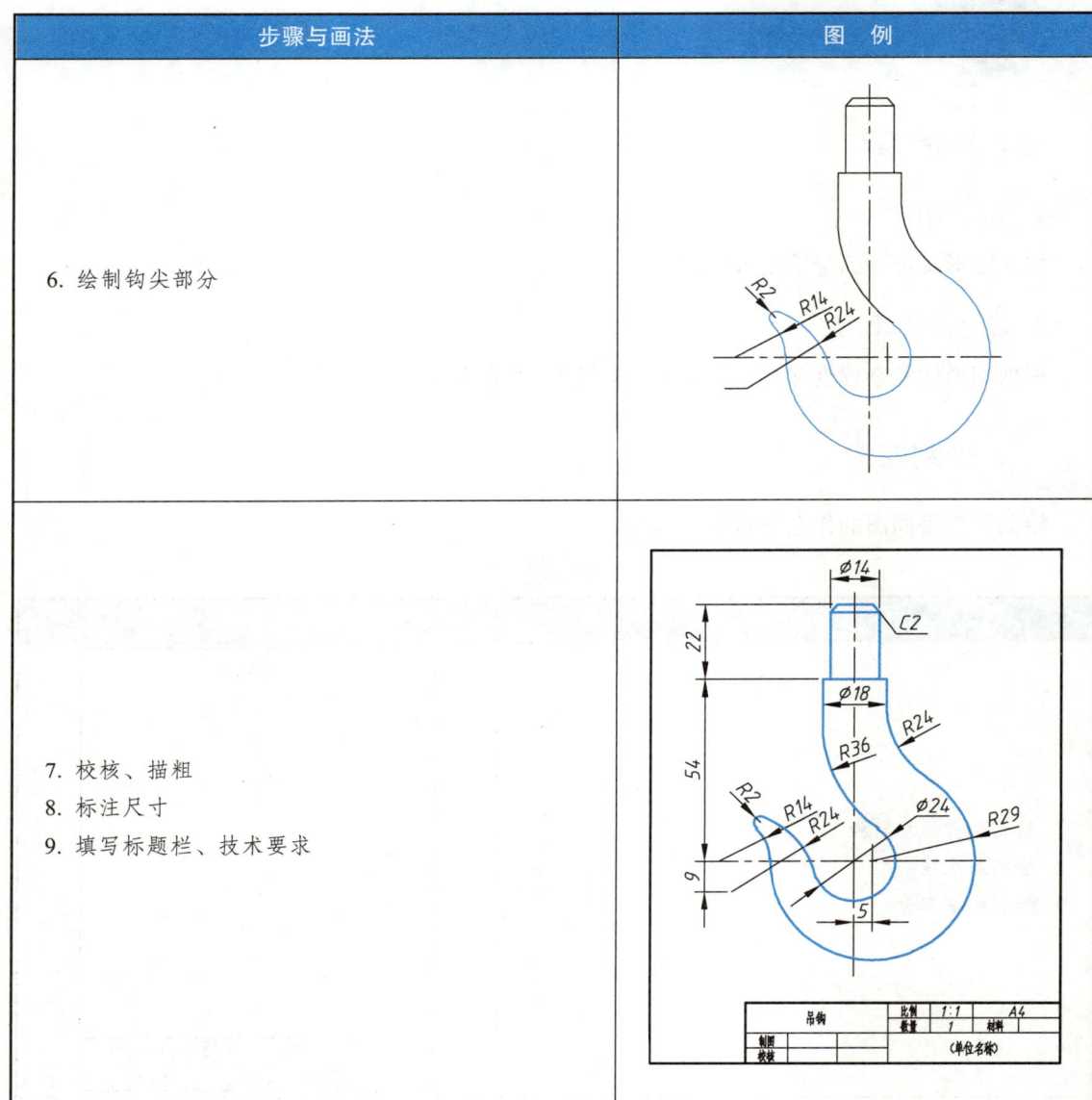
7. 校核、描粗 8. 标注尺寸 9. 填写标题栏、技术要求	

课题三　用 AutoCAD 绘制平面图形

　　AutoCAD 具有良好的工作界面和灵活、高效、快捷的绘图环境，已广泛应用于机械设计、电工电子电路、土木建筑、装饰装潢、城市规划、园林设计、服装鞋帽、航空航天、轻工化工等诸多领域。AutoCAD 自 1982 年问世以来，已经进行了多次升级，功能日趋完善，已成为工程设计领域应用最广泛的计算机辅助绘图与设计软件之一。

任务一　创建 A4 样板文件

任务引入

创建一个 A4 图纸的样板文件。

任务分析

如果使用样板来创建新的图形，则新的图形继承了样板中的所有设置，这样就避免了大量的重复工作，而且也可以保证同一项目中所有图形文件的统一和标准。新的图形文件与所用的样板文件是相对独立的，因此新的图形中的修改不会影响样板文件。下面来学习图形样板的创建方法。

任务实施

一、启动 AutoCAD 2020 绘制软件

用鼠标左键双击 Windows 桌面上的 AutoCAD 2020 图标或单击任务栏中"开始"按钮"程序"菜单中的 AutoCAD 2020 项，即可以启动软件，如图 1-27 所示。单击"开始绘制"，进入 AutoCAD 2020 绘图界面，如图 1-28 所示。该界面主要由菜单浏览器、快速访问工具栏、功能区、绘图窗口、滚动条、命令行、状态栏等部分组成。

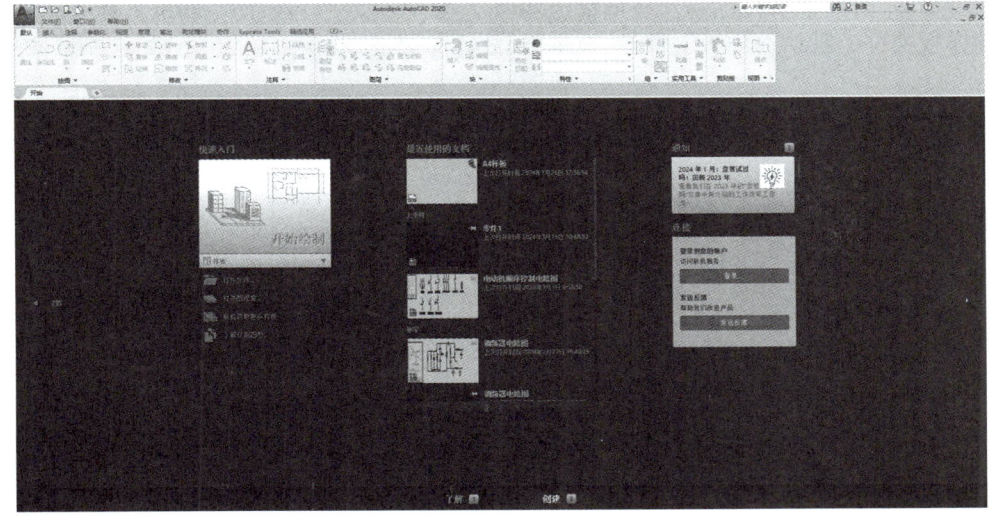

图 1-27　AutoCAD 用户界面

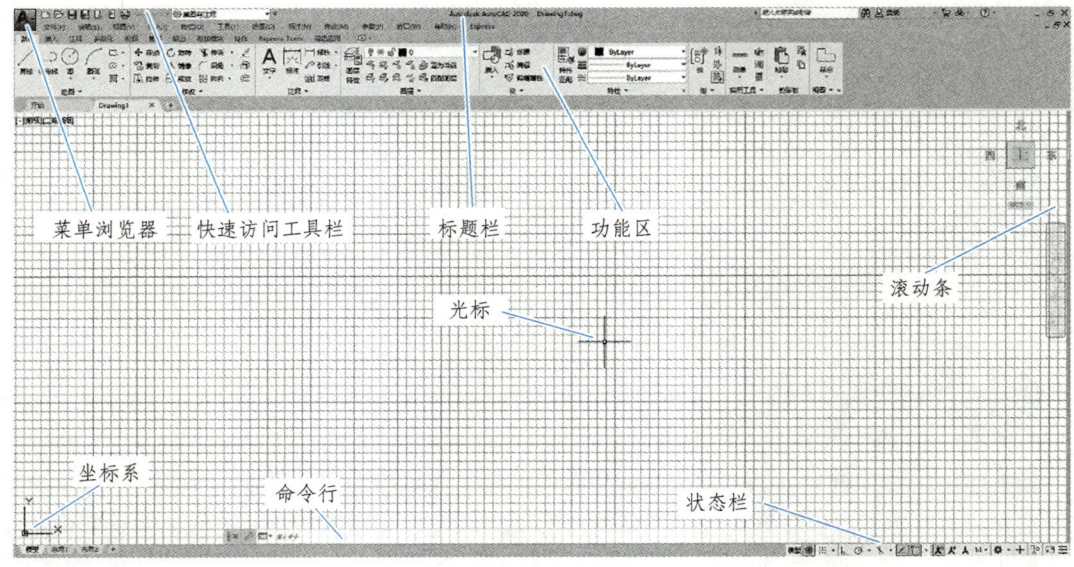

图 1-28　AutoCAD 绘图界面

中文版 AutoCAD 2020 为用户提供了"草图与注释""三维基础""三维建模"三种工作空间模式。

二、选择 AutoCAD 2020 提供的样板

在具体的设计工作中，许多项目都需要设定为相同标准，如字体、标注样式、图层、标题栏等。保证所有文件具有相同标准的有效方法是使用样板文件，在样板文件中包含了各种标准设置，当建立新图时，就以样板文件为原型进行创建，这样新图就具有与样板图相同的设置。

单击菜单浏览器，选择菜单命令"文件"/"新建"（或单击快速访问工具栏中的 ▯ 按钮，创建新图形），打开"选择样板"对话框，如图 1-29 所示。该对话框中列出了许多用于创建新图形的样板文件，默认的样板文件是"acadiso.dwt"。单击 打开(O) 按钮，开始绘制新图形。

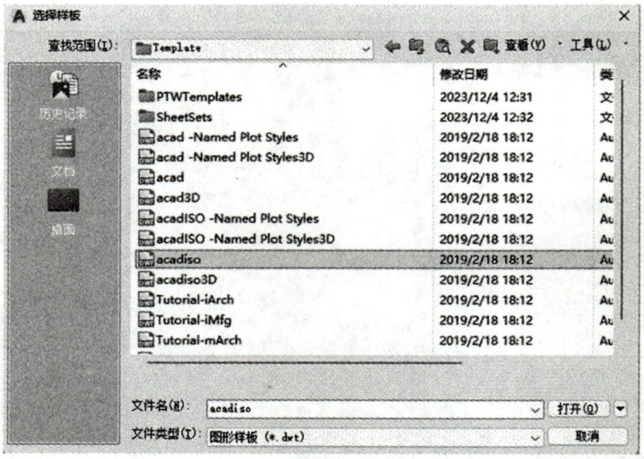

图 1-29　"选择样板"对话框

AutoCAD 中有许多标准的样板文件，扩展名是".dwt"。用户可根据需要建立自己的标准样板，这个标准样板一般应具有以下一些设置：

① 图形界限；
② 图层、颜色、线框；
③ 标题栏、边框；
④ 标注样式及文字样式；
⑤ 常用标注符号。

创建样板图的方法与建立一个新文件类似，当用户将样板文件包含的所有标准项目设置完成后，将此文件另存为".dwt"类型文件即完成创建。

当要通过样板文件创建新图形时，选择菜单命令"文件"/"新建"，打开"选择样板"对话框，通过该对话框找到所需的样板文件，单击"打开"按钮，AutoCAD 就以此文件为样板创建新图形。

三、设置绘图界限

在命令行中输入：Limits，按回车键确认，AutoCAD 命令行提示如下：
命令：LIMITS
重新设置模型空间界限：
指定左下角点或[开（ON）/关（OFF）] <0.0000，0.0000>：　　（回车）
指定右上角点<420.0000，297.0000> ：297,210　　　　　　　（回车）

由于所要绘制的零件图大都使用 A4 幅面的图纸，所以将图形的绘图界限设置为 A4 纸张的大小。如果要绘制其他幅面的图形，修改其中的绘图界限即可。

四、设置图层

AutoCAD 的图形对象总是位于某个图层上。默认情况下，当前图层是 0 层，此时所画的图形对象在 0 层上。每个图层都有与其相关联的颜色、线型及线宽等属性信息，用户可以对这些信息进行设定或修改。

（1）单击"图层"面板上的"　"按钮，打开"图层特性管理器"对话框，如图 1-30 所示。

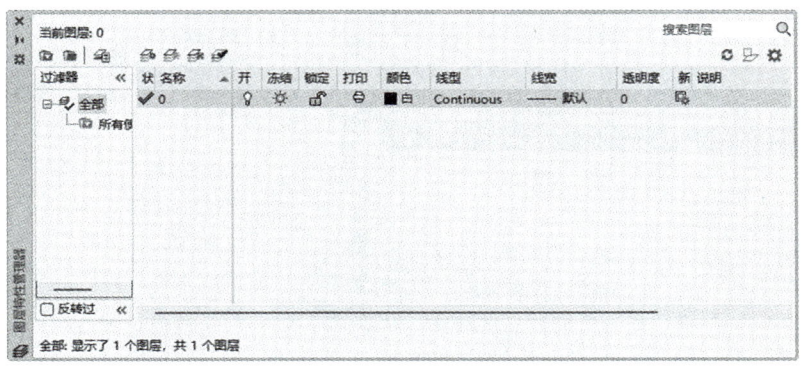

图 1-30　"图层特性管理器"对话框

（2）在图层特性管理器中单击" "按钮创建一个新图层，系统自动将其命名为"图层1"。此时图层名称呈现为可编辑状态，选择中文输入法，输入图层名"细点画线"，将该图层命名为"细点画线"，如图1-31所示。

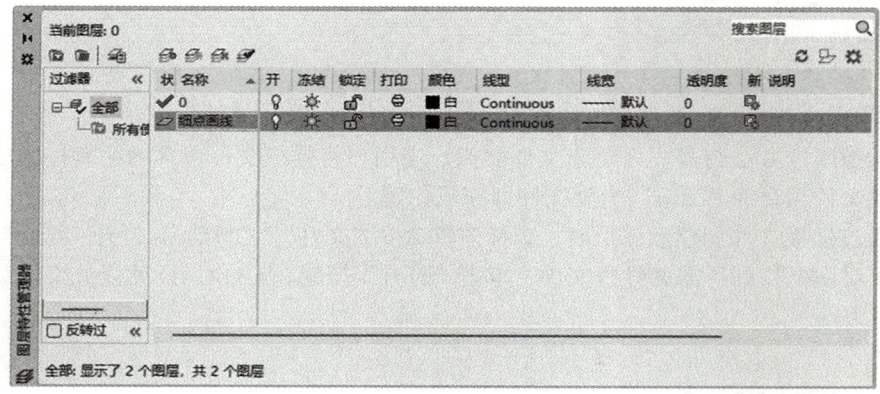

图1-31　新建图层

（3）单击"细点画线"图层上的线型按钮" Continuous "，弹出如图1-32（a）所示的"选择线型"对话框，单击" 加载(L)... "按钮，弹出如图1-32（b）所示的对话框，选中"CENTER"项，然后单击"确定"按钮，完成线型加载，如图1-32（c）所示。选择"CENTER"线型，单击"确定"按钮，完成线型设置，如图1-32（d）所示。

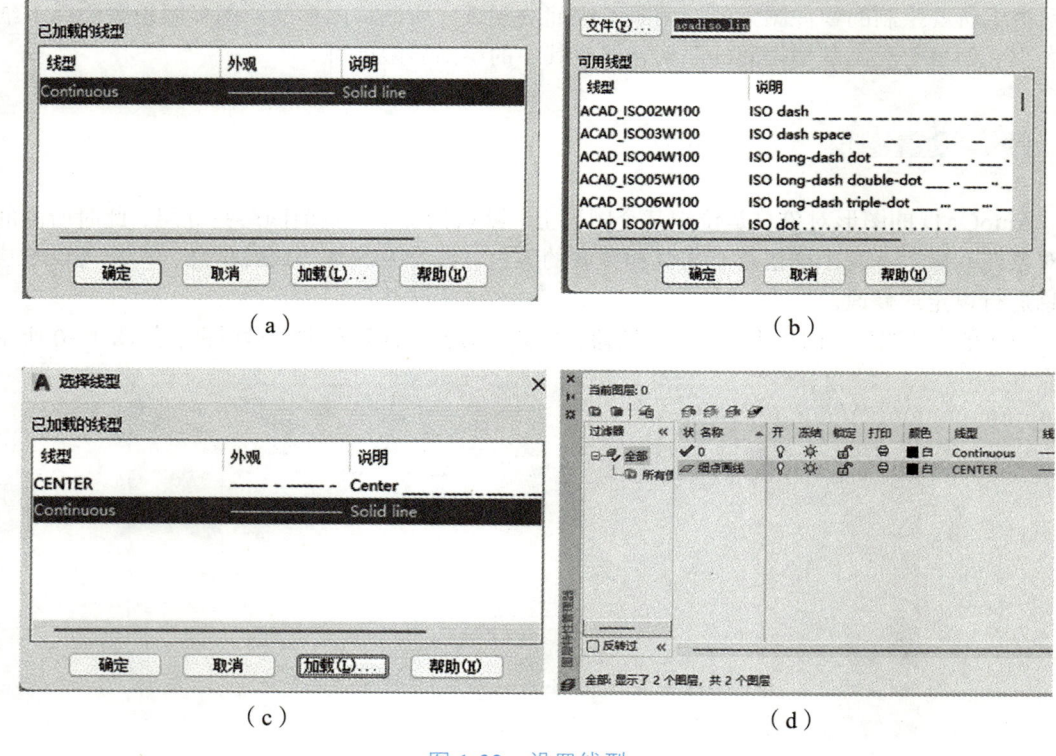

图1-32　设置线型

（4）单击"细点画线"图层上的"———— 默认"图标，弹出如图1-33所示的"线宽"对话框，在其中选择"0.25 mm"选项，然后单击"确定"按钮，完成操作。

如果要调整线宽比例，可依次点击工具栏"格式"/"线宽"，弹出"线宽设置"对话框，如图1-34所示，可在"调整显示比例"分组框中移动滑块来改变显示比例值。

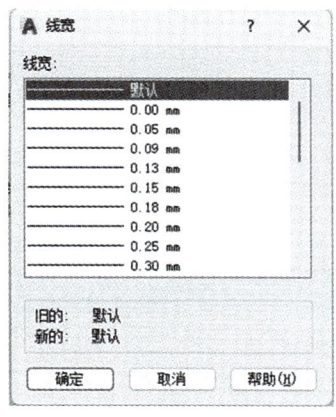

图1-33　设置线宽　　　　　　图1-34　"线宽设置"对话框

（5）颜色在图形中具有非常重要的作用，可用来表示不同的组件、功能和区域。图层的颜色实际上是图层中图层对象的颜色，绘制复杂图形时就可以很容易区分图形的各部分。新建图层后，要改变细点画线图层的颜色，可在"图层特性管理器"对话框中单击"细点画线"图层的颜色列对应的"■白"按钮，打开"选择颜色"对话框，如图1-35所示，选择红色，单击"确定"按钮，完成颜色设置。

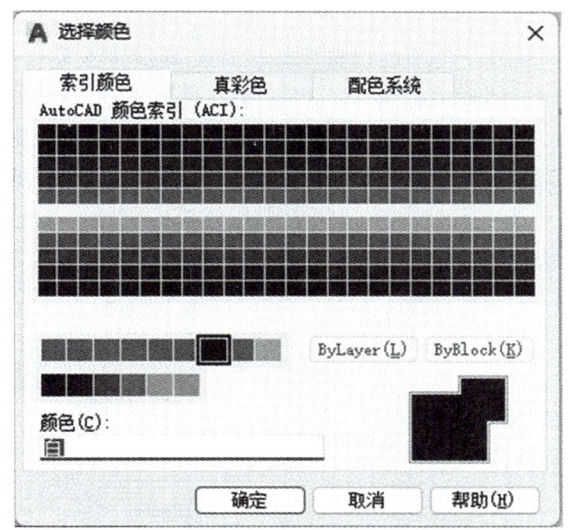

图1-35　"选择颜色"对话框

（6）重复步骤（2）~（5），在图层中建立"粗实线""细实线""标注""文字""填充"等图层，如图1-36所示。各图层的具体参数设置见表1-19。

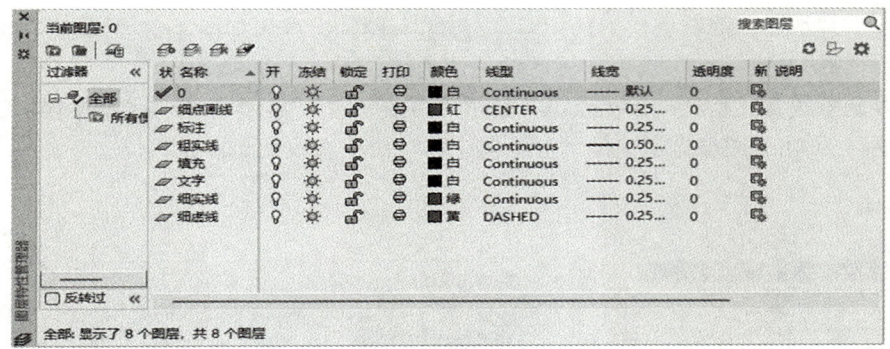

图 1-36　设置其他图层

表 1-19　各图层的具体参数设置

图　层	线　型	线宽/mm	颜　色
细点画线	CENTER	0.25	红色
标注	Continuous	0.25	白色
粗实线	Continuous	0.50	白色
填充	Continuous	0.25	白色
文字	Continuous	0.25	白色
细实线	Continuous	0.25	绿色
细虚线	DASHED	0.25	黄色

五、保存图形样板

通过前面的操作，样板图及其环境设置完毕，可将其保存成样板图文件。选择"文件"菜单中的"另存为"命令，弹出"图形另存为"对话框，文件类型选择"AutoCAD 图形样板（*.dwt）"，输入文件名"A4样板"，如图 1-37 所示，单击"保存"按钮保存为样板文件。

保存完成后，弹出如图 1-38 所示的"样板选项"对话框，可以输入对该样板的简短描述，并确定单位为"公制"，单击"确定"按钮完成图形样板的创建。此时就创建好一个标准的 A4 幅面的样板文件，下面的绘图工作都将在此样板的基础上进行。

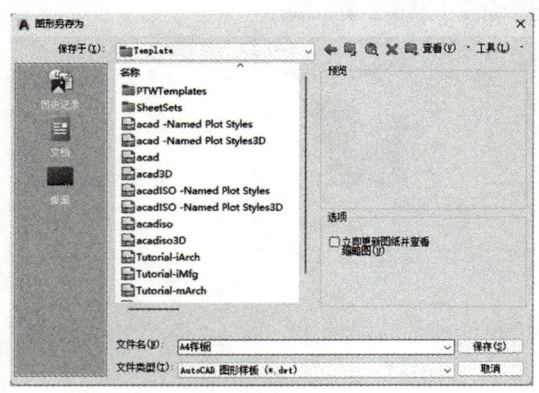

图 1-37　保存样板文件

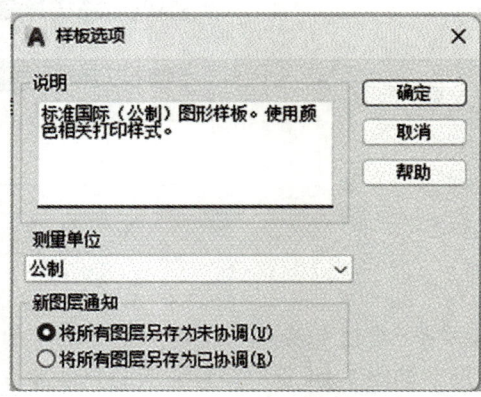

图 1-38　"样板选项"对话框

任务二 用 AutoCAD 绘制支架平面图

绘制图 1-39 所示的支架平面图。

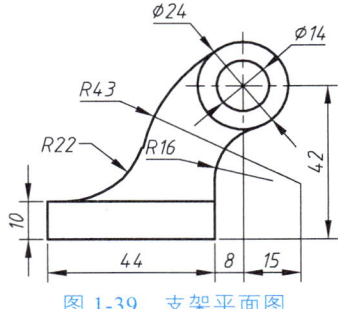

图 1-39 支架平面图

绘制平面图形时，按照机械制图的要求，首先应该对图形进行线段和尺寸分析，根据定形尺寸和定位尺寸，判断出已知线段、中间线段和连接线段，然后按照先已知线段，再中间线段，后连接线段的绘图顺序完成图形。在图 1-39 中，线型类型为：已知线段 $\phi14$ mm、$\phi24$ mm、10 mm 和 44 mm，中间线段 $R43$ mm，连接线段 $R16$ mm、$R22$ mm。

绘制支架平面图

一、启动 AutoCAD 2020

单击"快速入门"中"样板"下拉菜单，选择"A4 样板"，如图 1-40 所示，即可开始新图形的创建。

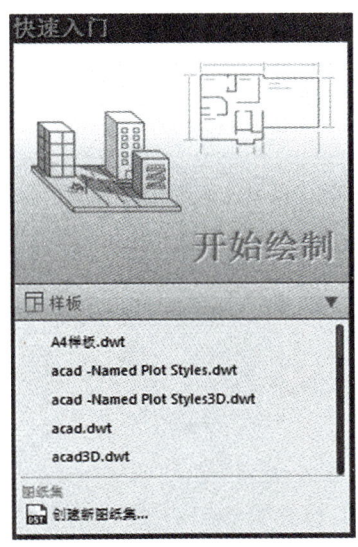

图 1-40 选择 A4 样板

039

二、绘制中心线

启动 AutoCAD 命令的方法一般有两种：一种是在命令行中输入命令全称或简称，另一种是用鼠标单击工具面板上的命令按钮。

单击"绘图"面板上的命令按钮（见图 1-41）是绘制图形最基本、最常用的方法，其中包含了 AutoCAD 2020 的大部分绘图命令。

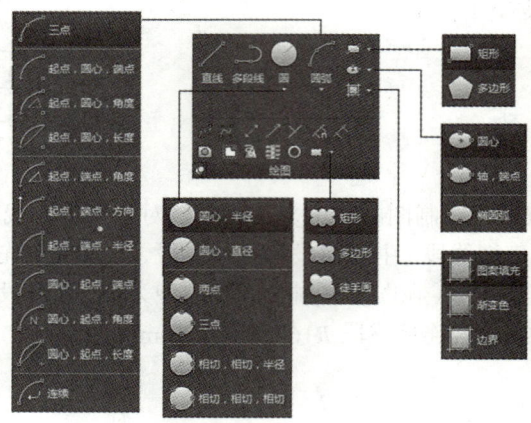

图 1-41　绘图菜单

1. 设置当前图线

单击"图层特性"中的"当前层"列表框右边的下拉箭头，弹出图层列表，在列表中选取"细点画线"层。

2. 绘制水平中心线

打开状态栏的"正交"按钮，绘制一条长 30 mm 的水平中心线，如图 1-42 所示。
命令：_line
指定第一个点：　　（移动鼠标使十字光标移动到绘图区中间某位置，单击，指定水平线的第一点）

图 1-42　绘制水平中心线

指定下一点或[放弃（U）]：30　　　（向右移动光标，输入线段长度，回车）
指定下一点或[退出（E）/放弃（U）]：　　（回车）

使用状态栏（见图 1-43）中的辅助绘图工具"⌐"功能，可以方便地绘制水平线和垂直线。单击"⌐"图标（或按 F8 键），即可打开正交功能，再次点击"⌐"按钮（或按 F8 键）即关闭该功能。辅助绘图工具栏的其他几个按钮的使用方法和"正交"按钮相同。

图 1-43　状态栏

AutoCAD 的命令执行过程是交互式的。当用户输入命令后，需按回车键确认，系统才执行该命令。而执行过程中，系统有时候要等待用户输入必要的绘图参数，如输入命令选项、点的坐标或其他几何数据等，输入完成后，也要按回车键确认，系统才能继续执行下一步操作。

（1）命令提示中方括号"[ ]"里以"/"隔开的内容表示各个选项，若要选择某个选项，则需输入圆括号中的字母，可以是大写形式，也可以是小写形式。

（2）命令提示中"< >"里的内容是当前默认值。

（3）当使用某一命令时点 F1 键，AutoCAD 将显示该命令的帮助信息，也可将光标在命令按钮上放置片刻，则 AutoCAD 在按钮附近显示该命令的简要提示信息。

（4）AutoCAD 绘图时，用户可通过鼠标或键盘发出命令。

3. 绘制垂直水平线

单击"绘图"面板上的"/"按钮，命令行出现操作提示："指定第一点"。在水平中心线中间上端位置单击鼠标左键，便指定了第一点。操作提示变为"指定下一点"，在垂直方向移动鼠标，到一个合适的位置，单击鼠标左键，确定垂直线的第二点，如图 1-44 所示。

图 1-44　绘制垂直中心线

三、绘制底板

1. 设置当前图线

单击"图层特性"中的"　　　　　　　"列表框右边的下拉箭头，弹出图层列表，在列表中选取"粗实线"层。

2. 绘制辅助线

AutoCAD 2020 的"修改"面板（见图 1-45）上包含了大部分编辑命令，通过选择该面板上的命令或子命令，可以帮助用户合理地构造和组织图形，保证绘图的准确性，简化绘图操作。

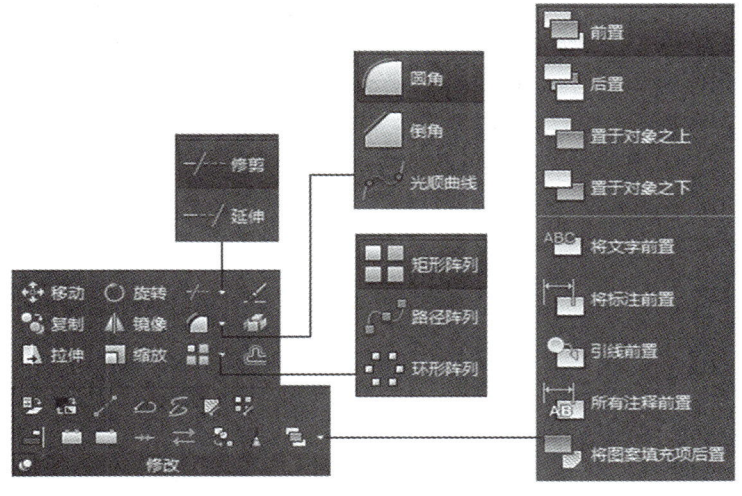

图 1-45　修改菜单

单击"修改"面板上的"　　"按钮，AutoCAD 命令行提示如下：

命令：_offset

指定偏移距离或[通过（T）/删除（E）/图层（L）]<通过>： 8（输入平移距离，回车）

选择要偏移的对象，或[退出（E）/放弃（U）]<退出>： （十字光标变为小方框即拾取框，移动鼠标，使拾取框框住垂直中心线的任意部位，单击即可拾取垂直中心线，拾取的铅垂线变成虚线）

指定要偏移的那一侧上的点，或[退出（E）/多个（M）/放弃（U）]<退出>：[在要偏移的方向单击，即可画出左侧的垂直细点画线，如图1-46（a）所示]

选择要偏移的对象，或[退出（E）/放弃（U）]<退出>： （回车）

"偏移"可以将对象偏移指定的距离，创建一个与原对象类似的新对象。使用该命令时，用户可以通过两种方式创建平行对象：一种是输入平行线之间的距离，另一种是指定新平行线通过的点。

提示：

"偏移"命令选项如下：

① 通过（T）：通过指定点创建新的偏移对象。

② 删除（E）：偏移源对象后将其删除。

③ 图层（L）：指定将偏移后的新对象放置在当前图层或源对象所在的图层上。

单击"修改"面板上的"⌂"按钮，将水平点画线向下偏移，偏移距离为42 mm，如图1-46（b）所示。

3. 绘制底板

将"粗实线"层设置为当前层，单击"绘图"面板上的"╱"按钮，命令行提示如下：

命令：_line

指定第一点：　　　　　　　　　　　（单击 A 点，如图1-47所示）

指定下一点或[放弃（U）]：44　　　（向左移动光标，输入线段长度，回车）

指定下一点或[放弃（U）]：10　　　（向上移动光标，输入线段长度，回车）

指定下一点或[放弃（U）]：44　　　（向右移动光标，输入线段长度，回车）

指定下一点或[放弃（U）]：10　　　（向下移动光标，输入线段长度，回车）

指定下一点或[闭合（C）/放弃（U）]：　（回车）

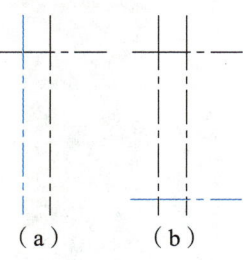
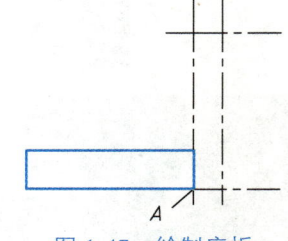

图1-46　绘制辅助线　　　　　　　　图1-47　绘制底板

单击"修改"面板上的"✎"按钮，可删除对象，AutoCAD 命令行提示如下：

命令：_erase

选择对象：找到1个　　　　　　　　[选择辅助线，如图1-48（a）所示]

选择对象：找到1个，总计2个

选择对象：　　　　　　　　　　　　[按回车键删除图线，如图1-48（b）所示]

图 1-48　删除辅助线

四、绘制 φ14 mm、φ24 mm 两同心圆

单击"绘图"面板上的"⊙"按钮,或选择"圆"命令中的子命令,即可绘制圆。在 AutoCAD 中,可以使用 6 种方法绘制圆,如图 1-49 所示。

"圆"命令选项如下:

① 指定圆的圆心:默认选项。输入圆心坐标或拾取圆心后,AutoCAD 提示输入圆的半径或直径值。

② 三点(3P):输入 3 个点绘制圆,该圆是这三点构成三角形的外接圆。

③ 两点(2P):指定直径的两个端点画圆。

④ 相切、相切、半径(T):指定圆的两个切点和半径画圆。

⑤ 相切、相切、半径(A):指定圆的三个切点画圆。

单击"绘图"面板上的"⊙"按钮,AutoCAD 命令行提示如下:

命令:_circle

指定圆的圆心或[三点(3P)/两点(2P)/相切、相切、半径(T)]:

(单击水平中心线和垂直中心线的交点)

指定圆的半径或[直径(D)]:7(输入半径,回车,即可画出直径为 φ14 mm 的圆)

用相同的方法绘制出直径为 φ24 mm 的圆,如图 1-50 所示。

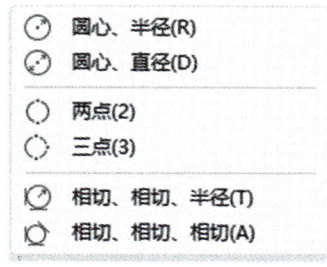

图 1-49　绘制圆的 6 种方法

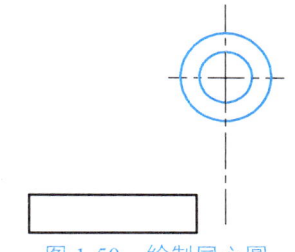

图 1-50　绘制同心圆

五、绘制 R16 mm 圆弧

(1)单击底板右侧垂直线,图线变为图 1-51(a)所示的状态;再单击垂直线上面的"小方框"(也称夹点),并向上拖动,到达合适的位置,如图 1-51(b)所示;按 Esc 键退出拉伸状态,如图 1-51(c)所示。

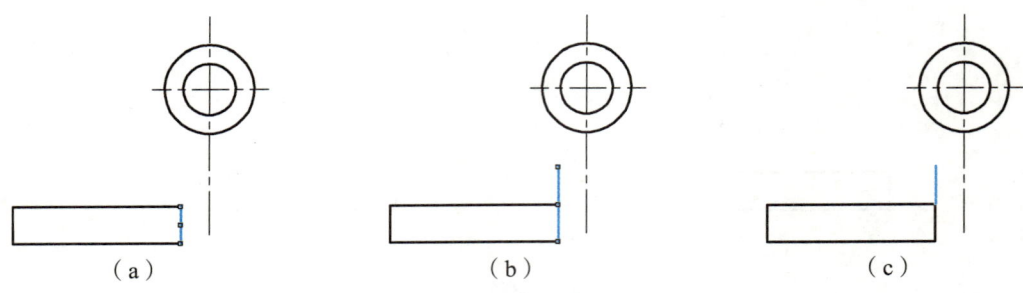

图 1-51　调整图线

（2）单击"绘图"面板上的"⊙ 相切, 相切, 半径"按钮，AutoCAD 命令行提示如下：
指定对象与圆的第一个切点：　　　　　　[捕捉如图 1-52（a）所示的 A 点]
指定对象与圆的第二个切点：　　　　　　[捕捉如图 1-52（a）所示的 B 点]
指定圆的半径<12.0000>：16　　　　　　（输入圆弧半径 16 mm，回车）

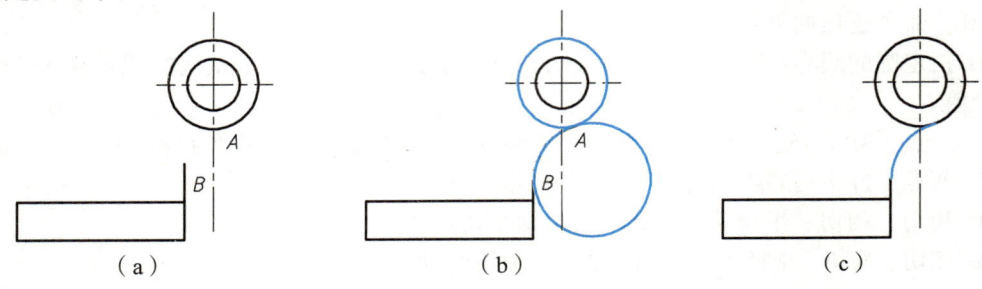

图 1-52　绘制 R16 mm 圆弧

（3）单击"修改"面板上的"✂ 修剪"按钮，AutoCAD 命令行提示如下：
选择剪切边…
选择对象或<全部选择>：找到 1 个　　　　（选择 R16 mm 圆弧）
选择对象：找到 1 个，总共 2 个　　　　　（选择底板右侧垂直线）
选择对象：找到 1 个，总共 3 个　　　　　[选择 ϕ24 mm 圆弧作为修剪边，单击鼠标右键，如图 1-52（b）所示]
选择对象：
选择要修剪的对象，或按住<shift>键选择要延伸的对象，
或[栏选（F）/窗交（C）/投影（P）/边（E）/删除（R）/放弃（U）]：　（依次单击底板右侧垂直线、R16 mm 圆弧）
选择要修剪的对象，或按住<shift>键选择要延伸的对象，
或[栏选（F）/窗交（C）/投影（P）/边（E）/删除（R）/放弃（U）]：　[回车，如图 1-52（c）所示]

六、绘制 R43 mm 圆弧

（1）单击"修改"面板上的"⟲"按钮，将竖直点画线向左偏移，偏移距离为 28 mm，如图 1-53 所示。

（2）单击"绘图"面板上的"⊙相切，相切，半径"按钮，绘制半径为 R43 mm 的圆，如图 1-54（a）所示。

（3）单击"修改"面板上的"✐"按钮，删除辅助线，如图 1-54（b）所示。

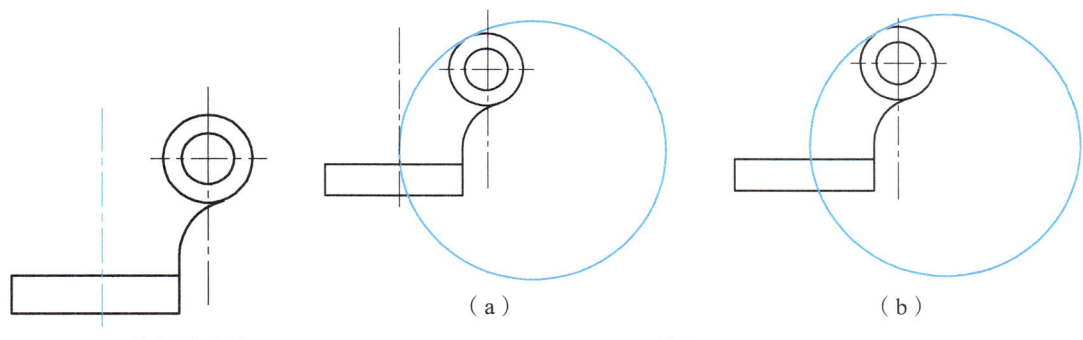

图 1-53　绘制辅助线　　　　图 1-54　绘制 R43 mm 圆弧

七、绘制 R22 mm 圆弧

（1）单击"绘图"面板上的"⊙相切，相切，半径"按钮，绘制半径为 22 mm 的圆，如图 1-55（a）所示。

（2）单击"修改"面板上的"✂ 修剪"按钮，修剪多余图线，如图 1-55（b）所示。

注意：修剪时要正确选择修剪边及修剪对象，防止剪错。

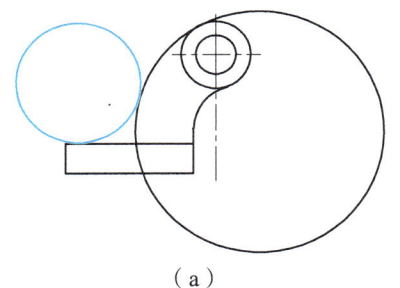

图 1-55　绘制 R22 mm 圆弧

八、整　理

调整垂直中心线的长度，如图 1-56 所示。

九、保　存

完成支架平面图的绘制，将该图保存为"支架.dwg"。

注意：图形文件后缀名为".dwg"，样板文件后缀名为".dwt"。

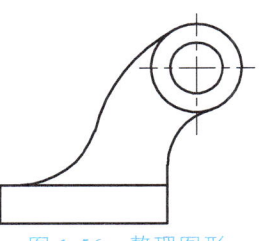

图 1-56　整理图形

十、退出 AutoCAD 2020

单击 AutoCAD 2020 右上角的"关闭"按钮，退出操作。

任务三　用AutoCAD绘制吊钩平面图

 **任务引入**

绘制图 1-57 所示的吊钩平面图。

 **任务分析**

该图形由直线和圆弧线段组成，绘图时先画出中心线及直线，然后用圆弧绘制命令完成圆弧连接。

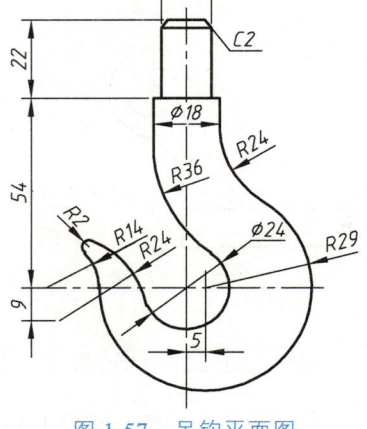

图 1-57　吊钩平面图

任务实施

一、启动 AutoCAD 2020

单击"快速入门"中的"样板"下拉菜单，选择"A4 样板"，即可开始新图形的创建。

二、绘制中心线和辅助线

（1）将"细点画线"层设置为当前层，打开状态栏的"　"按钮、"　"按钮、"　"按钮，单击"绘图"面板上的"／"按钮，绘制水平和垂直中心线，如图 1-58（a）所示。

（2）单击"修改"面板上的"　"按钮，将水平点画线向上偏移，偏移距离分别为 54 mm 和 76 mm，将竖直点画线对称偏移，偏移距离分别为 7 mm 和 9 mm，如图 1-58（b）所示。

图 1-58　绘制中心线和辅助线

三、绘制钩柄部分的直线

（1）将"粗实线"层设置为当前层，单击"绘图"面板上的" / "按钮，绘制钩柄部分的直线，如图 1-59（a）所示。

（2）单击"修改"面板上的" "按钮，AutoCAD 命令行提示"选择对象"，选择要删除的辅助线（此时辅助线变为虚线），单击鼠标右键，完成删除，如图 1-59（b）所示。

（3）单击"修改"面板上的"倒角"按钮，AutoCAD 出现如下提示：

选择第一条直线或[放弃（U）/多段线（P）/距离（D）/角度（A）/修剪（T）/方式（E）/多个（M）]：d　　　　　　　　　　　　　　　[选择"距离（D）"选项，回车]

指定第一个倒角距离<0.0000>：2　　　（输入倒角距离，回车）

指定第二个倒角距离<2.0000>：　　　　（回车）

选择第一条直线或[放弃（U）/多段线（P）/距离（D）/角度（A）/修剪（T）/方式（E）/多个（M）]：　　　　　　　　　　　　　　（选择倒角的第一条直线）

选择第二条直线，或按住<shift>键选择直线以应用角点或[距离（D）/角度（A）/方法（M）]：
　　　　　　　　　　　　　　　　　　（选择第二条直线）

系统按指定的距离完成倒角操作。同理，倒另一侧角。

提示：

"倒角"命令选项如下：

① 多段线（P）：选择多段线后，AutoCAD 对多段线每个顶点进行倒斜角操作。

② 距离（D）：设定倒角距离。

③ 角度（A）：指定倒角距离及倒角角度。

④ 修剪（T）：指定倒斜角操作后是否修剪对象。

⑤ 方式（E）：设置使用两个倒角距离，还是一个距离一个角度来创建倒角。

⑥ 多个（M）：可以一次创建多个倒角。

（4）单击"绘图"面板上的" / "按钮，绘制倒角连线，如图 1-59（c）所示。

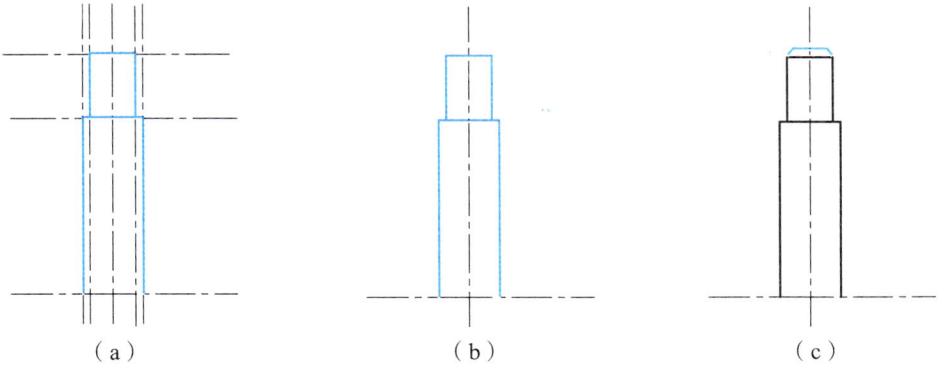

图 1-59　绘制钩柄部分的直线

四、绘制吊钩弯曲中心部分的 $\phi24$ mm、$R29$ mm 圆弧

（1）单击"修改"面板上的" "按钮，将竖直点画线向右偏移，偏移距离为 5 mm，如图 1-60（a）所示。

（2）单击"绘图"面板上的"⊙"按钮，绘制直径为 φ24 mm 和半径为 R29 mm 的圆，如图 1-60（b）所示。

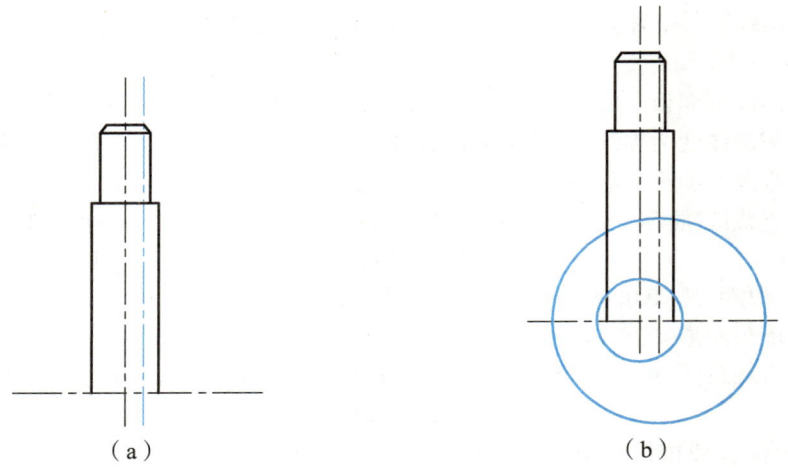

图 1-60　绘制吊钩弯曲中心部分

五、绘制钩尖部分的 R24 mm、R14 mm 圆弧

（1）将"细点画线"层设置为当前层，单击"绘图"面板上的"╱"按钮，捕捉 R29 mm 圆与水平中心线的交点，作垂直辅助线。单击"修改"面板上的"⧈"按钮，将垂直辅助线向左偏移，偏移距离为 14 mm，如图 1-61（a）所示，偏移后的辅助线与水平中心线的交点就是 R14 mm 圆弧的圆心。将水平点画线向下偏移，偏移距离为 9 mm，并以 φ24 mm 圆的圆心作圆心，作半径为 R36 mm 的辅助圆，辅助圆与水平辅助线的交点就是 R24 mm 圆弧的圆心，如图 1-61（b）所示。

（2）单击"绘图"面板上的"⊙"按钮，绘制半径为 R24 mm 和半径为 R14 mm 的圆，如图 1-61（c）所示。

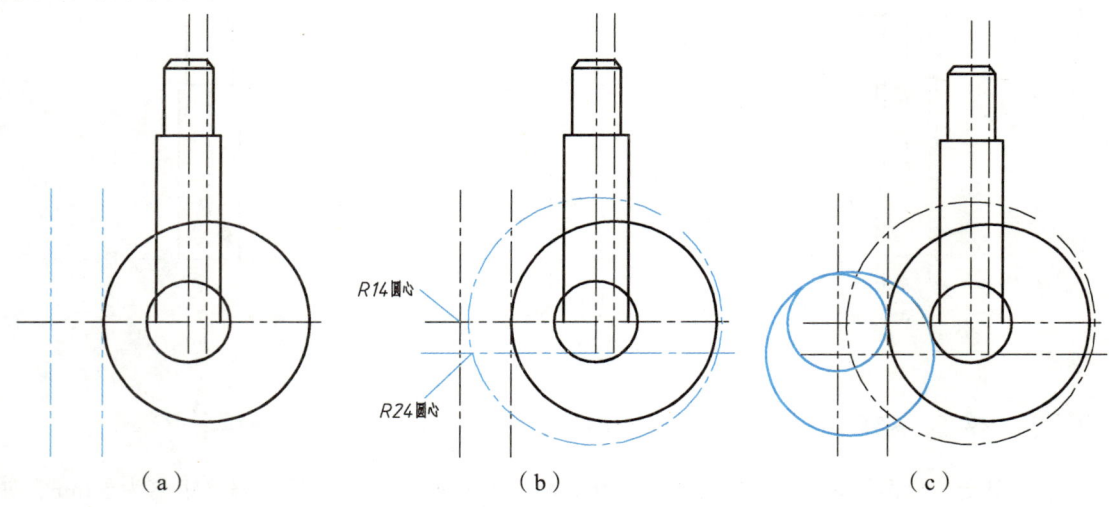

图 1-61　绘制钩尖部分的 R24 mm、R14 mm 圆弧

六、绘制钩柄部分过渡圆弧 R36 mm 和 R24 mm

（1）单击"绘图"面板上的"⊙ 相切, 相切, 半径"按钮，AutoCAD 命令行提示如下：
指定对象与圆的第一个切点：　　　　　　[捕捉图 1-62（a）所示的 A 点，回车]
指定对象与圆的第二个切点：　　　　　　[捕捉图 1-62（a）所示的 B 点，回车]
指定圆的半径<14.0000>：24　　　　　　（输入圆弧半径 R24 mm，回车）
同理，绘制半径为 36 mm 的圆，如图 1-62（a）所示。
（2）单击"修改"面板上的"✂ 修剪"按钮，修剪多余的线条，如图 1-62（b）所示。

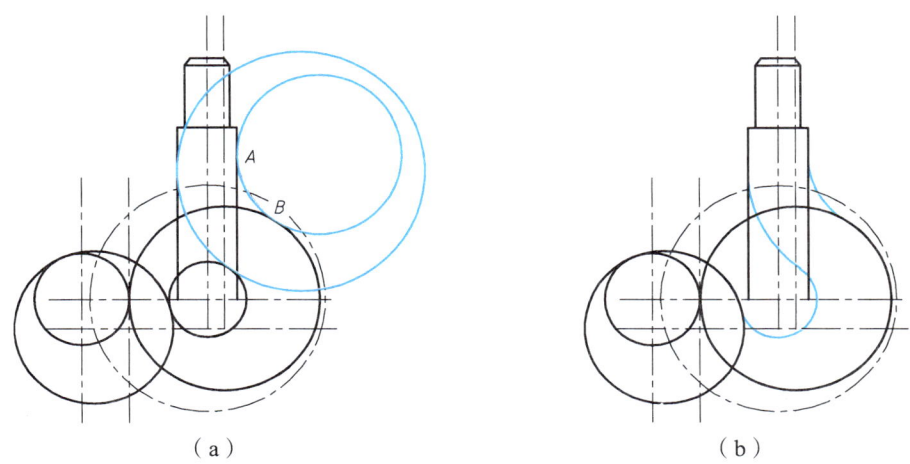

图 1-62　绘制钩柄部分过渡圆弧 R36 mm 和 R24 mm

七、绘制钩尖部分的圆弧 R2 mm

（1）单击"绘图"面板上的"⊙ 相切, 相切, 半径"按钮，绘制半径为 R2 mm 的圆，如图 1-63（a）所示。
（2）利用"修改"面板上的"✂ 修剪"按钮和"✐"按钮，修剪多余的线条并删除辅助线，如图 1-63（b）所示。

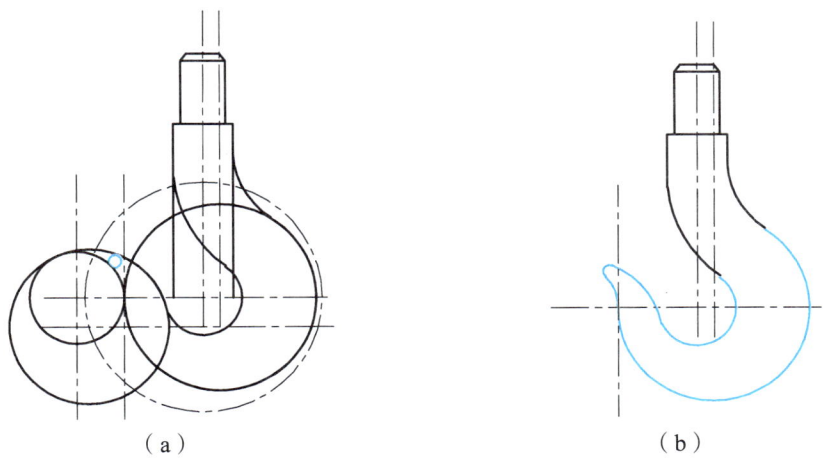

图 1-63　绘制钩尖部分的圆弧 R2 mm

八、整　理

利用"修改"面板上的""功能，修整 R29 mm 圆弧的垂直中心线的长度，如图 1-64 所示。

九、保　存

完成吊钩平面图的绘制，将该图保存为"吊钩.dwg"。

十、退出 AutoCAD 2020

单击 AutoCAD 2020 右上角的"关闭"按钮，退出操作。

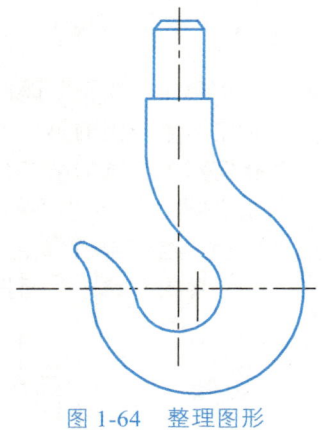

图 1-64　整理图形

任务四　用 AutoCAD 绘制平面图形

任务引入

绘制图 1-65 所示的平面图形。

绘制平面图形

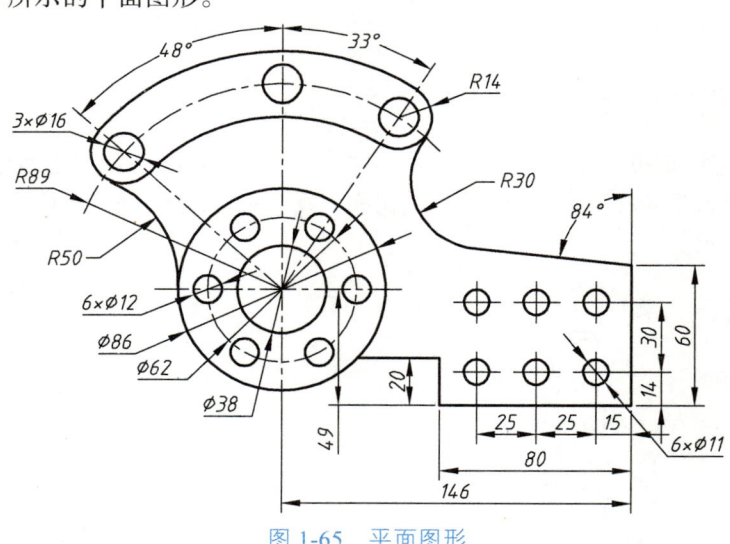

图 1-65　平面图形

任务分析

该图形由直线、圆和圆弧组成，首先画出圆的定位线，然后采用圆弧命令完成圆弧连接，并采用复制与阵列命令完成图形。

# 任务实施

一、启动 AutoCAD 2020

单击"快速入门"中的"样板"下拉菜单，选择"A4 样板"，即可开始新图形的创建。

二、绘制定位线

1. 设置当前图线

单击"图层特性"中的"当前层"列表框右边的下拉箭头，弹出图层列表，在列表中选取"细点画线"层。

2. 绘制中心线

单击"绘图"面板上的"直线"按钮，绘制水平和垂直中心线，如图 1-66（a）所示。

3. 绘制定位线

绘制倾斜角度为 138°与 57°的定位线，AutoCAD 命令行提示如下：

命令：_line
指定第一点：   [捕捉图 1-66（a）所示图形的交点]
指定下一点或[放弃（U）]：@105<138   （回车）
指定下一点或[放弃（U）]：   （回车）
LINE
指定第一点：   [捕捉图 1-66（a）所示图形的交点]
指定下一点或[放弃（U）]：@105<57   （回车）
指定下一点或[放弃（U）]：   [回车，如图 1-66（b）所示]

图 1-66　绘制定位线

4. 绘制圆形定位线

单击"绘图"面板上的"圆"按钮，以图 1-67（a）所示 O 点为圆心，绘制 $\phi62$ 和 $R89$ 的圆。

单击"修改"面板上的"凹"功能，AutoCAD 命令行提示如下：
选择对象： [单击图 1-67（b）所示 R89 mm 圆的 A 点]
指定第二个打断点或[第一点（F）]： [单击图 1-67（b）所示 R89 mm 圆的 B 点]

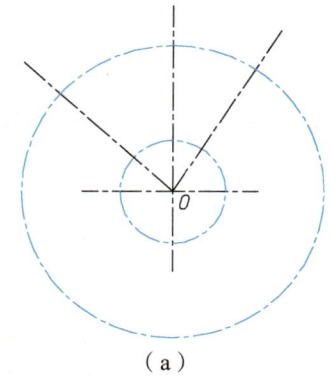 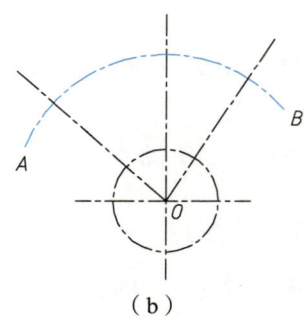

（a） （b）

图 1-67 绘制圆形定位线

三、画　圆

（1）将"粗实线"层设置为当前层，单击"绘图"面板上的"圆心，直径"按钮，AutoCAD 命令行提示如下：

指定圆的圆心或[三点（3P）/两点（2P）/相切、相切、半径（T）]：
（单击水平中心线和垂直中心线的交点）
指定圆的半径或[直径（D）]：<31.0000>：d
指定圆的直径<62.0000>：38　　　　　　　　　　（输入直径，回车）
继续绘制直径为 ϕ86 mm、直径为 ϕ16 mm 和半径为 R14 mm 的圆，如图 1-68（a）所示。
（2）单击"修改"面板上的"复制"按钮，AutoCAD 命令行提示如下：
命令：_copy
选择对象：找到 1 个　　　　　　　　　　　[选择圆 D，如图 1-68（b）所示]
选择对象：　　　　　　　　　　　　　　　　（回车）
当前设置：复制模式=多个
指定基点或[位移（D）/模式（O）]<位移>：　　（捕捉交点 A）
指定第二个点或[阵列（A）]<使用第一个点作为位移>：　（捕捉交点 C）
指定第二个点或[阵列（A）/退出（E）/放弃（U）]<退出>：　（回车）
命令：
COPY
选择对象：找到 1 个　　　　　　　　　　　[选择圆 E，如图 1-68（b）所示]
选择对象：　　　　　　　　　　　　　　　　（回车）
当前设置：复制模式=多个
指定基点或[位移（D）/模式（O）]<位移>：　　（捕捉交点 A）
指定第二个点或[阵列（A）]<使用第一个点作为位移>：　（捕捉交点 B）

指定第二个点或[阵列（A）/退出（E）/放弃（U）]<退出>：　　　（捕捉交点 C）
指定第二个点或[阵列（A）/退出（E）/放弃（U）]<退出>：　　　（回车）

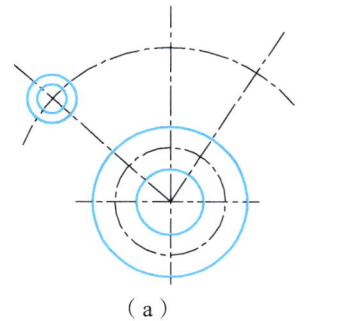
（a）

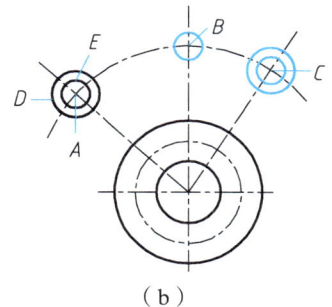
（b）

图 1-68　画圆

四、绘制直线框

（1）选择偏移命令，将水平中心线向下偏移，偏移距离为 49 mm，竖直中心线向右偏移，偏移距离为 146 mm，并将偏移后的水平辅助线延长，如图 1-69 所示。

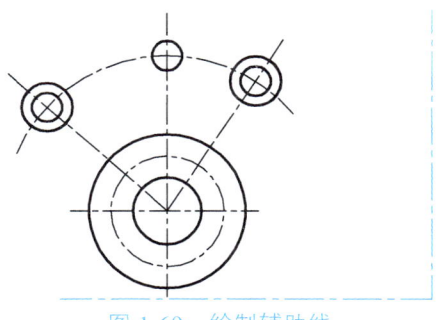

图 1-69　绘制辅助线

（2）选择直线命令绘制直线段，如图 1-70（a）所示。继续绘制斜线段，并将辅助线删除，如图 1-70（b）所示。

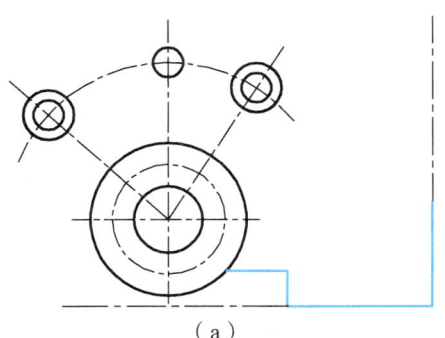
（a）

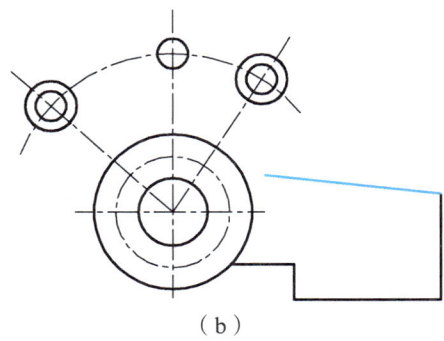
（b）

图 1-70　绘制直线框

五、绘制圆弧连接

（1）绘制相切圆弧，如图 1-71（a）所示。
（2）绘制连接圆弧，修剪多余线条，如图 1-71（b）所示。

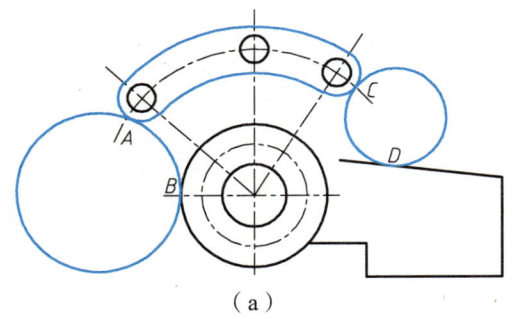
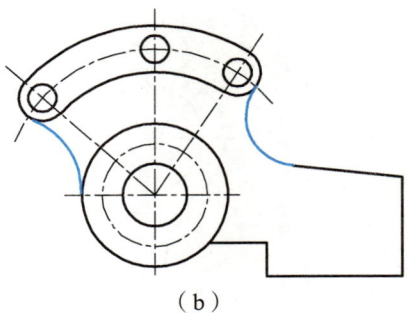

图 1-71　绘制圆弧连接

六、环形阵列对象

阵列命令可创建环形阵列。环形阵列是指把对象绕阵列中心等角度均匀分布。

（1）选择"绘图"面板上的"圆"命令，绘制 $\phi 12$ mm 圆，如图 1-72 所示。
（2）单击"修改"面板上的"环形阵列"按钮，AutoCAD 命令行提示如下：

命令：
命令：_arraypolar
选择对象：找到 1 个　　　　　　　　（选择圆 A，回车）
选择对象：
类型=极轴　关联=是
指定阵列的中心点或[基点（B）/旋转轴（A）]：　（捕捉圆点 O，弹出环形阵列面板，输入对应的数值，如图 1-73 所示）

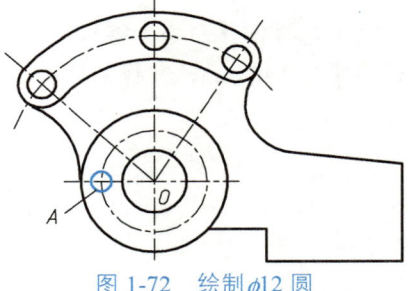

图 1-72　绘制 $\phi 12$ 圆

选择夹点以编辑阵列或[关联（AS）/基点（B）/项目（I）/项目间角度（A）/填充角度（F）/行（ROW）/层（L）/旋转项目（ROT）/退出（X）]<退出>：　（回车，结果如图 1-74 所示）

（3）退出（X）：退出命令。

图 1-73　环形阵列面板

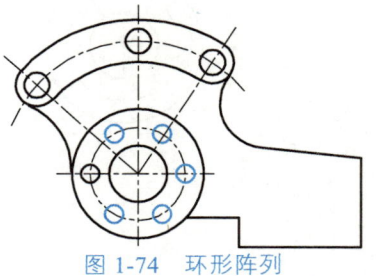

图 1-74　环形阵列

七、矩形阵列对象

矩形阵列是指将对象按行、列方式进行排列。操作时，用户一般应告诉 AutoCAD 阵列的行数、列数、行间距及列间距等。

（1）绘制图 1-75 所示的 ϕ11 mm 圆。

（2）单击"修改"面板上的"矩形阵列"按钮，AutoCAD 命令行提示如下：

命令：

命令：_arrayrect

选择对象：找到 3 个　　（选择图形 B，如图 1-75 所示，回车，弹出矩形阵列面板，输入对应的数值，如图 1-76 所示）

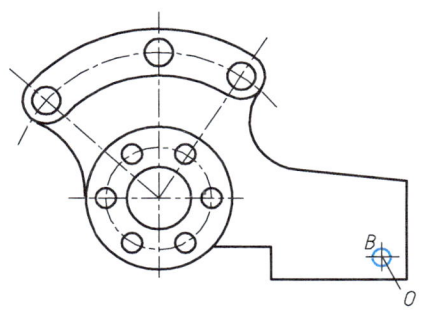

图 1-75　画圆

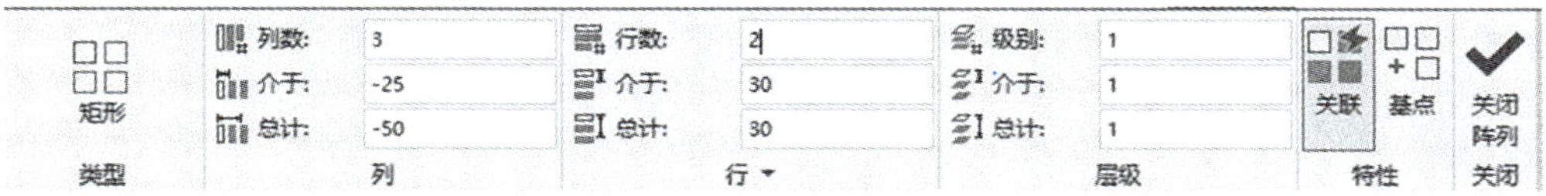

图 1-76　矩形阵列面板

选择对象：

类型=矩形　关联=是

选择夹点以编辑阵列或[关联（AS）/基点（B）/计数（COU）/间距（S）/列数（COL）/行数（R）/层（L）/退出（X）]<退出>：　　（回车，结果如图 1-77 所示）

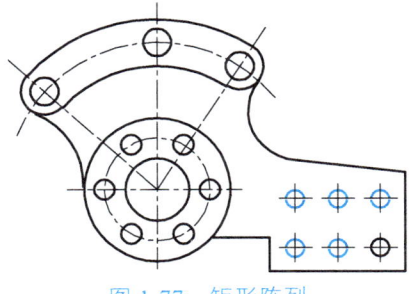

图 1-77　矩形阵列

八、保　存

完成平面图形绘制，将该图保存为"平面图形.dwg"。

九、退出 AutoCAD 2020

单击 AutoCAD 2020 右上角的"关闭"按钮，退出操作。

项目二　基本几何体的绘制与识读

项目分析

零件是由基本几何体独立构成或经基本几何体组合而构成的。按表面的性质不同，基本体通常分为平面体和曲面体两大类。任何基本体都是由点、线（直线或曲线）、面（平面或曲面）组成的。要正确绘制、识读零件图样，必须掌握零件的投影原理、特点及点、线、面的投影规律。本项目重点讨论正投影法的投影规律和组图方法，并通过立体表面上的点、直线和平面的投影分析，初步培养学生的空间思维和想象能力，为学好本课程打下扎实的基础。

学习目标

（1）了解投影法的基本概念，区分并熟悉投影法的不同类别，掌握正投影法的基本特性；
（2）掌握三面投影体系（H面、V面、W面）的构建原理及其在空间中的展开方式；
（3）理解三视图（主视图、俯视图、侧视图）的形成过程及其标准化命名规则；
（4）深入领会并能灵活运用"长对正、高平齐、宽相等"的三等关系投影规律；
（5）掌握点、直线、平面在三面投影体系下的投影特征；
（6）掌握三视图的精确绘制技巧及尺寸标注的标准化流程；
（7）熟练运用辅助线法辅助定位，并掌握对象捕捉追踪法等高级绘图技巧，以提高绘制基本几何体三视图的效率与精度，确保图形的完整性与准确性。

课题一　绘制简单形体的三视图

正投影法能准确表达物体的形状，度量性好，作图方便，在工程上得到了广泛应用。机械图样主要是用正投影法绘制的。物体可以看成是由点、线、面组成的，要实现物体与图样的转换，就必须首先掌握构成空间物体的基本几何元素——点、线、面的投影特性、作图原理和方法。

任务一　绘制物体的正投影图

 任务引入

图 2-1　立体图

在机械设计和生产过程中，需要用图来准确地表达机器和零件的形状和大小。图 2-1 所示为一物体的立体图，立体图给人以直观的印象，但

是它在表达物体时，某些结构的形状发生了变形（矩形被表达为平行四边形）。可见，立体图很难准确地表达机件的真实形状。如何才能完整、准确地表达物体表面的形状和大小呢？

 任务分析

大家都学过投影与视图的知识，如果正对着图 2-1 的前面观察，所看到的图像就能准确地反映此物体的前表面的形状和大小。

 任务链接

在日常生活中，当阳光或灯光照射物体时，就会在地面或墙壁上形成物体的影子。影子在某些方面反映出物体的形状特征，这就是常见的投影现象。人们对这类现象进行了研究，提出了在平面上表示物体形状的方法，建立了投影法。

投射线通过物体，向选定的平面投射，并在该平面上得到图形的方法，称为投影法。根据投影法所得到的图形称为投影（投影图）。投影法中，得到投影的面称为投影面，如图 2-2 所示。

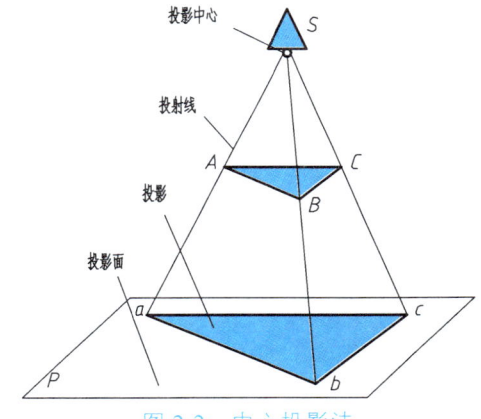

图 2-2 中心投影法

一、投影法分类

1. 中心投影法

投射线汇交于一点的投影法称为中心投影法。如图 2-2 所示，设 S 为投射中心，SA、SB、SC 为投射线，平面 P 为投影面。延长 SA、SB、SC 与投影面 P 相交，交点 a、b、c 即为三角形顶点 A、B、C 在 P 面上的投影。

2. 平行投影法

假设将投射中心移至无穷远处，这时的投射线可看作互相平行，这种投射线互相平行的投影法称为平行投影法。按投射线与投影面倾斜或垂直，平行投影法分为斜投影法和正投影法两种。

（1）斜投影法：投射线与投影面倾斜的平行投影法。根据斜投影法所得到的图形，称为斜投影或斜投影图，如图 2-3（a）所示。

（2）正投影法：投射线与投影面垂直的平行投影法。根据正投影法所得到的图形，称为正投影或正投影图，如图 2-3（b）所示。

由于正投影法的投射线相互平行且垂直于投影面，正投影能真实反映空间物体的形状和大小，作图方便，因此机械图样主要采用正投影法绘制。为叙述方便，本书将"正投影"简称为"投影"。

057

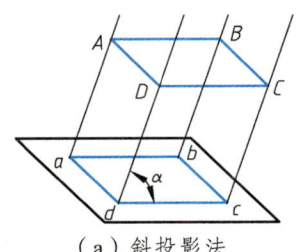 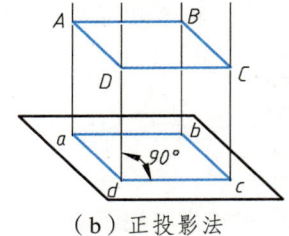

（a）斜投影法　　　　　　　　（b）正投影法

图 2-3　平行投影法

二、正投影法的基本特性

1. 真实性

当直线或平面与投影面平行时，直线的投影为反映空间直线实长的直线段，平面投影为反映空间平面实形的图形，正投影的这种特性称为真实性，如图 2-4（a）所示。

2. 积聚性

当直线或平面与投影面垂直时，直线的投影积聚成一点，平面的投影积聚成一条直线，正投影的这种特性称为积聚性，如图 2-4（b）所示。

3. 类似性

当直线或平面与投影面倾斜时，直线的投影为小于空间直线实长的直线段，平面的投影为小于空间实形的类似形，正投影的这种特性称为类似性，如图 2-4（c）所示。

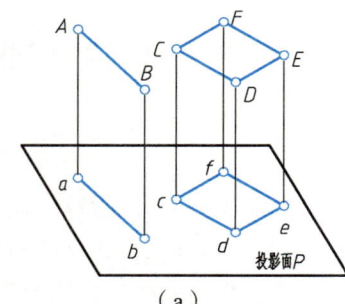 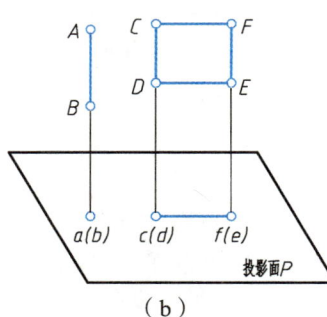 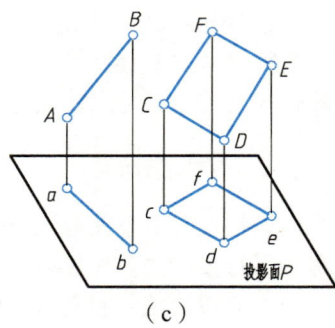

（a）　　　　　　　　　　（b）　　　　　　　　　　（c）

图 2-4　正投影法的基本特性

 **任务实施**

正投影图的作图步骤见表 2-1。

表 2-1 正投影图的作图步骤

步骤与画法	图 例	步骤与画法	图 例
1. 形体分析 此物体为对称结构		3. 绘制物体的正面投影 测量物体的尺寸，按 1∶1 作图	
2. 绘制中心线 对称中心线用细点画线绘制		4. 完成投影图 擦去多余图线，按标准描深图线。 注意：轮廓线用粗实线绘制	

任务二　绘制物体的三视图

 任务引入

在机械行业中，通常把采用正投影法绘制零件的图形称为视图。在正投影中，一般一个视图不能完整地表达零件的形状和大小，也不能区分不同的零件。如图 2-5 中两个不同的零件在同一投影面上的视图完全相同，单凭这个投影图来确定物体的唯一形状是不可能的。因此，要想表达一个物体的完整形状，就必须从多个方向进行投射，画出多个视图，通常用三个视图来表示。

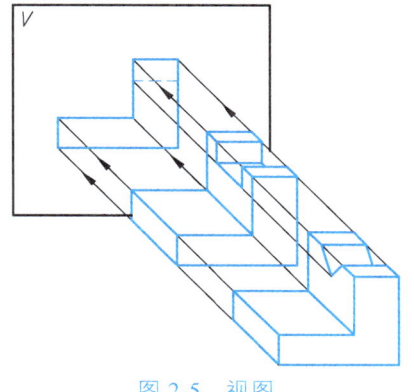

图 2-5　视图

059

 任务分析

通常在物体的后面、下面和右面放置三个投影面,从物体的前面、上面和左面进行投射,分别绘制出三个视图,如图 2-6 所示。

 知识链接

一、三视图的形成

1. 三投影面体系的建立

图 2-6　三视图

一般设立三个相互垂直相交的投影面,构成三投影面体系,如图 2-7 所示。三个投影面分别为:
正立投影面,简称正面,用 V 表示;
水平投影面,简称水平面,用 H 表示;
侧立投影面,简称侧面,用 W 表示。
每两个投影面的交线称为投影轴,如 OX、OY、OZ,分别简称为 X 轴、Y 轴、Z 轴。三根投影轴相互垂直,其交点 O 称为原点。

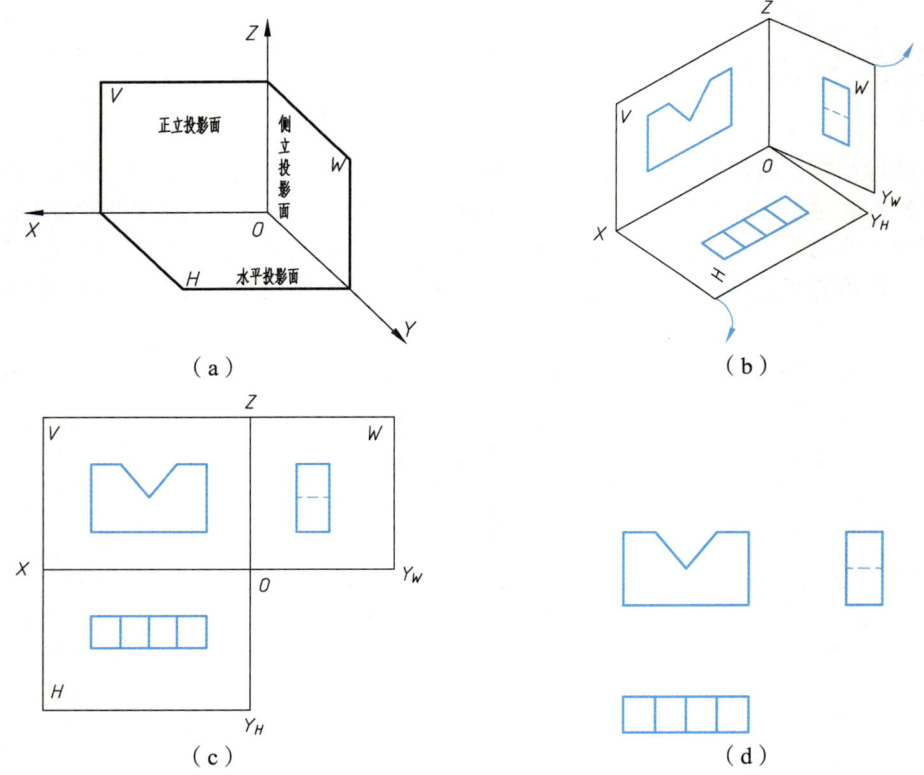

图 2-7　三视图的形成

2. 三面投影的形成

将物体放置在三投影面体系中，按正投影法向各投影面投射：
主视图——从前向后投射，在 V 面所得的视图；
俯视图——从上向下投射，在 H 面所得的视图；
左视图——从左向右投射，在 W 面所得的视图。

3. 三投影面的展开

为了画图方便，需将三个相互垂直的投影面展开摊平在同一个平面上。如图 2-7（b）所示，规定正面不动，将水平面和侧面沿 OY 轴分开，并将水平面绕 OX 轴向下旋转 90°，将侧面绕 OZ 轴向右旋转 90°。

注意：当水平面和侧面旋转时，OY 轴分为两处，分别用 OY_H（在 H 面上）和 OY_W（在 W 面上）表示。旋转后，俯视图在主视图的下方，左视图在主视图的右方，如图 2-7（c）所示。画三视图时不必画出投影面的边框，所以去掉边框，得到如图 2-7（d）所示的三视图。

主视图——物体在正立投影面上的投影，也就是由前向后投射所得的视图；
俯视图——物体在水平投影面上的投影，也就是由上向下投射所得的视图；
左视图——物体在侧立投影面上的投影，也就是由左向右投射所得的视图。

二、三视图的投影对应关系

物体有长、宽、高三个方向的尺寸。通常规定物体左右之间的距离为长，前后之间的距离为宽，上下之间的距离为高，如图 2-8（a）所示。一个视图只能反映物体两个方向的尺寸，主视图反映物体的长度和高度，俯视图反映物体的长度和宽度，左视图反映物体的宽度和高度。这样，相邻两个视图同一方向的尺寸必定相等，即：

主视图与俯视图反映物体的长度——长对正；
主视图与左视图反映物体的高度——高平齐；
俯视图与左视图反映物体的宽度——宽相等。

三视图之间"长对正，高平齐，宽相等"的"三等"关系，就是三视图的投影规律，如图 2-8（b）所示，画图、读图时要严格遵循。

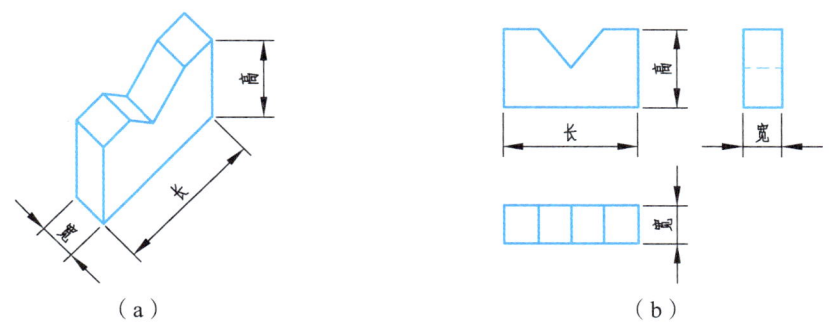

图 2-8　三视图的投影对应关系

三、三视图与物体的方位对应关系

物体有上、下、左、右、前、后六个方位,其中:
主视图反映物体的上、下和左、右的相对位置关系;
俯视图反映物体的左、右和前、后的相对位置关系;
左视图反映物体的上、下和前、后的相对位置关系。
这样,俯、左视图靠近主视图的一侧,表示物体的后面;远离主视图的一侧,表示物体的前面,如图2-9所示。

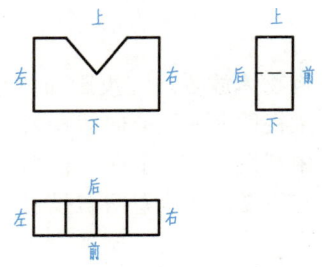

图2-9 三视图的方位对应关系

 **任务实施**

绘制形体三视图的作图步骤见表2-2。

表2-2 三视图的作图步骤

步骤与画法	图例	步骤与画法	图例
1. 绘制对称中心线、基准线		4. 根据"高平齐""宽相等"绘制左视图	
2. 绘制主视图,按1∶1作图		5. 检查并描深	
3. 根据"长对正"绘制俯视图			

课题二　绘制点、直线、平面的投影

任何物体都是由点、线、面组成的,因此,要想看懂物体的三视图,必须掌握点、线、面等物体基本几何元素的投影特性。

任务一　根据立体图作点的三面投影

任务引入

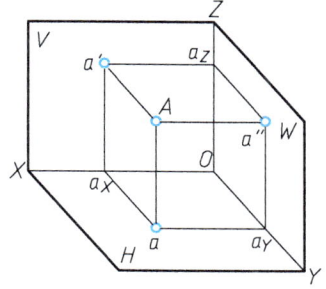

图 2-10　点的投影

如图 2-10 所示，将点 A 向三个投影面进行投射，得到点的三面投影。试绘制点的三面投影，并分析其投影规律。

任务分析

求作点 A 的投影时，需要测量点到投影面的距离。那么点的正面投影的位置由什么尺寸确定？点的水平投影和侧面投影的位置又是由什么尺寸确定？点的三面投影符合三视图的投影规律吗？

任务实施

一、绘制点的三面投影图

绘制点 A 的三面投影的作图步骤见表 2-3。

表 2-3　点投影的作图步骤

步骤与画法	图　例
1. 作出点的正面投影 　根据点 A 到侧投影面的距离和到水平投影面的距离绘制点的正面投影	
2. 作出点的水平投影 　根据点 A 到侧投影面的距离和到正投影面的距离绘制点的水平投影	

063

步骤与画法	图例
3. 作出点的侧面投影 根据点 A 到正投影面的距离和到水平投影面的距离绘制点的侧面投影	

二、分析点的投影规律

图 2-10 表示空间点 A 在三投影面体系中的投影。将点 A 分别向三个投影面投射，得到的投影分别为 a（水平投影）、a'（正面投影）、a″（侧面投影）。通常空间点用大写字母表示，如 A、B、C…；H 面投影用相应小写字母表示，如 a、b、c…；V 面投影用相应小写字母加一撇表示，如 a'、b'、c'…；W 面投影用相应小写字母加两撇表示，如 a″、b″、c″…。

观察表 2-3 中的图，可得点的投影规律：

点的正面投影和水平面投影的连线垂直于 OX 轴，即 $a'a \perp OX$；

点的正面投影和侧面投影的连线垂直于 OZ 轴，即 $a'a'' \perp OZ$；

点的水平投影到 OX 轴的距离等于其侧面投影到 OZ 轴的距离，即 $aa_X = a''a_Z$。

由此可见，点的投影符合三视图的投影规律。

 **任务拓展**

一、点的投影与直角坐标的关系

在三投影面体系中，点的位置可由点到三个投影面的距离来确定。如果将三个投影面作为三个坐标面，投影轴作为坐标轴，则点的投影和点的坐标关系如图 2-11（a）所示。

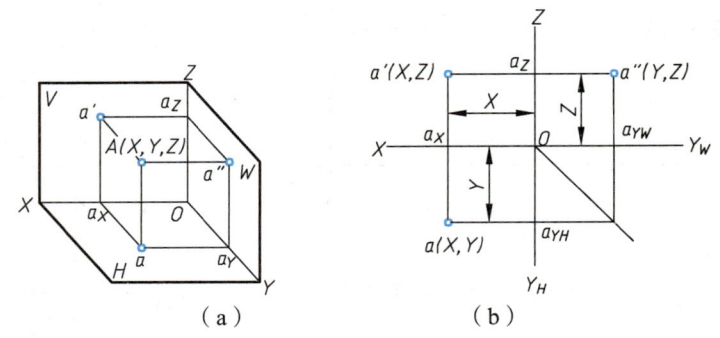

图 2-11 点的投影与直角坐标的关系

点 A 的 X 坐标 $O\square_X = \square'\square_Z = \square\square_Y = A\square'$（点 A 到 W 面的距离）；

点 A 的 Y 坐标 $Oa_Y = aa_X = a''a_Z = Aa'$（点 A 到 V 面的距离）；
点 A 的 Z 坐标 $Oa_Z = a'a_X = a''a_Y = Aa$（点 A 到 H 面的距离）。

空间点的位置可由该点的坐标（X，Y，Z）确定，点 A 三投影的坐标分别为 a（X，Y）、a'（X，Z）、a''（Y，Z）。所以，点的任两投影已经反映点的三个坐标，能完全确定点的空间位置。因此，若已知点的三个坐标，就可画出该点的三面投影。

二、重影点与可见性

若空间点 A、B 的正投影重合，则该两点称为 H 面的重影点。根据投影原理可知：两点重影时，远离投影面的一点为可见点，另一点为不可见点，通常规定在不可见点的投影符号外加圆括号表示，如图 2-12 所示。

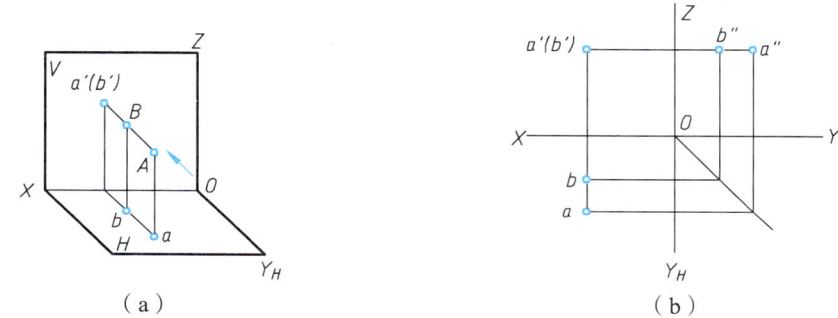

图 2-12 重影点的投影

任务二 绘制直线的三视图

任务引入

将直线 AB 放入三投影面体系中，如图 2-13 所示，求作直线 AB 的三面投影。

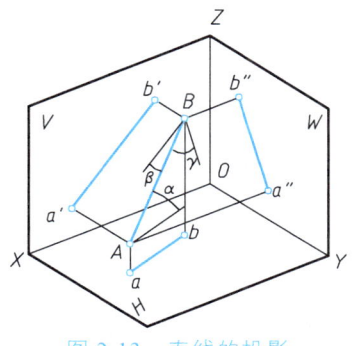

图 2-13 直线的投影

 **任务分析**

直线的投影一般仍为直线,其各面投影可由直线上两点的同面投影来确定。因此,求直线的投影,可以分别作出两个端点的投影,然后连接端点的同面投影即可。

 **任务实施**

绘制直线 AB 三面投影的作图步骤见表 2-4。

表 2-4 直线投影的作图步骤

步骤与画法	图 例
1. 作点 A 的三面投影	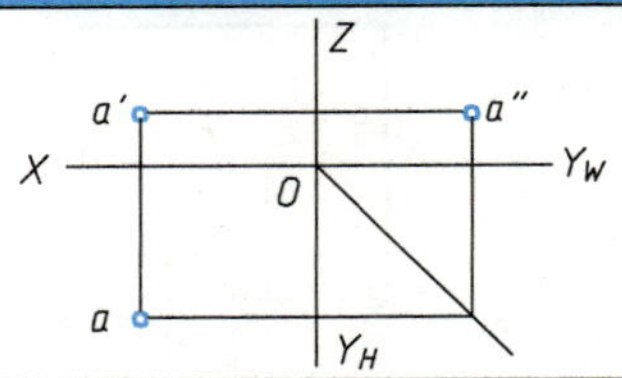
2. 作点 B 的三面投影	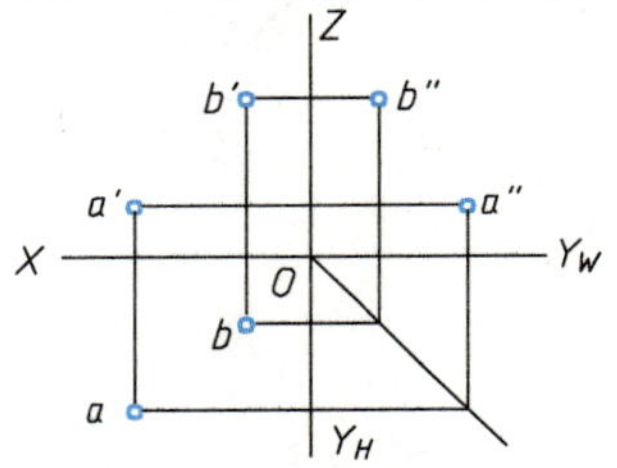
3. 依次连接 A、B 两点的同面投影	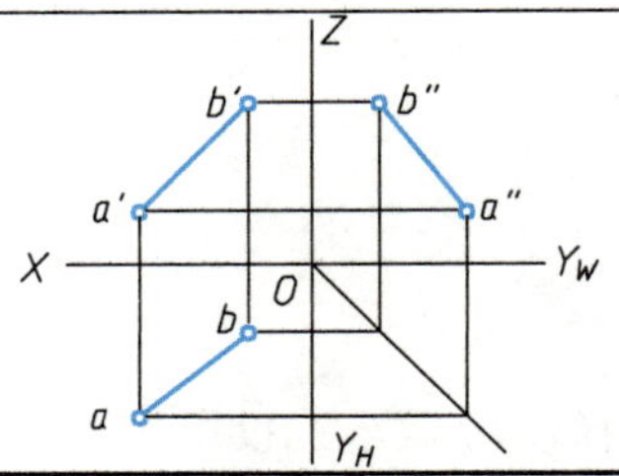

 **知识拓展**

直线对投影面的相对位置有三种:投影面平行线、投影面垂直线、一般位置直线。

一、投影面平行线

平行于一个投影面,与另外两个投影面倾斜的直线称为投影面平行线。平行于 H 面的直线称为水平线,平行于 V 面的直线称为正平线,平行于 W 面的直线称为侧平线。投影面平行线的投影特性见表 2-5。

表 2-5 投影面平行线的投影特性

名称	水平线（AB//H面）	正平线（AC//V面）	侧平线（AD//W面）
立体图	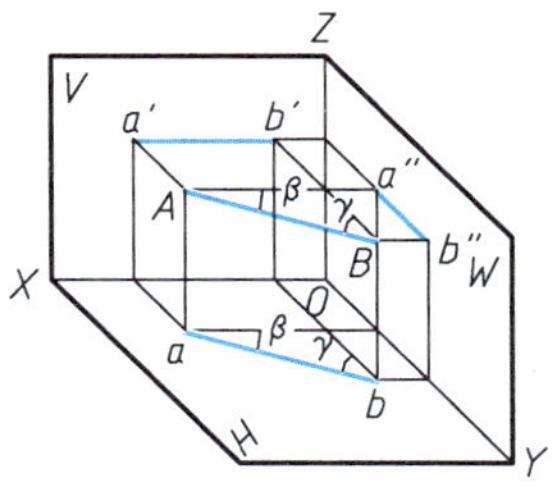	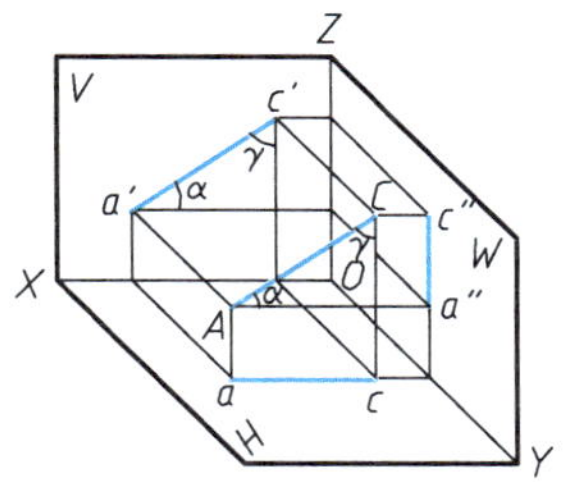	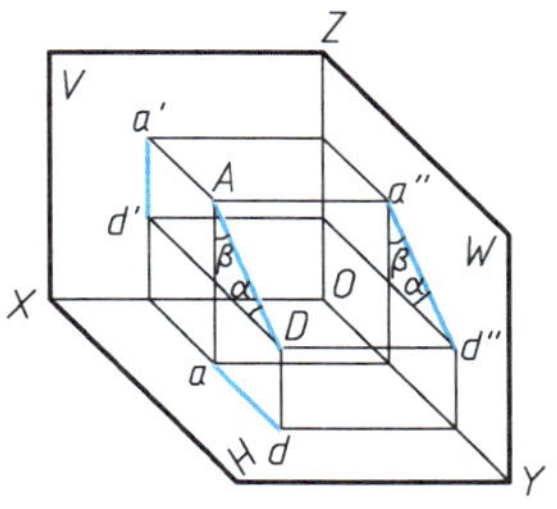
投影图	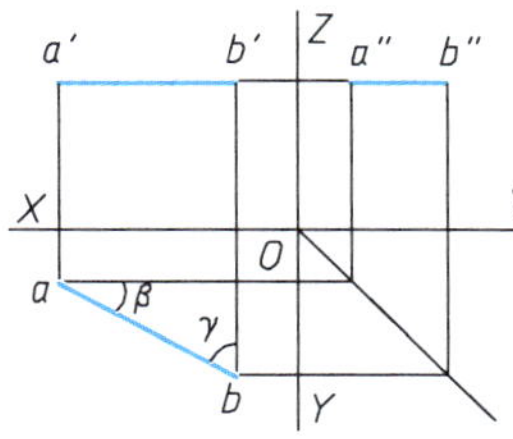	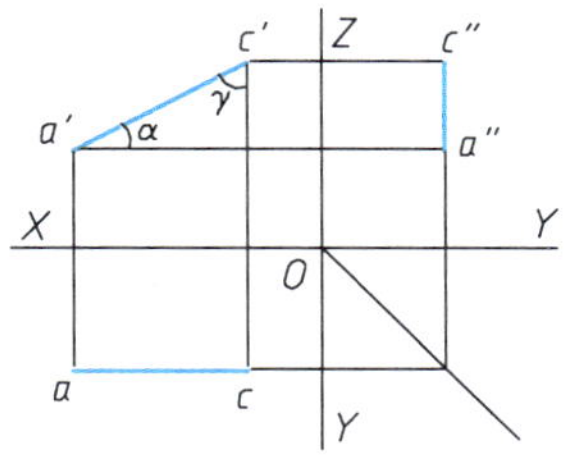	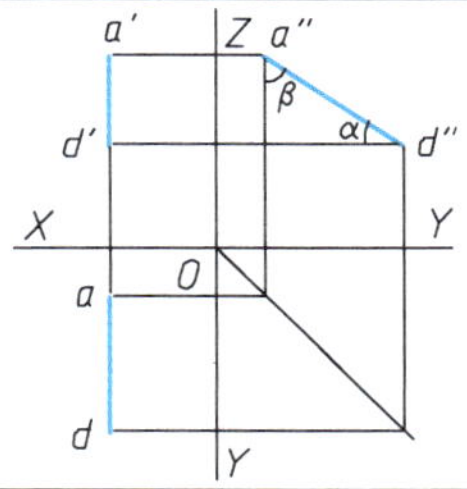
在形体投影图中的位置	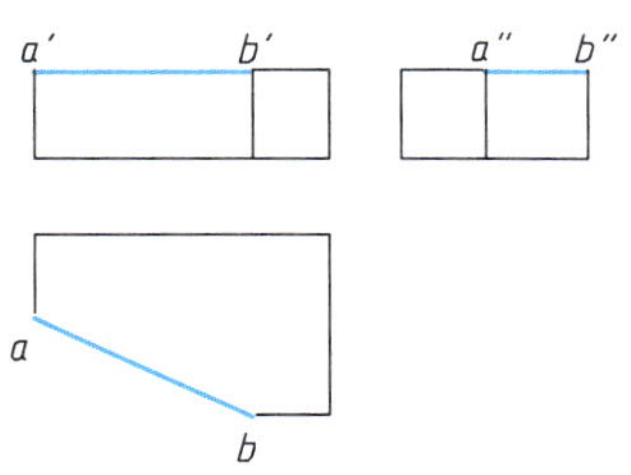	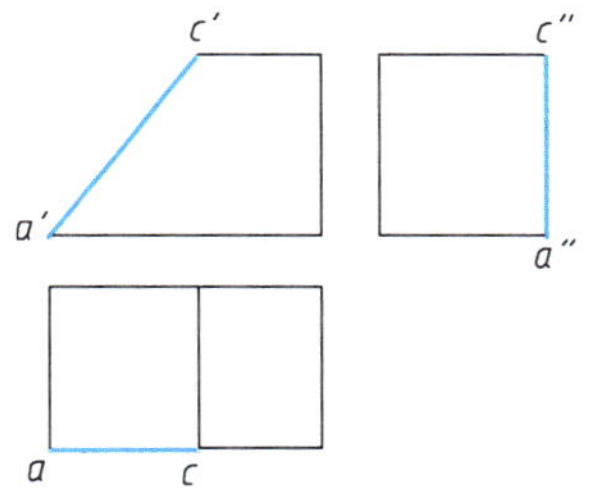	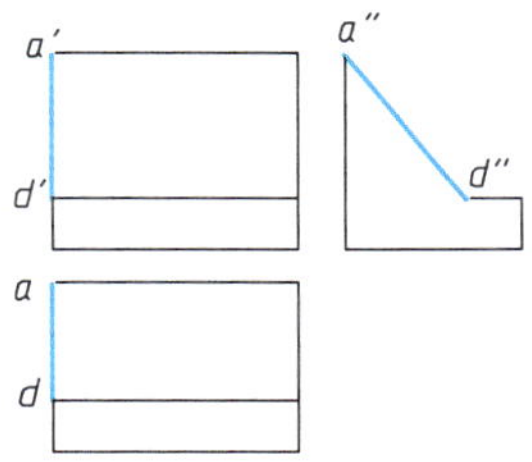
在形体立体图中的位置	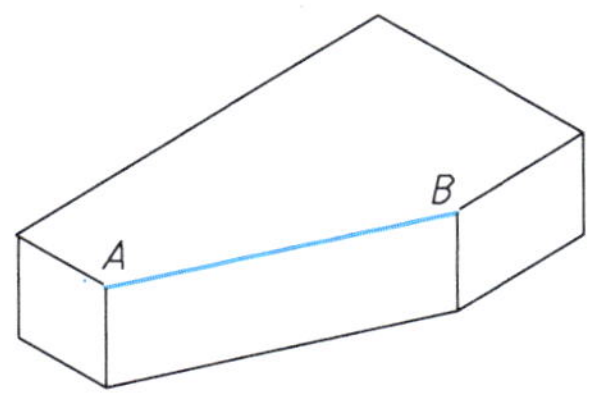	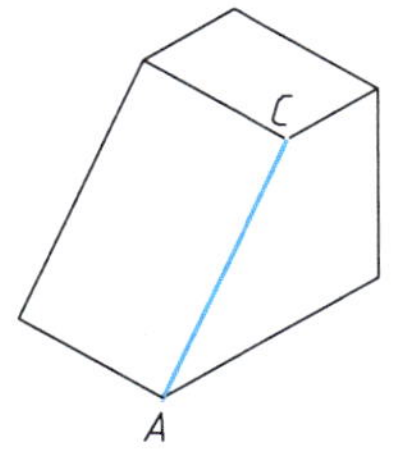	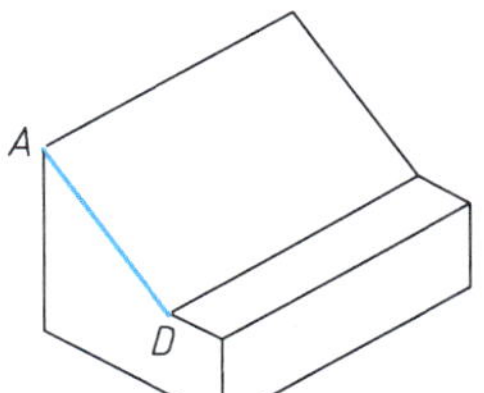
投影特性	1. ab 与投影轴倾斜，$ab=AB$，反映倾角 β、γ 的真实大小； 2. $a'b'//OX$，$a''b''//OY$，且均不反映实长	1. $a'c'$ 与投影轴倾斜，$a'c'=AC$，反映倾角 α、γ 的真实大小； 2. $ac//OX$，$a''c''//OZ$，且均不反映实长	1. $a''d''$ 与投影轴倾斜，$a''d''=AD$，反映倾角 α、β 的真实大小； 2. $ad//OY$，$a'd'//OZ$，且均不反映实长

小结：
1. 投影面平行线的三个投影都是直线，其中在与直线平行的投影面上的投影反映线段实长，而且与投影轴倾斜，与投影轴的夹角等于直线对另外两个投影面的实际倾角；
2. 另外两投影都短于线段实长，且分别平行于相应的投影轴，其到投影轴的距离反映空间线段到线段实长投影所在投影面的真实距离

二、投影面垂直线

垂直于一个投影面，与另外两个投影面平行的直线称为投影面垂直线。垂直于 H 面的直线称为铅垂线，垂直于 V 面的直线称为正垂线，垂直于 W 面的直线称为侧垂线。投影面垂直线的投影特性见表 2-6。

表 2-6　投影面垂直线的投影特性

名称	铅垂线（$AB \perp H$ 面）	正垂线（$AC \perp V$ 面）	侧垂线（$AD \perp W$ 面）
立体图	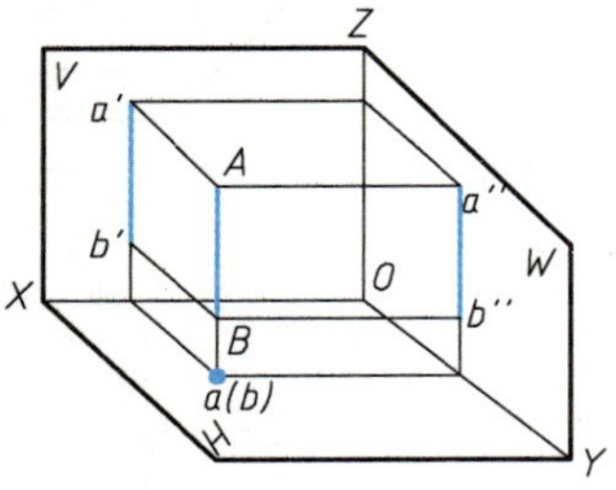	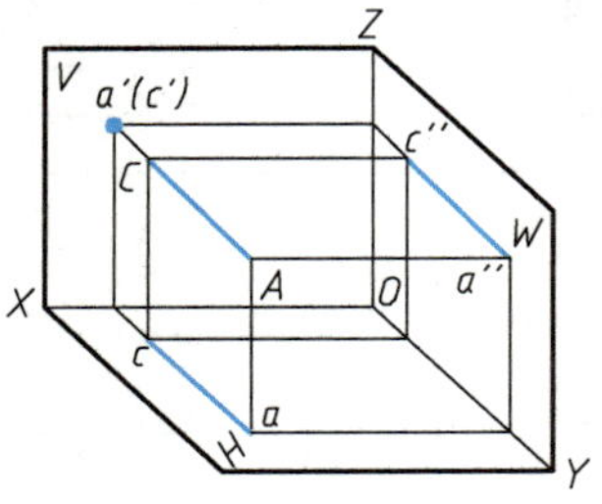	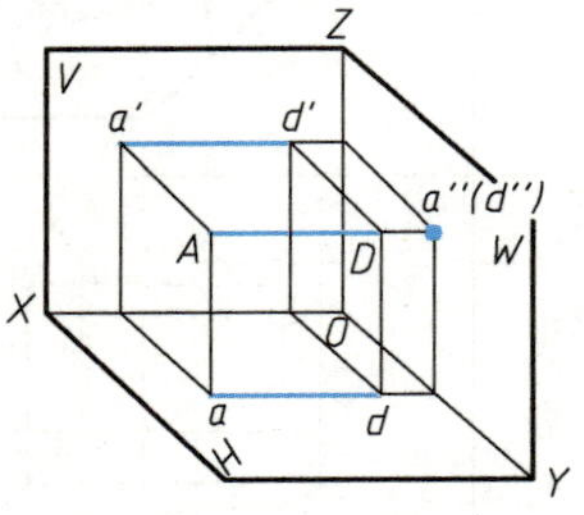
投影图	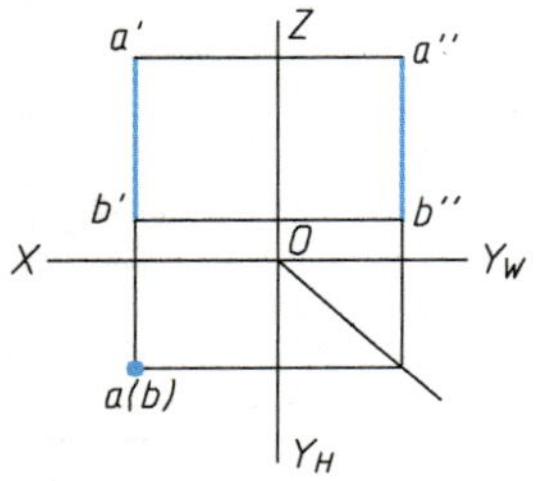	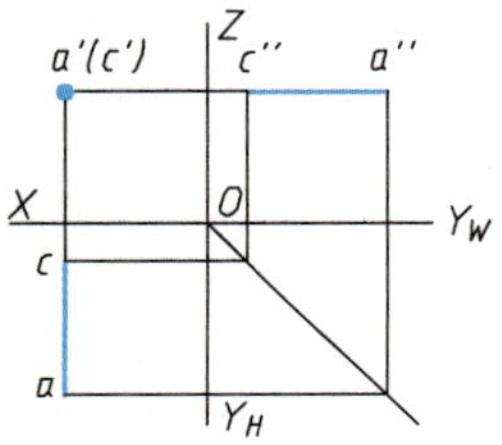	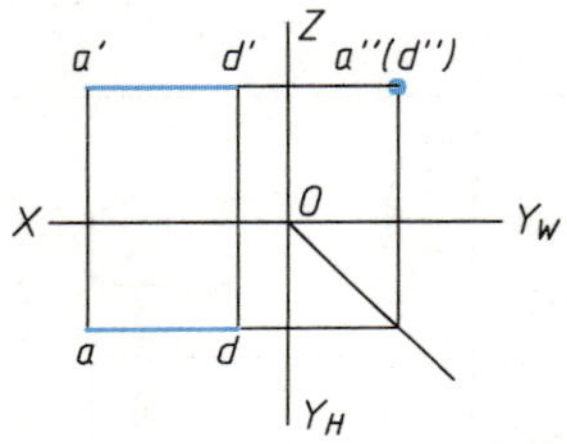
在形体投影图中的位置	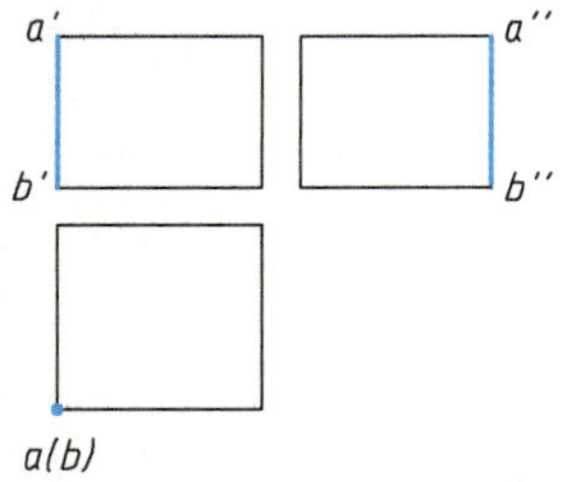	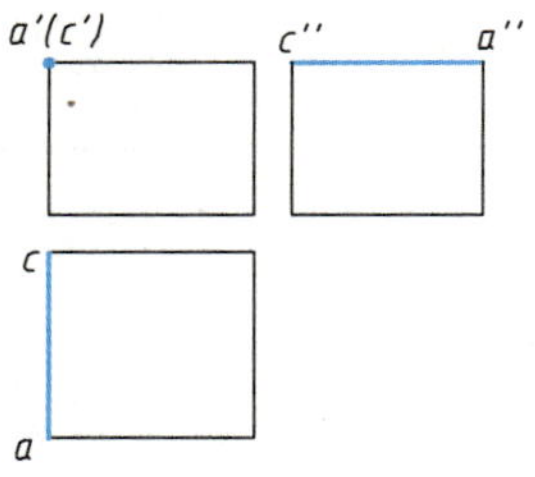	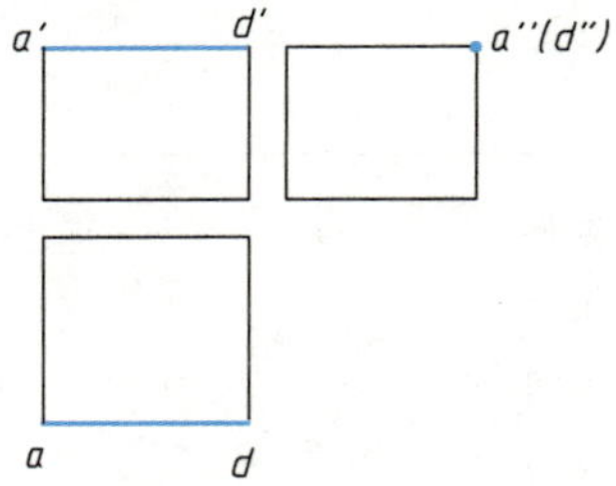
在形体立体图中的位置	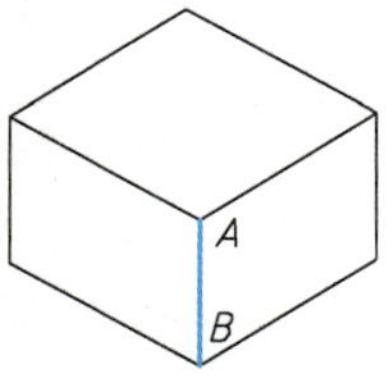	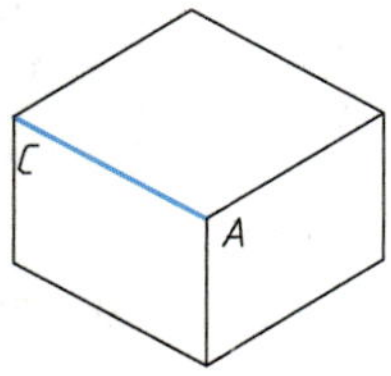	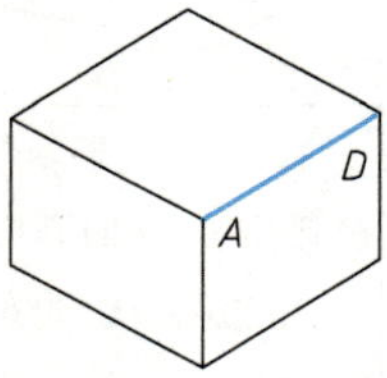
投影特性	1. $a(b)$ 积聚成一点； 2. $a'b' = a''b'' = AB$； 3. $a'b' \perp OX$，$a''b'' \perp OY$	1. $a'(c')$ 积聚成一点； 2. $ac = a''c'' = AC$； 3. $ac \perp OX$，$a''c'' \perp OZ$	1. $a''(d'')$ 积聚成一点； 2. $ad = a'd' = AD$； 3. $ad \perp OY$，$a'd' \perp OZ$

小结：
1. 投影面垂直线在所垂直的投影面上的投影必积聚成为一个点；
2. 另外两个投影都反映线段实长，且垂直于相应的投影轴

三、一般位置直线

对三个投影面都倾斜的直线称为一般位置直线，如图 2-14 所示。一般位置直线的投影特性如下：

（1）三个投影都与投影轴倾斜，长度都小于实长；
（2）与投影轴的夹角都不反映直线对投影面的倾角。

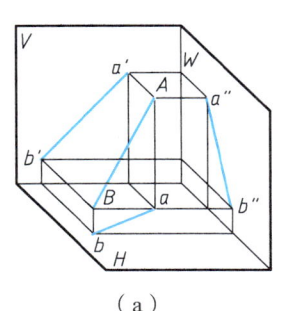 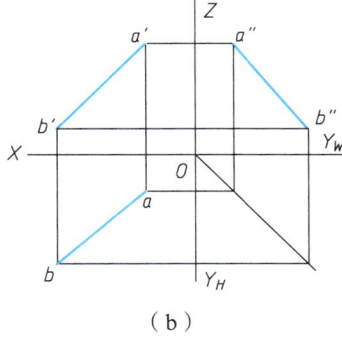

图 2-14　一般位置直线

任务三　绘制平面的三视图

将平面 ABC 放入三投影面体系中，如图 2-15 所示，求作平面 ABC 的三面投影。

平面 ABC 由三条直线围成，作平面投影，可先求出端点 A、B、C 的投影，然后依次连接即可得到平面的投影。

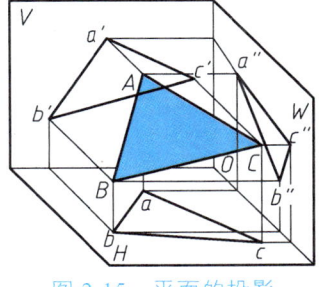

图 2-15　平面的投影

绘制平面 ABC 三面投影的作图步骤见表 2-7。

069

表 2-7　点投影的作图步骤

步骤与画法	图例	步骤与画法	图例
1. 分别作点 A、B、C 的三面投影	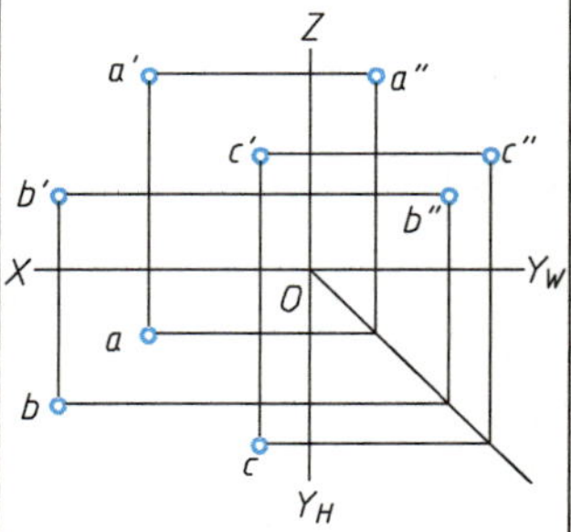	2. 依次连接 A、B、C 三点的同面投影	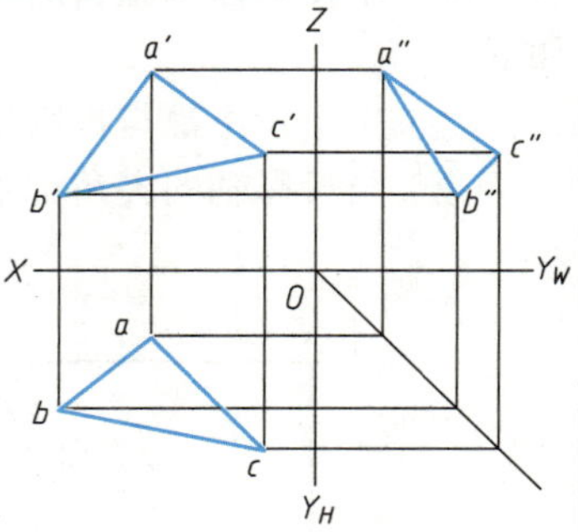

知识链接

平面对投影面的相对位置有三种：投影面平行面、投影面垂直面、一般位置平面。

一、投影面平行面

平行于一个投影面，垂直于另外两个投影面的平面称为投影面平行面。平行于 H 面的平面称为水平面，平行于 V 面的平面称为正平面，平行于 W 面的平面称为侧平面。投影面平行面的投影特性见表 2-8。

表 2-8　投影面平行面的投影特性

名称	水平面（$A/\!/H$ 面）	正平面（$B/\!/V$ 面）	侧平面（$C/\!/W$ 面）
立体图	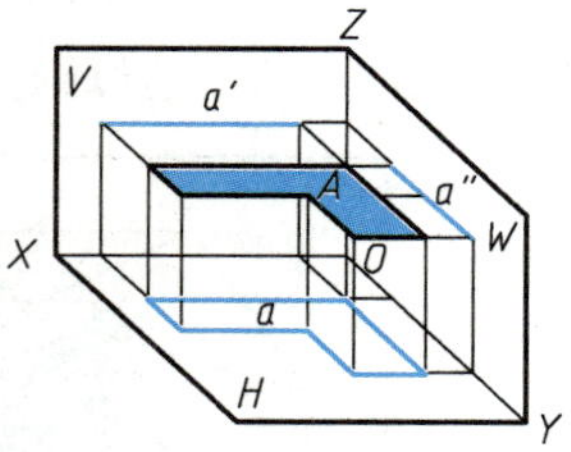	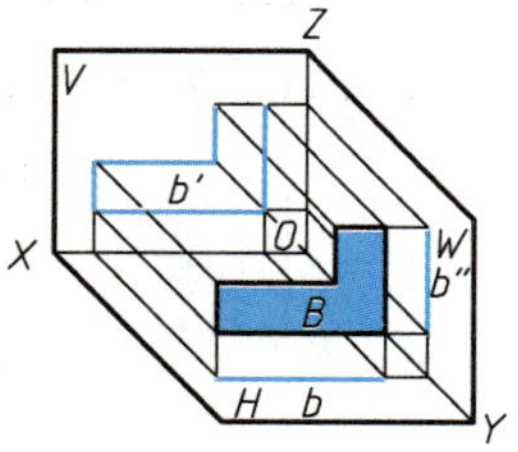	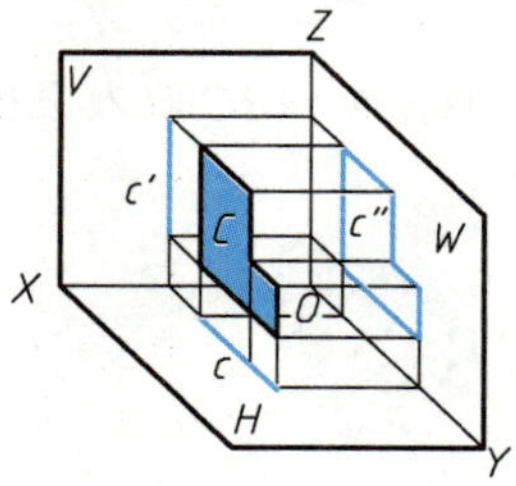
投影图	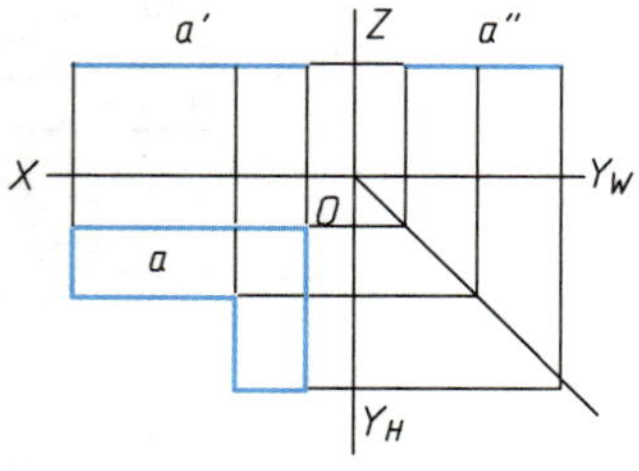	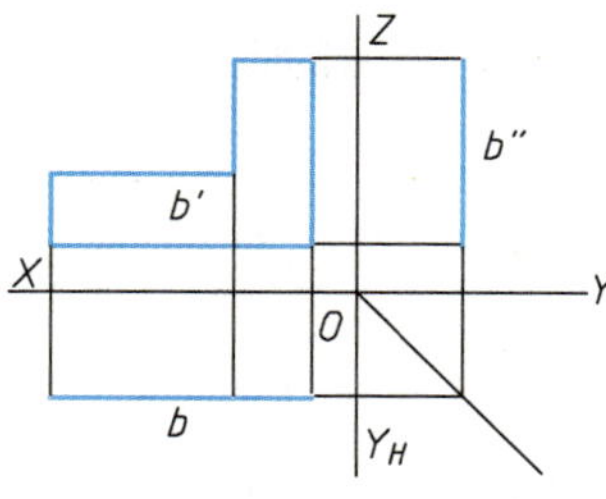	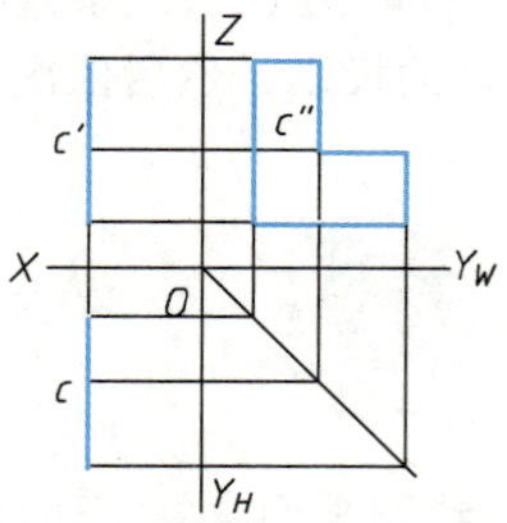

070

续表

名称	水平面（A//H面）	正平面（B//V面）	侧平面（C//W面）
在形体投影图中的位置	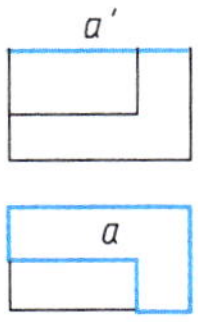 a' a" a	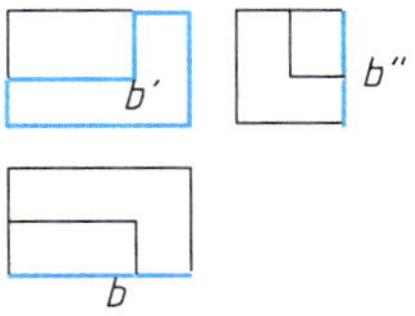 b' b" b	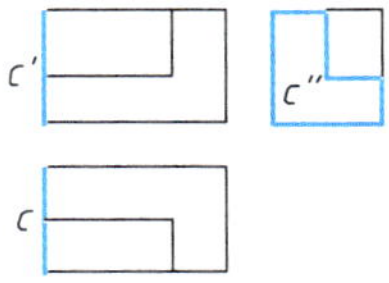 c' c" c
在形体立体图中的位置	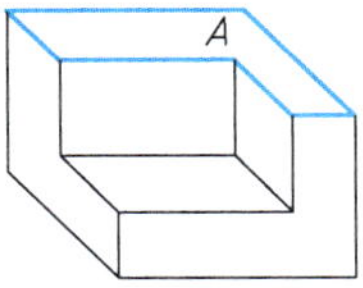 A	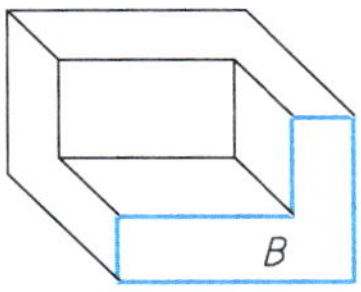 B	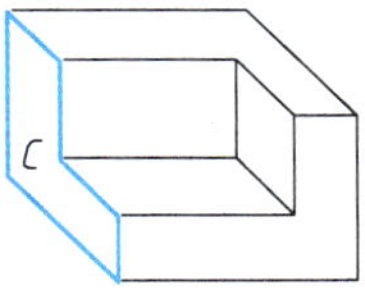 C
投影特性	1. a 反映平面实形； 2. a' 和 a" 均具有积聚性； 3. a'//OX，a"//OY	1. b' 反映平面实形； 2. b 和 b" 均具有积聚性； 3. b//OX，b"//OZ	1. c" 反映平面实形； 2. c 和 c' 均具有积聚性； 3. c//OY，c'//OZ
	小结： 1. 在与平面平行的投影面上，该平面的投影反映实形； 2. 其余两个投影均积聚成直线，且平行于相应的投影轴		

一、投影面垂直面

垂直于一个投影面，倾斜于另外两个投影面的平面称为投影面垂直面。垂直于 H 面的平面称为铅垂面，垂直于 V 面的平面称为正垂面，垂直于 W 面的平面称为侧垂面。投影面垂直面的投影特性见表 2-9。

表 2-9　投影面垂直面的投影特性

名称	铅垂面（A⊥H面）	正垂面（B⊥V面）	侧垂面（C⊥W面）
立体图	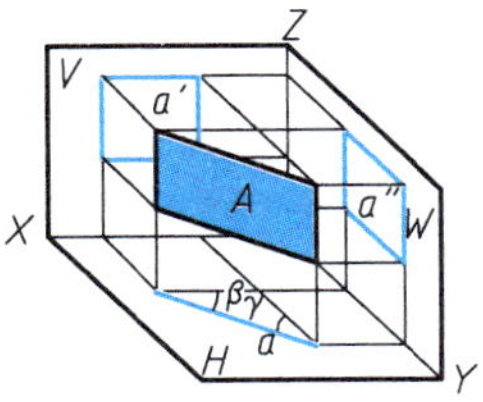	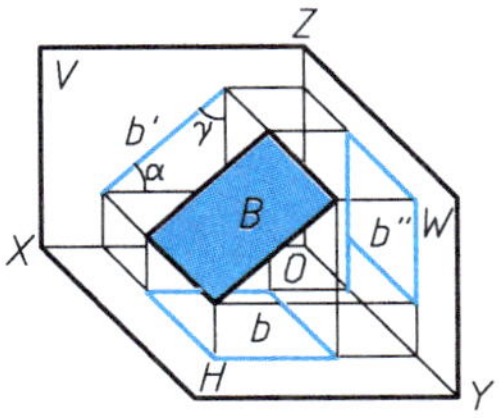	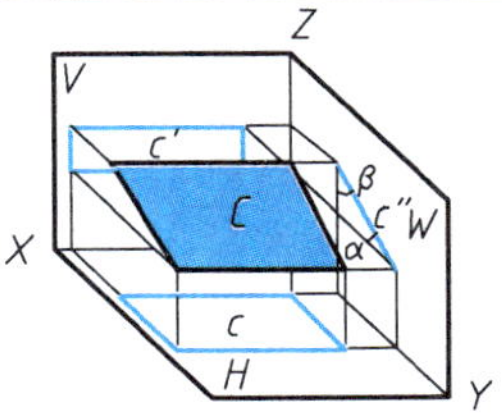
投影图	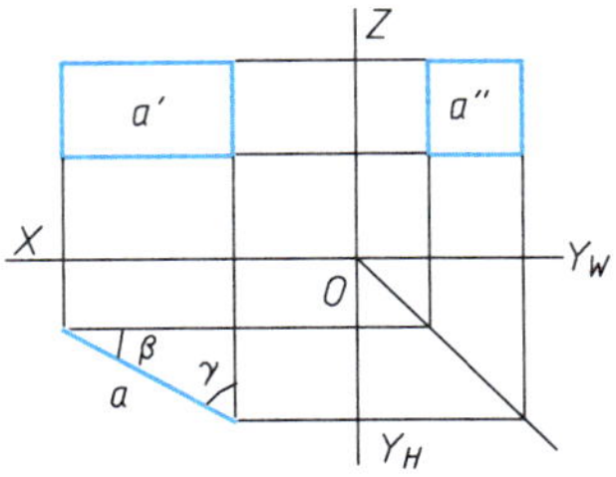	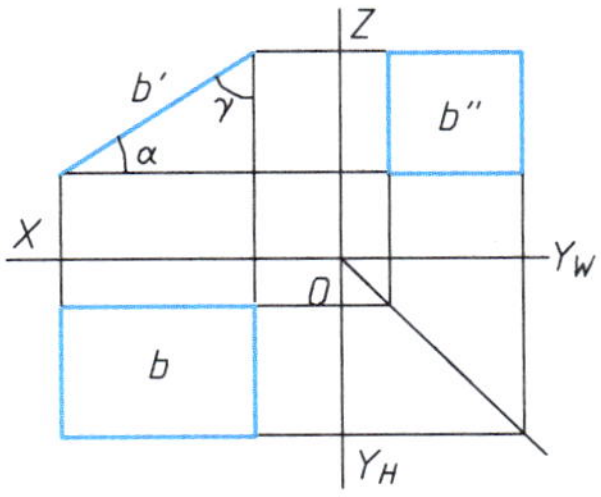	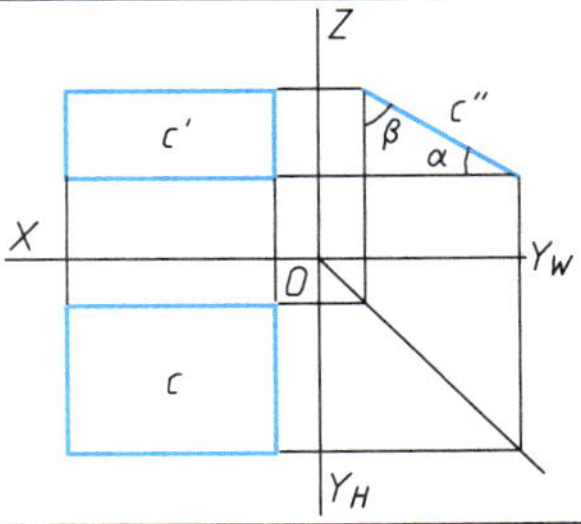

071

续表

名称	铅垂面（$A \perp H$面）	正垂面（$B \perp V$面）	侧垂面（$C \perp W$面）
在形体投影图中的位置			
在形体立体图中的位置			
投影特性	1. 水平投影有积聚性，且与OX轴的夹角反映β角的真实大小，与OY轴的夹角反映γ角的真实大小； 2. 正面投影和侧面投影小于实形，均为类似形	1. 正面投影有积聚性，且与OX轴的夹角反映α角的真实大小，与OZ轴的夹角反映γ角的真实大小； 2. 水平投影和侧面投影小于实形，均为类似形	1. 侧面投影有积聚性，且与OY轴的夹角反映α角的真实大小，与OZ轴的夹角反映β角的真实大小； 2. 水平投影和正面投影小于实形，均为类似形
小结： 1. 平面在所垂直的投影面上的投影积聚为一条倾斜直线，且与相应投影轴的夹角反映该平面与相应投影面倾角的真实大小； 2. 平面的在另外两个投影面上的投影均为小于实形的类似形			

三、一般位置平面

与三个投影面都倾斜的平面称为一般位置平面，如图2-16所示。一般位置平面的投影特性如下：
（1）三面投影都是比原形小的类似形；
（2）三个投影面上的投影都不能直接反映该平面对投影面的倾角。

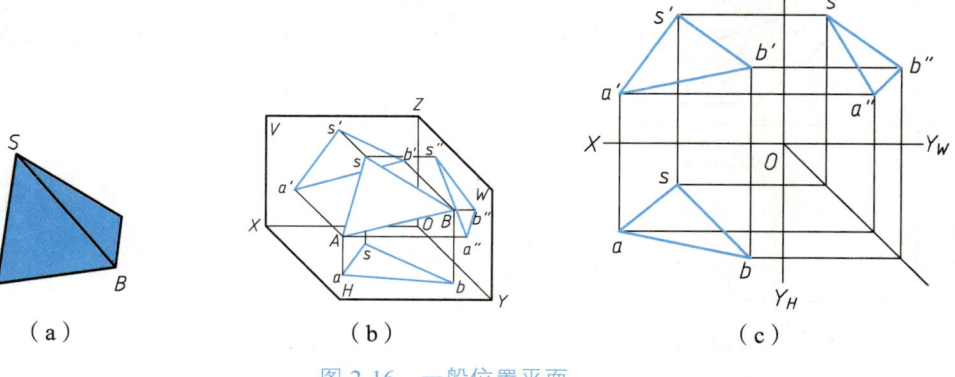

图2-16 一般位置平面

课题三 绘制基本几何体的三视图

生产实际中种类繁多、形状各异的零件，都是由一些柱、锥、球、环等几何体经过切割、相交等方式组合而成的。我们将这些简单的形体称为基本几何体，简称基本体。基本体通常分为两类：

平面立体——其表面为若干个平面的几何体，如棱柱、棱锥等。

曲面立体——其表面为曲面或曲面与平面结合而成的几何体，最常见的是旋转体，如圆柱、圆锥、圆球、圆环等。

任务一 绘制正六棱柱的三视图

 任务引入

正六棱柱的结构如图 2-17 所示，若正六棱柱的顶面外接圆直径为 ϕ20 mm，高为 24 mm，绘制其三视图，并标注尺寸。

 任务分析

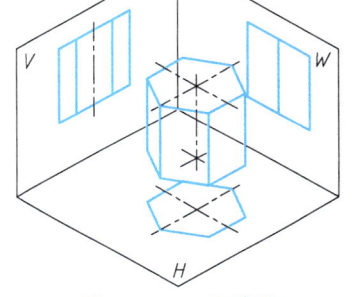

图 2-17 正六棱柱

如图 2-17 所示，正六棱柱由顶面、底面和六个棱面组成。其中，顶面和底面平行于水平面，其水平投影重合，反映实形为正六边形；前后两个棱面平行于正面；其余棱面均垂直于水平面，为铅垂面。六个棱面的水平投影分别积聚为正六边形的六条边，另外两个方向投影外轮廓均为矩形，其内部包含若干小矩形。六个侧面均为矩形，两侧面间的交线（即棱线）相互平行。

 任务实施

绘制正六棱柱三视图的作图步骤见表 2-10。

表 2-10 正六棱柱三视图的作图步骤

步骤与画法	图　例
1. 绘制投影轴 2. 在水平投影面上绘制中心线，并绘制直径为 20 mm 的圆 3. 在圆上找出六等分点，连接各点得六边形，即为六棱柱的俯视图	

073

续表

步骤与画法	图 例
4. 按"长对正"的投影规律绘制主视图，作图时取高为 24 mm 5. 按"高平齐，宽相等"的投影规律绘制左视图	
6. 擦去多余图线，按线型描深图线 7. 标注尺寸 右图中将外接圆的直径尺寸数字加括号，机械图样中的这种尺寸称为参考尺寸	

 知识拓展

如图 2-18 所示，已知正六棱柱棱面 ABCD 上点 M 的 V 面投影 m′，求其他两面投影。

若棱柱表面均处于特殊位置，则棱柱表面上点的投影可利用平面投影的积聚性求得。在三个视图中，若平面处于可见位置，则该面上点的投影也是可见的；反之为不可见。

如图 2-18（b）所示，正六棱柱棱面 ABCD 的水平投影 □bcd 具有积聚性，因此点 M 水平投影 m 必在 □bcd 上，求出 m 后，再根据 m、m′求得 m″。由于棱面 ABCD 的 W 面投影可见，所以 m″为可见。

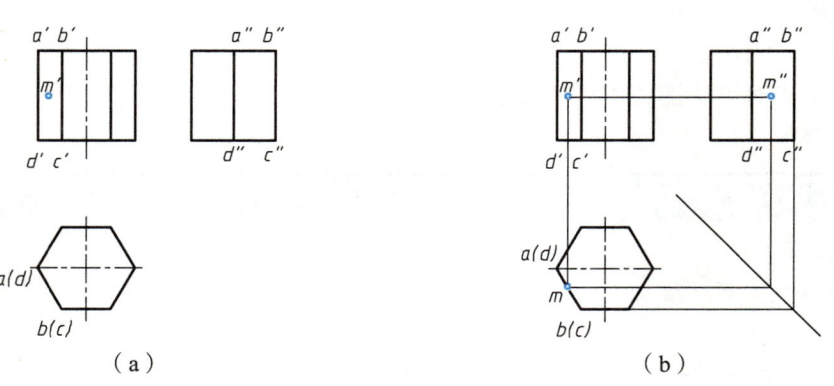

图 2-18 正六棱柱上点的三面投影

任务二　绘制正三棱锥的三视图

 任务引入

正三棱锥的结构如图 2-19 所示，若正三棱锥的底面正三角形外接圆直径为 ϕ20 mm，高为 20 mm，绘制其三视图，并标注尺寸。

 任务分析

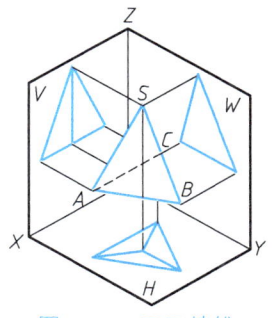

图 2-19　正三棱锥

如图 2-19 所示，正三棱锥的底面为水平面，其水平投影为正三角形，正面投影和侧面投影为横线。后侧面为侧垂面，其侧面投影为斜线，正面投影和水平投影为三角形（原实形的类似形）。左、后两侧面为一般位置平面，其三面投影皆为三角形。左、右两条棱线为一般位置线，三面投影皆为缩短的斜线。中间的棱线为侧平线，其侧面投影为反映实长的斜线，正面投影和水平投影为收缩的竖线。

 任务实施

绘制正三棱锥三视图的作图步骤见表 2-11。

表 2-11　正三棱锥三视图的作图步骤

步骤与画法	图　例
1. 绘制投影轴 2. 绘制中心线，并绘制直径为 20 mm 的圆 3. 在圆上找出三等分点，连接各点得三角形即为正三棱锥的俯视图	
4. 按"长对正"的投影规律绘制主视图，作图时取高为 20 mm 5. 按"高平齐，宽相等"的投影规律绘制左视图	

步骤与画法	图例
6. 擦去多余图线，按线型描深图线 7. 标注尺寸 确定正三棱锥的大小需要两个尺寸，一个是正三棱锥的高，另一个是确定正三棱锥底面正三角形的尺寸（边长）	

 知识拓展

如图 2-20 所示，已知正三棱锥棱面上点 M 的 V 面投影 m'，求其他两面投影。

正三棱锥的表面可能是特殊位置平面，也可能是一般位置平面。凡属特殊位置平面上的点，其投影可利用平面投影的积聚性直接求得；一般位置平面上的点，则可通过在该面作辅助线的方法求得。

方法一：过顶点作辅助线求 M 点的投影。

如图 2-21 所示，连接 $s'm'$，并延长交 □b' 于 d'，得辅助线 SD 的 V 面投影 $s'd'$，求出 SD 的 H 面投影 sd，则 m 必在 sd 上，由此求得 M 点的 H 面投影 m。点 M 的 W 面投影 m''，可由 m' 和 m 直接求得。

方法二：作底边的平行线求 M 点的投影。

如图 2-22 所示，过 m' 作 □b' 的平行线 $m'e'$，求出 ME 上点 E 的 H 面投影 e，由 em∥□b 求出点 M 的 H 面投影 m。点 M 的 W 面投影 m''，可由 m' 和 m 直接求得。

图 2-20 正三棱锥上点的三面投影

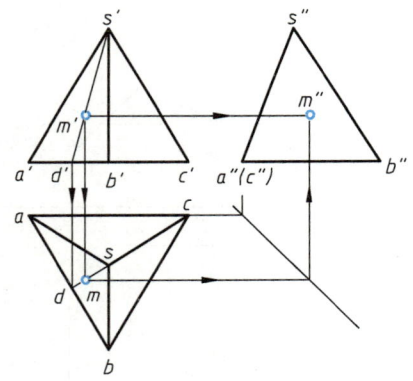

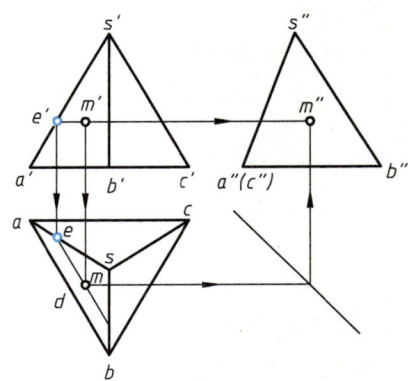

图 2-21 过顶点作辅助线求 M 点的投影　　图 2-22 作底边的平行线求 M 点的投影

任务三 绘制圆柱的三视图

 **任务引入**

圆柱的结构如图 2-23 所示，若圆柱底面直径为 $\phi 20$ mm，高为 25 mm，绘制其三视图，并标注尺寸。

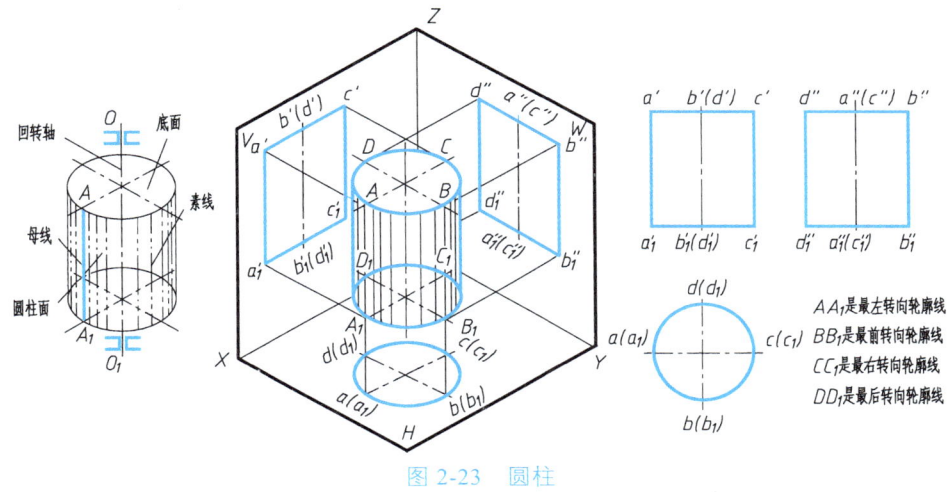

图 2-23 圆柱

 **任务分析**

如图 2-23 所示，圆柱是由一个圆柱面、圆形的顶面和底面组成的。圆柱面可看作是一条线段（母线）绕着与它平行的一条轴线旋转一周形成的，母线在任一位置时，称为素线。

圆柱上、下底面为水平面，其水平投影反映实形，正面和侧面投影分别积聚成直线。圆柱面的水平投影积聚为一圆周，与上下底面的水平投影重合。在正面投影中，前、后两半圆柱的投影重合为一矩形，矩形的两条竖线分别为圆柱面最左、最右素线的投影。在侧面投影中，左、右两半圆柱的投影重合为一矩形，矩形的两条竖线分别为圆柱面最前、最后素线的投影。

 **任务实施**

绘制圆柱三视图的作图步骤见表 2-12。

表 2-12　圆柱三视图的作图步骤

步骤与画法	图　例
1. 绘制各视图的轴线或中心线 2. 绘制圆柱的俯视图 由于圆柱面在俯视图上积聚为圆，所以该圆柱的水平投影为圆，直径为 ⌀20 mm	
3. 绘制圆柱的主视图、左视图 该图为矩形框，长 20 mm、高 25 mm 4. 擦去多余图线，按线型描深图线 5. 标注尺寸 确定圆柱体的大小需要两个尺寸，一个是圆柱体的高，另一个是圆柱体的底面直径	

 **知识拓展**

如图 2-24（a）所示，已知圆柱面上 A、B、C、D 四点的一个投影，求作其余两面投影。

点 A、B 在圆柱面最右、最前转向轮廓线上，是特殊点，可直接求出；点 C、D 是一般位置点，因为圆柱面的投影有积聚性，所以可利用积聚性来求点 C 和 D 的另两面投影。

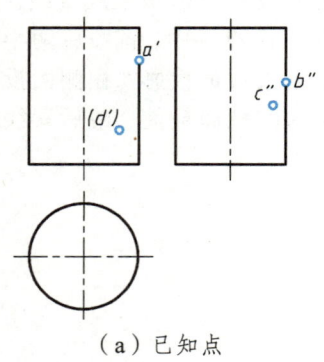 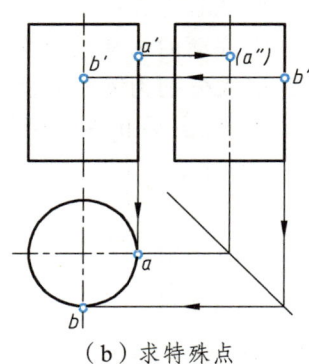 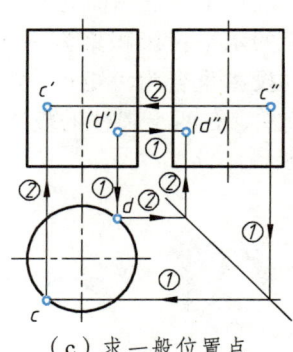

（a）已知点　　　　（b）求特殊点　　　　（c）求一般位置点

图 2-24　圆柱上点的三面投影

任务四　绘制圆锥的三视图

　任务引入

圆锥的结构如图 2-25 所示，若圆锥底面直径为 ϕ20 mm，高为 25 mm，绘制其三视图，并标注尺寸。

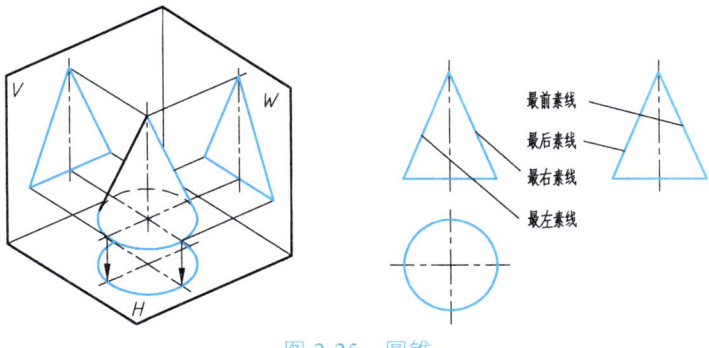

图 2-25　圆锥

　任务分析

如图 2-25 所示，圆锥由圆锥面和圆形底面围成，圆锥面可视为绕轴线旋转的母线。锥底平行于水平面，水平投影呈现底面形状，完全可见；正面和侧面投影分别为重合的等腰三角形，正面投影的两腰为最左、最右素线的投影，侧面投影的两腰为最前、最后素线的投影。

　任务实施

绘制圆锥三视图的作图步骤见表 2-13。

表 2-13　圆锥三视图的作图步骤

步骤与画法	图　例
1. 绘制各视图的轴线或中心线 2. 绘制圆锥的俯视图 　该圆锥的水平投影为圆，直径为 ϕ20 mm	

079

步骤与画法	图 例
3. 绘制圆锥的主视图、左视图，测得高度 25 mm，作等腰三角形 4. 擦去多余图线，按线型描深图线 5. 标注尺寸	

知识拓展

如图 2-26（a）所示，已知圆锥表面上的点 A、B、C 和 M 的一个投影，求作它们的另外两个投影。

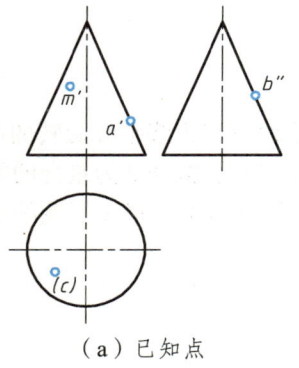 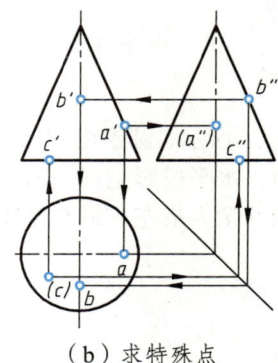

（a）已知点　　　　　　　　（b）求特殊点

图 2-26　圆锥上点的三面投影

点 A、B 处在圆锥面最右和最前的转向轮廓线上，利用点在直线上投影的从属性直接求出；点 C 的水平投影不可见，点 C 在圆锥底面上，利用底面积聚投影直接求出 C 的另两个投影。

点 M 是圆锥面上一般位置点，且圆锥面投影没有积聚性，需要用作辅助线的方法求其投影。

方法一：用辅助素线法求圆锥表面一般位置点的投影。

如图 2-27（c）所示，过锥顶 S 和点 M 作辅助素线 $SⅠ$，求出 $SⅠ$ 的三面投影，则 m、m'' 分别在 $SⅠ$、$S''Ⅰ''$ 上，由 m' 求出 m 和 m''。

方法二：用辅助圆法求圆锥表面一般位置点的投影。

如图 2-27（b）所示，过点 M 在圆锥面上作一垂直于圆锥轴线的水平纬线圆，V 面投影积聚为直线，H 面投影反映圆的实形。作辅助圆的 H 面投影。由 m' 求出 m，再由 m' 和 m 求出 m''。

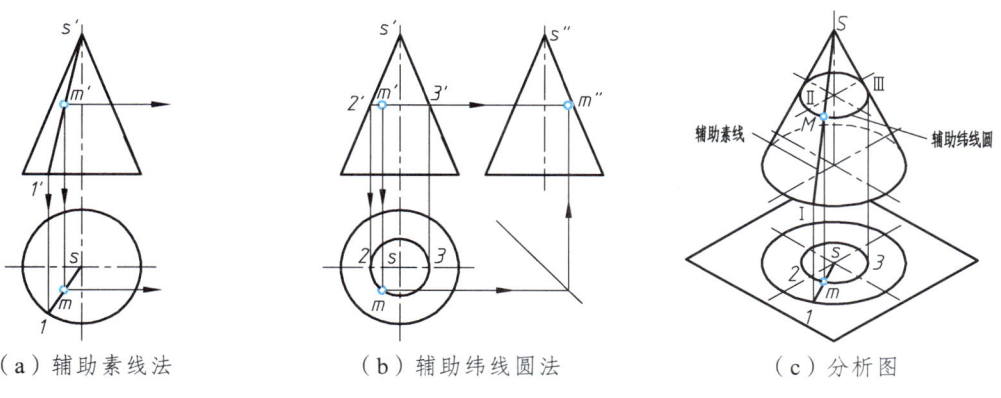

（a）辅助素线法　　　（b）辅助纬线圆法　　　（c）分析图

图 2-27　用辅助线法求圆锥上点的三面投影

任务五　绘制圆球的三视图

 任务引入

圆球的结构如图 2-28 所示，若圆球直径为 ϕ20 mm，绘制其三视图，并标注尺寸。

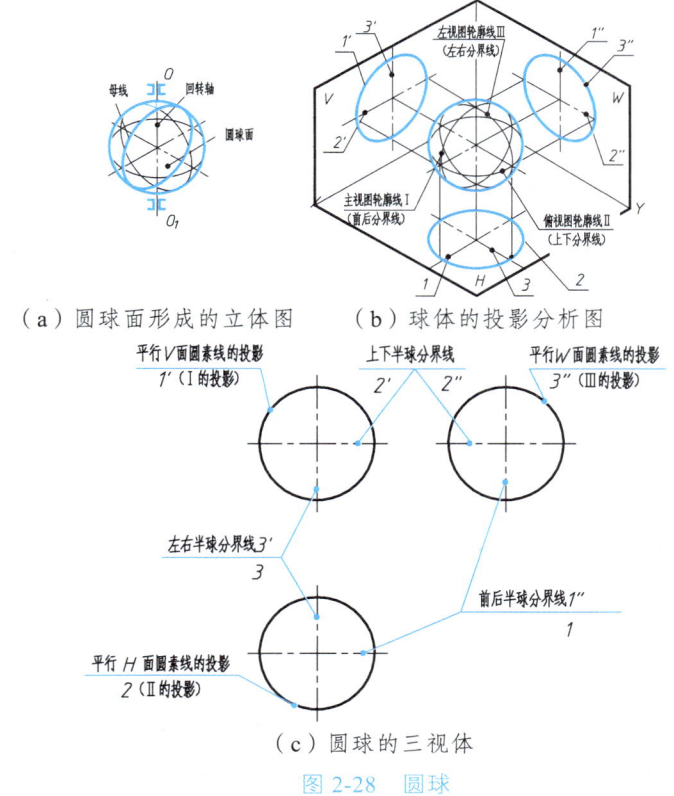

（a）圆球面形成的立体图　　（b）球体的投影分析图

（c）圆球的三视体

图 2-28　圆球

 **任务分析**

如图 2-28 所示,球面可视为半圆绕圆心轴线旋转而成。球的三个视图均为直径相等的圆,分别为球面上平行于投影面的最大轮廓圆:正面投影为前后半球分界线,水平投影为上下半球分界线,侧面投影为左右半球分界线。

 **任务实施**

显然,圆球的三面投影是直径相同的圆,确定圆球的大小只需要圆球的直径。国家标准规定,在尺寸数字前面加注"$S\phi$"或"SR"表示圆球的直径或半径。

绘制圆球三视图的作图步骤见表 2-14。

表 2-14　圆球三视图的作图步骤

步骤与画法	图　　例
1. 绘制各视图的中心线	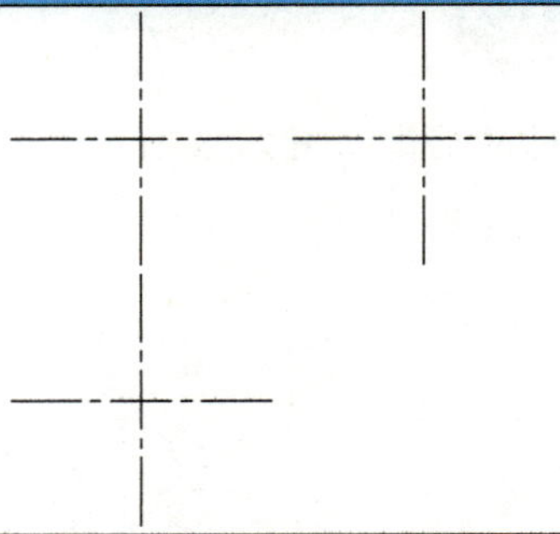
2. 绘制圆球的主视图、俯视图、左视图,均为 $\phi20\ mm$ 的圆 4. 擦去多余图线,按线型描深图线 5. 标注尺寸	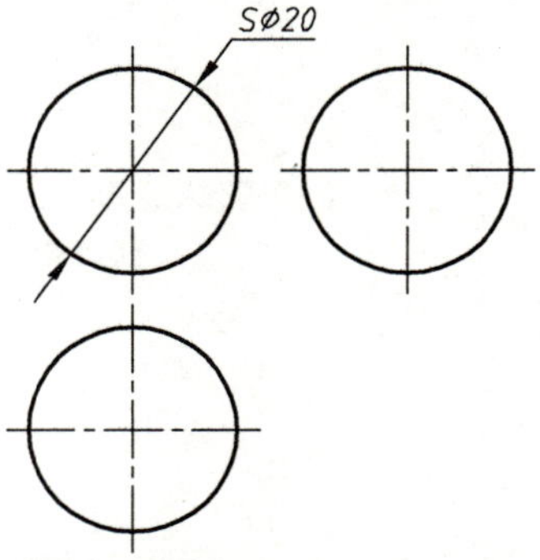

 **知识拓展**

如图 2-29(a)所示,已知圆球表面上点 M、N 和 K 的一个投影,求作其他两个投影。点 M 处于前、后半球的分界线 Ⅰ 上;点 N 处于上、下半球的分界线 Ⅱ 上,是圆球表面上的特殊位

置点。作图时，只要找到这些分界线在各视图中的位置，根据点在线上的从属性即可求出另两个投影，如图 2-29（b）所示。

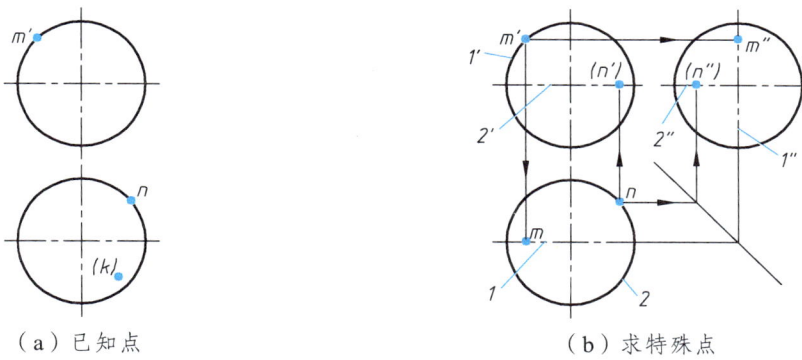

（a）已知点　　　　　　　　　　　（b）求特殊点

图 2-29　圆球上点的三面投影

由点 K 不可见的水平投影（k），可知点 K 处于圆球的前、右、下部分，是一般位置点，要用辅助纬线圆法求出它的投影。

过点 K 作辅助纬线圆平行于 V 面[见图 2-30（a）]、H 面[见图 2-30（b）]或 W 面，即可根据从属性在辅助纬线圆的各投影上求得点 K 的相应投影。

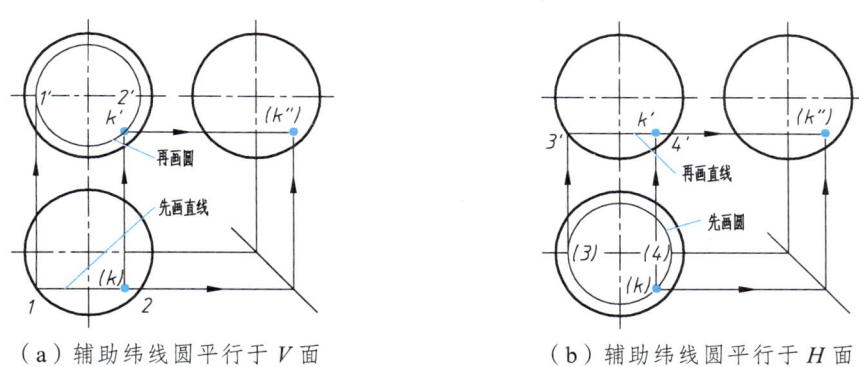

（a）辅助纬线圆平行于 V 面　　　　　（b）辅助纬线圆平行于 H 面

图 2-30　用辅助纬线圆法求圆球上点的三面投影

任务六　绘制圆环的三视图

任务引入

圆环的结构如图 2-31 所示，若圆环母线圆直径为 $\phi 10$ mm，母线圆心轨迹圆直径为 $\phi 35$ mm，绘制其三视图，并标注尺寸。

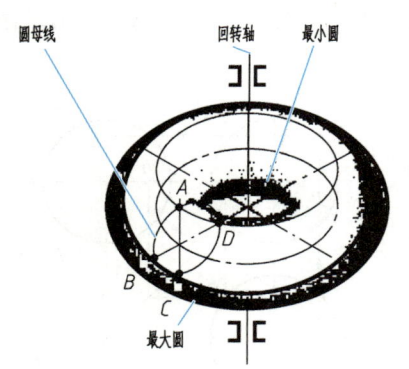 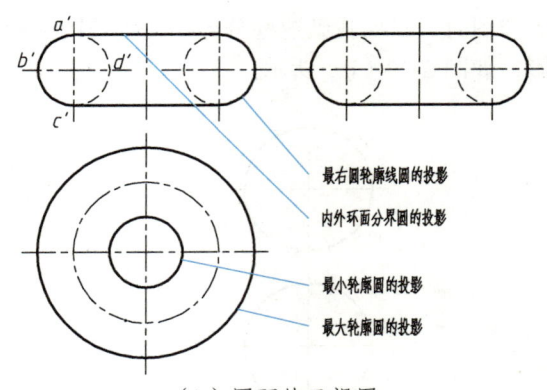

（a）圆环的形成及投影　　　　　　（b）圆环的三视图

图 2-31　圆环

 **任务分析**

如图 2-31 所示，圆环可看成一个圆（母线）绕一平面上不通过圆心的轴线旋转一周而成的。圆环水平投影中的两个同心圆，分别是圆环上最大和最小的两个纬圆的水平投影，也是上半个圆环面与下半个圆环面的可见与不可见部分的分界线；点画线圆是母线圆心轨迹的投影。

 **任务实施**

将圆环放置在三投影面体系中，使其轴线垂直于 H 面，得到圆环的三视图。

正、侧面投影是全等图形，两个小圆是圆环面最左、最右和最前、最后轮廓线圆的投影，内环面从前向后、从左向右均看不见，靠近轴线的半圆画成虚线。与两个小圆相切的直线表示内、外环面分界圆的投影。

水平投影是两个同心圆，分别表示圆环面水平方向最大和最小轮廓线圆的投影；点画线的圆表示母线圆中心运动轨迹的水平投影。

绘制圆环三视图的作图步骤见表 2-15。

表 2-15　圆环三视图的作图步骤

步骤与画法	图例
1. 绘制各视图的中心线 2. 绘制圆环的俯视图	⌀25　⌀35　⌀45

续表

步骤与画法	图　例
3. 绘制圆环的主视图	
4. 绘制圆环的左视图 5. 擦去多余图线，按线型描深图线 6. 标注尺寸 确定圆环大小需要两个尺寸，一个是圆环母线直径，另一个是母线圆心轨迹圆直径	

 **知识拓展**

如图 2-32 所示，已知圆环表面上点 M 的 V 面投影 m'，求其他两面投影。

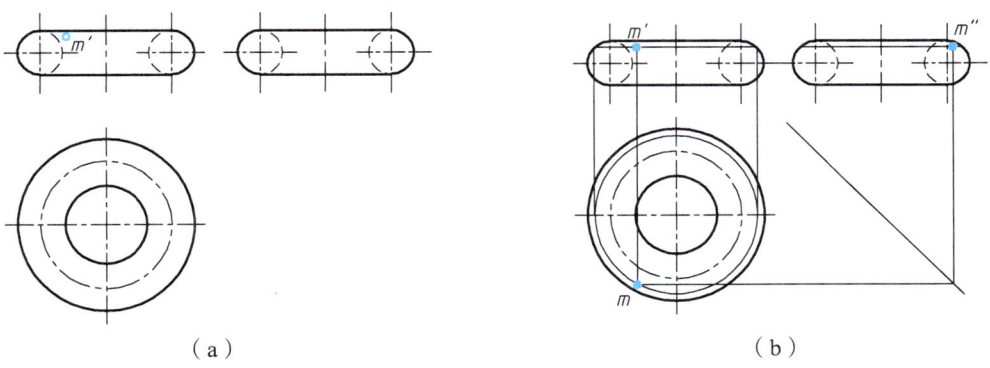

图 2-32　圆环上点的三面投影

如图 2-32 所示，由于圆环面的投影没有积聚性，因此要借助表面上的辅助圆求点的投影。过点 M 在环面上作与水平面平行的辅助圆，再作其 H 面的投影，在该圆的 H 面投影上求得 m，再由 m' 和 m 求出 m''。

课题四　用AutoCAD绘制基本几何体的三视图

任务　用AutoCAD绘制正六棱柱的三视图

 **任务引入**

绘制如图2-33所示正六棱柱的三视图。

绘制正六棱柱

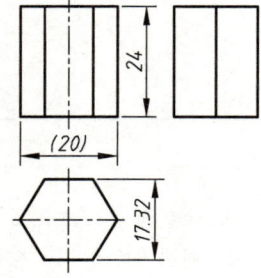
图2-33　正六棱柱

任务分析

由图2-33中尺寸可以看出，可先画出正六棱柱俯视图，然后根据三视图之间的投影规律绘制另外两个视图。

用AutoCAD画组合体三视图的步骤与手工绘图基本相同，关键是作图时如何保证尺寸准确，视图间的投影关系正确，特别是左视图与俯视图之间的宽相等。常用的方法有：

（1）辅助线法：为保证俯视图和左视图的宽相等，常采用作45°辅助斜线的方法。
（2）对象追踪法：采用自动追踪的功能，可画出"长对正，高平齐"的线。
（3）构造线画轮廓法：用构造线画定位线和基本轮廓。
（4）平行线法：用偏移命令量取尺寸。
（5）视图旋转法：采用复制视图并旋转90°，再用"对象追踪"绘制视图的方法。
（6）坐标输入法：通过输入坐标的形式控制图形的位置和大小。

 **任务实施**

一、启动AutoCAD 2020

单击"快速入门"中"样板"下拉菜单，选择"A4样板"，即可开始新图形的创建。

二、绘制中心线和辅助线

（1）将"细点画线"层设置为当前层，打开状态栏的"正交"按钮、"对象捕捉"按钮、"对象捕捉追踪"按钮，单击"绘图"面板上的"直线"按钮，绘制各视图的中心线，如图2-34所示。

（2）将"细实线"层设置为当前层，单击"绘图"面板上的"直线"按钮，绘制45°辅助线，如图2-34所示。

图2-34　绘制中心线和45°辅助线

三、绘制俯视图

将"粗实线"层设置为当前层,单击"绘图"面板上的"多边形"按钮,AutoCAD命令行提示如下:

命令:
命令:_polygon 输入边的数目<4>:6　　　　　(输入多边形边数)
指定正多边形的中心点或[边(E)]:　　　　　(单击点 O,如图2-35所示)
输入选项[内接于圆(I)/外切于圆(C)]<I>:　　(回车)
指定圆的半径:10　　　　　　　　　　　　(指定圆的半径,回车)

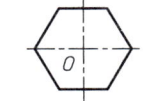

图 2-35　绘制正多边形

四、绘制主视图

(1)将"细实线"层设置为当前层,单击"绘图"面板上的"直线"按钮,按照"长对正"的投影规律绘制辅助线,如图2-36(a)所示。

(2)将"粗实线"层设置为当前层,单击"绘图"面板上的"直线"按钮,绘制主视图,删除辅助线,如图2-36(b)所示。

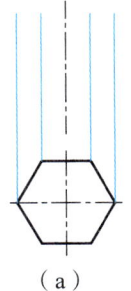　　　　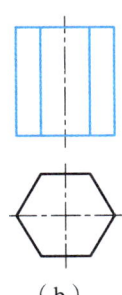

(a)　　　　　　　　　　　　　　(b)

图 2-36　绘制主视图

五、绘制左视图

(1)将"细实线"层设置为当前层,单击"绘图"面板上的"直线"按钮,按照"长对正、宽相等"的投影规律绘制辅助线,如图2-37(a)所示。

(2)将"粗实线"层设置为当前层,单击"绘图"面板上的"直线"按钮,绘制俯视图,删除辅助线,如图2-37(b)所示。

六、保　存

整理图形使其符合机械制图标准,完成后保存图形。

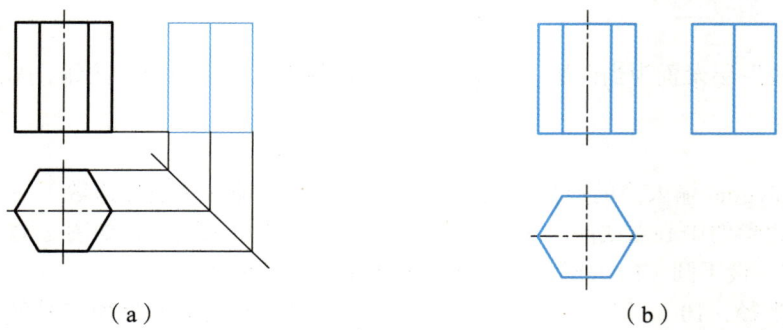

(a) (b)

图 2-37 绘制左视图

七、退出 AutoCAD 2020

单击 AutoCAD 2020 右上角的"关闭"按钮,退出操作。

项目三 零件表面交线的绘制与识读

项目分析

机械零件的结构是多种多样的，但这些零件往往不是单一或完整的基本立体，而是由基本体切割或叠加而成的，因此这些零件表面会产生交线。立体表面与截平面、截平面与截平面之间的共有线，称为截交线。截交线为平面封闭的图形。立体与立体相交时，在机件表面产生的交线称为相贯线。相贯线一般为封闭的空间曲线。相贯线的形状取决于相交两立体的几何形状、尺寸大小与相对位置。为了清楚地表达出机件的形状，应正确地画出这些交线的投影。

学习目标

（1）清晰理解截交线与相贯线的基本定义，区分两者在不同几何体截切情况下的形成原理与表示意义；

（2）深入掌握平面与平面、平面与曲面、曲面与曲面相交时截交线的求法；

（3）能够准确识别并绘制出简单及复杂几何体（如棱柱、圆柱、圆锥、球体等）被平面切割后的截交线，包括投影图上的正确表达；

（4）掌握复杂形体相贯情况下相贯线的分析方法，包括判断相贯线的形状、位置及投影特性，特别是对常见组合体的处理；

（5）通过实践操作，熟练运用手工绘图工具及 AutoCAD 软件，准确绘制截交线与相贯线，保证图线质量与尺寸标注的规范性；

（6）培养和提升空间想象与视觉化思维能力，能够在头脑中构建三维模型，准确预测截交线与相贯线的空间位置及投影效果；

（7）面对复杂截交与相贯问题，能够运用所学知识，通过分步分析、逐步求解的方法，解决实际工程图样中的识别与绘制难题；

（8）探索截交线与相贯线在特定工程设计中的创新应用，如优化设计、减少材料消耗等，培养创新思维与实践能力。

课题一 绘制截交线的投影

基本体被平面切割后，表面会产生截交线。基本体被平面截切后余下的部分称为切割体，截切基本体的平面称为截平面，截平面与基本体表面的交线称为截交线，截交线所围成的图形称为截断面，如图 3-1 所示。

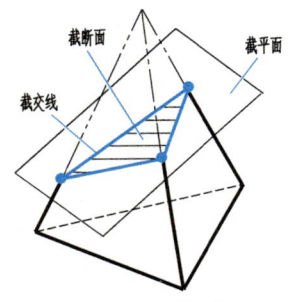

图 3-1 截交线与截平面

由于立体表面性质和截平面位置不同，所产生的截交线形状也不同，但任何形状的截交线都具有以下两个特征：

（1）共有性：截交线是截平面与基本体表面的共有线。
（2）封闭性：由于立体具有确定的范围，所以任何基本体的截交线都是一个封闭的平面图形。截交线可以是直线段、平面曲线，或是由两者组合而成。

任务一 绘制斜割六棱柱上的截交线

 任务引入

如图 3-2 所示，已知该斜割六棱柱体的主视图、俯视图，试绘制其左视图。

 任务分析

如图 3-2 所示，正六棱柱被正垂面截切后，截面为六边形，六个顶点为正垂面与六棱柱棱线的交点。由于棱线在俯视图上投影积聚，截交线的水平投影已知。根据正面和水平投影，可绘制侧面投影，侧面投影为类似水平投影的六边形。

 任务实施

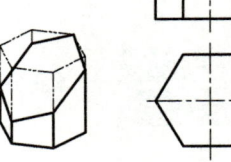

图 3-2 斜割六棱柱

绘制斜割六棱柱左视图的作图步骤见表 3-1。

表 3-1　斜割六棱柱的作图步骤

步骤与画法	图　例
1. 绘制六棱柱被切割前的左视图	
2. 根据截交线各顶点的正面和水平投影作出截交线的侧面投影	
3. 用直线连接侧面投影上的各点 4. 擦去被切部分的轮廓线和辅助线，按线型描深图线	

任务二　绘制斜割三棱锥上的截交线

任务引入

如图 3-3 所示，补全斜割三棱锥的主视图和俯视图。

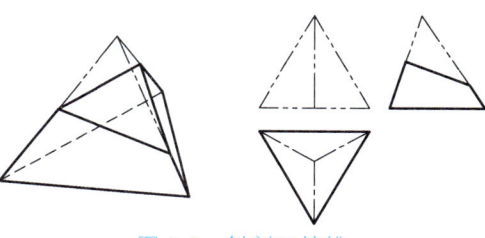

图 3-3　斜割三棱锥

 任务分析

如图 3-3 所示,三棱锥被侧垂面截切,截面为三角形,截平面与三条棱线的交点为截面的三个端点。截断面以上部分被切掉,以下部分保留。因为截交线的形状是一个三角形,所以只需求出其三个端点即可,而三个端点是截平面与三条棱线的交点。

 任务实施

绘制斜割三棱锥截交线的主视图和俯视图的作图步骤见表 3-2。

表 3-2　斜割三棱锥的作图步骤

步骤与画法	图　例
1. 绘制截平面与三棱锥棱线交点的正面投影和水平投影	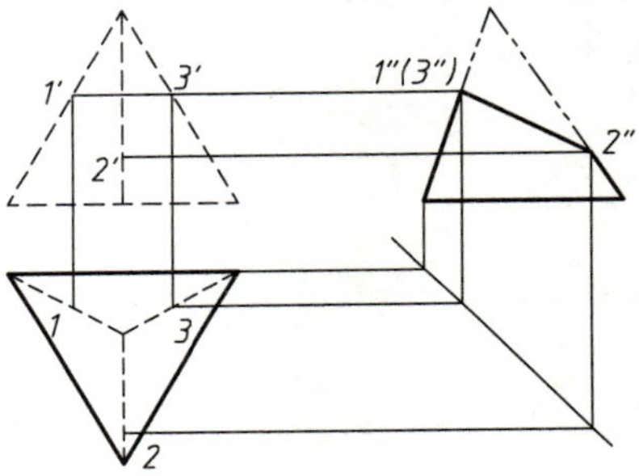
2. 用直线连接正面投影和水平投影上的各点	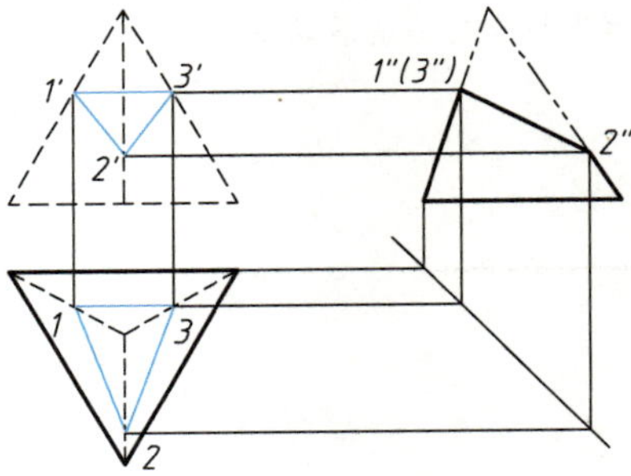
3. 擦去被切割部分的轮廓线和辅助线,按线型描深图线	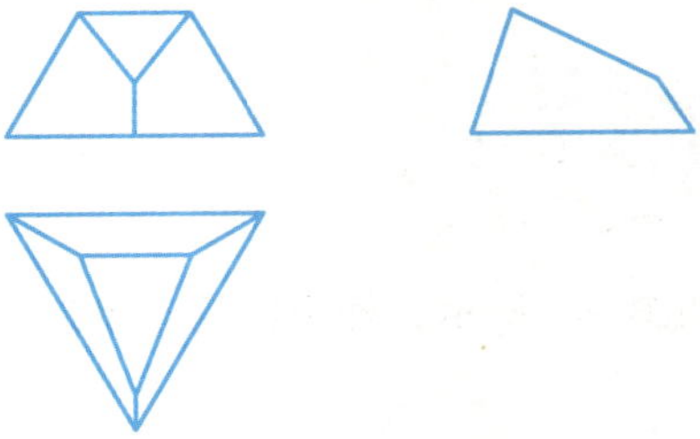

任务三 绘制斜割圆柱上的截交线

**任务引入**

如图 3-4 所示，已知该斜割圆柱的主视图、俯视图，试绘制其左视图。

**任务分析**

如图 3-4 所示，平面斜切圆柱，其截交线为椭圆，其正面投影积聚为一直线，水平投影与圆柱面的水平投影重合为一圆，侧面投影为椭圆。

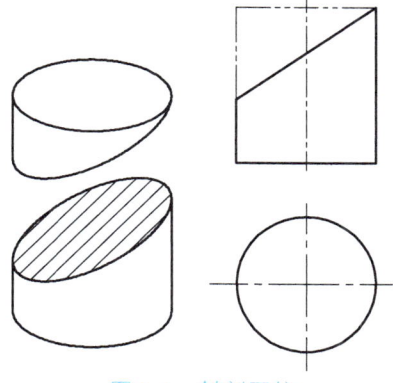

图 3-4 斜割圆柱

**任务实施**

绘制斜割圆柱左视图的作图步骤见表 3-3。

表 3-3 斜割圆柱的作图步骤

步骤与画法	图 例
1. 绘制截割前圆柱的左视图 2. 求特殊点 特殊点一般指最左、最右、最前、最后、最上、最下等极限点，以及可见性分界点，即椭圆长、短轴的四个端点，再求出其水平投影和侧面投影	
3. 求一般点 在俯视图的适当位置找 4 个一般点的水平投影，按投影规律找出其正面投影，求出其侧面投影	

续表

步骤与画法	图 例
3. 光滑连接各点的侧面投影 4. 擦去被切割部分的轮廓线和辅助线,按线型描深图线	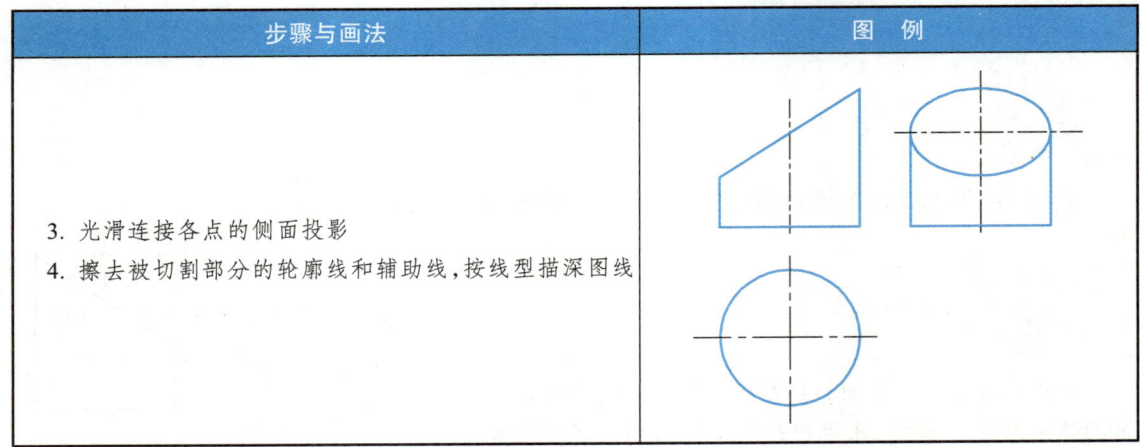

知识拓展

一、圆柱的截交线

根据截割平面与圆柱轴线的相对位置不同,圆柱截交线有三种情况,如表3-4所示。

表3-4 圆柱的截交线

截平面的位置	与轴线平行	与轴线垂直	与轴线倾斜
轴测图	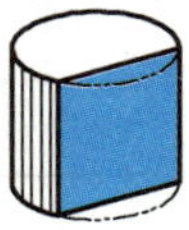	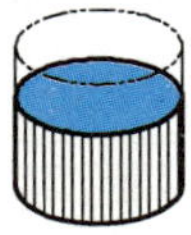	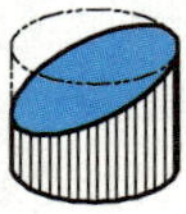
投影图	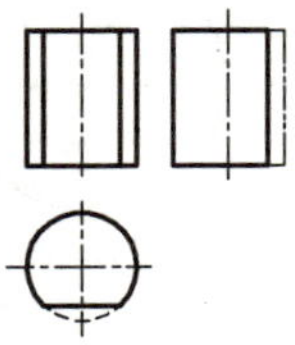	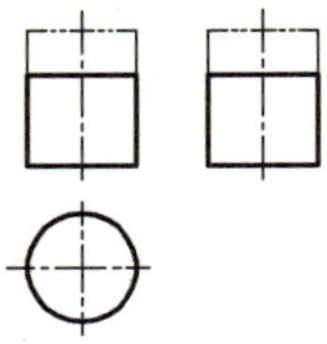	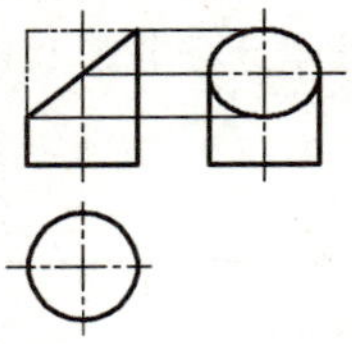
截交线的形状	两平行直线	圆	椭圆

二、补全切口圆柱的三面投影

如图3-5所示,补全切口圆柱的三面投影。

由图3-5可知,圆柱左端开槽是由两个正平面和一个侧平面切割得到的,右端切肩是由两个水平面和一个侧平面切割得到的,所产生的截交线均为直线和平行于侧面的圆弧。补全切口圆柱三视图的步骤见表3-5。

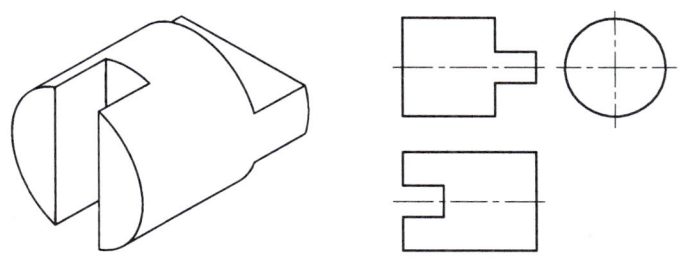

图 3-5 切口圆柱

表 3-5 补全切口圆柱三视图的作图步骤

步骤与画法	图 例
1. 根据槽口的宽度，作出槽口的侧面投影，再按投影关系作出槽口的正面投影	
2. 根据切肩的厚度，作出切肩的侧面投影，再按投影关系作出切肩的水平投影	
3. 擦去被切割部分的轮廓线及辅助线，按线型描深图线，完成三视图	

任务四 绘制斜割圆锥上的截交线

任务引入

如图 3-6 所示,补全斜割圆锥的主视图和左视图。

任务分析

如图 3-6 所示,该圆锥上的截交线为一封闭椭圆。该截交线是截切平面与圆锥面的共有线,其正面投影与正垂面的正面投影重合,同时由于截交线是圆锥面上的线,所以具备圆锥表面上线的特性。该截交线的正面投影是已知的,水平投影和侧面投影是椭圆,需要绘制。

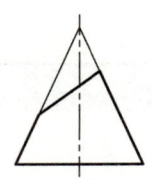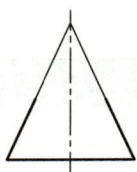

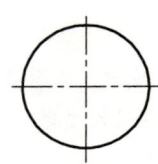

图 3-6 斜割圆锥

任务实施

绘制斜割圆锥的作图步骤见表 3-6。

表 3-6 斜割圆锥的作图步骤

步骤与画法	图 例
1. 求特殊点 求截交线的最下点 1、最上点 2 的水平投影和侧面投影	

续表

步骤与画法	图 例
2. 求截交线最前点 3、最后点 4 的水平投影和侧面投影	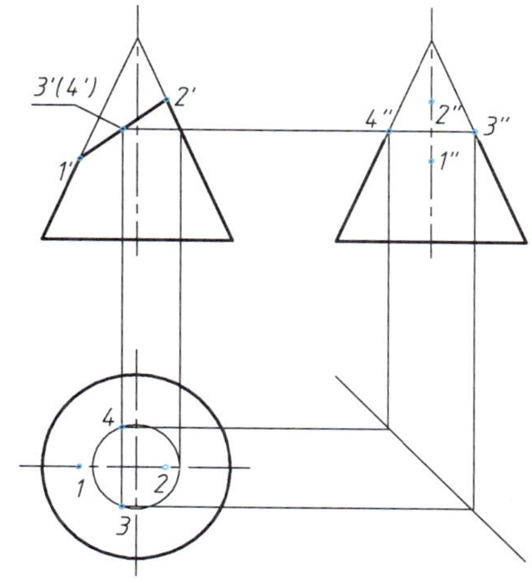
3. 求截交线与最前面素线的交点 5、与最后面素线的交点 6 的水平投影和侧面投影	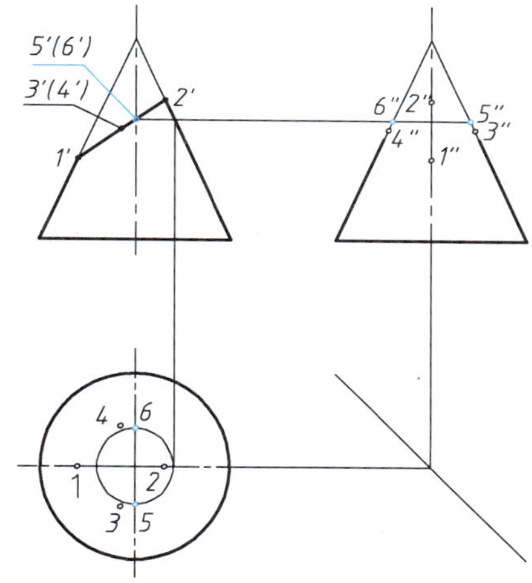
4. 求一般点 利用辅助圆法，求出若干一般点	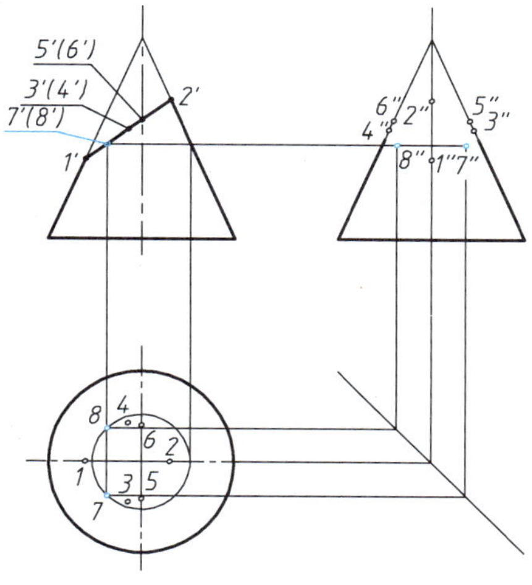

续表

步骤与画法	图 例
5. 连接各点的同面投影，完成截交线的投影 6. 擦去被切割部分的轮廓线及辅助线，按线型描深图线	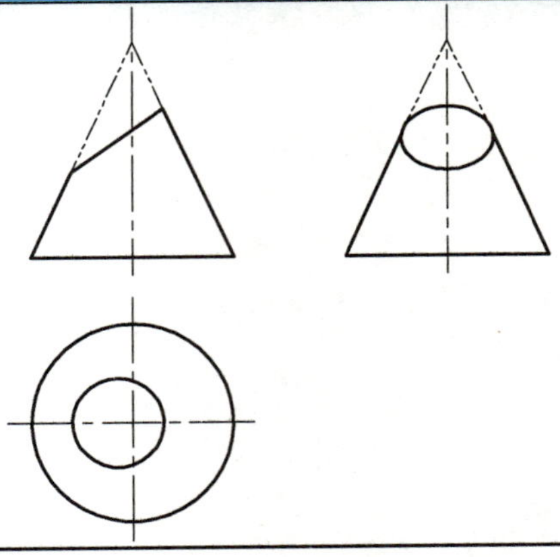

知识拓展

一、圆锥的截交线

根据截割平面与圆锥轴线的相对位置不同，圆锥截交线有 5 种情况，如表 3-7 所示。

表 3-7　圆锥的截交线

截平面的位置	与轴线垂直	过圆锥顶点	平行于任一素线	与轴线倾斜（不平行于任一素线）	与轴线平行
轴测图	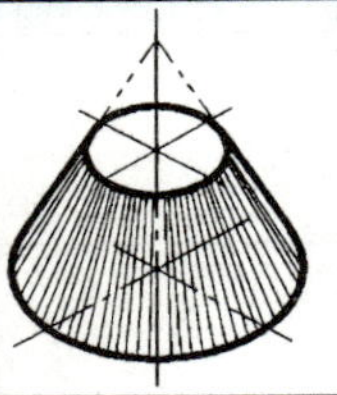	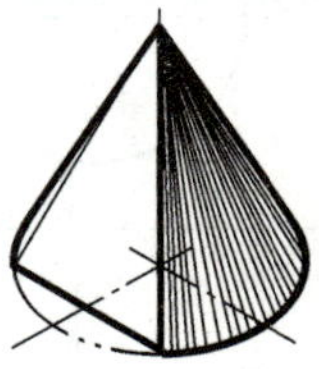	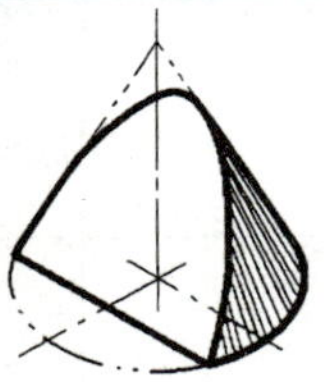	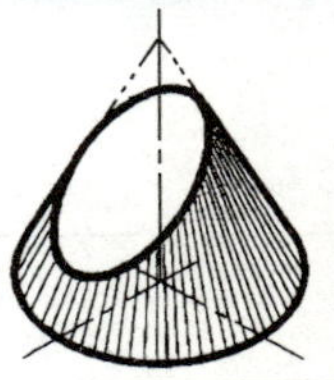	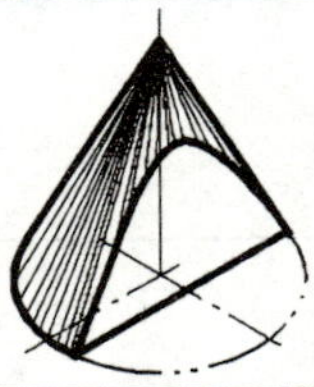
投影图	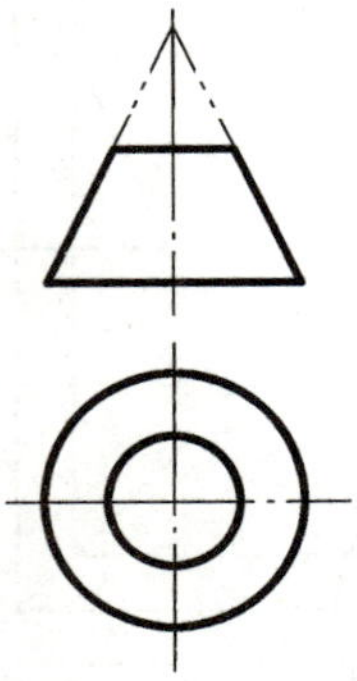	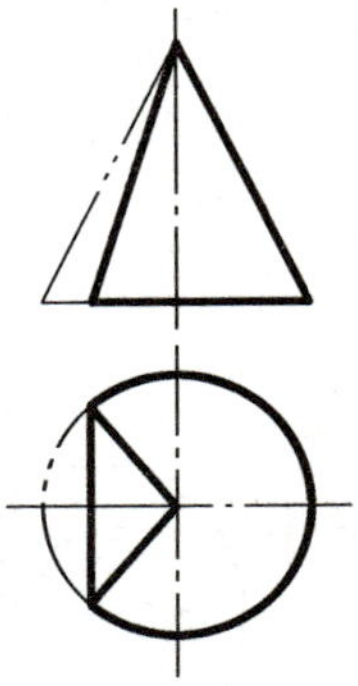	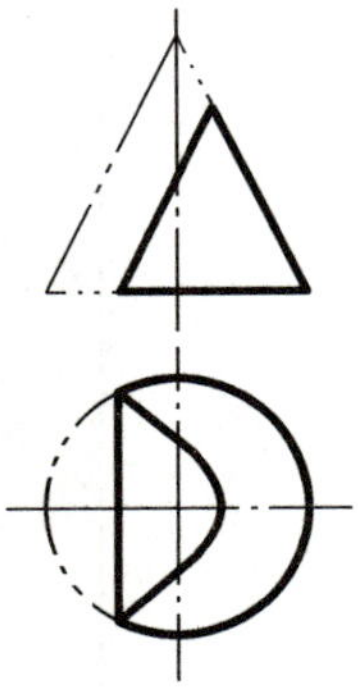	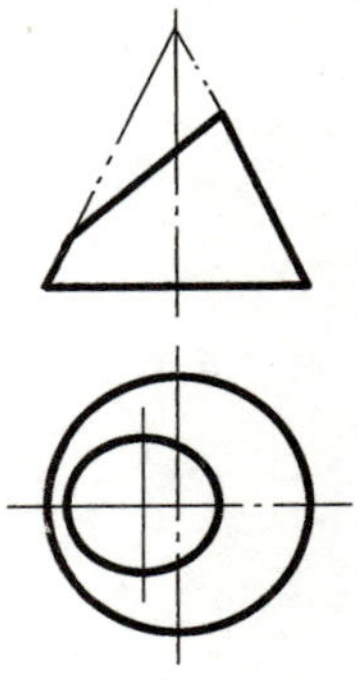	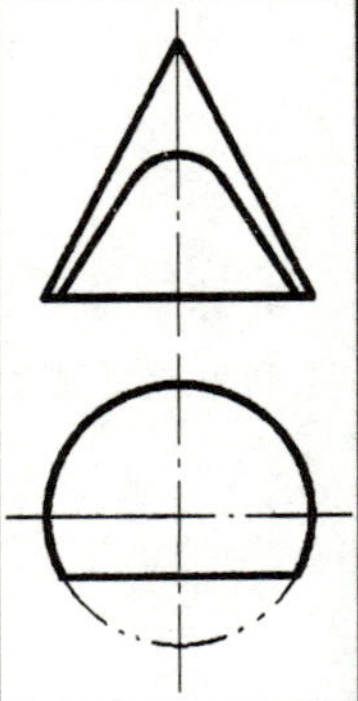
截交线的形状	圆	两相交直线	抛物线	椭圆	双曲线

二、完成切割圆锥的左视图

如图 3-7 所示，完成切割圆锥的左视图。

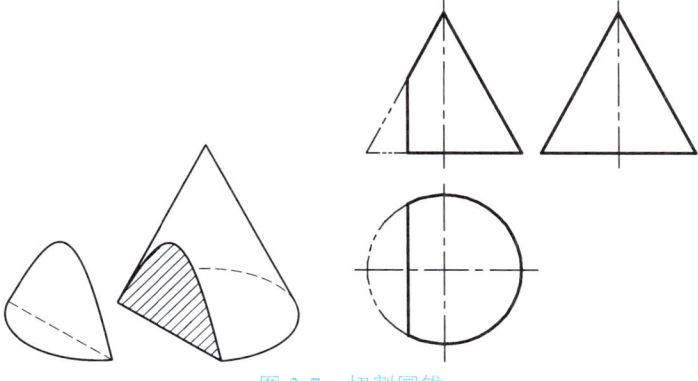

图 3-7　切割圆锥

截平面与圆锥轴线平行，与圆锥面和底面形成的交线为双曲线加直线，可采用辅助圆法或辅助素线法求作双曲线的侧面投影，作图步骤见表 3-8。

表 3-8　切割圆锥的作图步骤

步骤与画法	图　例
1. 求特殊点 求双曲线的最高点和最低点的正面投影	
2. 求一般点 利用辅助圆法，求出若干一般点	

续表

步骤与画法	图 例
3. 光滑连接各点 4. 擦去被切割部分的轮廓线及辅助线，按线型描深图线	

任务五　绘制斜割圆球上的截交线

任务引入

如图 3-8 所示，完成斜割圆球的俯视图和左视图。

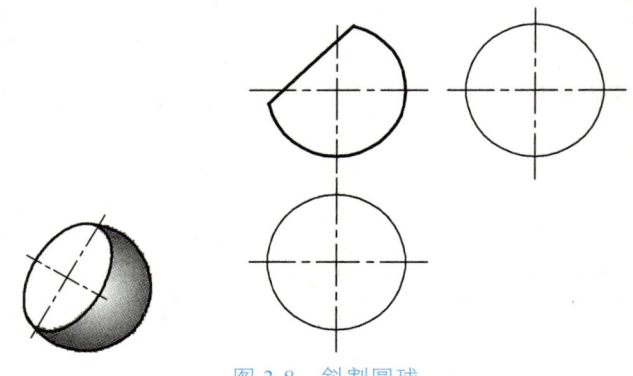

图 3-8　斜割圆球

任务分析

平面切割圆球产生的截交线为圆。如图 3-8 所示，用正垂截切平面切割球体，在球体上产生一个截交圆，该圆是截切平面与球面的共有线。其正面投影为直线，与截割平面的投影重合；水平投影和侧面投影为椭圆，需要绘制。

 **任务实施**

完成斜割圆球俯视图和左视图的作图步骤见表 3-9。

表 3-9 斜割圆球的作图步骤

步骤与画法	图 例	步骤与画法	图 例
1. 求特殊点 求截交线的最低点 1、最高点 2 的水平投影和侧面投影	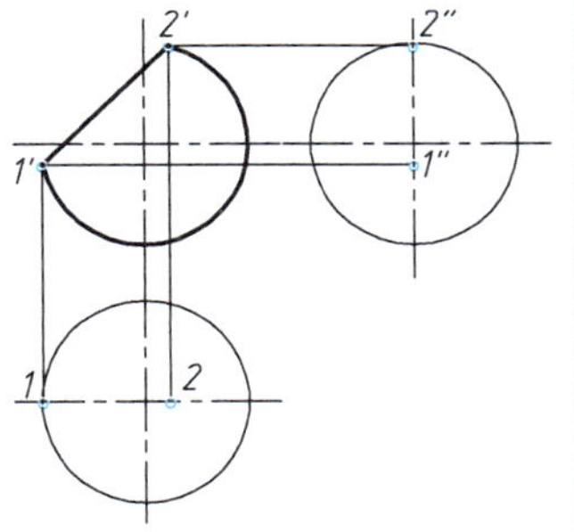	3. 求一般点 利用辅助圆法，求出若干一般点	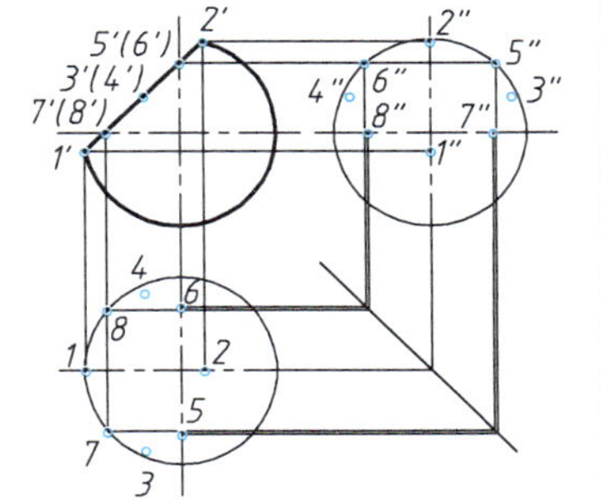
2. 求作截交线最前点 3、最后点 4 的水平投影和侧面投影	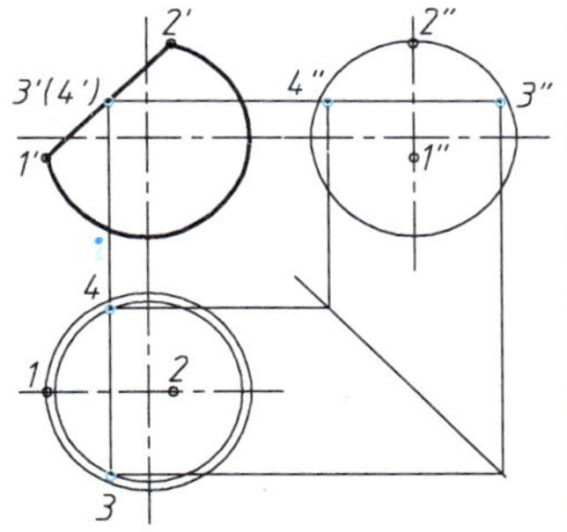	4. 连接各点的同面投影，完成截交线的投影 5. 擦去被切割部分的轮廓线及辅助线，按线型描深图线	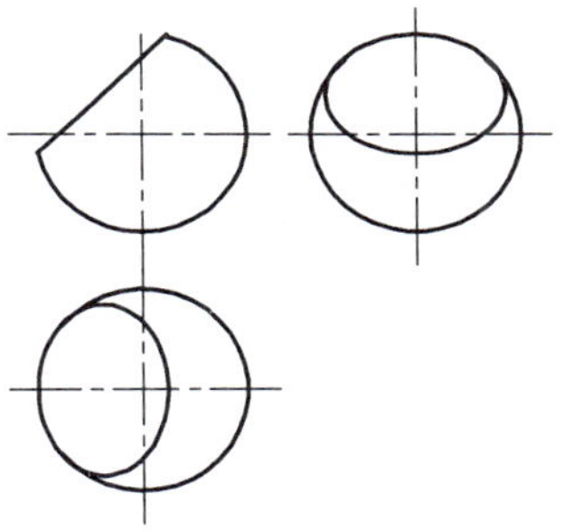

 **知识拓展**

一、圆球的截交线

平面截切圆球时，截交线为圆。根据截平面与投影面的位置不同，其截交线的投影也不同，如表 3-10 所示。

表 3-10 圆柱的截交线

截平面的位置	截平面为正平面	截平面为水平面	截平面为正垂面
立体图	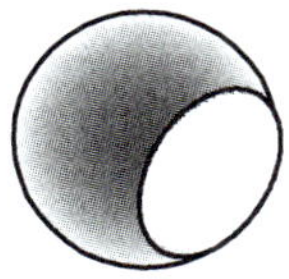	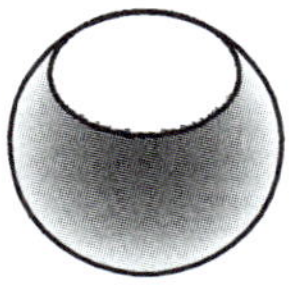	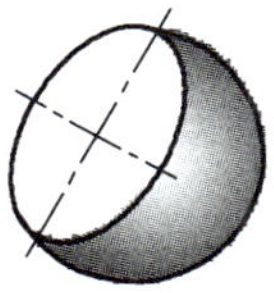

截平面的位置	截平面为正平面	截平面为水平面	截平面为正垂面
投影图			

二、补画缺线

补画如图 3-9 所示半球开槽后的俯视图的缺线，并作出左视图。

如图 3-9 所示，半球开槽是由两个左右对称的侧平面和一个水平面切割而成的，它们与球体相交得到的截交线都是圆弧。半球开槽的作图步骤见表 3-11。

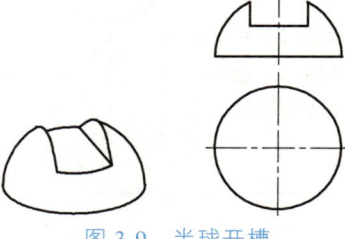

图 3-9 半球开槽

表 3-11 斜割圆球的作图步骤

步骤与画法	图 例
1. 作槽的水平投影 槽底面的水平投影由两段相同的圆弧和两段直线组成，圆弧的半径为 R_1，可从正面投影中量取	
2. 作槽的侧面投影 槽的两侧为侧平面，其投影为圆弧，半径 R_2，可从正面投影中量取 槽的底面为水平面，侧面投影积聚为一条直线，中间部分不可见，画成虚线	
3. 擦去辅助线，按线型描深图线	

课题二　绘制回转体相贯线的投影

工程制图中将立体表面间的交线称为相贯线。两回转体相交，常见的是圆柱与圆柱相交、圆柱与圆锥相交以及圆柱与圆球相交。相贯线的形状取决于两回转体各自的形状、大小和相对位置，一般情况下为闭合的空间曲线。相贯线的画法实质上就是求两相贯体表面的共有点。只要求出两相贯体表面上的一系列共有点的投影，依次将各点的同面投影连接成光滑曲线即可。

任务一　绘制正交两圆柱的相贯线

任务引入

两圆柱正交相贯线的三视图如图 3-10 所示，补画主视图上相贯线的投影。

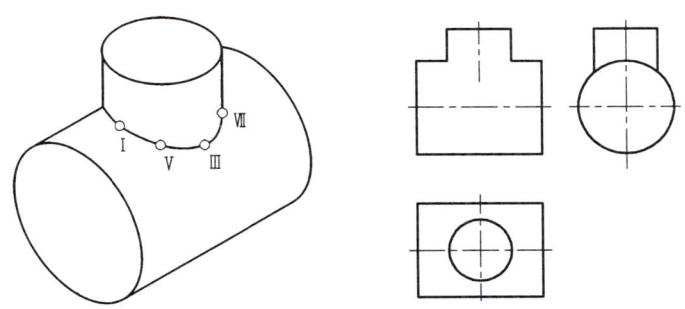

图 3-10　两圆柱正交相贯线

任务分析

如图 3-10 所示，两圆柱轴线垂直相交，且大圆柱的侧面投影为圆，小圆柱的水平投影为圆。相贯线为两圆柱面的交线，其侧面投影与大圆柱投影重合，水平投影与小圆柱投影重合。因此，相贯线的水平和侧面投影已知。

任务实施

绘制两圆柱正交相贯线的作图步骤见表 3-12。

103

表 3-12　两圆柱正交相贯线的作图步骤

步骤与画法	图　例
1. 求特殊点 在水平投影上找到相贯线上最左边和最右边的投影点 1、2，最前边和最后边的投影点 3、4，以及侧面投影 1″（2″）、3″、4″，求出正面投影	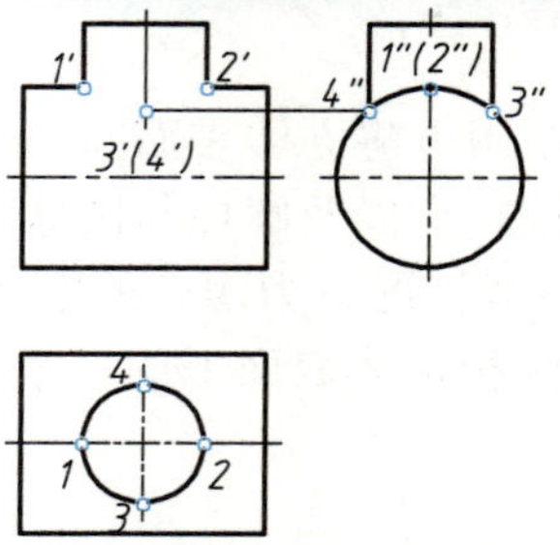
2. 求一般点 在适当位置选取一般点，找出其水平投影，然后根据点的两面投影求作正面投影	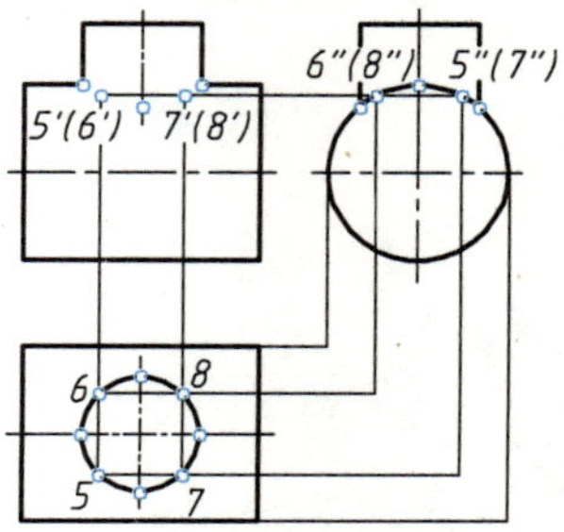
3. 光滑连接各点 4. 擦去多余的图线，按线型描深可见轮廓线	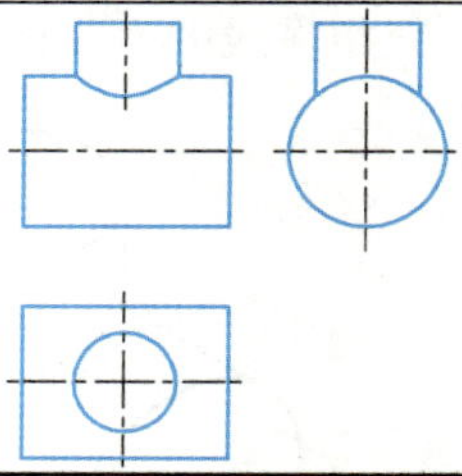

知识拓展

一、两圆柱正交相贯时的相贯线

两圆柱正交相贯时，相贯线的变化情况见表 3-13。

表 3-13　两圆柱正交相贯时的相贯线

两圆柱直径不相等	两圆柱直径相等	两圆柱直径不相等
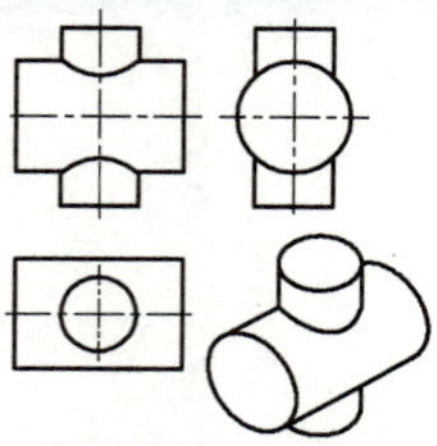	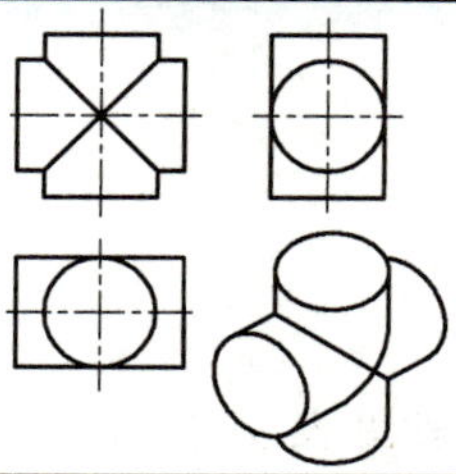	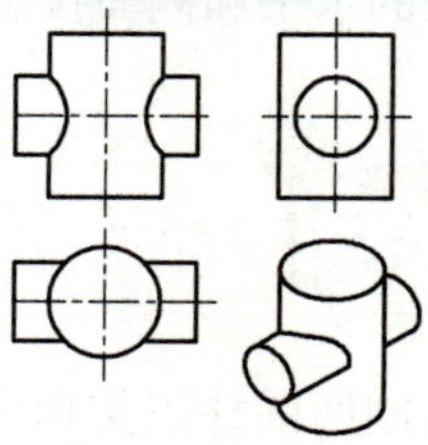

二、圆柱穿孔后的相贯线

圆柱穿孔后的相贯线见表 3-14。

表 3-14 圆柱穿孔后的相贯线

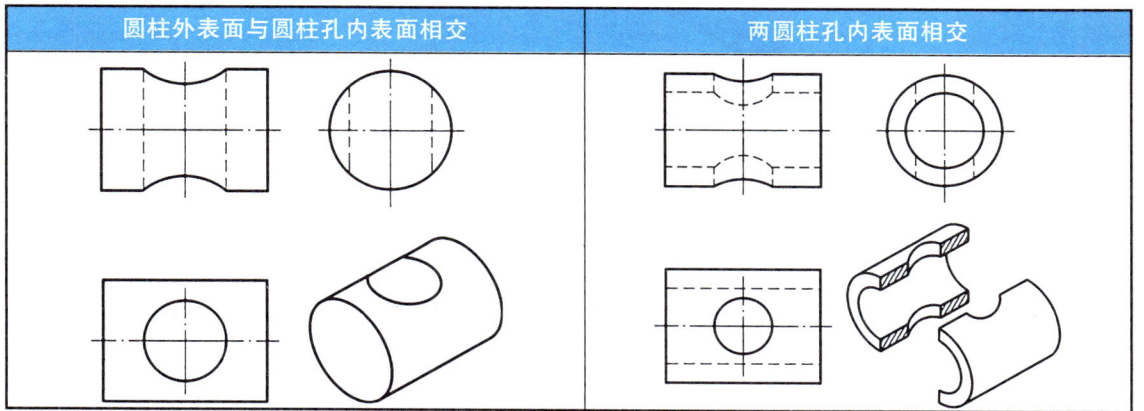

三、相贯线的简化画法

工程上两圆柱正交的实例很多，为了简化作图，国家标准规定，允许采用简化画法作出相贯线的投影，即采用圆弧代替的近似画法。作图时，以大圆柱的半径为半径画圆弧即可，其圆心在小圆柱轴线上，相贯线凸向大圆柱的轴线，如图 3-11 所示。

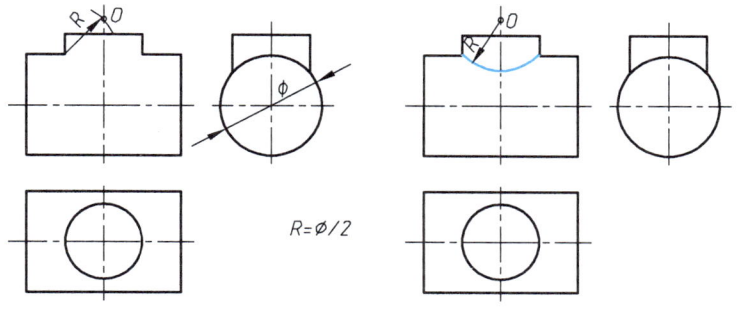

图 3-11 相贯线的简化画法

任务二 绘制圆柱与圆锥台正交的相贯线

 **任务引入**

如图 3-12 所示为圆柱和圆锥台正交相贯，补画主、俯视图上的相贯线投影。

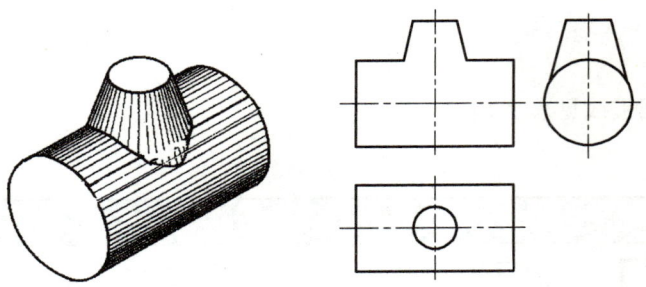

图 3-12　圆柱和圆锥台正交相贯

任务分析

如图 3-12 所示，圆柱和圆锥台的轴线垂直相交（正交），其中圆柱的轴线垂直于侧投影面，圆锥的轴线垂直于水平投影面。由于该相贯线是圆柱面上的线，故其侧面投影为圆（与圆柱投影重合）。但是，由于圆锥面不像圆柱面那样具有积聚性，所以该相贯线只有一个投影（侧面投影）是已知的。作图时，只能用辅助平面法求相贯线上的点的投影。

任务实施

绘制圆柱和圆锥台正交相贯线的作图步骤见表 3-15。

表 3-15　圆柱和圆锥台正交相贯线的作图步骤

步骤与画法	图　例
1. 求特殊点 在侧面投影上找出最左点和最右点、最前点和最后点，根据投影规律求出水平投影和正面投影	
2. 求一般点 在适当位置作辅助平面，由侧面圆柱积聚性的特点，求出水平投影和正面投影	

续表

步骤与画法	图　例
3. 光滑连接各点 4. 擦去多余的图线,根据线型描深可见轮廓线	

 **知识拓展**

一、圆锥台与半球的相贯线投影

如图 3-13 所示为一圆锥台和一半球相交,试补画主、左、俯视图上的相贯线投影。

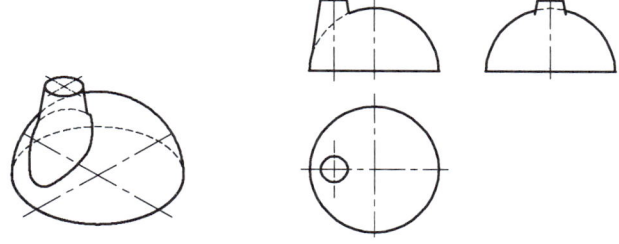

图 3-13　圆锥台与半球的相贯

如图 3-13 所示,由于圆锥在各个面上的投影都没有积聚性,所以要利用辅助平面法求出主、左、俯视图上的相贯线投影。圆锥台与半球相贯线的作图步骤见表 3-16。

表 3-16　圆锥台与半球相贯线的作图步骤

步骤与画法	图　例
1. 求最高点和最低点 在主视图上找到最高点 3′和最低点 1′,根据投影规律依次求出侧面投影 1″、3″和水平面的投影 1、3	

步骤与画法	图 例
2. 求最前点和最后点 最前和最后点应该在圆锥最前和最后素线上,所以在主视图上过圆锥轴线作辅助平面(侧平面),切圆球在左视图上得圆弧,它与圆锥前后素线的交点2″、4″即为相贯线上的侧面投影,对应求出水平投影2、4,对应到正面上的正面投影2′(4′)	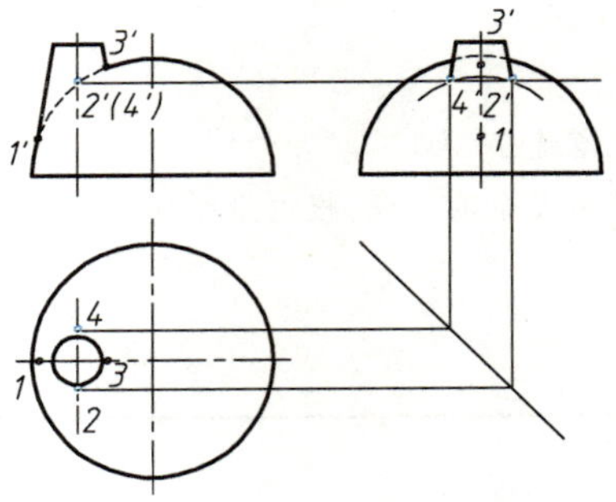
3. 求一般点 在适当位置作水平辅助平面,切圆锥和球在水平面上的投影都是圆,两圆的交点5、6即为相贯线上的点,根据投影规律求出正面投影和侧面投影	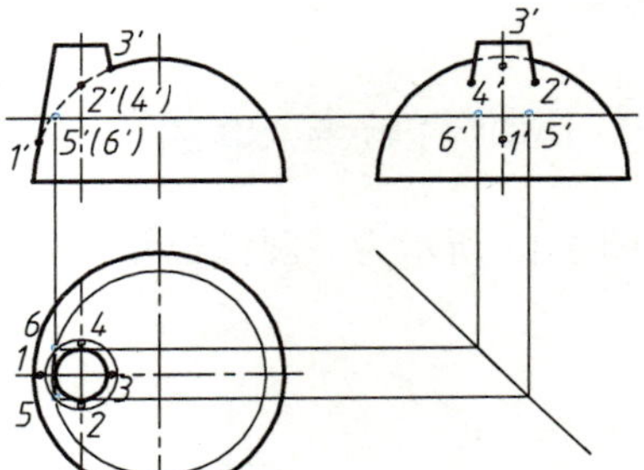
4. 光滑连接各点 将相贯线上可见部分画成粗实线,不可见部分画成虚线,在左视图上补全圆锥体的最前、最后素线 5. 擦去多余的图线,按线型描深可见轮廓线	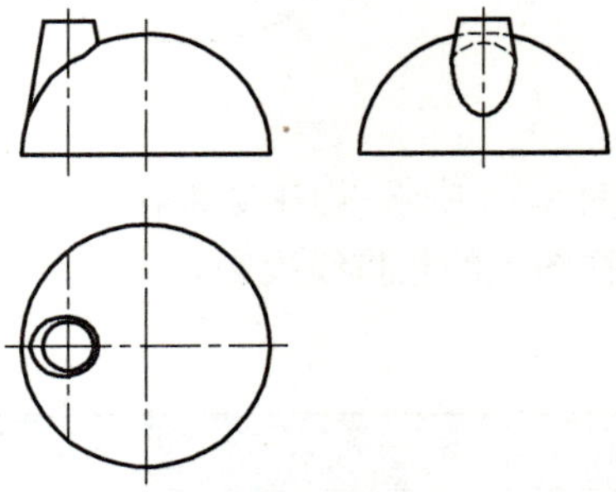

二、相贯线的特殊情况

(1)当两回转体具有公共轴线时,其相贯线为其垂直于轴线的圆,该圆在与轴线平行的投影上的投影为一段直线段,如图3-14所示。

(2)当圆柱与圆柱、圆柱与圆锥相交,并公切于一个球时,则相贯线为椭圆,它在与两轴线平行的投影面上的投影积聚为直线段,如图3-15所示。

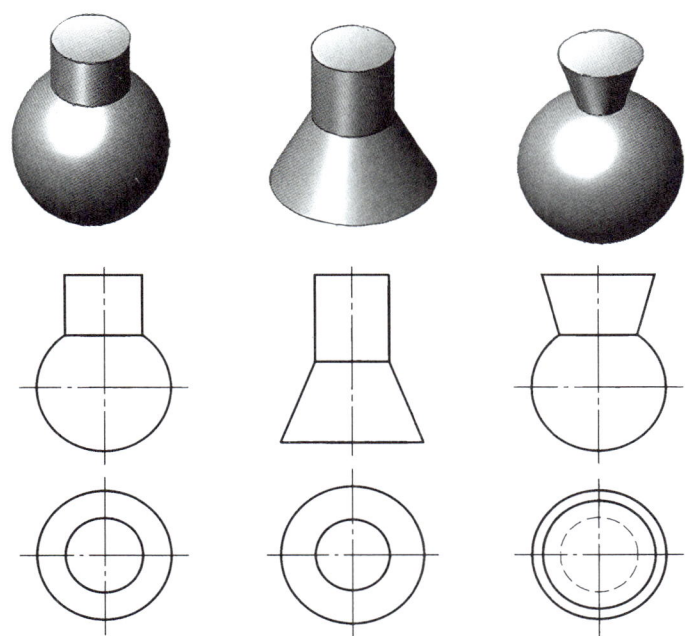

图 3-14 相贯线的特殊情况（一）

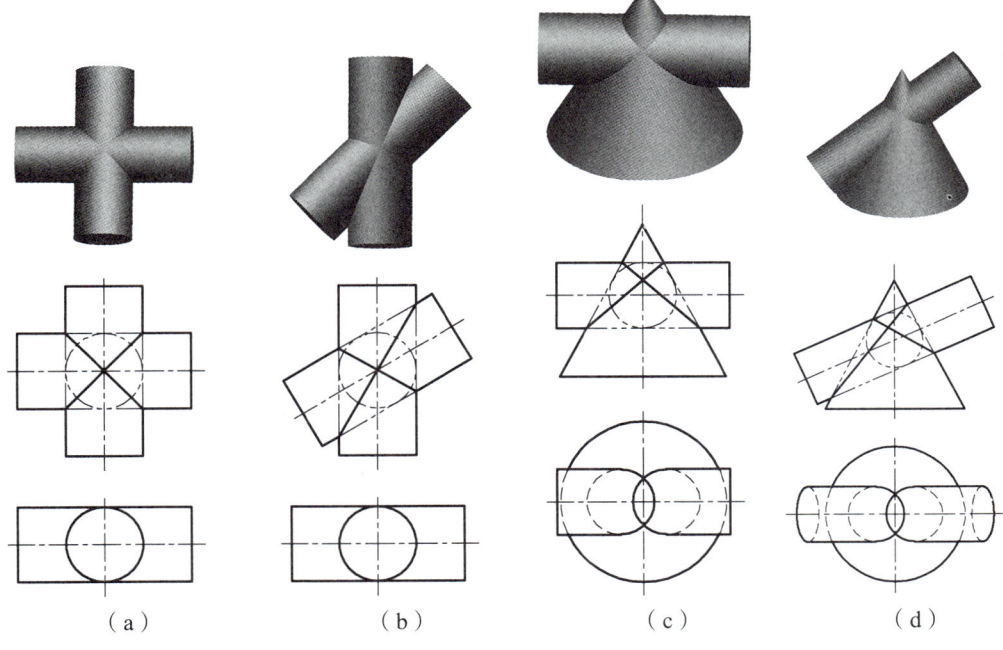

图 3-15 相贯线的特殊情况（二）

（3）轴线相互平行的两圆柱相交时，其相贯线是平行轴线的两条直线段，如图 3-16（a）所示。

（4）当两圆锥共顶相交时，相贯线为相交的两直线段，如图 3-16（b）所示。

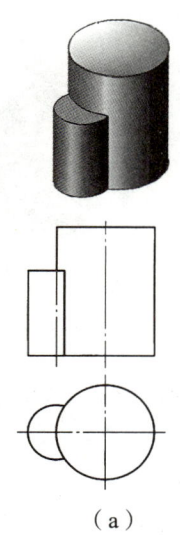
（a）

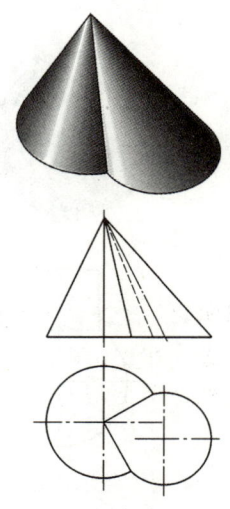
（b）

图 3-16　相贯线的特殊情况（三）

课题三　用 AutoCAD 绘制相贯线

任务　用 AutoCAD 绘制正交两圆柱的相贯线

 **任务引入**

绘制如图 3-17 所示正交两圆柱的三视图。

 **任务分析**

由图 3-17 中尺寸可以看出，该正交两圆柱可先画出俯视图，然后根据三视图之间的投影规律绘制另外两个视图。

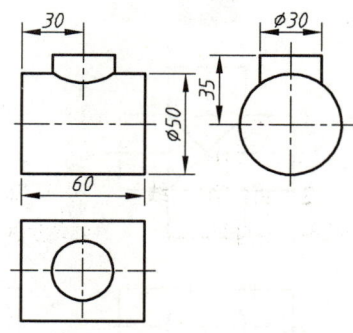

图 3-17　正交两圆柱

 **任务实施**

绘制正交两圆柱的相贯线

一、启动 AutoCAD 2020

单击"快速入门"中"样板"下拉菜单，选择"A4 样板"，即可开始新图形的创建。

二、绘制中心线

将"细点画线"层设置为当前层,打开状态栏的"正交"按钮、"对象捕捉"按钮、"对象捕捉追踪"按钮,单击"绘图"面板上的"直线"按钮,绘制各视图的中心线,如图 3-18 所示。

图 3-18　绘制中心线

三、绘制俯视图

(1)将"粗实线"层设置为当前层,单击"绘图"面板上的"圆"按钮,绘制出 ϕ30 的圆。

(2)单击"绘图"面板上的"直线"按钮,绘制俯视图的矩形框,如图 3-19 所示。

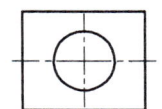

图 3-19　绘制俯视图

四、绘制左视图

(1)单击"绘图"面板上的"圆"按钮,绘制出直径 ϕ50 的圆。

(2)单击"修改"面板上的"偏移"按钮,将竖直点画线对称偏移15,水平点画线向上偏移 35,如图 3-20(a)所示。

(3)将"粗实线"层设置为当前层,单击"直线"按钮,绘制左视图,删除辅助线,如图 3-20(b)所示。

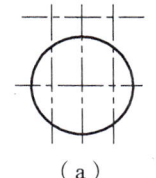 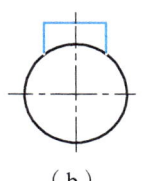

(a)　　　　　　　　　　(b)

图 3-20　绘制左视图

五、绘制主视图

(1)单击"修改"面板上的" 复制"按钮,将俯视图中的矩形框复制到主视图,如图 3-21(a)所示。

(2)将"细实线"层设置为当前层,单击"绘图"面板上的"直线"按钮,按照"长对正、高平齐"的投影规律绘制辅助线,如图 3-21(b)所示。

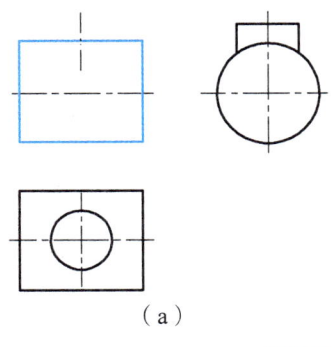 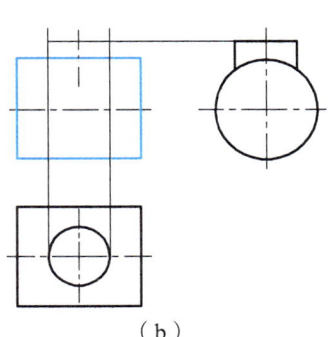

(a)　　　　　　　　　　　　　(b)

图 3-21　绘制主视图(一)

111

(3)将"粗实线"层设置为当前层,单击"绘图"面板上的"直线"按钮,绘制主视图,删除辅助线,如图 3-22(a)所示。

(4)将"细实线"层设置为当前层,单击"绘图"面板上的"直线"按钮,按照"高平齐"的投影规律绘制辅助线,如图 3-22(a)所示。

(5)将"粗实线"层设置为当前层,单击"绘图"面板上的"⌒三点"按钮,绘制相贯线,删除辅助线,如图 3-22(b)所示。

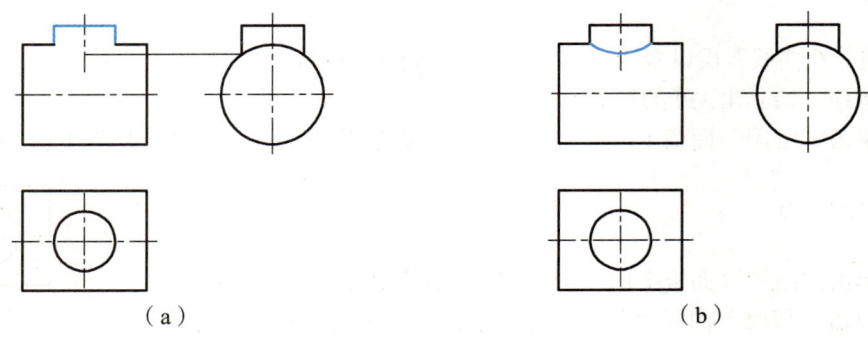

图 3-22　绘制主视图(二)

六、保　存

整理图形,使其符合机械制图标准,完成后保存图形。

七、退出 AutoCAD 2020

单击 AutoCAD 2020 右上角的"关闭"按钮,退出操作。

项目四　组合体零件的绘制与识读

项目分析

组合体零件是由若干基本几何体通过叠加、切割、相交等方式形成的复杂实体，它们构成了各类机械设备、建筑构件、产品外壳等工程结构的主体部分。准确、规范地绘制和识读这些组合体零件，是进行工程设计、工艺分析、装配模拟、质量检测等工作的基础，对确保产品的功能性能、制造可行性以及后期维护的便利性至关重要。

学习目标

（1）掌握组合体三视图的画法，能独立正确绘制组合体三视图；
（2）能准确说出组合体尺寸的种类和尺寸基准的概念；
（3）掌握组合体尺寸标注的基本要求、注意事项，能独立标注常见尺寸；
（4）能够独立运用 AutoCAD 的相关命令，绘制中等复杂组合体的三视图并标注尺寸。

课题一　绘制组合体的三视图

在工程技术领域，精确、规范的图形表达是沟通设计思想、指导生产制造、进行技术交流不可或缺的手段。其中，工程图样作为技术语言的核心组成部分，尤其以三视图体系最为基础且重要。本课题旨在引导学习者深入理解和掌握这一核心技能。

任务一　绘制轴承座的三视图

任务引入

绘制如图 4-1 所示轴承座的三视图。

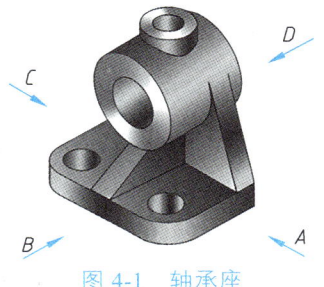

图 4-1　轴承座

任务分析

轴承座是叠加型组合体。绘制叠加组合体的三视图要运用形体分析法进行分析，即把比较复杂的组合体视为若干个基本形体的组合，对它们的形状和相对位置及表面连接关系进行分析，最终完成组合体三视图的绘制。

知识链接

一、组合体的组合形式

组合体的组合形式有叠加和切割两种基本形式。由若干基本体叠加而形成的形体称为叠加型组合体，如图 4-2（a）所示。由一个完整的基本体经过切割或穿孔后形成的形体称为切割型组合体，如图 4-2（b）所示。

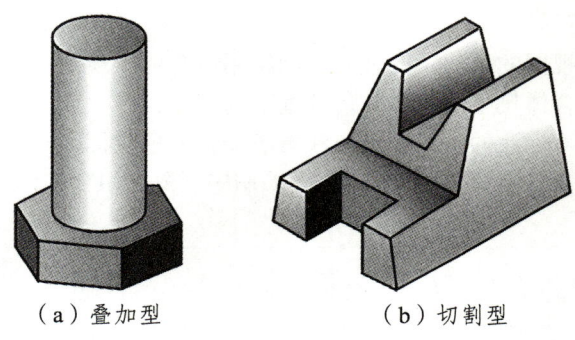

（a）叠加型　　　　　　（b）切割型

图 4-2 组合体的组合形式

二、表面连接关系

两形体在组合时，由于组合方式或接合面的相对位置不同，形体之间的表面连接关系有以下四种。

1. 共　面

当两形体相邻表面共面时，在共面处不应有分界线，如图 4-3 所示。

2. 不共面

当两形体相邻表面不共面时，两形体的投影间应该有线隔开，如图 4-4 所示。

3. 相　切

当两形体相邻表面相切时，由于相切是光滑过渡，所以相切处不存在分界线，如图 4-5 所示。

特殊情况：如图 4-6 所示，当两圆柱面相切时，若它们的公共切平面垂直于投影面，则应画出相切的素线在该投影面上的投影，也就是两个圆柱面的分界线。

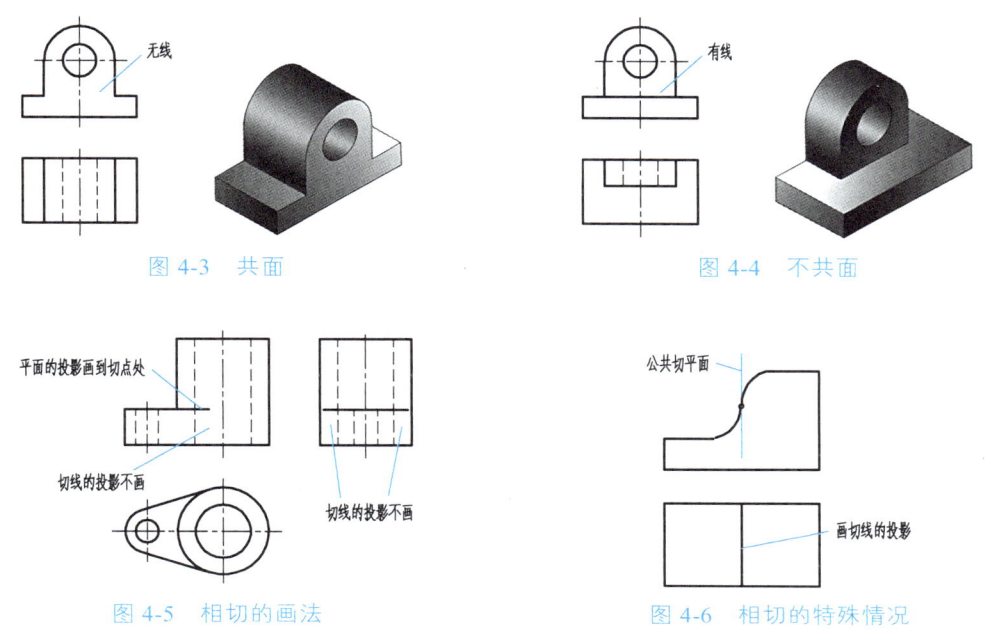

图 4-3　共面　　　　　　　　　　　　　　图 4-4　不共面

图 4-5　相切的画法　　　　　　　　　　　图 4-6　相切的特殊情况

4. 相　交

当两形体相交时，两表面交界处有交线，在相交处应画出交线的投影，如图 4-7 所示。

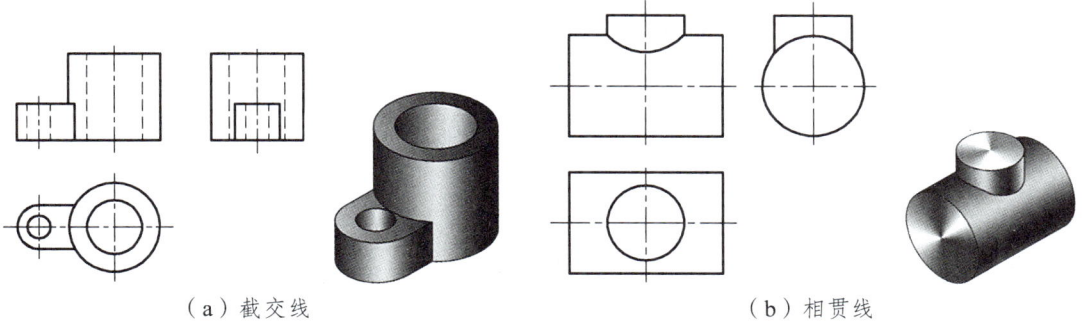

（a）截交线　　　　　　　　　　　　（b）相贯线

图 4-7　相交

 **任务实施**

一、形体分析

该轴承座，可分解为图 4-8 所示的 1 凸台、2 圆筒、3 支承板、4 肋板和 5 底板五个部分。

115

其中，凸台与圆筒的轴线垂直正交，内外圆柱面都有交线，即相贯线；支承板的两侧与圆筒的外圆柱面相切，画图时应注意相切处无轮廓线；肋板的左右侧面与圆筒的外圆柱面相交，交线为两条素线，底板、支承板、肋板相互叠合，并且底板与支承板的后表面平齐。

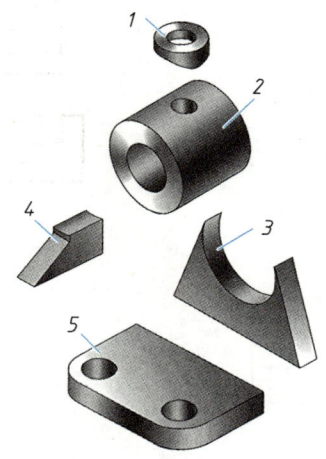

图 4-8　轴承座的形体分析

二、选择主视图

在三视图中，主视图是最主要的视图，因此，主视图的选择尤为重要。选择主视图时通常将物体放正，保证物体的主要平面（或轴线）平行或垂直于投影面，使所选择的投射方向一般最能反映物体结构形状特征。我们将轴承座按自然位置安放后，按图 4-1 所示箭头的四个方向进行投射，将所得的视图进行比较以确定主视图的投射方向。

如图 4-9 所示，若选择 D 向作为主视图，主视图的虚线多，没有 B 向清楚；若选择 C 向作为主视图，左视图的虚线多，没有 A 向好，由于 B 向投射方向最清楚地反映了轴承座的形状特征及其各组成部分的相对位置，比 A 向投射好，所以，选择 B 向作为主视图的投射方向。

主视图一旦确定了，俯视图和左视图的投影方向也就相应确定了。

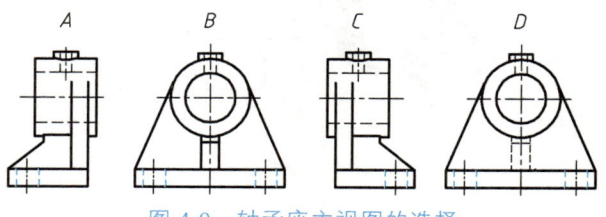

图 4-9　轴承座主视图的选择

三、作　图

1. 选择图纸幅面和比例

根据组合体的复杂程度和尺寸大小，应选择国家标准规定的图幅和比例。在选择时，应充分考虑视图、尺寸、技术要求及标题栏的大小和位置等。在一般情况下，尽量选用 1∶1 的比例。

2. 布置视图，画作图基准线

根据组合体的总体尺寸，通过简单计算，将各视图均匀地布置在图框内，视图间应预留尺寸标注位置。各视图位置确定后，用细点画线或细实线画出作图基准线。作图基准线一般为底面、对称面、主要端面、主要轴线等。

3. 作　图

绘制轴承座三视图的作图步骤见表 4-1。

表 4-1　轴承座三视图的作图步骤

步骤与画法	图　例
1. 绘制基准线	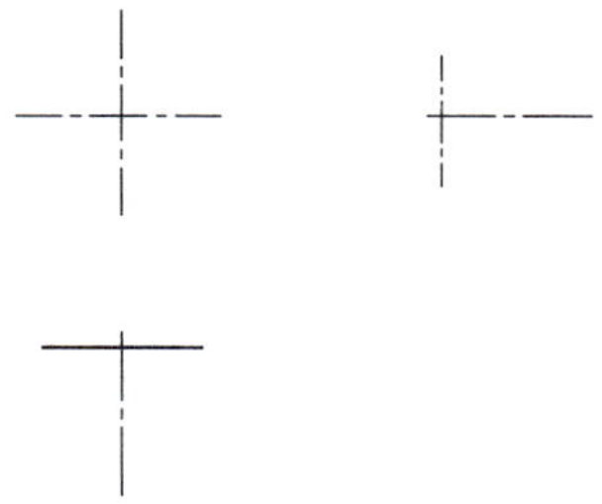
2. 绘制圆筒的三视图	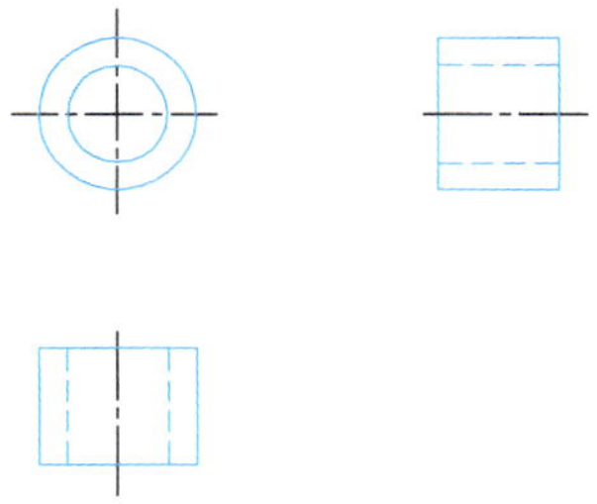
3. 绘制底板的三视图	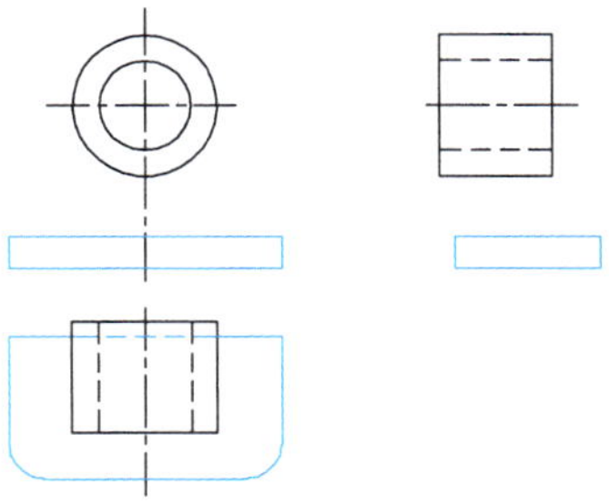
4. 绘制支撑板的三视图	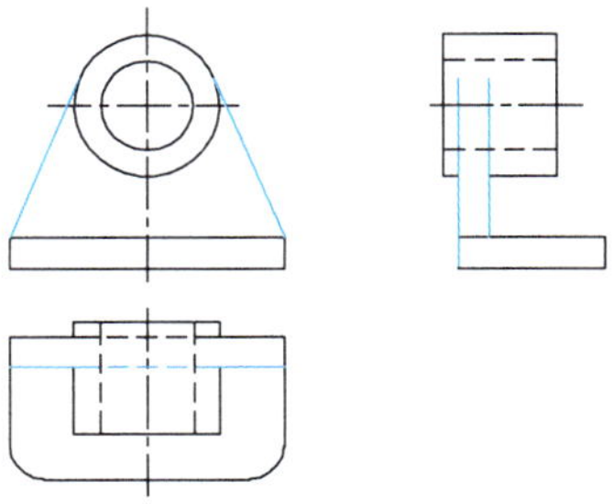

续表

步骤与画法	图例
5. 绘制凸台和肋板的三视图 注意肋板与圆筒交线的画法及凸台与圆筒内表面相贯线的画法	
6. 绘制底板上的圆柱孔 7. 检查并描深	

任务二　绘制支座的三视图

**任务引入**

绘制如图 4-10 所示支座的三视图。

**任务分析**

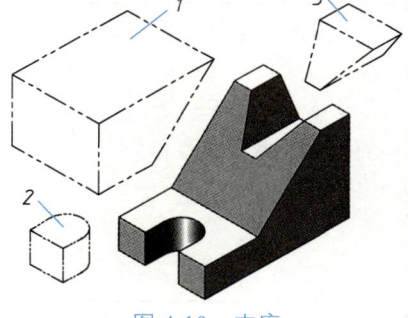

图 4-10　支座

支座是切割型组合体，切割型组合体的三视图一般采用"减法"进行绘制。

**任务实施**

一、形体分析

分析切割型组合体，要重点弄清楚以下几点：

（1）该组合体在切割之前的形状；
（2）截切面的空间位置、切割顺序及被切去形体的形状。
该支座是在长方体的基础上，依次进行三次切割所得到的。

二、选择主视图

切割型组合体应使尽量多的截切面（切口）处于投影面的垂直或平行位置，使其具有积聚性或反映实形，以简化作图。

选择将该支座水平放置，使前后对称面平行于正投影面，将切割较大的部分置于左上方，以此确定主视图的投射方向，这样能较好地反映出支座的形体特征。

三、作　图

绘制支座三视图的作图步骤见表 4-2。

表 4-2　支座三视图的作图步骤

步骤与画法	图　例
1. 绘制出切割前长方体的三视图	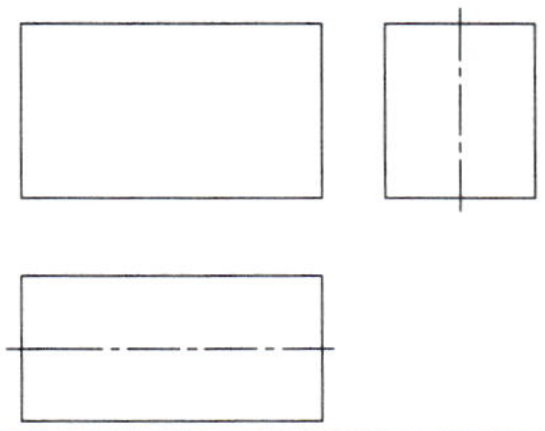
2. 切去第Ⅰ部分 按切割过程逐个减去被切去部分的视图（叠加类组合体是一部分一部分地加在一起，切割类组合体是一部分一部分地减去）	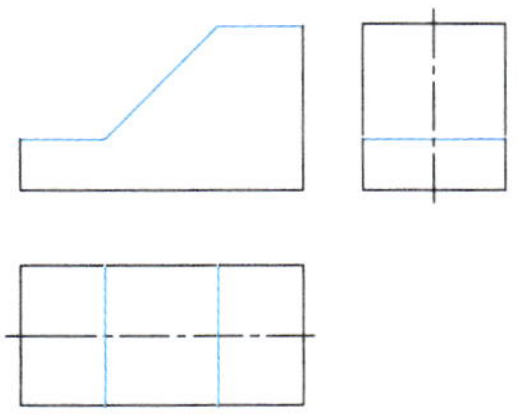
3. 切去第Ⅱ部分	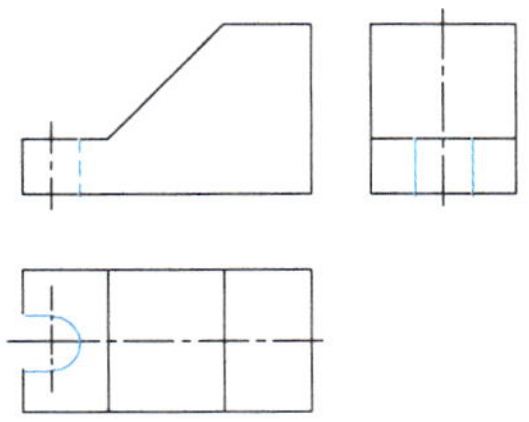
4. 切去第Ⅲ部分 5. 检查并描深	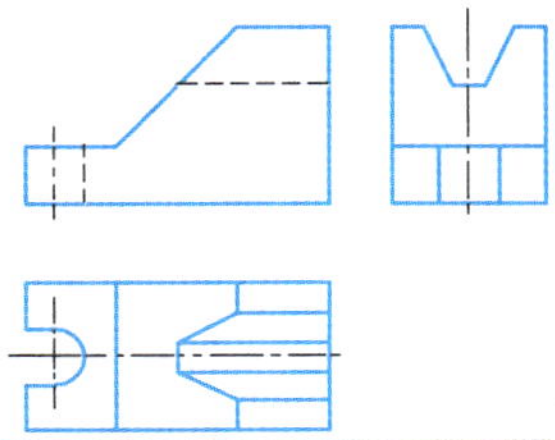

课题二　组合体的尺寸标注

"组合体的尺寸标注"聚焦于工程技术领域中至关重要的技术交流工具——工程图样的精确性和完整性。尺寸标注是工程图样中不可或缺的一部分,它直接决定了图样的功能性、制造的可行性以及检验的准确性。

尺寸标注是工程图样中的"语言",详尽、准确的尺寸信息是实现从图纸到实物转化的关键桥梁。它们传达了组合体各组成部分的大小、位置关系以及整体尺寸,确保设计意图得以准确无误地传递给制造者、检验者以及其他相关人员。因此,精通组合体尺寸标注,是确保工程设计与制造过程顺利进行的基础能力。

任务　标注支座的尺寸

 任务引入

绘制如图 4-11 所示支座的三视图并标注尺寸。

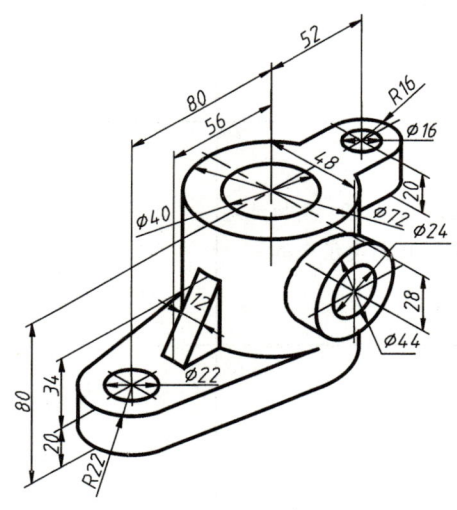

图 4-11　支座

 任务分析

视图只能表达组合体的形状,而形体的真实大小及各组成部分的相对位置,则要根据视图上所标注的尺寸来确定。

知识链接

一、尺寸标注的基本要求

组合体尺寸标注的基本要求是正确、完整和清晰。

正确：要求所注的尺寸数值正确无误，注法严格遵守国家标准《机械制图 尺寸注法》（GB/T 4458.4—2003）。

完整：要求所注的尺寸必须能完全确定组合体的形状、大小及其相对位置，不遗漏、不重复。

清晰：要求所注的尺寸布局整洁、清晰，便于查找和看图。

二、尺寸种类

1. 定形尺寸

确定组合体形状及大小的尺寸称为定形尺寸。如图 4-12 所示，底板的定形尺寸为长 58 mm、宽 34 mm、高 10 mm，圆角半径 R10 mm，两圆柱孔直径 ϕ10 mm；竖板的定形尺寸为宽 12 mm，圆弧半径 R17 mm，圆孔直径 ϕ20 mm；肋板的定形尺寸为长 8 mm，宽 15 mm，高 9 mm。

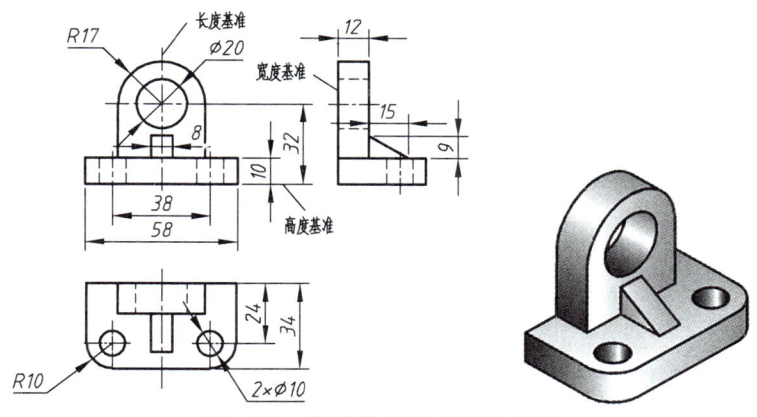

图 4-12 组合体的尺寸标注示例

2. 定位尺寸

确定组合体上各部分结构相对于基准位置或各部分结构之间相对位置的尺寸称为定位尺寸。如图 4-12 所示，38 mm、32 mm、24 mm 均为定位尺寸。

3. 总体尺寸

表示组合体总长、总宽和总高的尺寸称为总体尺寸。如图 4-12 所示，底板的长度尺寸 58 mm 即总长尺寸，底板的宽度尺寸 34 mm 即总宽尺寸，尺寸 32 mm 和 R17 mm 决定了支架的总高尺寸。

三、尺寸基准

组合体具有长、宽、高三个方向的尺寸。因此，在标注尺寸时，长、宽、高方向都要选为尺寸基准，当组合体较为复杂时，一个基准不够，往往还要选择一个或几个辅助尺寸基准。尺寸基准的确定既与物体的形状有关，也与该物体的加工制造要求、工作位置等有关。对组合体尺寸标注，通常选用底平面、端面、对称面及较大回转体的轴线等作为尺寸基准。

四、标注尺寸的方法和步骤

在对物体进行形体分析的基础上，按下列步骤标注尺寸：

1. 选择尺寸基准

根据组合体的结构特点，选取三个方向的尺寸基准。

2. 标注定形尺寸

假想把组合体分解为若干基本体，逐个注出每个基本体的定形尺寸。

3. 标注定位尺寸

从基准出发标注各基本体与基准之间的相对位置尺寸。

4. 标注总体尺寸

标注三个方向的总长、总宽、总高尺寸。

5. 核对尺寸，调整布局

标注完尺寸后，应采用形体分析法，对重复和遗漏的尺寸进行修正，并以有利于读图为原则，调整尺寸布局，达到所注尺寸正确、完整、清晰的要求。

五、组合体尺寸标注的注意事项

（1）与两视图相关的尺寸，最好注在两视图之间，以保持视图间的联系。长度尺寸尽量标注在主、俯视图之间；宽度尺寸尽量标注在俯、左视图之间；高度尺寸尽量标注在主、左视图之间。
（2）尺寸应标注在表达形状特征最明显的视图上。
（3）同一尺寸只能标注一次，不能重复。

 **任务实施**

标注支座尺寸的步骤见表 4-3。

表 4-3 标注支座尺寸的步骤

步骤与画法	图 例
1. 选择尺寸基准	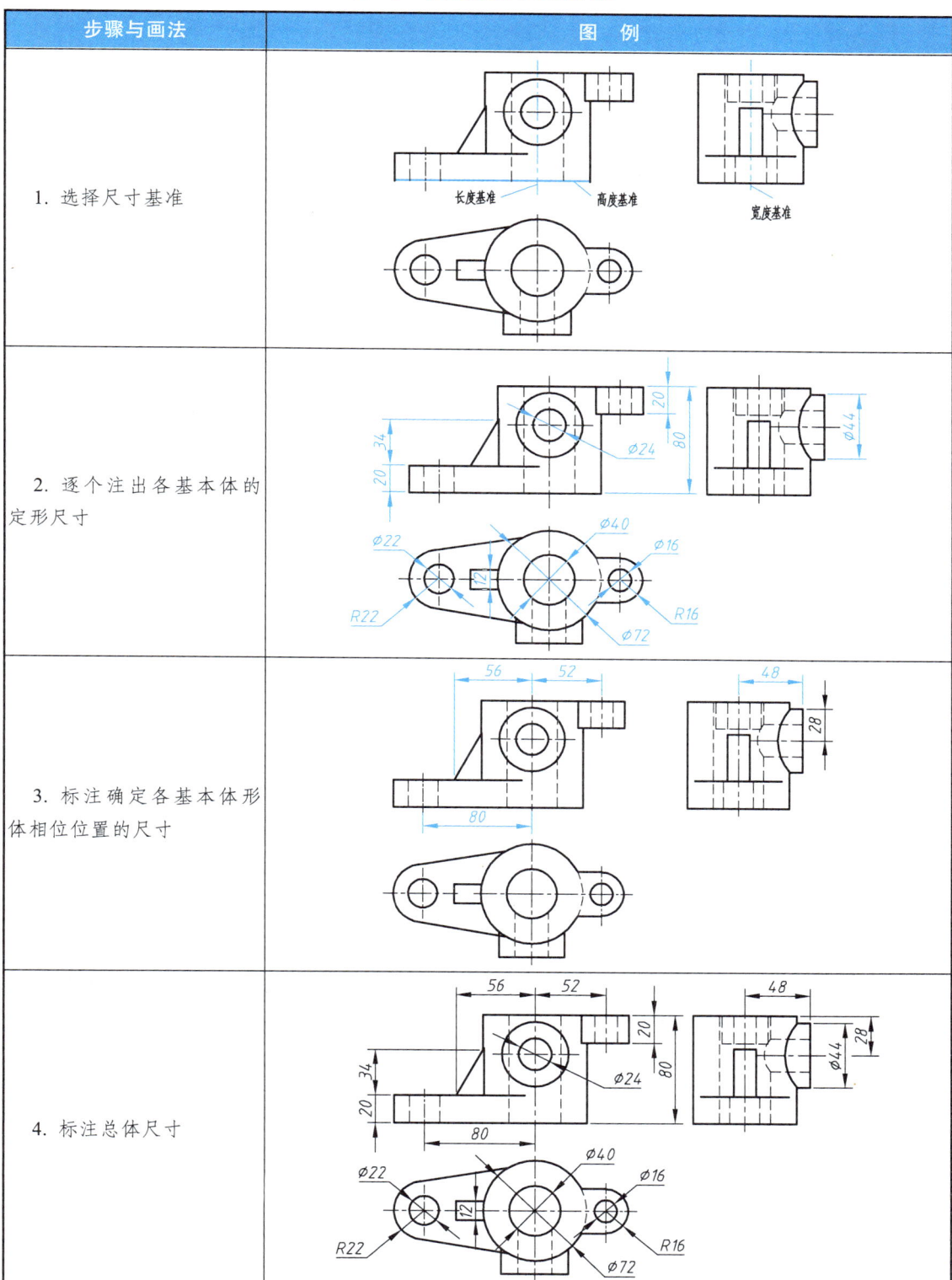
2. 逐个注出各基本体的定形尺寸	
3. 标注确定各基本体形体相位位置的尺寸	
4. 标注总体尺寸	

 知识扩展

一、常见基本体的尺寸标注

对于基本体,一般应注出它的长、宽、高三个方向的尺寸,但并不是每一个基本体都需要注全这三个方向的尺寸。例如标注圆柱、圆锥的尺寸时,在其投影为非圆的视图上注出直径方向(简称径向)尺寸"φ"后,既可减少一个方向的尺寸,还可省略一个视图,因为尺寸"φ"具有双向尺寸功能。图 4-13 给出了一些常见基本体的尺寸标注。

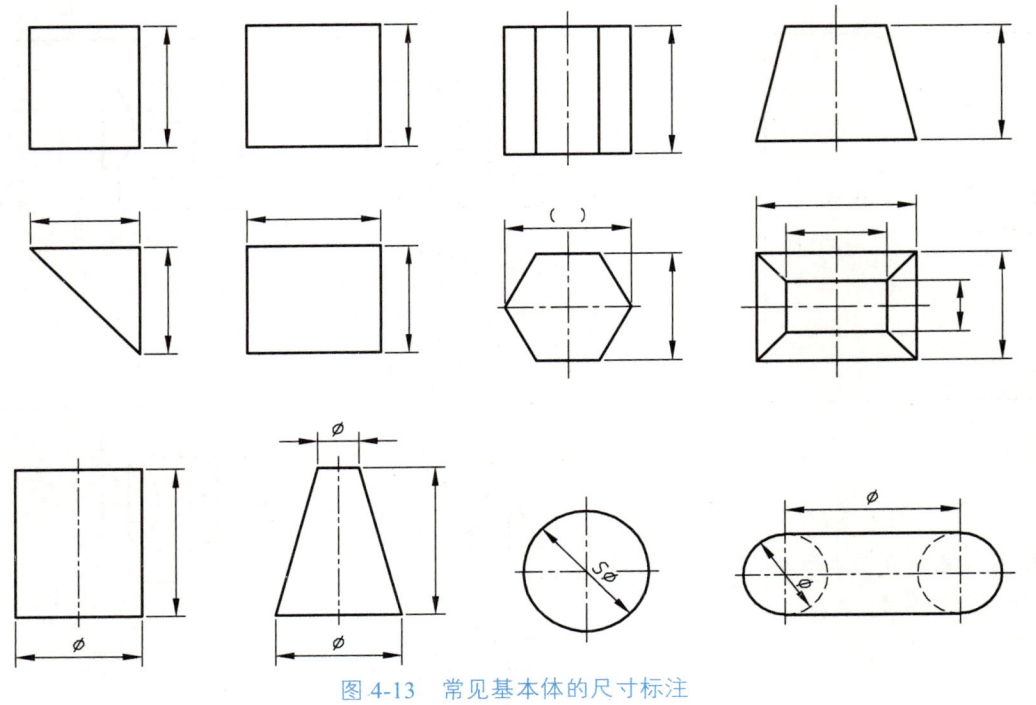

图 4-13　常见基本体的尺寸标注

二、切割体的尺寸标注

在标注切割体的尺寸时,除标注定形尺寸外,还应标注确定截平面位置的定位尺寸。当截平面在形体上的相对位置确定后,截交线的形状即被确定,因此对截交线的形状和位置不应再注尺寸,如图 4-14 所示。

三、相交立体的尺寸标注

相交立体除标注相交基本形体的定形尺寸外,还应注出确定两相交基本形体的定位尺寸。当定形、定位尺寸注全后,则两相交体的交线(相贯线)即被确定,因此,对相贯线的形状和位置也不需要再注出尺寸,如图 4-15 所示。

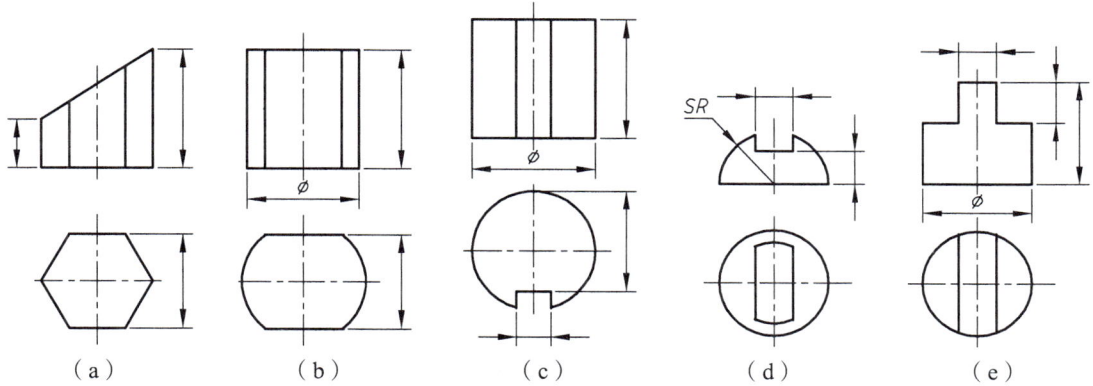

图 4-14 切割体的尺寸标注

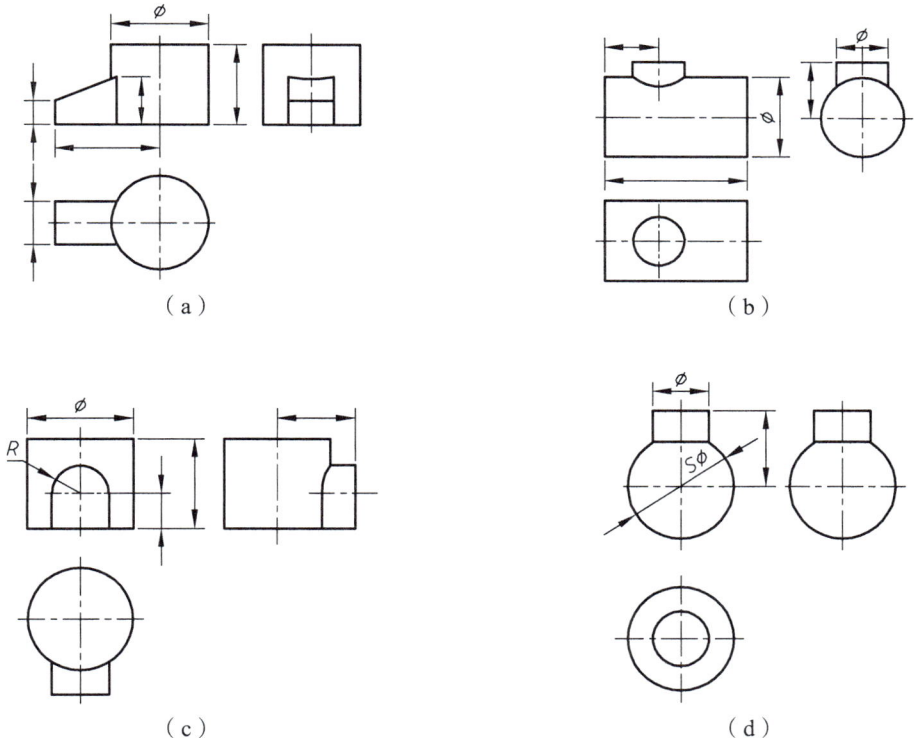

图 4-15 相交立体的尺寸标注

四、常见薄板的尺寸标注

由图 4-16 可以看出，由于板的基本形状和孔、槽的分布形式不同，其中心距定位尺寸的标注形式也不一样。

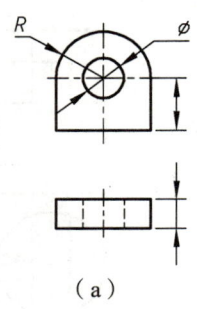 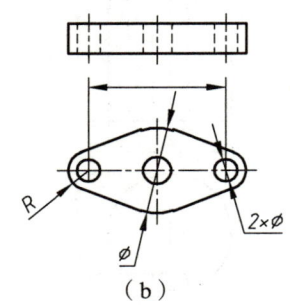 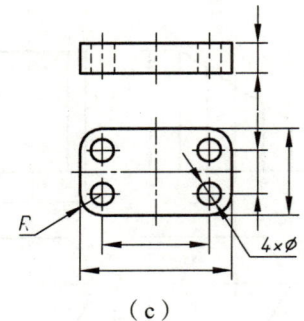

（a） （b） （c）

图 4-16　常见薄板的尺寸标注

课题三　读组合体视图

"读组合体视图"聚焦于工程技术领域中的一项关键技能——准确解读和理解组合体的三视图及其他相关工程图样。工程图样作为技术语言的核心载体，是工程师、技术人员、生产工人等各方沟通设计思想、指导生产制造、进行技术交流的共同基础。精通组合体视图的阅读，意味着能够有效获取并解析设计信息，是工科教育与实践中不可或缺的一环。

任务一　读轴承座的三视图

 任务引入

根据如图 4-17 所示轴承座的三视图，想象出它的立体形状。

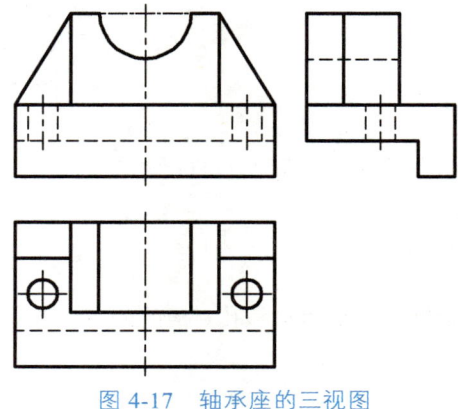

图 4-17　轴承座的三视图

任务分析

读图是画图的逆过程，画图是运用正投影法把空间的物体表达在平面上，而读图同样是运用正投影原理，根据视图想象出空间物体的结构形状。读图常用的方法有形体分析法和线面分析法。

知识链接

一、读图的基本知识

1. 几个视图要联系起来看

看图是一个构思过程，它的依据是前面学过的投影知识以及从画图的实践中总结归纳出的一些规律。在工程中，机件的形状是通过几个视图来表达的，每个视图只能反映机件一个方向的形状。因此，仅仅由一个视图往往不能唯一地表达某一机件的结构。如图 4-18 所示的五组图形，其主视图完全相同，但是联系起俯视图来看，就知道它们表达的是 5 个不同的物体。

有时立体的两个视图也不能确定立体的形状。

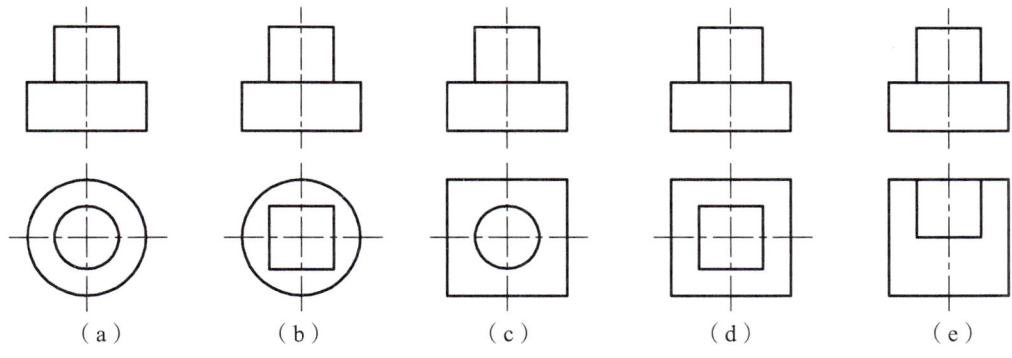

图 4-18　不同形状的物体可有一个相同视图

2. 抓特征视图，想象物体形状

抓特征视图，就是抓物体的形状特征视图和位置特征视图。

（1）形状特征视图。所谓形状特征视图，就是最能表达物体形状的那个视图。

（2）位置特征视图。所谓位置特征视图，就是反映组合体的各组成部分相对位置关系最明显的视图。读图时应以位置特征视图为基础，想象各组成部分的相对位置，如图 4-19 所示的左视图。

特征视图是表达形体的关键视图，读图时应注意找出形体的位置特征视图和形状特征视图，再联系其他视图，就能很容易地读懂视图，想象出形体的空间形状了。

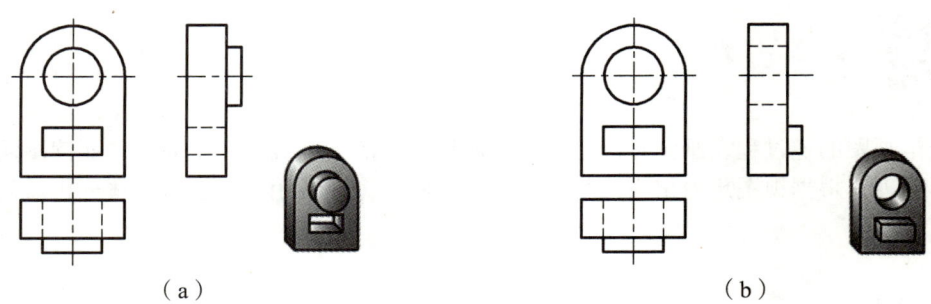

图 4-19 位置特征视图

3. 明确视图中线框和图线的含义

视图中每个封闭线框通常表示物体上的一个表面（平面或曲面）或孔的投影。视图中的每条图线则可能是平面或曲面的积聚性投影，也可能是线的投影。因此，必须将几个视图联系起来对照分析，才能明确视图中的线框和图线的含义。

（1）线框的含义。

① 一个封闭线框表示物体上的一个表面（平面或曲面或平面和曲面的组合面）的投影，如图 4-20 所示。

② 大封闭线框内套小封闭线框，可以表示凸起或凹进，如图 4-20（a）、（b）中的俯视图。

③ 两个相邻的封闭线框，表示物体不同位置的表面的投影，如图 4-20（c）、（d）中的俯视图。

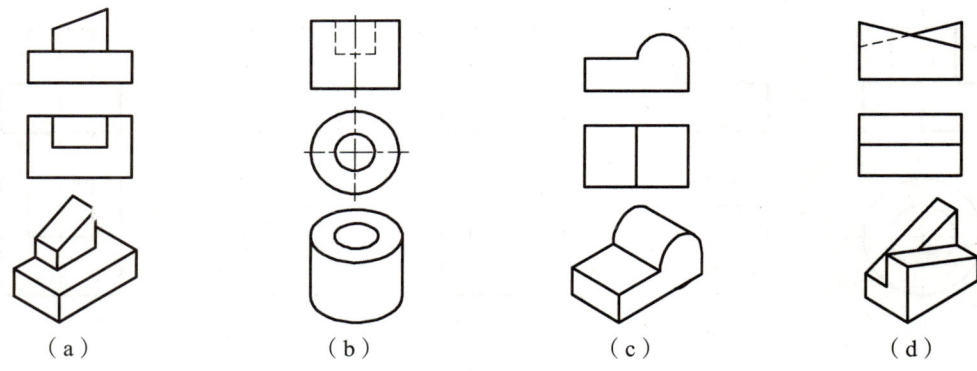

图 4-20 视图中线框的含义

（2）图线的含义。

视图中的每条图线，可能表示三种情况，如图 4-21 所示。

① 垂直于投影面的平面或曲面的投影。

② 两个面交线的投影。

③ 回转体转向轮廓线的投影。

4. 利用线段及线框的可见性，判断形体的形状

（1）利用交线的性质确定物体的形状，如图 4-22 所示。

（2）利用线的虚实变化判断物体的形状，如图 4-23 所示。

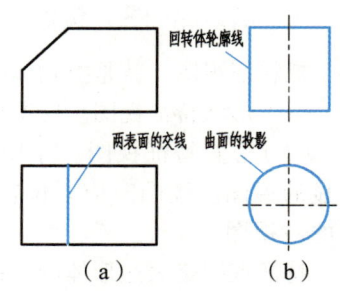

图 4-21 视图中图线的含义

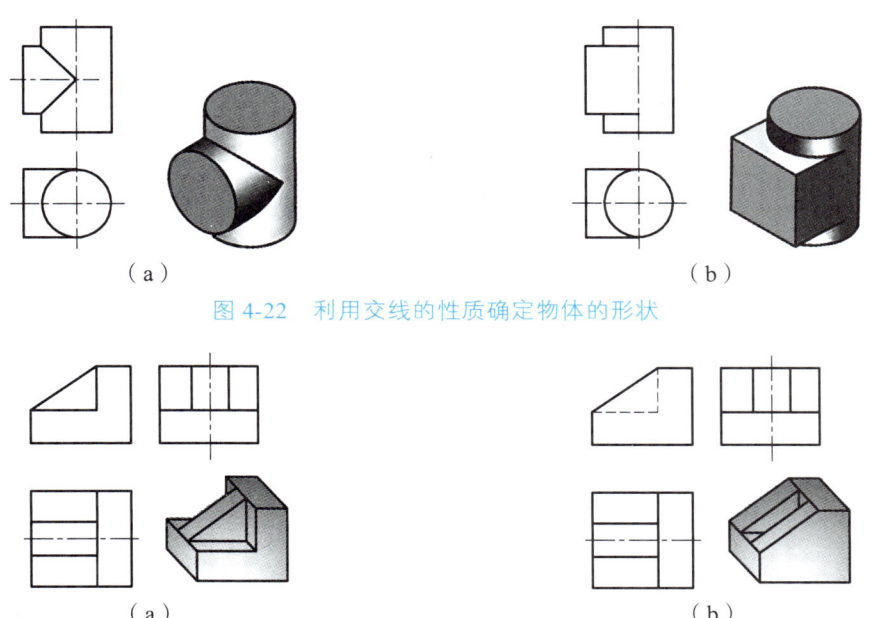

图 4-22 利用交线的性质确定物体的形状

图 4-23 利用线的虚实变化判断物体的形状

二、读图的基本方法

读图的基本方法与画图一样,主要也是运用形体分析法。从最能反映物体形状和位置形状特征的视图入手,将复杂的视图按线框分成几个部分,然后运用三视图的投影规律,找出各线框在其他视图上的投影,从而分析各组成部分的形状和它们之间的相对位置,最后综合起来,想象组合体的整体形状。

任务实施

读轴承座三视图的方法与步骤见表 4-4。

表 4-4 读轴承座三视图的方法与步骤

读图的方法与步骤	图 例
1. 划线框,分形体 从主视图入手,将该组合体按线框划分为 4 个部分	

129

续表

读图的方法与步骤	图　例
2. 对投影，想形状 想形体Ⅰ	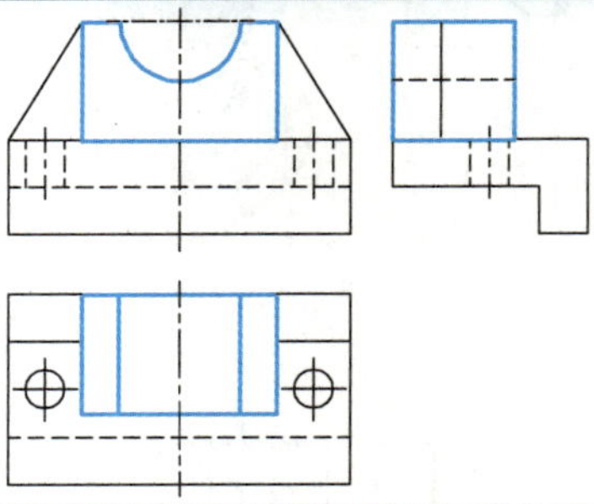
3. 想形体Ⅲ	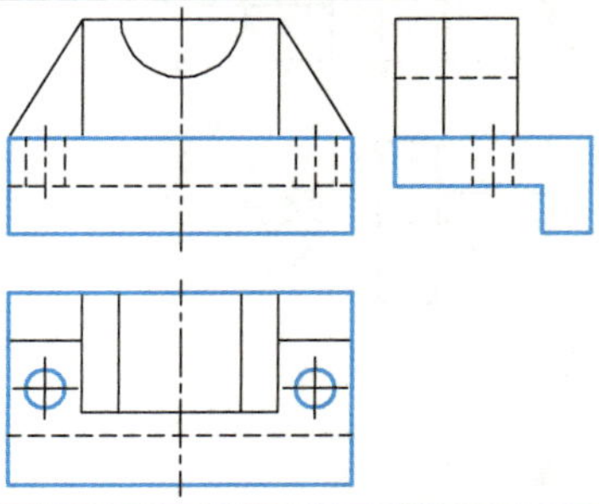
4. 想形体Ⅱ、Ⅳ	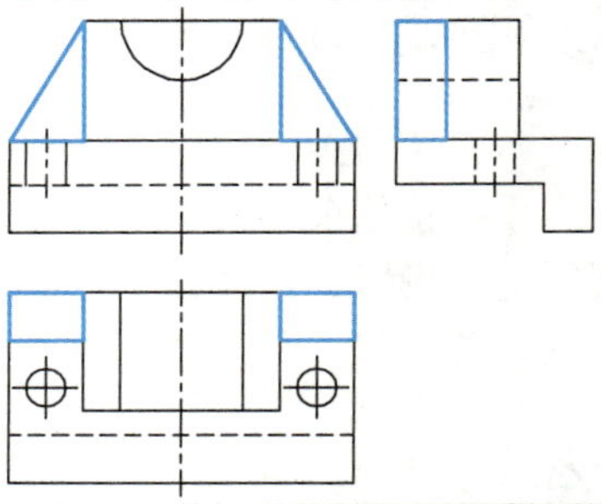
5. 合起来，想整体 在读懂每部分形状的基础上，根据物体的三视图，进一步研究它们的相对位置和连接关系，综合想象而形成一个整体	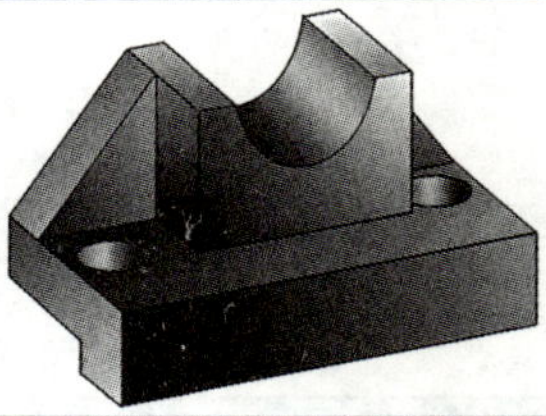

任务二　读压块的三视图

 任务引入

用线面分析法读如图 4-24 所示压块的三视图。

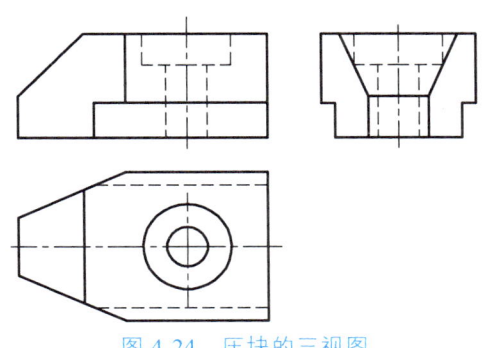

图 4-24 压块的三视图

 **任务分析**

压块是在基本形体的基础上，被截割而形成的形体，属于切割类组合体，对于这类组合体的读图，可以采用"线面分析法"。

 **知识链接**

有许多切割式组合体，有时无法运用形体分析法将其分解成若干个组成部分，这时看图需要采用线面分析法。所谓线面分析法，就是运用投影规律把物体的表面分解为线、面等几何要素，通过分析这些要素的空间形状和位置，来想象物体各表面形状和相对位置，并借助立体概念想象物体的形状，达到看懂视图的目的。

 **任务实施**

读压块三视图的方法与步骤见表 4-5。

表 4-5 读压块三视图的方法与步骤

步骤与画法	图 例
1. 由压块的三视图看出该压块的基本轮廓是长方体 读图时抓住线段的对应投影。所谓抓住线段，是指抓住平面投影成积聚性的线段，按投影对应关系，对应找出其他两投影面上的投影，从而判断该截切面的形状和位置	

131

续表

步骤与画法	图 例
2. 分析平面 P 从主视图中的斜线 p' 出发，按长对正、高平齐的对应关系，找出 p 及 p''，可知 P 面为正垂面，即长方体被一正垂面切去左上角	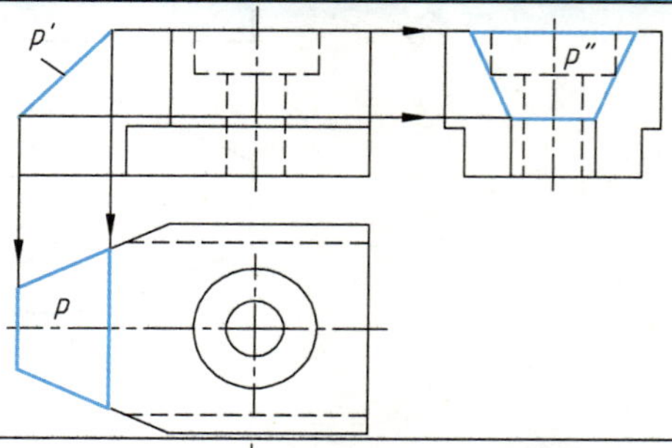
3. 分析平面 Q 从俯视图中的斜线 q 出发，按长对正、宽相等的对应关系，找出 q'' 及 q'，可知 Q 面为铅垂面，即将形体的前（后）角切去	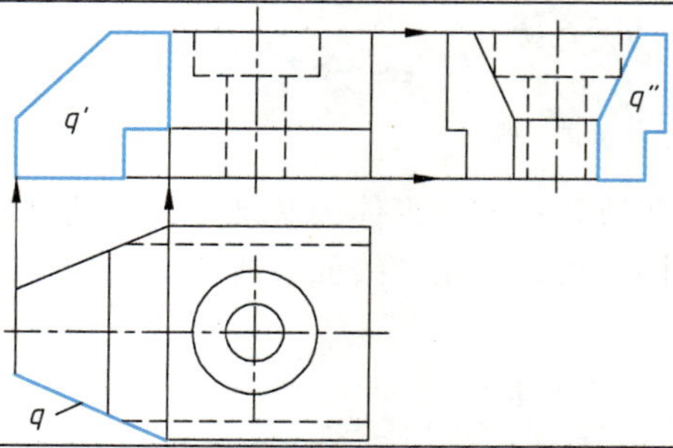
4. 分析平面 R 从左视图中的直线 r'' 出发，按高平齐、宽相等的对应关系，对应出一直线 r 及线框 r'，可知 R 面为正平面	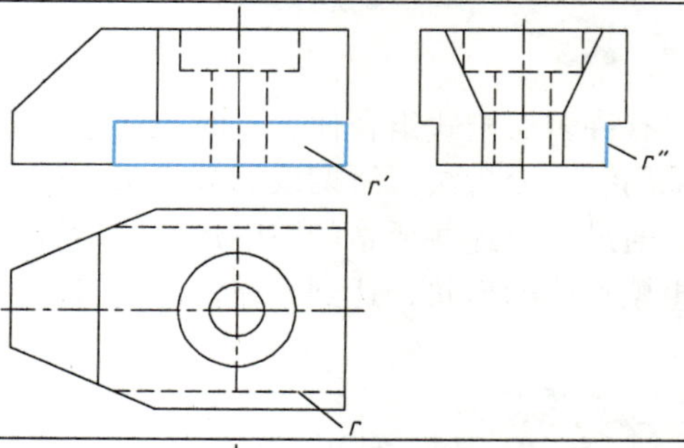
5. 分析平面 S 从主视图中的直线 s' 出发，按长对正、高平齐的对应关系，对应出一线框 s 及左视图中的直线 s''，可知 S 面为水平面，由正平面 R 和水平面 S 结合将形体前（后）下部各切去一块长方体	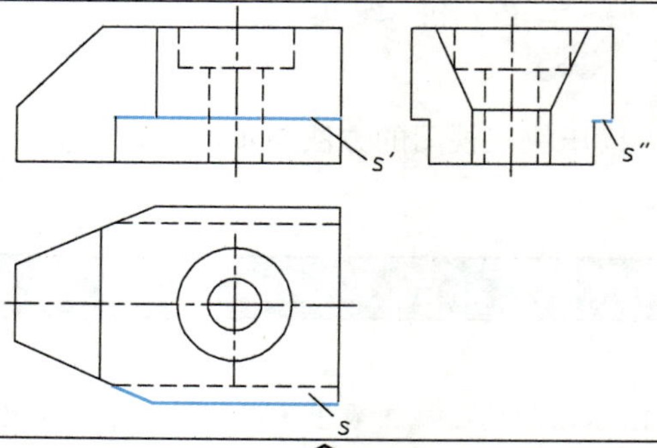
6. 综合起来想整体 通过上面的分析，可以对压块各表面的结构形状与空间位置进行组装，综合想象出整体形状	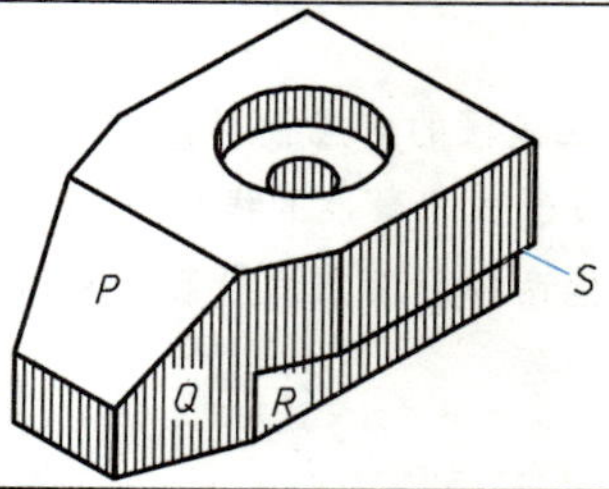

课题四　用 AutoCAD 绘制组合体视图

绘制组合体视图需要坚实的工程制图理论基础，包括正投影原理、形体分析、尺寸标注规范、视图选择与配置等。本课题将理论知识与 AutoCAD 实操紧密结合，使学习者在掌握组合体视图绘制原则的同时，能够在软件环境中灵活应用，如运用 AutoCAD 的精确绘图命令绘制直线、圆、圆弧等基本元素，利用图层管理和视图切换功能组织清晰的图形结构，运用尺寸标注工具确保尺寸信息的完整与规范。

掌握 AutoCAD 绘制组合体视图，有助于学生在未来职业发展中胜任设计工程师、制图员等角色，满足企业对高级 CAD 技能人才的需求。

任务　用 AutoCAD 绘制支座三视图

任务引入

绘制如图 4-25 所示支座的三视图。

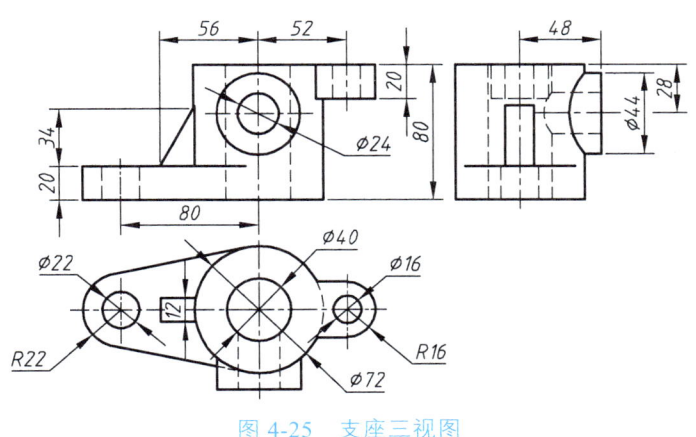

图 4-25　支座三视图

绘制支座三视图

任务分析

应用形体分析法，可将该支座分为圆柱筒、凸台、底板、肋板和耳板 5 个部分。绘制该支座图形时，应首先绘制出中心线，确定出三视图的位置；然后分别绘制圆柱筒、凸台、底板、肋板和耳板；最后绘制各个结构的细小部分。

 任务实施

一、设置图形样板

启动 AutoCAD 2020,打开"A4 模板"图形样板,并设置文字样式和尺寸标注样式。

1. 设置文字样式

在绘制零件图时,通常需要设置 4 种文字样式,标题栏中零件名称、技术要求、其余文字和尺寸标注,而文字高度对于不同的对象,要求也不同,各文字样式设置见表 4-6。

表 4-6 文字样式设置

文字样式	字　体	文字高度
零件名称	gbcbig.shx	10
技术要求	gbcbig.shx	7
其余文字	gbcbig.shx	5
尺寸标注	gbcbig.shx	3.5

2. 创建标注样式

单击注释面板上的"标注样式"按钮,打开"标注样式管理器"对话框,如图 4-26 所示。

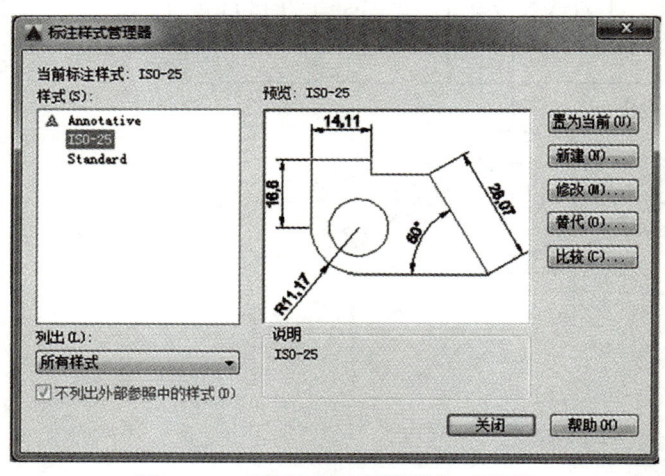

图 4-26 "标注样式管理器"对话框

单击"新建(N)..."按钮,弹出"创建新标注样式"对话框,在"新样式名"文本框中输入新的样式名称"工程标注"。

单击"继续"按钮,弹出"新建标注样式"对话框,如图 4-27 所示。

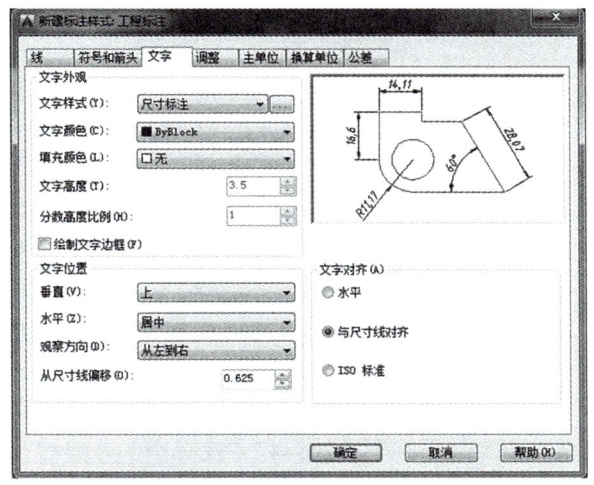

图 4-27　新建标注样式

在"文字"选项卡的"文字样式"下拉列表中选择"尺寸标注",在"文字对齐"区域中选择"与尺寸线对齐"选项。

在"线"选项卡的"起点偏移量"输入"0";在"主单位"选项卡的"线性标注"分组框的"单位格式""精度"和"小数分隔符"下拉列表中分别选择"小数""0.00"和"句点"。

单击"确定"按钮,得到一个新的尺寸样式,再单击"置为当前(U)"按钮,使新样式成为当前样式。

3. 保　存

设置完成后,保存图形样板。

二、绘制圆柱筒

(1)将"细点画线"层设置为当前层,打开状态栏的"正交"按钮、"对象捕捉"按钮、"对象捕捉追踪"按钮,单击"绘图"面板上的"直线"按钮,在绘图区适当位置绘制各视图的主要中心线。

(2)将"细实线"层设置为当前层,单击"绘图"面板上的"直线"按钮,绘制45°辅助线。

(3)将"粗实线"层设置为当前层,单击"绘图"面板上的"圆"按钮,绘制直径为 $\phi 40$、$\phi 72$ 的同心圆。

(4)将"细实线"层设置为当前层,单击"绘图"面板上的"直线"按钮,按照"长对正"的投影规律绘制辅助线。

(5)将"粗实线"层设置为当前层,单击"绘图"面板上的"直线"按钮,绘制圆柱筒轮廓线,删除辅助线。

(6)单击"修改"面板上的"偏移"按钮,将主视图中的竖直点画线对称偏移,偏移距离为20,并将偏移后的图线修改为"细虚线"层。

(7)单击"修改"面板上的"修剪"按钮,修剪图线。

(8)单击"修改"面板上的"复制"按钮,将主视图中的图线复制到左视图。

三、绘制凸台

（1）单击"修改"面板上的"偏移"按钮，将主视图、左视图中圆柱筒的上端面轮廓线向下偏移，偏移距离为28，并将偏移后的图线修改为"细点画线"层，利用夹点方式调整点画线的长度。

（2）单击"绘图"面板上的"圆"按钮，绘制直径为$\phi 24$、$\phi 44$的同心圆。

（3）单击"修改"面板上的"偏移"按钮，将水平点画线向下偏移，偏移距离为48，并将偏移后的图线修改为"粗实线"层；将竖直点画线对称偏移，偏移距离为22，并将偏移后的图线修改为"粗实线"层；将竖直点画线对称偏移，偏移距离为12，并将偏移后的图线修改为"细虚线"层。

（4）单击"修改"面板上的"修剪"按钮，修剪图线。

（5）单击"修改"面板上的"偏移"按钮，将左视图中的竖直点画线向右偏移，偏移距离为48，并将偏移后的图线修改为"粗实线"层；将水平点画线对称偏移，偏移距离为12，并将偏移后的图线修改为"细虚线"层；将水平点画线对称偏移，偏移距离为22，并将偏移后的图线修改为"粗实线"层。

（6）单击"修改"面板上的"修剪"按钮，修剪图线。

（7）将"细实线"层设置为当前层，单击"绘图"面板上的"直线"按钮，绘制相贯线的辅助线。

（8）将"粗实线"层设置为当前层，单击"绘图"面板上的"圆弧"按钮，绘制相贯线。

（9）将"细虚线"层设置为当前层，单击"绘图"面板上的"圆弧"按钮，绘制圆柱孔的相贯线，并删除辅助线。

四、绘制底板

（1）单击"修改"面板上的"偏移"按钮，将俯视图中竖直点画线向左偏移，偏移距离为80。

（2）将"粗实线"层设置为当前层，单击"绘图"面板上的"圆"按钮，绘制直径为$\phi 22$、半径为$R22$的同心圆。

（3）单击"绘图"面板上的"直线"按钮，绘制底板轮廓线。将"细虚线"层设置为当前层，单击"绘图"面板上的"直线"按钮，绘制底板轮廓线。

（4）单击"修改"面板上的"修剪"按钮，修剪图线。

（5）利用夹点方式调整主视图底板轮廓线的长度，单击"修改"面板上的"偏移"按钮，将主视图、左视图底板轮廓线向上偏移，偏移距离为20。

（6）将"细实线"层设置为当前层，单击"绘图"面板上的"直线"按钮，绘制辅助线。

（7）单击"修改"面板上的"偏移"按钮，修剪图线，删除辅助线。

五、绘制耳板

（1）单击"修改"面板上的"偏移"按钮，将主视图、俯视图中的竖直点画线向右偏移，偏移距离为52，利用夹点方式调整点画线的长度。

（2）将"粗实线"层设置为当前层，单击"绘图"面板上的"圆"按钮，绘制直径为$\phi 16$、半径为$R16$的同心圆。

（3）单击"绘图"面板上的"直线"按钮，绘制轮廓线，单击"修改"面板上的"修剪"按钮，修剪图线。

（4）将"细虚线"层设置为当前层，单击"绘图"面板上的"圆"按钮，绘制直径为$\phi72$的圆，单击"修改"面板上的"修剪"按钮，修剪图线。

（5）将"细实线"层设置为当前层，单击"绘图"面板上的"直线"按钮，绘制辅助线。

（6）将"粗实线"层设置为当前层，单击"绘图"面板上的"直线"按钮，绘制主视图轮廓线。

（7）单击"修改"面板上的"偏移"按钮，将主视图中的右侧竖直点画线对称偏移，偏移距离为8，并将偏移后的图线修改为"细虚线"层；将左视图中的竖直点画线对称偏移，偏移距离分别为8、16，并将偏移后的图线修改为"细虚线"层；将左视图中圆柱筒上顶面轮廓线向下偏移，偏移距离为20，并将偏移后的图线修改为"细虚线"层。

（8）单击"修改"面板上的"修剪"按钮，修剪图线，删除辅助线。

六、绘制肋板

（1）单击"修改"面板上的"偏移"按钮，将主视图、俯视图中的竖直点画线向左偏移，偏移距离为56，并将偏移后的图线修改为"粗实线"层；将主视图、左视图中底板上端面轮廓线向上偏移，偏移距离为34，并将偏移后的图线修改为"粗实线"层；将俯视图中的水平点画线、左视图中的竖直点画线对称偏移，偏移距离为6，并将偏移后的图线修改为"粗实线"层。

（2）单击"修改"面板上的"修剪"按钮，修剪图线。

（3）将"细实线"层设置为当前层，单击"绘图"面板上的"直线"按钮，绘制辅助线。

（4）将"粗实线"层设置为当前层，单击"绘图"面板上的"直线"按钮，绘制主视图轮廓线。

（5）单击"修改"面板上的"修剪"按钮，修剪图线，删除辅助线。

七、标注尺寸

分别用注释面板中的"线性""半径""直径"按钮进行尺寸标注。

绘制机械图样时，经常需要输入一些特殊字符，如$\phi35\pm0.05$、60°等。这些特殊字符不能从键盘上直接输入，可利用 AutoCAD 提供的控制符进行输入。控制符由两个百分号（%）和一个字符组成，常见的控制符见表4-7。

表4-7　常见的控制符

控制符	功　能
%%C	输入直径符号（ϕ）
%%P	输入正负号（±）
%%D	输入角度值符号（°）
%%%	输入百分号（%）
%%O	打开/关闭上划线功能
%%U	打开/关闭下划线功能

完成后的尺寸标注如图 4-25 所示。

八、保 存

整理图形使其符合机械制图标准，完成后保存图形。

九、退出 AutoCAD 2020

单击 AutoCAD 2020 右上角的关闭按钮，退出操作。

项目五　轴测图的绘制与识读

项目分析

轴测图作为一种重要的工程图形表达方式，以其直观、立体的特点，在设计、教学、展示等多个环节发挥着重要作用。

轴测图通过沿特定轴向投影，保持物体在三个方向上的比例关系，呈现出接近人眼观察的立体效果，是对传统三视图体系的有效补充。学习轴测图的绘制与识读，有助于拓宽工程技术人员的图形表达手段，提高设计交流的效率与准确性。

轴测图广泛应用于产品设计初期的概念草图、设计方案展示、教学演示、施工图辅助说明、设备手册示意图等领域。其直观、立体的特点使得非专业人士也能快速理解设计意图，有利于跨学科、跨领域的沟通协作。通过本项目的学习，学习者将深刻理解轴测图在工程实践中的独特作用，提升其在实际工作中灵活运用轴测图的能力。

学习目标

（1）掌握正等轴测图的画法，能独立正确绘制正等轴测图；
（2）掌握斜二轴测图的画法，能独立正确绘制斜二轴测图；
（3）能够独立熟练运用"等轴测捕捉"的方法绘制正等轴测图。

课题一　绘制正等轴测图

在工程技术与设计领域，正等轴测图作为一种有效的三维可视化表达工具，具有直观、立体感强的特点，对快速理解物体的形状、结构和空间关系具有重要作用。

正等轴测图广泛应用于产品设计、建筑设计、机械设计、室内设计等领域，作为辅助设计交流、展示初步构想、快速绘制草图的有效工具，尤其适用于非正式场合或需要快速理解复杂三维形态的情况。

虽然三视图体系（主视图、俯视图、左视图）是工程制图的基础，严格遵循正投影规则，能够精确无误地传达物体的尺寸和形状信息，但其平面化表达方式可能在直观性和立体感方面有所欠缺。正等轴测图恰好弥补了这一不足，提供了一种介于纯二维和真实三维视觉之间的中间形态，有助于设计师、工程师、学生以及非专业人士更直观地理解复杂的空间关系。因此，学习绘制正等轴测图是对三视图体系的有力补充,有助于提升学习者在不同场景下灵活运用多种图形表达手段的能力。

任务一　绘制正六棱柱的正等轴测图

　任务引入

根据图 5-1 所示正六棱柱的三视图,绘制其正等轴测图。

　任务分析

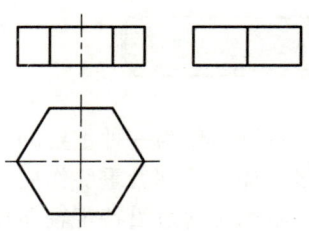

图 5-1　正六棱柱的三视图

绘制正六棱柱的轴测图时,只要画出其一顶面(或底面)的轴测投影,再过顶面(或底面)上各顶点,沿其高度方向做平行线,按高度截取,将所得各点按先后顺序连线(细虚线不画),即得正六棱柱的轴测图。画图的关键是如何准确地绘制顶面的轴测投影。

　知识链接

一、轴测图的形成

将物体连同其参考坐标系,沿不平行于任一坐标面的方向,用平行投影法将物体投影在单一投影面上所得到的图形称为轴测图,如图 5-2 所示。轴测图又称为轴测投影。该单一投影面称为轴测投影面。

二、轴间角和轴向伸缩系数

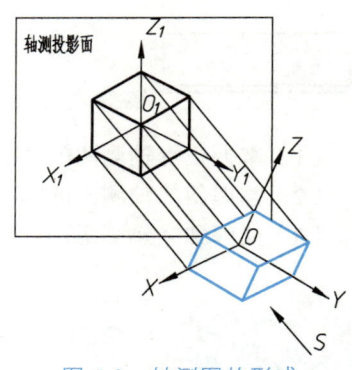

图 5-2　轴测图的形成

直角坐标轴 OX、OY、OZ 在轴测投影面上的投影 O_1X_1、O_1Y_1、O_1Z_1 称为轴测轴。轴测轴之间的夹角 $\angle X_1O_1Y_1$、$\angle X_1O_1Z_1$、$\angle Y_1O_1Z_1$ 称为轴间角。

轴测轴的单位长度与相应直角坐标轴上的单位长度的比值称为轴向伸缩系数。OX、OY、OZ 轴上的轴向伸缩系数分别用 p_1、q_1 和 r_1 表示,简化伸缩系数分别用 p、q 和 r 表示。

三、轴测投影的基本性质

1. 平行性

物体上相互平行的线段,在轴测图上仍然平行。平行于坐标轴的线段,轴测投影仍平行于相应的轴测轴,且同一轴向所有线段的轴向伸缩系数相同。

2. 度量性

凡物体上与轴测轴平行的线段的尺寸可沿轴向直接量取。

画轴测图时，应利用这两个投影特性作图，但对物体上那些与坐标轴不平行的线段，就不能应用等比性量取长度，而应用坐标定位的方法求出直线两端点，然后连成直线。

四、正等轴测图

使描述物体的三直角坐标轴与轴测投影面具有相同的倾角，用正投影法在轴测投影面所得的图形称为正等轴测图（简称正等测），如图 5-2 所示。

正等轴测图的轴间角均为 120°，如图 5-3 所示。由于物体的三坐标轴与轴测投影面的倾角均相同，因此，正等轴测图的轴向伸缩系数也相同，$p=q=r=0.82$。为了作图、测量和计算都方便，常把正等轴测图的轴向伸缩系数简化成 1，这样在作图时，凡是与轴测轴平行的线段，可按实际长度量取，不必进行换算。这样画出的图形，其轴向尺寸均为原来的 1.22 倍（1∶0.82≈1.22），但形状没有改变。

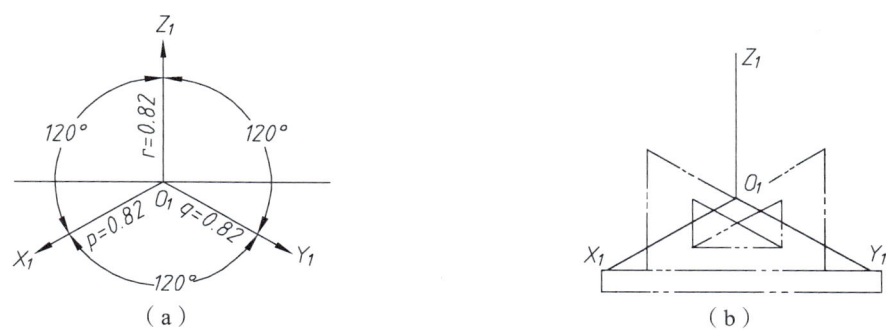

图 5-3　正等轴测图的轴间角和轴向伸缩系数

任务实施

绘制正六棱柱正等轴测图的作图步骤见表 5-1。

表 5-1　正六棱柱正等轴测图的作图步骤

步骤与画法	图例
1. 在主、俯视图中确定空间坐标轴（OX、OY、OZ）的投影，六棱柱前后、左右对称，选顶面中心为坐标原点	

续表

步骤与画法	图 例
2. 画出轴测图 OX、OY、OZ，作轴测轴上的点 A_1、B_1、1、4	
3. 过 A_1、B_1 两点作 X_1 轴的平行线，求得正六边形的顶点，连接各点，完成六棱柱顶面的轴测图	
4. 沿六棱柱顶面各顶点垂直向下量取正六棱柱的高，得到六棱柱底面的各端点。用直线连接各点并加深轮廓线，将前面遮住的线条擦去，即得到六棱柱的正等轴测图	

知识拓展

一、绘制切割体的正等轴测图

如图 5-4 所示，大多数的平面立体可以看成为由长方体切割而成的，因此，先画出长方体的正等轴测图，然后进行轴测切割，从而完成物体的轴测图的画图方法，称为方箱切割法。

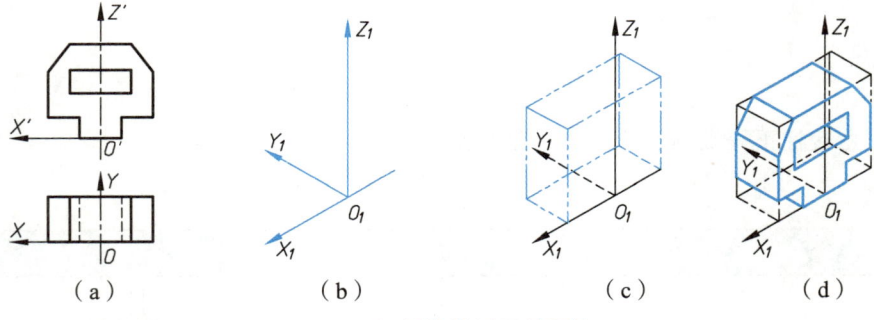

图 5-4 切割体轴测图的画法

二、作图步骤

（1）首先设置主、俯视图的直角坐标轴。由于物体对称，为作图方便，选择直角坐标系，如图 5-4（a）所示。

（2）画轴测轴，如图5-4（b）所示，这种轴测轴的选择方法是为了将物体的特征面放在前面。
（3）接主、俯视图的总长、总宽、总高作出辅助长方体的轴测图，如图5-4（c）所示。
（4）在平行轴测轴方向上按题意进行比例切割，如图5-4（d）所示。
（5）擦去多余的线，整理描深完成轴测图。

任务二　绘制圆柱的正等轴测图

　任务引入

根据图5-5所示圆柱的三视图，绘制其正等轴测图。

　任务分析

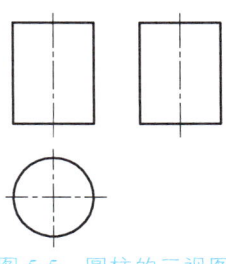

图5-5　圆柱的三视图

圆柱是组成机件的常见形体，掌握圆柱正等轴测图的画法，是绘制回转体轴测图的基础。

由图5-6（a）可知，圆柱的轴线垂直于XOY坐标轴，即圆柱的上、下底圆平行于坐标面XOY。而在正等轴测图中，由于三个坐标面都倾斜于轴测投影面，所以其上下端面圆的轴测投影为椭圆，如图5-6（b）所示。故绘制圆柱正等轴测图的关键是如何绘制圆柱端面圆的正等轴测图，只要将顶面和底面的椭圆画好，然后作两椭圆的公切线，即得圆柱的正等轴测图。

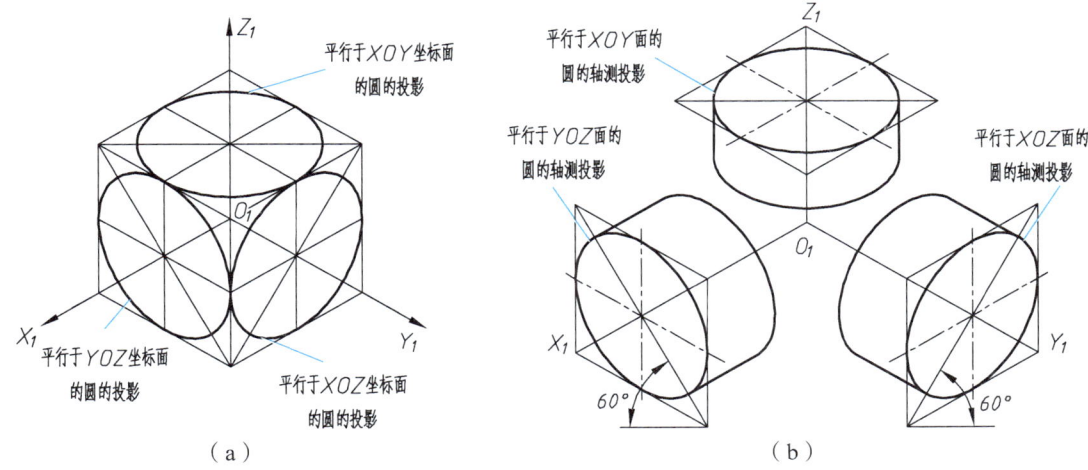

图5-6　平行三个不同坐标面圆的正等轴测图

 知识链接

一、圆的正等测投影

在平面立体的正等轴测图中,平行于坐标面的正方形变成了菱形,如果在正方形内有一个圆与其相切,显然圆随正方形的四条边变成了内切于菱形的椭圆,如图 5-6(b)所示。

二、圆的正等测画法

由上面分析可知,平行于坐标面的圆的正等轴测图都是椭圆,虽然椭圆的方向不同,但画法相同。各椭圆的长轴都在外切菱形的长对角线上,短轴在短对角线上。

在正等轴测图中,椭圆一般用四段圆弧代替,平行于水平投影面的圆的正等轴测图的画法见表 5-2。

表 5-2 平行于水平面圆的正等轴测图的画法

步骤与画法	图例	步骤与画法	图例
1. 选取圆心为坐标原点作坐标轴,在俯视图中作圆的外切正方形	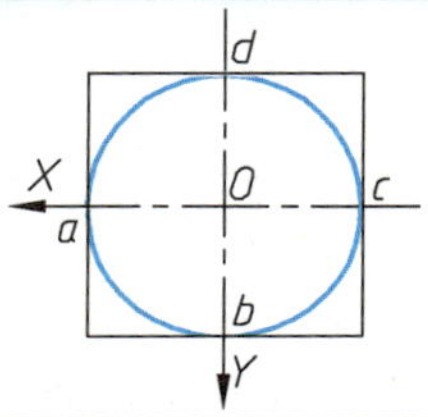	3. 连接 $1D_1$、$1C_1$、$2A_1$、$2B_1$,交菱形对角线于3、4,则1、2、3、4即为四段圆弧的圆心	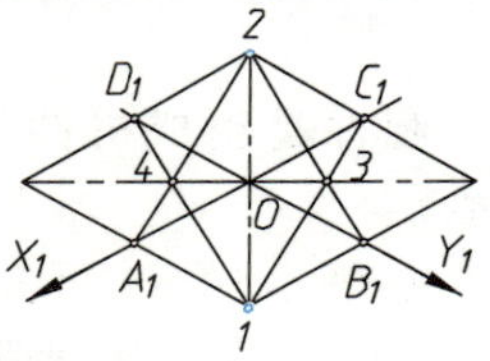
2. 作轴测轴,再接圆的外切正方形画出菱形	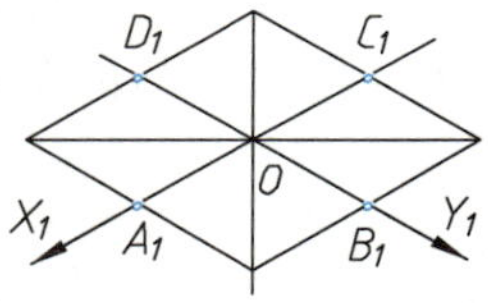	4. 分别以1、2为圆心,以 $1D_1$ 为半径作圆弧;以3、4为圆心,以 $3B_1$ 为半径作圆弧,四个圆弧连成近似椭圆,即为所求	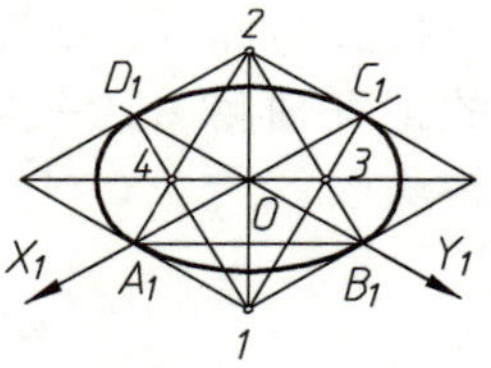

 任务实施

绘制圆柱正等轴测图的作图步骤见表 5-3。

 知识扩展

一、绘制开槽圆柱体的正等轴测图

如图 5-7(a)所示为开槽圆柱体的主、左视图,圆柱轴线垂直于侧面,左端中央开一通槽,开槽交线与圆柱底面圆弧是平行关系。

表 5-3 圆柱正等轴测图的作图步骤

步骤与画法	图 例	步骤与画法	图 例
1. 选定坐标轴及坐标原点，在投影为圆的视图上作圆的外切正方形		3. 作圆柱顶层面圆的轴测投影椭圆 4. 将三个圆心2、3、4沿Z轴平移距离H，作圆柱底面圆的轴测投影椭圆	
2. 画轴测轴，作顶面圆的外切正方形的轴测图（菱形）。沿着Z轴量取圆柱高度H，用同样的方法作出底面圆的外切正方形		5. 作两椭圆的公切线，擦去多余的作图线并描深	

作图步骤：

（1）作轴测轴 O_1Y_1、O_1Z_1，画出圆柱左端面的轴测椭圆。作轴测轴 O_1X_1，圆心沿 O_1X_1 轴右移距离等于圆柱长度 L，作右端面轴测椭圆的可见部分，作两椭圆的公切线，如图 5-7（b）所示。

（2）由左端面圆心右移距离等于槽口深度 H，作槽口底面椭圆，如图 5-7（c）所示。

（3）量取槽口宽度 S，作出槽口部分的轴测图，如图 5-7（d）所示。

（4）描深可见部分轮廓线，完成开槽圆柱体的正等轴测图，如图 5-7（e）所示。

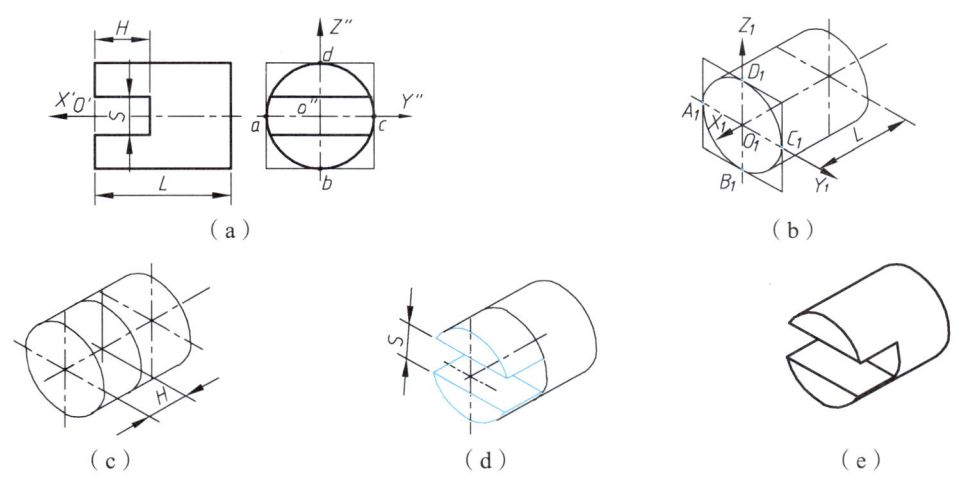

图 5-7 开槽圆柱体正等轴测图的画法

二、绘制圆角平板的正等轴测图

如图 5-8（a）所示的圆角平板，其圆角由 1/4 的圆柱面形成，则平行于坐标面的圆角的正等轴测图为上述近似椭圆的 4 段圆弧中的一段。

作图步骤：

（1）作出平板的轴测图，并根据圆角半径 R 在平板上底面相应的棱线上作出切点 1、2、3、4，如图 5-8（b）所示。

（2）过切点 1、2 分别作相应棱线的垂线，得交点 O_1，过切点 3、4 分别作相应棱线的垂线，得交点 O_2，如图 5-8（c）所示。

（3）以 O_1 为圆心，$O_1 1$ 为半径作圆弧，以 O_2 为圆心，$O_2 3$ 为半径作圆弧，得平板上底面两圆角的轴测图。将圆心 O_1、O_2 下移平板厚度，再用与上底面圆弧相同的半径分别作两圆弧，得平板下底面圆角的轴测图，如图 5-8（d）所示。

（4）在平板右端作上、下小圆弧的公切线，描深可见部分轮廓线，完成圆角平板的正等轴测图，如图 5-8（e）所示。

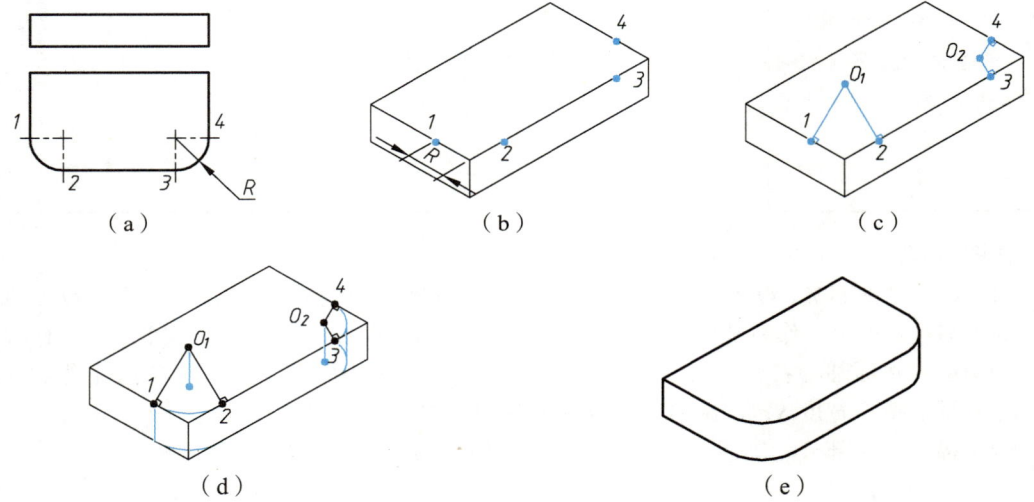

图 5-8　圆角平板正等轴测图的画法

三、作支座的正等轴测图

如图 5-9（a）所示的支座，由两部分组成，底板为带有圆孔的圆角平板，立板为带有圆孔的半圆头板。

作图步骤：

（1）画出圆角平板的轴测图，如图 5-9（b）所示。

（2）画出底板两侧的圆孔及立板顶部的圆弧，定下角点 A、B、C、D 并作圆的切线，如图 5-9（c）所示。

（3）画出立板中间的圆孔，如图 5-9（d）所示。

（4）检查图线，描深可见部分轮廓线，完成轴测图，如图 5-9（e）所示。

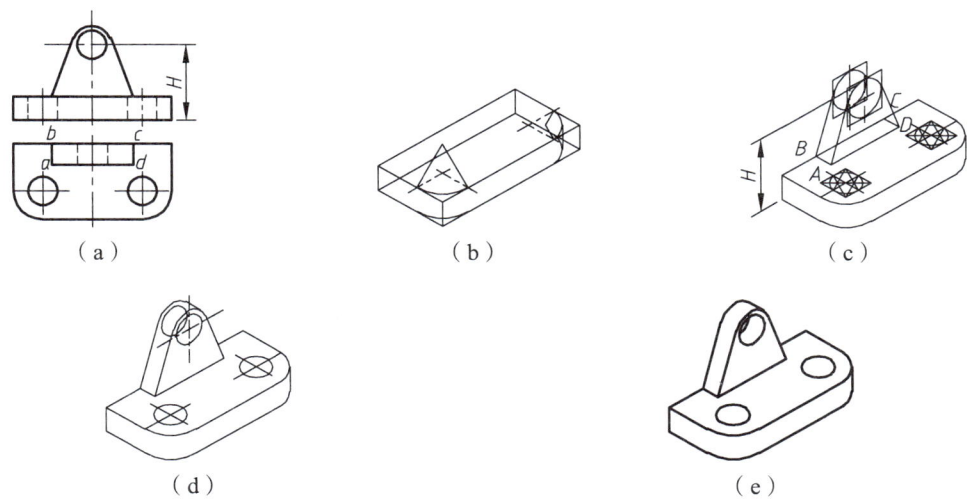

图 5-9　支座正等轴测图的画法

课题二　绘制斜二轴测图

斜二轴测图作为轴测投影法的一种重要形式，以其独特的视角和立体表现力，在工程设计、工业制造、建筑设计等领域发挥着不可替代的作用。

斜二轴测图常用于展示建筑立面、内部空间布局、机械设备布置、管道走向等场景，因其易于阅读且视觉效果接近人眼观察实物的角度，故在设计沟通、方案演示、施工图制作等方面具有广泛的应用。

任务　绘制斜二轴测图

 任务引入

根据图 5-10 所示正面形状复杂形体的两视图，绘制其斜二轴测图。

 任务分析

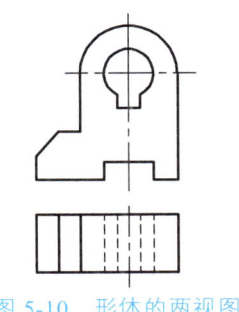

图 5-10　形体的两视图

此形体平行于正面的方向上具有较多的圆或圆弧。如果画正等轴测图，就要画很多椭圆，作图烦琐。如果用斜二轴测图来表达，就会大大简化作图步骤。

147

 知识链接

一、斜二轴测图的形成过程

如图 5-11 所示,如果使物体的 XOZ 坐标面与轴测投影面处于平行的位置,采用平行斜投影法也能得到具有立体感的轴测图,这样所得到的轴测投影就是斜二等测轴测图,简称斜二测图。

二、斜二轴测图的轴间角和轴向伸缩系数

如图 5-12 所示为斜二轴测图的轴测轴、轴间角和轴向伸缩系数等参数及画法。从图中可以看出,在斜二测图中,$O_1X_1 \perp O_1Z_1$,O_1Y_1 与 O_1X_1、O_1Z_1 的夹角均为 135°,三个轴向伸缩系数分别为 $p_1 = r_1 = 1$,$q_1 = 0.5$。

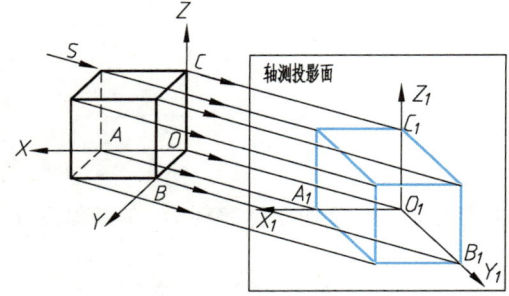

图 5-11 斜二轴测图的形式

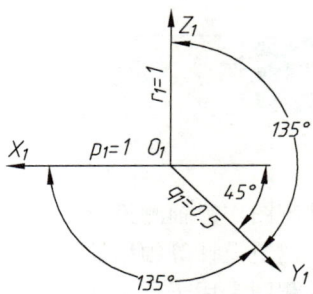

图 5-12 斜二轴测图的轴间角和轴向伸缩系数

 任务实施

绘制如图 5-10 所示形体斜二轴测图的作图步骤见表 5-4。

表 5-4 斜二轴测图的作图步骤

步骤与画法	图 例	步骤与画法	图 例
1. 确定坐标轴		2. 作轴测轴,将形体上各平面分层定位,并画出各平面的对称线、中心线,再画主要平面的形状	

续表

步骤与画法	图 例	步骤与画法	图 例
3. 画各层主要部分形状和各细节及孔洞的可见部分形状		4. 擦去多余图线，加深轮廓线	

课题三　用 AutoCAD 绘制轴测图

轴测图是工程设计中一种重要的三维表现形式，它通过特定的投影规则，在二维平面上清晰、直观地展示三维物体的形状、尺寸和空间关系。相较于传统的三视图，轴测图更易于非专业人士理解，有助于快速沟通设计理念、展示设计方案，特别是在概念设计阶段和初步方案讨论中发挥着不可替代的作用。熟练运用 AutoCAD 绘制轴测图，能够满足项目各阶段对不同图纸需求的快速响应。

AutoCAD 软件针对轴测图绘制提供了专门的功能模块和工作环境。例如，内置的等轴测平面视图、等轴测捕捉模式、轴测约束选项等，为用户在轴测环境中精确绘制图形提供了强大支持。此外，AutoCAD 的动态输入、对象捕捉、极轴追踪、对象 snaps 等功能进一步增强了在轴测视角下绘制复杂形体的精度和效率。学习该项目意味着熟悉并掌握这些特定功能的使用，实现从理论到实践的无缝衔接。

任务　用 AutoCAD 绘制支座轴测图

绘制支座轴测图

 任务引入

根据图 5-13 所示支座的两视图，绘制其正等轴测图。

 任务分析

图 5-13 所示支座由两部分组成，底板为带有圆孔的圆角平板，立板为带有圆孔的半圆头板。

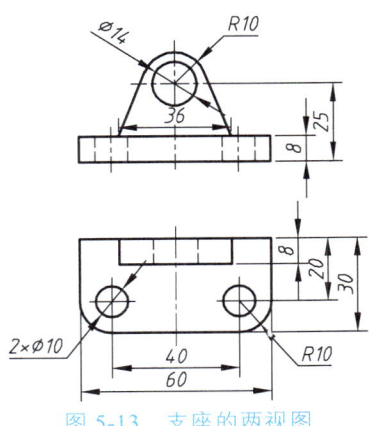

图 5-13　支座的两视图

 任务实施

一、启动 AutoCAD 2020

启动 AutoCAD 2020，打开"A4 模板"图形样板。
单击"图层"面板上的"图层特性"按钮，打开"图层特性管理器"面板，创建细点画线、粗实线和细实线 3 个图层。

二、设置正等轴测图的绘图环境

打开状态栏的"正交"按钮、"对象捕捉"按钮、"对象捕捉追踪"按钮，将光标移到"对象捕捉追踪"按钮上单击鼠标右键，在弹出的状态栏快捷菜单中选择"对象捕捉追踪设置"选项，在弹出的"草图设置"对话框中打开的"极轴追踪"选项卡，在"角度增量"下拉列表框中选择 30，并选中"用所有极轴角设置追踪"，单击"确定"按钮。

打开状态栏的"等轴测草图"按钮，启动等轴测捕捉模式，原来的十字光标变为轴测光标"↓"，选择"等轴测草图"的子命令，可将 3 种不同的轴测面切换为当前绘图面，三种平面状态时的光标如图 5-14 所示。

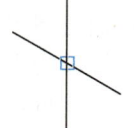  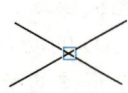

图 5-14　三种平面状态的光标

三、绘制底板

绘制底板，如图 5-15 所示。

四、绘制立板

（1）选择状态栏中的"顶部等轴测平面"，将顶部等轴测平面设置为当前绘图面，单击"绘图"面板上的"直线"按钮，绘制立板底面 HIJK，如图 5-16 所示。

 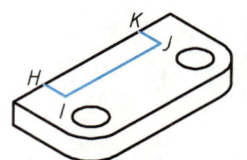

图 5-15　绘制底板　　　　　　　　图 5-16　绘制立板底面

（2）选择状态栏中的"![右等轴测平面]"，将右等轴测平面设置为当前绘图面，将"细点画线"层设置为当前图层，单击"绘图"面板上的"直线"按钮，利用"直线"命令和对象自动捕捉模式过线段 IJ 的中点绘制点画线，如图 5-17 所示。

（3）单击"绘图"面板上的"![轴,误点]"按钮，以 O_2 为圆心绘制半径分别为 $R7$ 和 $R10$ 的等轴测圆，如图 5-18 所示。

（4）单击"修改"面板上的"![复制]"按钮，向左上方复制半径分别为 $R7$ 和 $R10$ 的等轴测圆，复制距离均为 8。

（5）单击"绘图"面板上的"直线"按钮，过立板底面点 H、点 I、点 J、点 K 分别作半径为 10 的等轴测圆的切线。

（6）选择状态栏中的"![顶部等轴测平面]"，将顶部等轴测平面设置为当前绘图面，单击"绘图"面板上的"直线"按钮，绘制等轴测圆的公切线。

（7）单击"修改"面板上的"![修剪]"按钮，修剪多余线段，如图 5-19 所示。

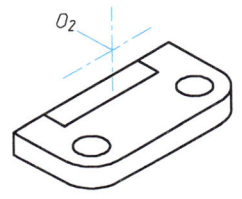
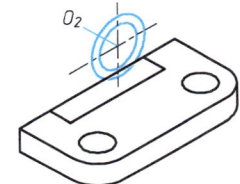
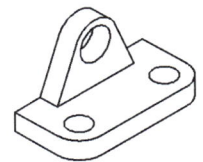

图 5-17　绘制点画线　　　图 5-18　绘制两同心圆　　　图 5-19　支座轴测图

五、保　存

整理图形使其符合机械制图标准，完成后保存图形。

六、退出 AutoCAD 2020

单击 AutoCAD 2020 右上角的"关闭"按钮，退出操作。

项目六　机械图样的表达方法

项目分析

机械图样是工程通用的图形语言，遵循国际或国家标准（如 ISO、ASME、GB 等），确保设计意图全球范围内准确传达与理解。学习机械图样表达方法，即学习一种国际认可的严谨沟通工具，对跨地域、跨文化的工程合作至关重要。无论传统制造业还是现代智能制造，从产品设计到质量控制均依赖机械图样。正确掌握机械图样的表达方法是保证设计符合需求、制造顺利、零件互换性和质量标准的基础。

学习目标

（1）掌握基本视图、向视图、局部视图及斜视图的投影规则，能正确配置视图并标注投影方向；

（2）掌握全剖、半剖、局部剖视图的画法，能根据机件结构选择剖切面并标注剖切符号；

（3）能够区分移出断面与重合断面的线型规则，会处理回转体轴线的特殊断面图。

课题一　视　图

任务一　绘制组合体的基本视图

任务引入

组合体结构如图 6-1 所示，将组合体置于投影体系中，采用正投影法，将其向投影面进行投射，并按照国家标准的相关规定，绘制基本视图。

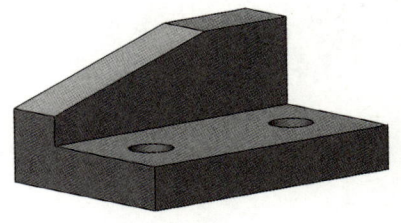

图 6-1　组合体

152

 任务分析

根据前面内容的学习，我们已经初步掌握了主视图、俯视图、左视图的形成及其投影规律。在原来三个投影面的基础上，能否增加投影面？根据投射方向的不同，能否形成其他视图？其视图的投影规律与原三面视图是否相同？

 知识链接

一、六个基本视图的形成

基本视图是将机件向基本投影面投射所得的视图。

国家标准规定，用正六面体的六个面作为基本投影面，机件的图形按正投影法绘制，并采用第一角投影法（即机件处在观察者与对应投影面之间）。如图 6-2 所示，将机件置于正六面体中，分别由前、后、上、下、左、右六个方向向六个基本投影面作正投影，可得到机件的六个基本视图。六个基本视图的名称及投射方向规定如下：

主视图——由前向后投射所得的视图；
俯视图——由上向下投射所得的视图；
左视图——由左向右投射所得的视图；
右视图——由右向左投射所得的视图；
仰视图——由下向上投射所得的视图；
后视图——由后向前投射所得的视图。

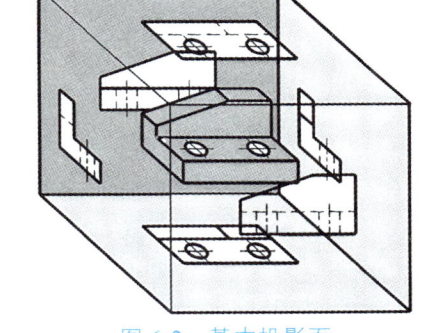

图 6-2　基本投影面

二、基本视图的配置

规定六个基本投影面的展开方法如图 6-3 所示，即正投影面保持不动，其他投影面按箭头所指方向展开至与正投影面在同一个平面上。展开后，六个基本视图的固定配置如图 6-4 所示，即称六个基本视图按投影关系配置，不需要标注各视图名称。

三、基本视图的投影规律

1. 投影对应关系

基本视图仍然符合"长对正、高平齐、宽相等"的投影规律，即
主视图、俯视图、仰视图、后视图长对正；
主视图、左视图、右视图、后视图高平齐；
俯视图、仰视图、左视图、右视图宽相等。

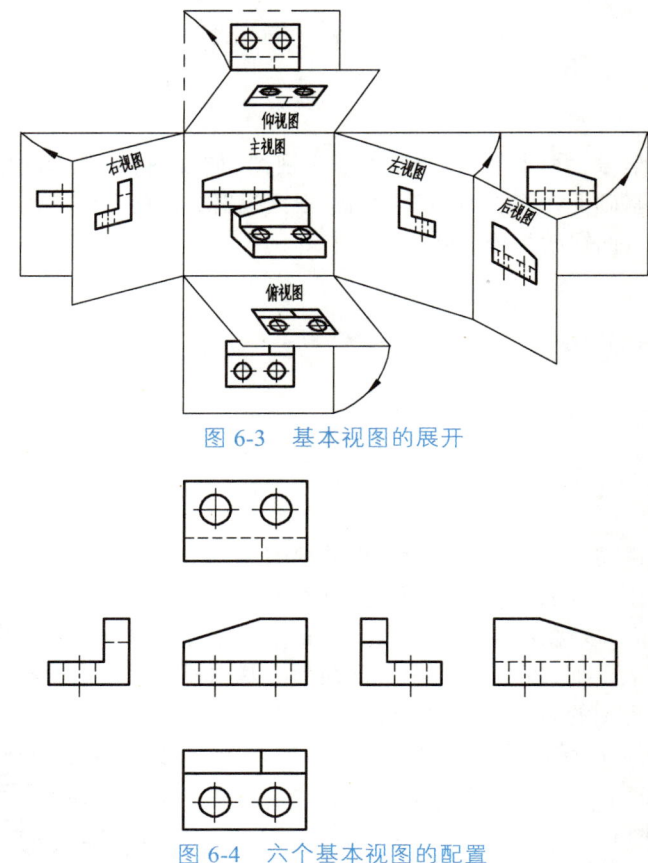

图 6-3 基本视图的展开

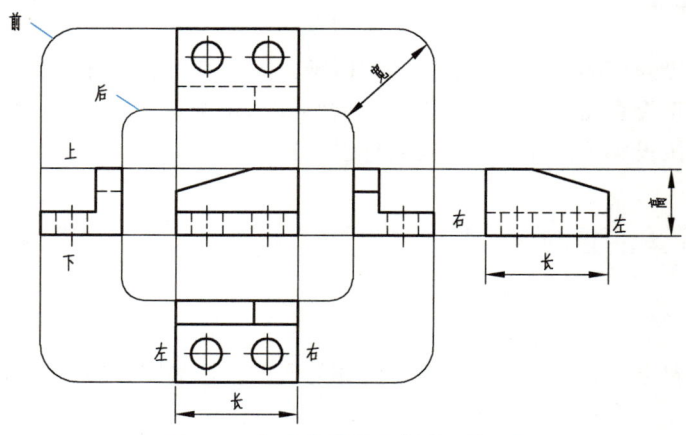

图 6-4 六个基本视图的配置

2. 方位对应关系

以主视图为基准,除后视图以外,其他视图中靠近主视图的一侧为机件后面,远离主视图的一侧为机件前面。后视图的右侧表示机件的左面,左侧表示机件的后面,如图 6-5 所示。

图 6-5 六个基本视图的投影规律

国家标准规定了六个基本视图,但不是任何机件都要用六个基本视图来表达。实际画图时,应根据机件的结构特点，灵活选用必要的基本视图，一般优先选用主、俯、左三个基本视图，然后再考虑其他基本视图。在选择视图时，要求表达完整、清晰又不重复，尽量使视图数量最少。

 **任务实施**

绘制基本视图的作图步骤见表 6-1。

表 6-1 基本视图的作图步骤

步骤与画法	图 例
1. 绘制三视图 2. 绘制右视图 注意：右视图与主视图要高平齐，与俯视图要宽相等	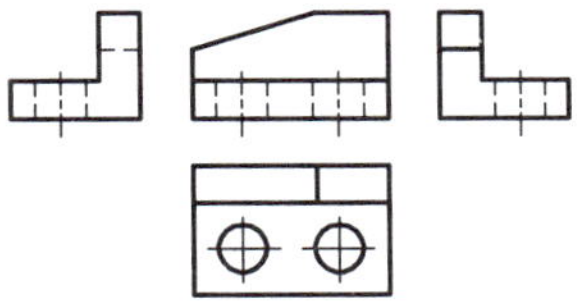
3. 绘制仰视图 注意：仰视图与主视图要长对正，与左视图要宽相等	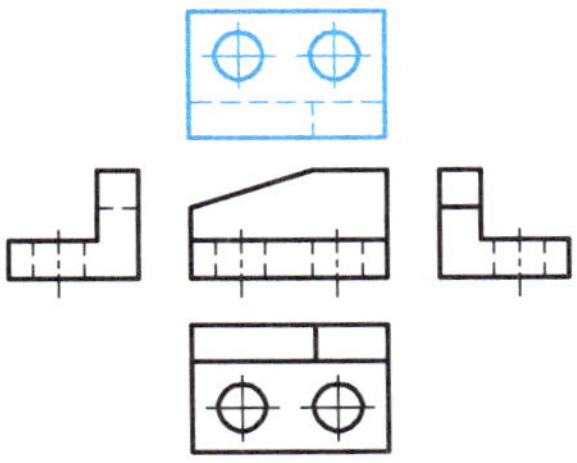
4. 绘制后视图 注意：后视图与主视图长度要相等，高度要平齐	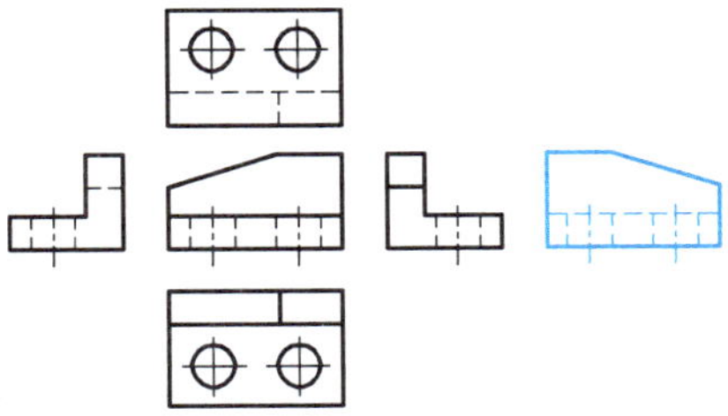

任务二　绘制组合体的向视图

 **任务引入**

根据图 6-6（b）所示组合体的三视图，参照图 6-6（a）所示的轴测图，绘制 A、B、C 三个方向的向视图。

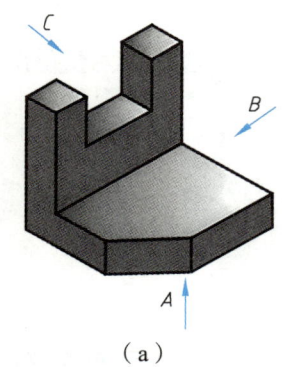
（a）

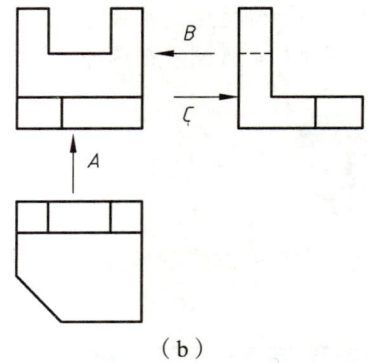
（b）

图 6-6 组合体

 任务分析

根据机械制图国家标准规定，六个基本视图必须按照相关规定进行配置，不能随意放置，缺乏灵活性。而在实际绘图过程中，经常难以按规定形式配置基本视图，能否引入可以按照实际绘图需要自由配置的视图呢？

一、向视图的形成

向视图是可以自由配置的基本视图。

二、向视图的配置与标注

国家标准规定了向视图可以不按规定位置配置基本视图。但为了便于读图，需要进行标注。在向视图的上方中间位置用大写字母标注视图的名称"×"（"×"为大写拉丁字母，如 A、B、C 等），在相应视图附近用箭头指明投射方向，并标注相同的字母"×"，如图 6-7 所示。

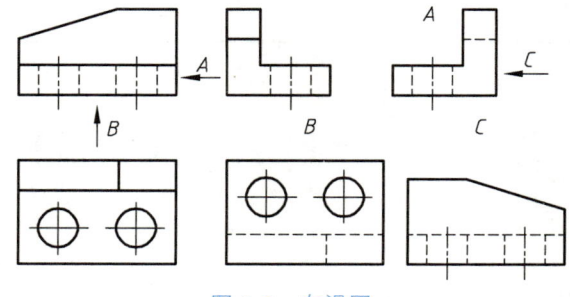

图 6-7 向视图

绘制向视图时应注意，向视图中表示投射方向的箭头应尽可能配置在主视图上，使得到的视图与基本视图一致，如图 6-7 中 A 向视图、B 向视图；而表示后视的投射方向应配置在左视图或右视图，如图 6-7 中 C 向视图。

 **任务实施**

绘制向视图的作图步骤见表 6-2。

表 6-2　向视图的作图步骤

步骤与画法	图　例	步骤与画法	图　例
1. 绘制 A 向视图	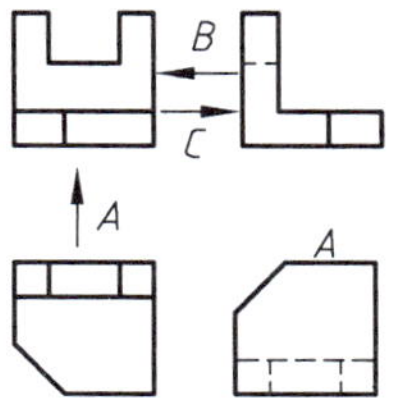	3. 绘制 C 向视图	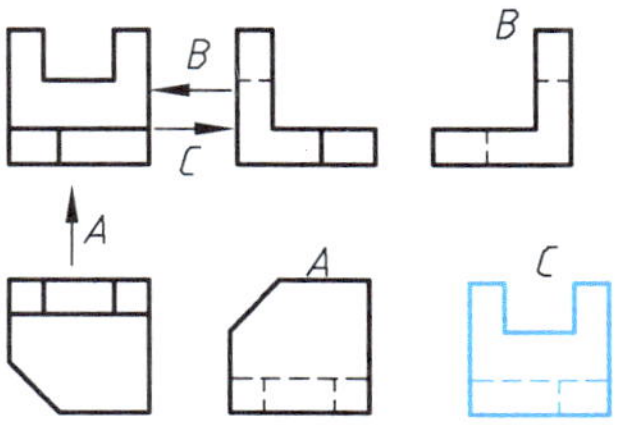
2. 绘制 B 向视图	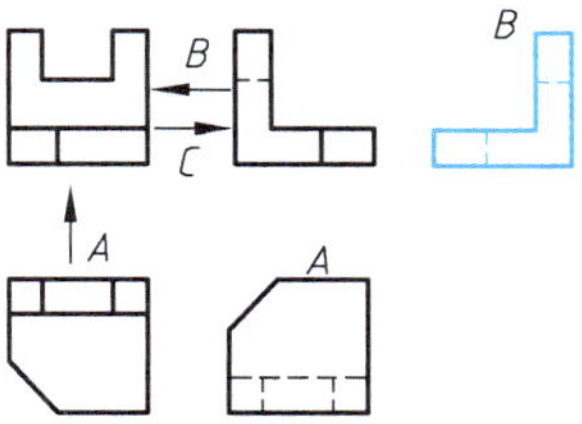		

任务三　绘制支座的局部视图

 **任务引入**

支座结构如图 6-8（a）所示，根据国家标准规定，在不增加基本视图的基础上，采用局部视图将支座的结构表达清楚。

 **任务分析**

当采用一定数量的基本视图后，仍有一些局部结构尚未表达清晰，而又不必再画出完整的其他基本视图时，可使用局部视图，只将机件的一部分向投影面投影，得到的是一个不完整的视图。如图 6-8 所示的支座，选用主、俯视图两个基本视图后，左右两侧凸台结构尚未表达清楚，若再选择左视图或右视图，则其圆柱和底板的投影与主、俯视图重复，这时可采用局部视图将左右两侧凸台结构表达清楚。

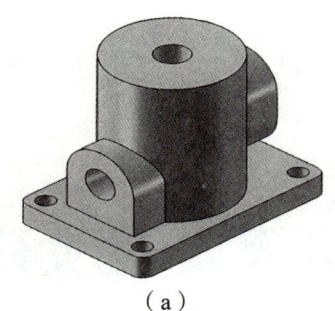
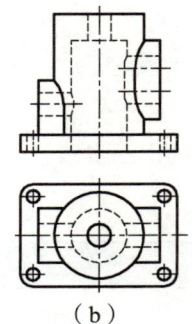

(a)   (b)

图 6-8 支座

 知识链接

一、局部视图的形成

局部视图是将机件的某一部分向基本投影面投射所得的视图。

二、局部视图的配置与标注

（1）在绘制局部视图时，应在局部视图的上方标注"×"（×为大写拉丁字母），在相应视图的附近用箭头指明投射方向，并注明相同的字母。

（2）局部视图可按基本视图的形式配置，也可按向视图的配置形式配置。当局部视图按基本视图的形式配置时，中间又没有其他图形隔开时，可省略标注，见表 6-3 中的 A 向局部视图；当局部视图按向视图的形式配置时，视图名称不能省略标注，见表 6-3 中的 B 向局部视图。

（3）绘制局部视图时，局部视图的断裂边界用波浪线或双折线表示。当所表达的局部视图结构是完整的，且外轮廓线呈封闭时，波浪线可省略不画，见表 6-3 中的 B 向局部视图。波浪线应画在机件的实体上，不能超过断裂机件的轮廓线，不能与其他图线重合。

 任务实施

绘制支座局部视图的作图步骤见表 6-3。

表 6-3 支座局部视图的作图步骤

步骤与画法	图 例
1. 绘制 A 向局部视图	

续表

步骤与画法	图例
2. 绘制 B 向局部视图	
3. 按向视图配置 B 向局部视图	

任务四　绘制弯板的斜视图

 **任务引入**

用适当的视图合理地表达图 6-9 所示的弯板。

 **任务分析**

图 6-9　弯板

图 6-9 所示的弯板存在倾斜于基本投影面的结构，该结构在基本视图中既不能反映实形，也不便于绘图、读图或标注尺寸。因此，可采用斜视图来表达倾斜部分的结构形状。

 **知识链接**

一、斜视图的形成

当机件上有倾斜于基本投影面的结构时，为了表达倾斜部分的实形，可设置一个与倾斜结构平行且垂直于一个基本投影面的辅助投影面，然后将该倾斜结构向辅助投影面投射并展平，所得的视图称为斜视图，如图 6-10 所示。

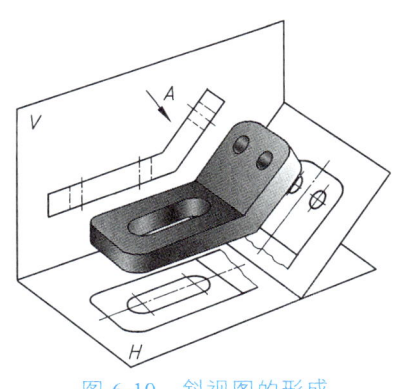

图 6-10　斜视图的形成

159

二、斜视图的配置与标注

斜视图常用于表达机件上的倾斜结构。画出倾斜结构的实形后,机件的其余部分不必画出,此时可在适当的位置用波浪线或双折线断开即可。

斜视图一般按投影关系配置,也可配置在其他适当位置。斜视图必须标注,在斜视图的上方中间位置标注视图名称"×",在相应视图上用箭头表示投射方向,并标注相应的大写拉丁字母"×"。必要时,允许图形旋转配置,一般以不大于90°旋转放正为宜,并在图形上方中间位置标注旋转符号,在靠近旋转符号的箭头端标注相应的字母"×"。

任务实施

绘制弯板斜视图的作图步骤见表6-4。

表6-4 弯板斜视图的作图步骤

步骤与画法	图 例
1. 绘制作图基准线	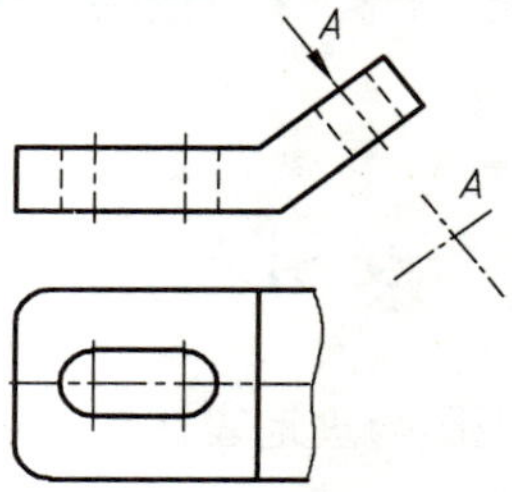
2. 绘制斜视图	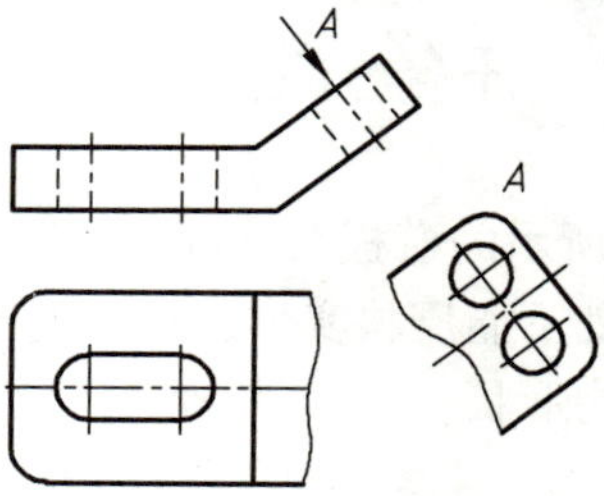
3. 如果必要,可以将斜视图旋转配置	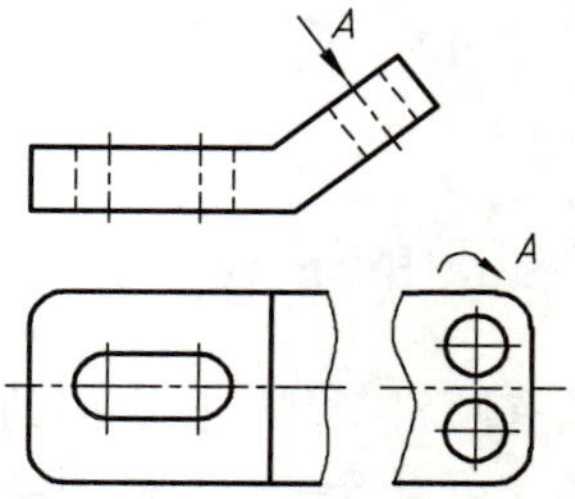

课题二　绘制剖视图

剖视图是一种揭示物体内部结构、材料分布、装配关系及工作原理的重要图示方法，是工程设计、制造、建筑等行业不可或缺的技术语言。它能够清晰、直观地展示物体的内部细节，弥补正投影图无法展示内部构造的局限性，对设计分析、工艺规划、施工指导、维修维护等环节起着决定性作用。掌握剖视图的绘制技巧，是工程师、设计师和技术人员有效沟通设计意图、确保项目实施无误的核心能力之一。

任务一　绘制机件的全剖视图

任务引入

如图 6-11 所示，按照国家标准规定，用合理的剖切形式将该机件的内部结构表达清楚。

任务分析

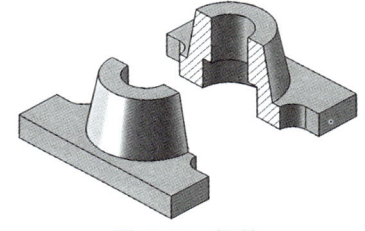

图 6-11　机件

用视图表达机件形状时，机件上不可见的内部结构（如孔、槽等）要用细虚线表示。如果机件的内部结构比较复杂，图上会出现较多的细虚线，既不便于画图和读图，也不便于标注尺寸。为了清晰地表达零件的内部结构，假想用一剖切平面将其剖开，用剖视图来表达机件的内部结构。该机件的内部结构比较复杂，外部结构比较简单，因此可以采用全剖视图进行表达。

知识链接

一、剖视图的形成

假想用剖切平面剖开机件，将处在观察者和剖切面之间的部分移去，而将其余部分向投影面投射所得到的图形，称为剖视图，简称剖视。剖视图的形成过程如图 6-12（a）所示，图 6-12（b）中的主视图即为机件的剖视图。

161

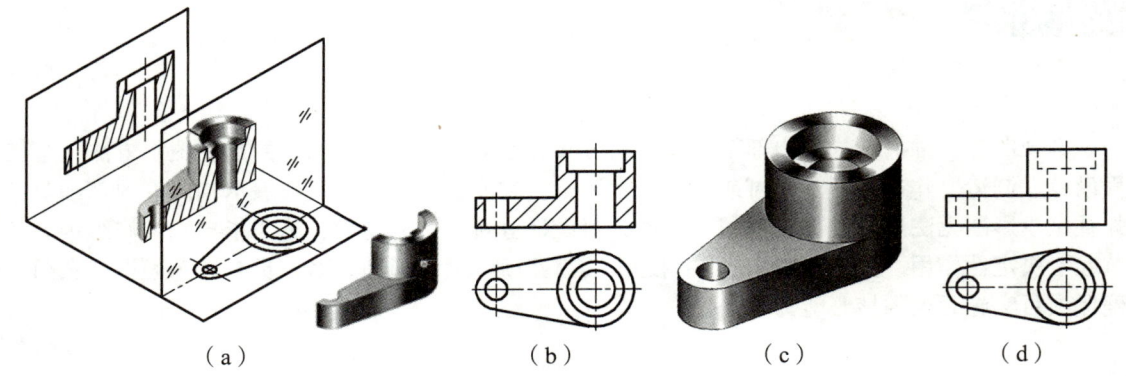

图 6-12　剖视图的形成

二、剖面区域与剖面线

剖切平面与被剖机件相接触的部分称为剖面区域。原来在视图中，机件内部结构为虚线，如图 6-12（d）所示，采用剖视图后则变为粗实线，如图 6-12（b）所示，按国家标准标定，需在剖面区域内画出剖面符号，以便区别机件的实体与空心部分。

剖面符号一般与机件的材料有关，如表 6-5 所示。在各类机械中，机件多采用金属材料制造，国家标准 GB/T 4457.5—2013 规定，金属材料的剖面符号是一组间隔相等的平行细实线，称为剖面线，在 GB/T 17453—2005《技术制图　图样画法　剖面区域的表示法》中，称之为通用剖面线。当不需要在剖面区域中表明材料类别时，可采用通用剖面线表示。

表 6-5　剖面符号

材料名称	剖面符号	材料名称	剖面符号
金属材料（已有规定剖面符号者除外）		木质胶合板（不分层数）	
线圈绕组元件		基础周围的泥土	
转子、电枢、变压器和电抗器等的叠钢片		混凝土	
非金属材料（已有规定剖面符号者除外）		钢筋混凝土	
型砂、填砂、粉末、冶金、砂轮、陶瓷刀片、硬质合金刀片等		砖	

注意：

（1）剖面符号仅表示材料的类别，材料的代号和名称必须另行注明；

（2）叠钢片的剖面线方向，应与束装中叠钢片的方向一致；

（3）液面用细实线绘制。

绘制剖面线时，其方向应与主要轮廓或剖面区域的对称线呈45°，如图6-13所示。剖面线的间隔与剖面区域的大小有关，区域大则间隔大；反之则小。同一机件，所画剖面方向和间隔必须一致，如图6-14所示。

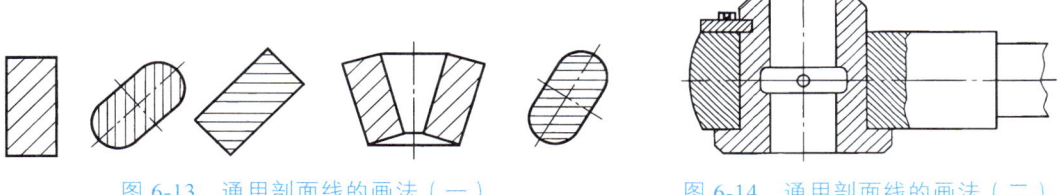

图6-13　通用剖面线的画法（一）　　　　图6-14　通用剖面线的画法（二）

三、剖视图的标注与配置

剖切符号用于指示剖切平面的起止和转折位置，用粗短线（线宽为轮廓粗实线的1~1.5倍）表示，箭头用于指明投射方向。剖切符号的粗短线不能与轮廓线相交或重合，应留少量间隙；箭头垂直于起止位置的粗短线的外侧，如图6-15所示。

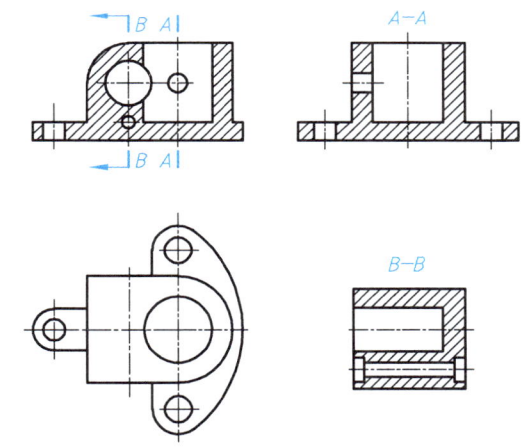

图6-15　剖视图的标注

一般应在剖视图上方居中位置标注剖视图的名称"×—×"（"×"为大写拉丁字母），并在相应视图的剖切符号起讫或转折处标注相同字母"×"。同一图样上同时有几个剖视图时，应采用不同字母加以标注，如图6-15所示的"A—A""B—B"。

绘制剖视图时，首先考虑按投影关系进行配置，一般将剖视图配置在基本视图位置，如图6-15中的"A—A"；必要时可根据图面布局将剖视图配置在其他适当位置，如图6-15中的"B—B"。

剖视图标注的内容，在以下情况可以省略：

（1）当剖视图按投影关系配置，且中间没有其他图形隔开时，可省略箭头，如图6-15中的"A—A"剖切符号的箭头可省略；

（2）当单一剖切面通过机件对称平面或基本对称平面，且剖视图按投影关系配置、中间没有其他图形隔开时，可以省略标注，如图6-15中的主视图。

四、绘制剖视图应注意的问题

（1）剖视只是假想把机件切开，因此在表达机件结构的一组视图中，除剖视图外，其他视图仍完整地画出，如图 6-12（d）所示的俯视图。

（2）剖切平面一般应垂直于某一投影面，且通过零件上孔、槽的轴线或对称面，以避免剖切后产生不完整的结构要素。

（3）剖切平面后面的可见轮廓线的投影须用粗实线画出，如图 6-16 所示；剖切平面后面的不可见轮廓线，如果其结构已在剖视图或其他视图中表达清楚，应该省略虚线，如图 6-17（a）所示；但对没有表达清楚的结构，在保证图清晰的情况下允许画少量虚线，以减少视图的数量，如图 6-17（b）所示。尤其注意空腔中存在的线、面的投影，不能遗漏或多画，如图 6-18 所示。

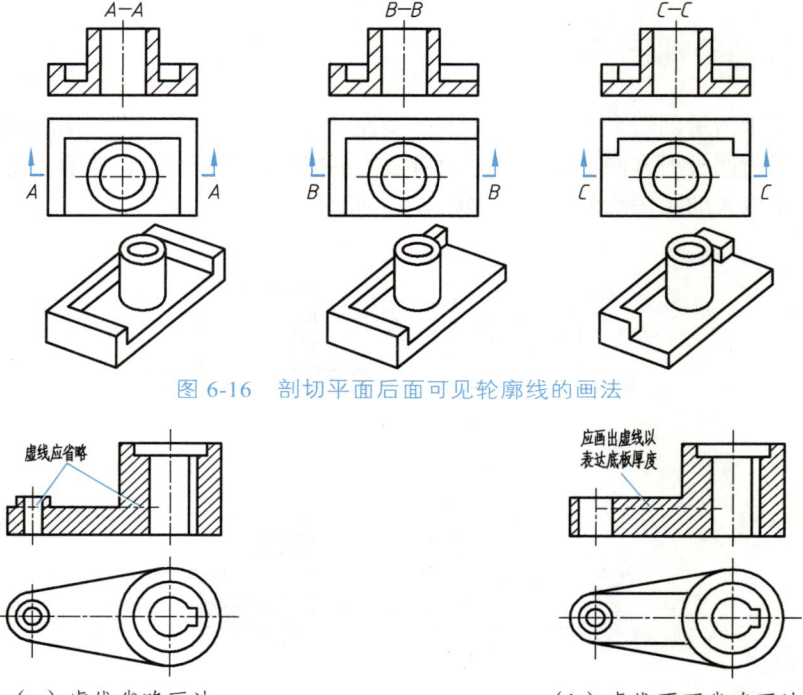

图 6-16　剖切平面后面可见轮廓线的画法

（a）虚线省略画法　　　　（b）虚线不可省略画法

图 6-17　剖视图中虚线的画法

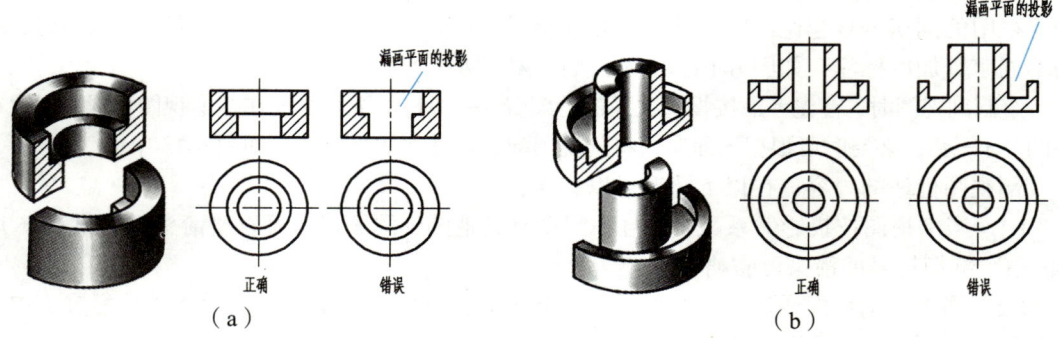

图 6-18　剖视图画法的常见错误

（4）机件上的肋板被剖切平面纵向剖切时，规定肋板不画剖面线，而用粗实线将其与相邻部分区分开，如图 6-19 所示。

五、全剖视图

用剖切平面完全地剖开机件所得到的剖视图称作全剖视图（简称全剖视），如图 6-20 所示。全剖视图主要用于外形简单、内形复杂的不对称机件。有些外形简单的对称机件，为了将内形显示完整，便于标注尺寸，也常采用全剖视图。

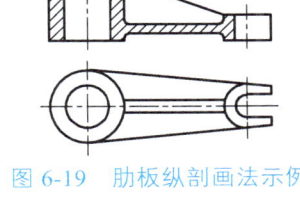

图 6-19　肋板纵剖画法示例

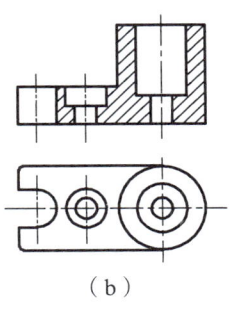

（a）　　　　　　　　　　（b）

图 6-20　全剖视图

任务实施

绘制机件全剖视图的作图步骤见表 6-6。

表 6-6　机件全剖视图的作图步骤

步骤与画法	图　例
1. 画出机件的视图	
2. 确定剖切平面的位置，画出剖切区域及剖切平面后所有可见部分	

165

续表

步骤与画法	图例
3. 绘制剖面线 4. 整理图形，按线型描深图线	

任务二　绘制机件的半剖视图

任务引入

如图 6-21 所示，按照国家标准规定，用合理的剖切形式将该机件的外部、内部结构表达清楚。

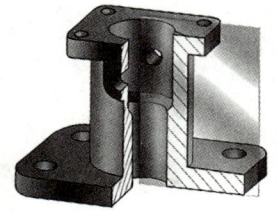 

图 6-21　支架

任务分析

该机件的内、外形状都比较复杂，主体部分是一个圆柱筒，上、下底板上分别有四个小圆柱孔，圆筒的上方有一小凸台，如果采用全剖视图，则无法表达小凸台的形状，采用半剖视图可兼顾内、外形状的表达。

知识链接

一、半剖视图

当机件具有对称平面时，把向垂直于对称平面的基本投影上投射所得的图形，以对称中心线为界，一半画成剖视图，另一半画成视图，这样的图形称为半剖视图，如图 6-22 所示。半剖视图既能表达机件的内部结构，又能表达外部形状。因此，半剖视图常用于表达内、外形状都比较复杂的对称机件。

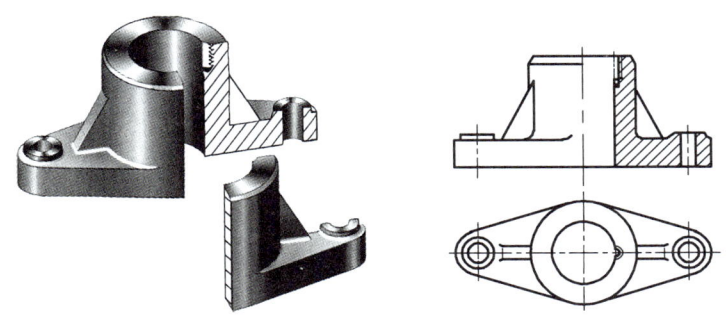

图 6-22　半剖视图（一）

二、半剖视图的标注与配置

半剖视图的标注与配置和全剖视图一致。

三、绘制半剖视图应注意的问题

（1）半剖视图与半个视图之间的分界线应是细点画线（对称中心线），不能画出粗实线，也不应该与轮廓线重合。

（2）鉴于图形对称，机件的内部结构在半个剖视图中已表达清楚的，则在另半个视图中的虚线应省略；否则，应该画出相应的虚线。

（3）画半剖视图时，若视图与剖视图左右配置，习惯上把剖视图画在右边，如图 6-22 所示；若上下配置时，习惯上把剖视图画在下边。

（4）若机件的结构形状接近于对称，且不对称部分已在其他视图中表达清楚，也可以采用半剖视图而不用全剖视图，如图 6-23 所示。

任务实施

图 6-23　半剖视图（二）

绘制机件半剖视图的作图步骤见表 6-7。

表 6-7　机件半剖视图的作图步骤

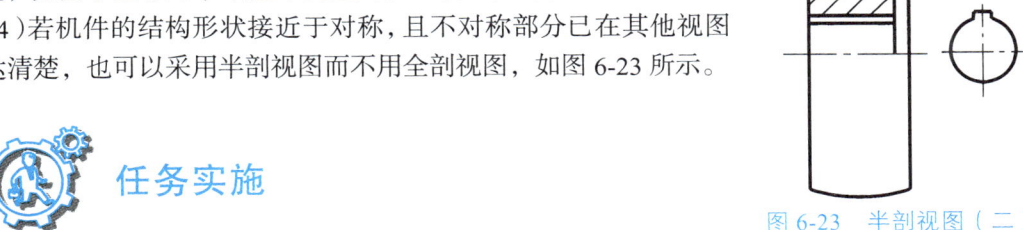

步骤与画法	图　例	步骤与画法	图　例
1. 画出机件的视图		2. 将主视图的右半部分绘制成剖视图	

续表

步骤与画法	图 例	步骤与画法	图 例
3. 将主视图的左半部分绘制成视图，虚线部分省略		5. 为了表达上、下底板上的小孔结构，在主视图中还采用了局部剖视图的表达方法 6. 整理图形，按线型描深图线	
4. 将俯视图改画成半剖视图（主视图的半剖可完全省略标注，俯视图的半剖不能省略剖切符号的字母，以表示剖切位置和剖视图名称）			

任务三　绘制机件的局部剖视图

任务引入

如图 6-24 所示，按照国家标准规定，用合理的剖切形式将该机件的外部、内部结构表达清楚。

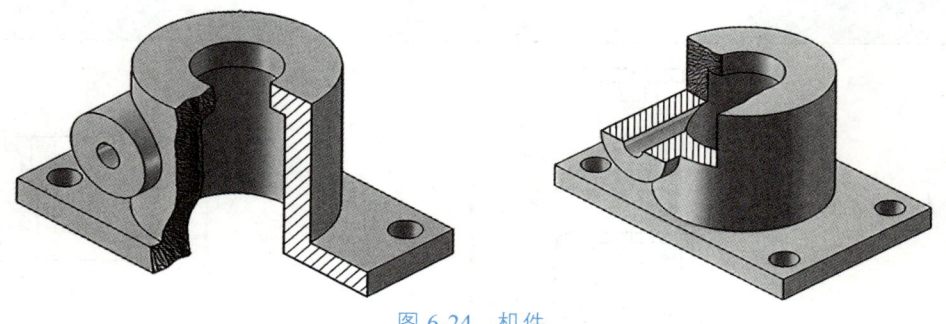

图 6-24　机件

 任务分析

该机件的主视图若采用全剖视图,虽然机件的内部空腔结构可以表达清楚,但凸台被剖掉,底板上的小孔也没有表达清楚。另外,由于其结构不对称,也不适合采用半剖视图表达。这时,可采用局部剖视图。

 知识链接

一、局部剖视图

用剖切面局部地剖开机件所得的剖视图,称为局部剖视图,如图 6-25 所示。

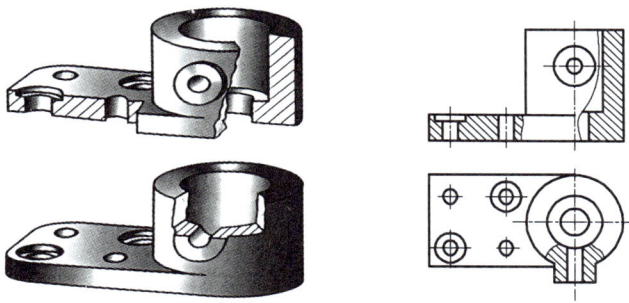

图 6-25 局部剖视图(一)

局部剖视图既能把机件的局部内部形状表达清楚,又能保留机件的某些外形,其剖切位置和剖切范围根据需要而定,是一种比较灵活的表达方法。其通常适用于以下几种情况:

(1)对内、外形都比较复杂而又不对称的机件,为了把内、外形状都表达清楚,不必或不宜采用全剖视图时,可用局部剖视图表达,如图 6-25 所示。

(2)对内、外形都要表达的对称机件,因其轮廓线与对称中心线重合,不宜采用半剖视图时,可用局部剖视图表达,如图 6-26 所示。

(3)对轴、杆等实心机件上有孔或槽等的结构,可用局部剖视图表达,如图 6-27 所示。

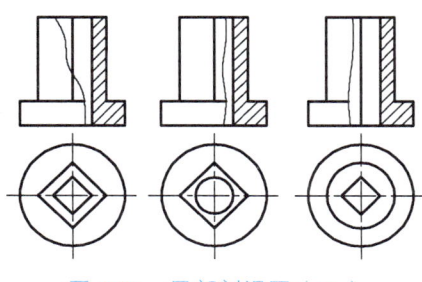

图 6-26 局部剖视图(二)

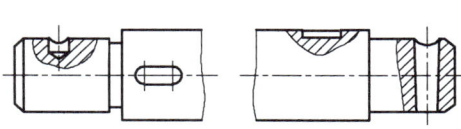

图 6-27 局部剖视图(三)

二、绘制局部剖视图应注意的问题

（1）一个视图中，局部剖视的数量不宜过多，在不影响外形表达的情况下，应尽可能用大面积的局部剖视图，以减少局部剖视图的数量。

（2）局部剖视图用波浪线分界，波浪线应画在机件的实体上，不能超出实体轮廓线，也不能画在机件的中空处，如图6-28（a）所示。

（3）波浪线不应画在轮廓的延长线上，也不能用轮廓线代替，或与图样上其他图像重合，如图6-28（b）所示。

（4）当被剖物体是回转体时，允许将该结构的轴线作为局部剖视图中剖与不剖的分界线，如图6-28（c）所示。

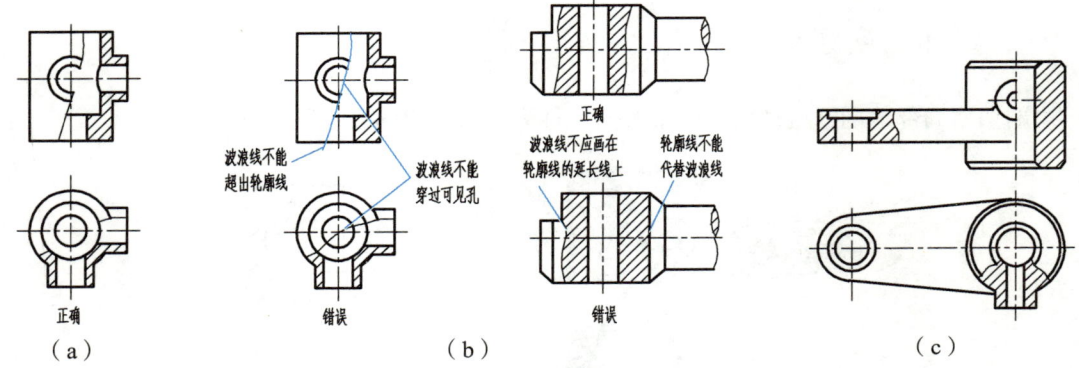

图 6-28 绘制局部剖视图的注意事项

 **任务实施**

绘制机件局部剖视图的作图步骤见表6-8。

表 6-8 机件局部剖视图的作图步骤

步骤与画法	图 例	步骤与画法	图 例
1. 画出机件的视图		2. 绘制壳体部分的局部剖视图	

续表

步骤与画法	图 例	步骤与画法	图 例
3. 绘制底板部分的局部剖视图		4. 绘制俯视图的局部剖视图 5. 整理图形，按线型描深图线	

任务四　绘制机件的剖视图

**任务引入**

如图 6-29 所示，按照国家标准规定，用合理的剖切形式将该机件的外部、内部结构表达清楚。

**任务分析**

图 6-29　机件

该机件上有倾斜结构，当采用水平面进行剖切时，没办法表达出倾斜结构的孔的内部形状。这时，可采用与倾斜结构平行的剖切平面进行剖切。这种剖切面称为不平行于基本投影面的剖切面。

**知识链接**

一、剖切面的种类

由于机件的内部结构多种多样，画剖视图时，应根据机件的结构特点，选用不同的剖切面，以便使机件的内部形状得到充分反映。

根据国家标准 GB/T 17452—1998 的规定可选择以下剖切面剖切物体：单一剖切面、几个平行的剖切面、几个相交的剖切面。

二、单一剖切面

单一剖切面包括两种：

1. 平行于基本投影面的单一剖切平面

如前所述的全剖视图、半剖视图和局部剖视图所举图例大多是用平行于基本投影面的单一剖切平面剖开机件而得到的剖视图。

2. 不平行于基本投影面的单一剖切平面

这种剖视图一般应与倾斜部分保持投影关系，但也可以配置其他位置。为了画图和读图方便，可把视图转正，但必须按规定标注，如图 6-30 所示。

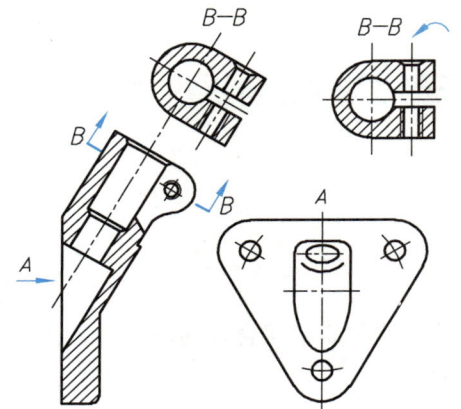

图 6-30　不平行于基本投影面的单一剖切平面

三、几个平行的剖切面

当机件上的孔、槽的轴线或对称面位于几个相互平行的平面上时，可以用几个相互平行且平行于基本投影面的剖切平面剖开机件，再向投影面进行投射，如图 6-31 所示。

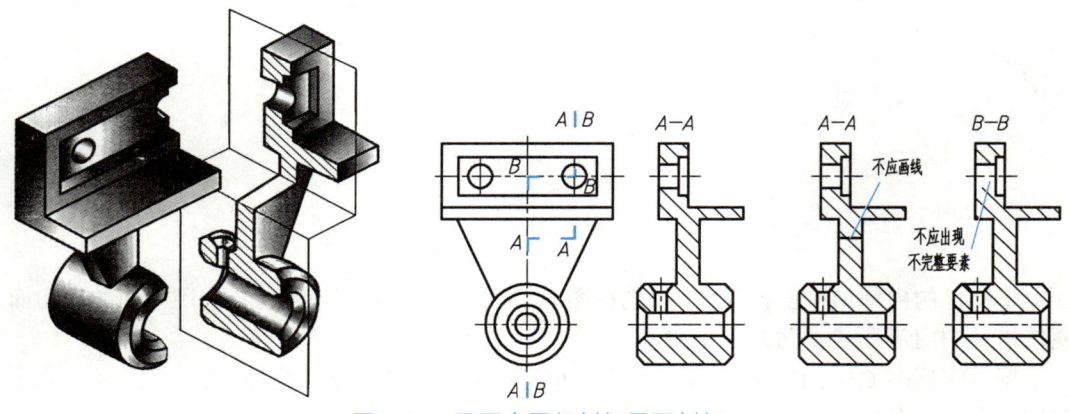

图 6-31　用两个平行剖切平面剖切

采用这类剖切面绘制剖视图时应注意以下几点：

（1）因为剖切平面是假想的，应把几个平行的剖切面作为一个平面来考虑，不要在剖视图上画出剖切平面转折界线的投影。

（2）不应出现不完整的结构要素。仅当两个要素在图形上有公共对称中心线或轴线时，允许以对称中心线或轴线为界线各画一半，如图 6-32 所示。

（3）应对剖视图加以标注。剖切符号的起讫及转折处用相同字母标出，剖切符号的转折处不得与轮廓线重合，但当转折处空间狭小又不致引起误解时，转折处允许省略字母。

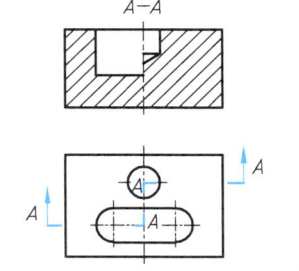

图 6-32　以对称中心线为界线的剖切面

四、几个相交的剖切面

用几个相交的剖切面（须保证其交线垂直于某单一基本投影面）剖切机件，可以用来表达内部结构用单一剖切面不能完整表达，而又具有回转轴的机件，如图 6-33 所示。

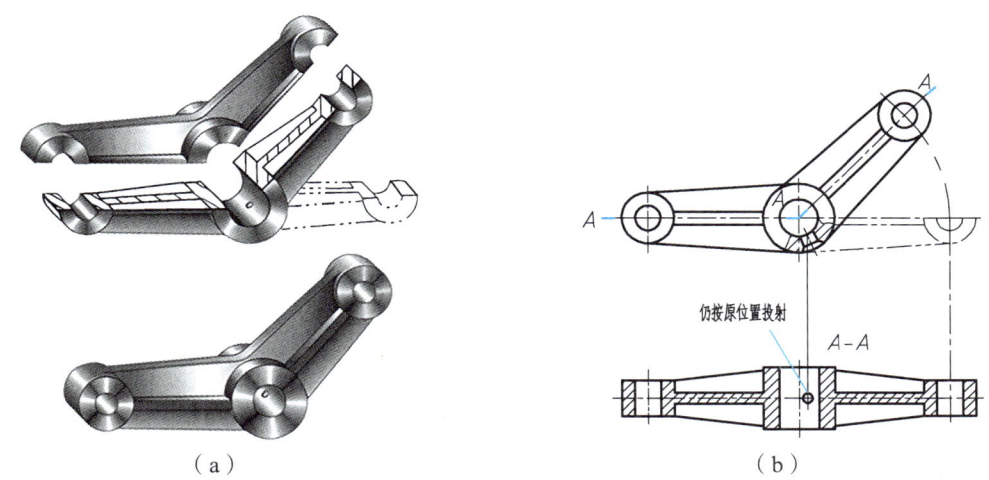

图 6-33　用两个相交剖切平面剖切

采用这类剖切面剖切，绘制剖视图时应注意以下几点：

（1）相邻两剖切平面的交线应垂直于某一投影面。

（2）应按"先剖切，后旋转"的方法画出剖视图，即先假想按剖切位置剖开机件，然后将被剖结构的倾斜部分旋转到与选定基本投影面平行时再进行投射，旋转部分的某些结构与原相应视图就不再保持投影关系，如图 6-33（b）所示机件中倾斜部分的剖视图。位于剖切面后面的其他可见机构，一般仍按原来位置投射，如图 6-33（b）所示的小圆孔。

（3）当剖切后产生不完整的要素时，此部分按不剖绘制，如图 6-34 所示。

（4）应对剖视图加以标注。剖切符号的讫止及转折处用相同字母标出，但当转折处空间狭小又不致引起误解时，转折处允许省略字母。

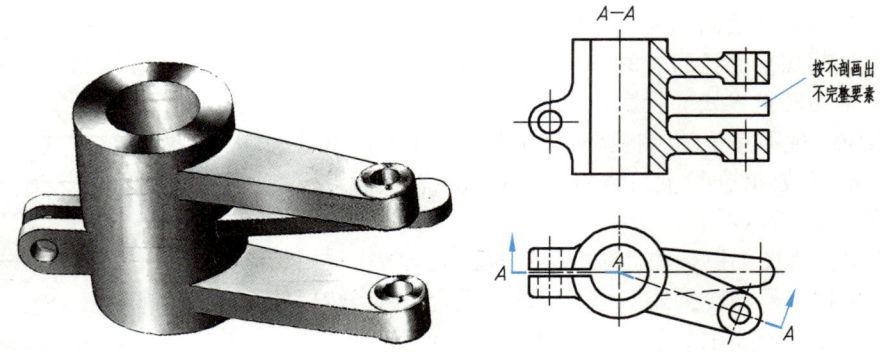

图 6-34　剖切后产生的不完整要素按不剖绘制

 任务实施

绘制机件剖视图的作图步骤见表 6-9。

表 6-9　机件剖视图的作图步骤

步骤与画法	图　例
1. 画基准线	
2. 根据斜视图画剖视图的断面形状及其他轮廓线	
3. 检查，去掉绘图辅助线，剖切部分画上剖面线，对剖视图进行标注，完成视图。为了画图方便，可把剖视图转正。 注意：字母应标注在箭头端	

续表

步骤与画法	图 例
4. 绘制剖面 B—B 视图，按投影关系进行配置，并进行标注	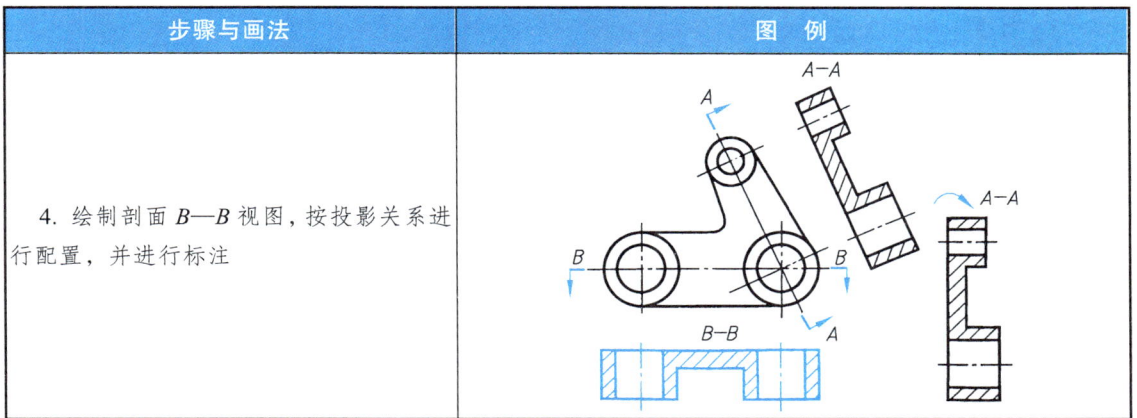

课题三　绘制断面图

断面图是一种揭示物体内部结构或地形地貌垂直截面特征的图形表达方式，对工程项目的规划、设计、施工及维护具有至关重要的作用。无论是土木工程中的道路、桥梁、隧道设计，还是建筑设计中的楼层布局、结构安全分析，乃至地质勘探、采矿作业中的岩层分布研究，断面图都是理解和沟通复杂三维结构的关键工具。

任务一　绘制移出断面图

 任务引入

如图 6-35 所示，按照国家标准规定，用合理的表达形式将该轴的结构表达清楚。

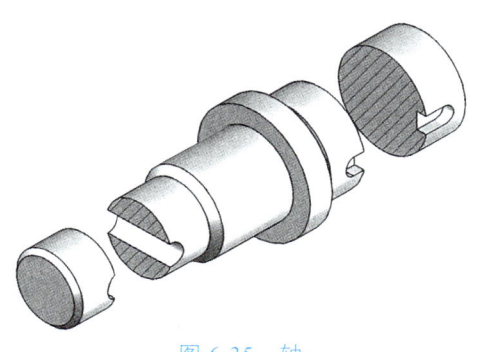

图 6-35　轴

175

 任务分析

如果采用左视图表达轴的键槽和小孔的话,既不清晰,又不便于标注尺寸,所以采用断面图来表达。

 知识链接

一、移出断面图的画法

(1)移出断面的轮廓线用粗实线绘制。

(2)当剖切平面通过回转体形成的孔或凹坑的轴线时,这些结构的断面图应按剖视图的规则绘制,如图6-36(a)所示。

(3)当剖切平面通过非圆孔并导致出现完全分离的断面时,这些结构也应按剖视图画出,如图6-36(b)所示。

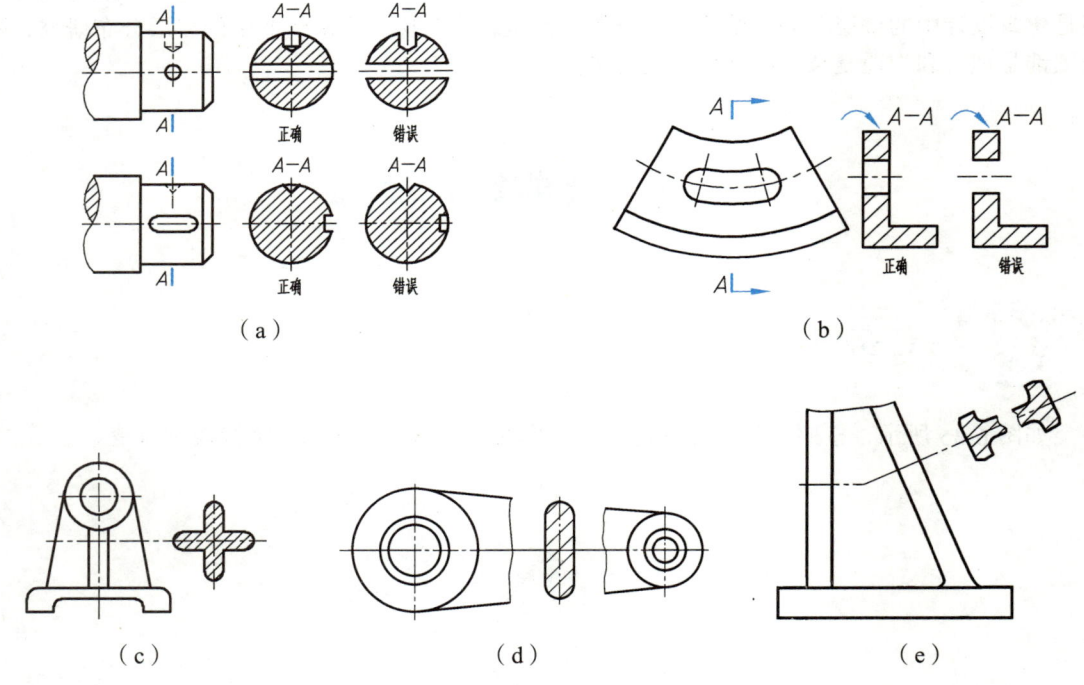

图6-36 移出断面图的画法

(4)为了看图方便,移出断面应尽量画在剖切位置线的延长线上,如图6-36(c)所示,必要时,也可配置在其他适当位置。

（5）如果机件的断面形状一致或按一定规律变化时，移出断面图可画在视图的中断处，如图 6-36（d）所示。

（6）剖切平面一般应垂直于被剖切部分的主要轮廓。由两个或多个相交的剖切面得到的移出断面图，中间一般用波浪线断开，如图 6-36（e）所示。

二、移出断面图的标注与配置

移出断面图通常配置在剖切线的延长线上，也可以配置在其他位置。移出断面图的标注方法与剖视图的标注方法基本一样，用剖切符号表示剖切位置和投射方向（用箭头表示），并标注字母"×"，在相应的移出断面图上方中间位置标注"×—×"。移出断面图具体的标注与配置见表 6-10。

表 6-10 移出断面图的配置与标注

断面配置	移出断面图形状对称	移出断面图形状不对称
配置在剖切线或剖切符号延长线上	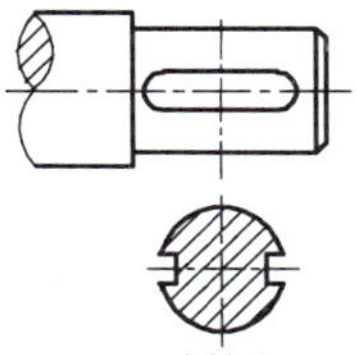 省略标注	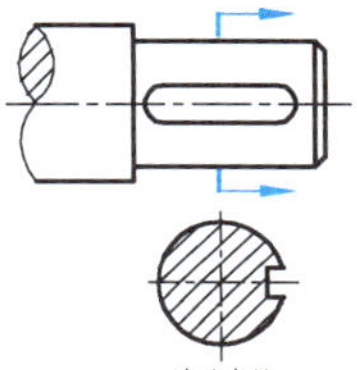 省略字母
按投影关系配置	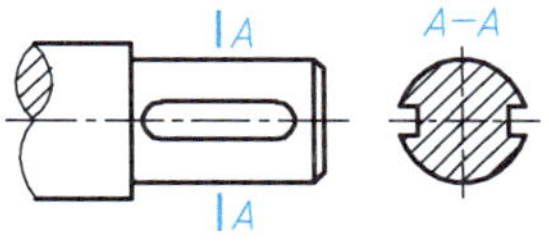 省略箭头	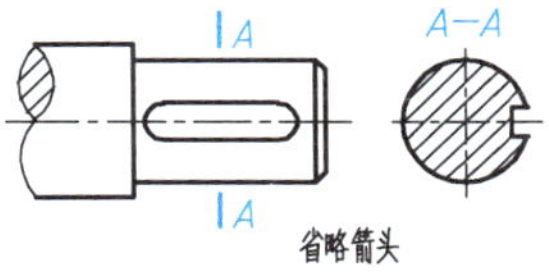 省略箭头
配置在其他位置	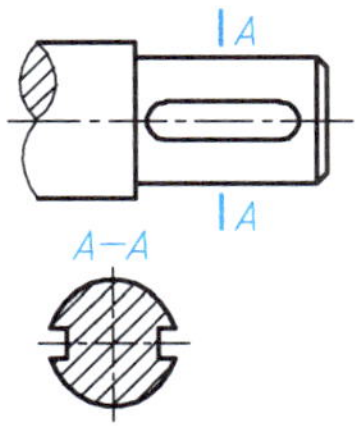 省略箭头	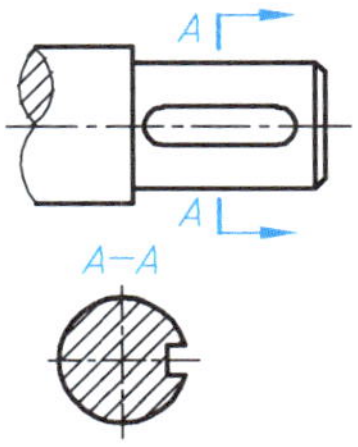 完整标注

任务实施

绘制移出断面图的作图步骤见表 6-11。

表 6-11　移出断面图的作图步骤

步骤与画法	图　例
1. 确定轴的放置位置，绘制主视图	
2. 在主视图的键槽和孔中心线所在的位置，绘制断面符号，并标注字母 A、B	
3. 绘制断面图，断面图 A—A 按剖视图绘制，并在断面图上方的中间标注视图名称	

任务二　绘制重合断面图

 **任务引入**

如图 6-37 所示，按照国家标准规定，用合理的表达形式将该型材的结构表达清楚。

 **任务分析**

该型材形状比较简单，为了能清楚地表达型材的截面形状与尺寸，在不增加基本视图的情况下，可以采用重合断面图进行表达。

 **知识链接**

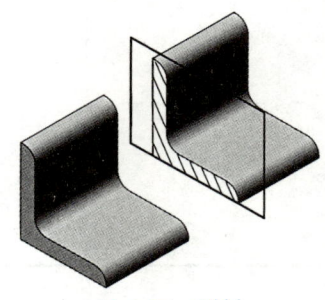

图 6-37　型材

一、重合断面图

重合断面图是将断面图形画在视图轮廓线之内的断面图。重合断面的轮廓线用细实线绘制。当视图中的轮廓线与重合断面的图形重叠时，视图中的轮廓线仍应连续画出，不可间断。

二、重合断面图的标注

重合断面的标注规定不同于移出断面。对称的重合断面不必标注，如图 6-38 所示；不对称的重合断面，在不致引起误解时可省略标注，如图 6-39 所示。

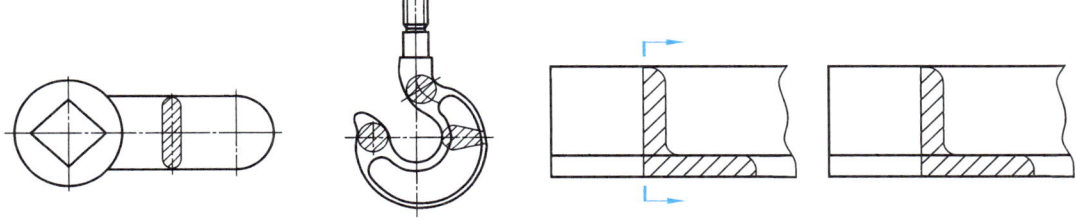

图 6-38　对称的重合断面图　　　　图 6-39　不对称的重合断面图

课题四　其他表达方法

在表达机件的图样中，除了可以采用前面介绍的视图、剖视图和断面图等表达方法之外，在不影响表达完整和清晰的前提下，应力求制图简便，因而国家标准规定了一些规定画法和简化画法，比如局部放大图和简化画法等表达方法。

任务一　绘制轴的局部放大图

 **任务引入**

如图 6-40 所示轴的视图，其键槽、孔等结构通过断面图已表达清楚，按照国家标准规定，用合理的表达形式将该轴的细小特征表达清楚。

 **任务分析**

针对机件中一些细小的结构相对于整个视图较小，无法在视图中清晰地表达出来，或无法标注尺寸、添加技术要求，可以引入局部放大图，将机件的这部分结构用大于原图形的比例绘制出来，将其表达清楚。

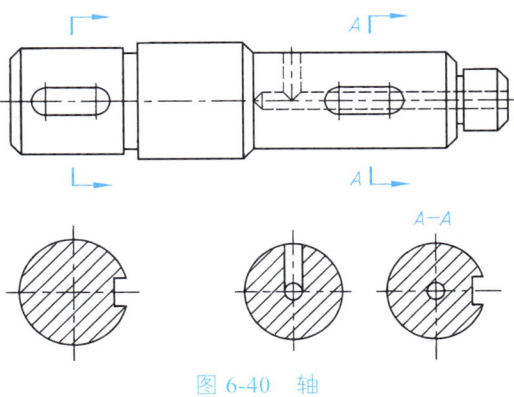

图 6-40　轴

179

 知识链接

一、局部放大图

局部放大图就是对机件上细小的结构，采用大于原图的作图比例绘制得到的图形。

二、局部放大图的画法

（1）局部放大图可画成视图、剖视图和断面图，它与被放大部位的表达方法无关，但应尽量配置在被放大部位的附近。

（2）局部放大图必须标注。标注时，用细实线圆或长圆将待放大的局部圈起来。当图样中只有一处局部放大时，只需在局部放大图上方标注放大的比例，如图 6-41 所示。若有多处局部放大时，须从圆圈上画指引线和标注罗马数字依次标明放大部位，并在局部放大图的上方标注相应的罗马数字和作图比例，如图 6-42 所示。

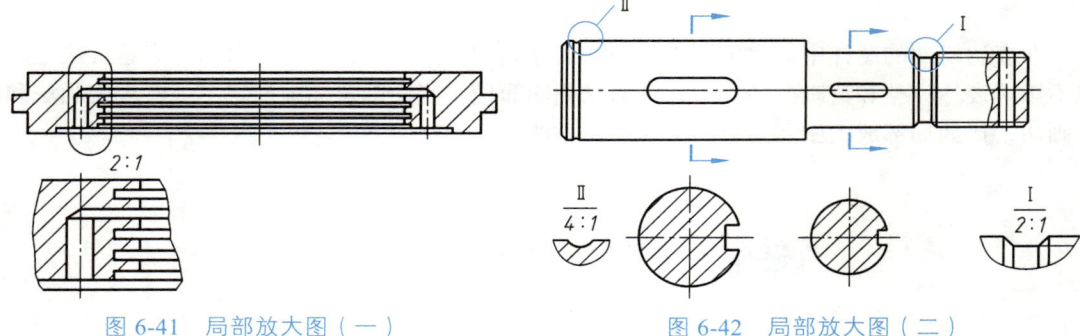

图 6-41 局部放大图（一）　　　　图 6-42 局部放大图（二）

（3）局部放大图的绘图比例应根据结构需要选定，与原图形的绘图比例无关。同一机件上有几个部位需要同时放大时，各局部放大图的比例不要求统一，如图 6-42 所示。

（4）同一机件上不同部位的局部放大图，当图形相同或对称时，只需画出一个，如图 6-43 所示；必要时可采用几个图形表达同一被放大部分的结构，如图 6-44 所示。

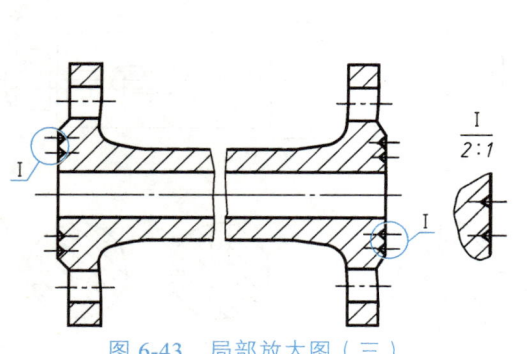 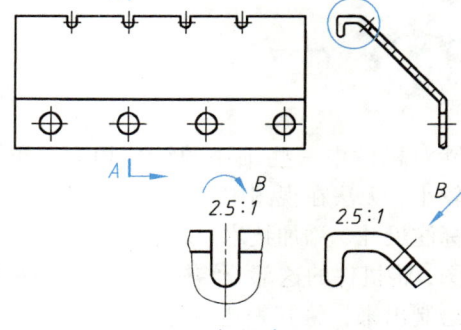

图 6-43 局部放大图（三）　　　　图 6-44 局部放大图（四）

 任务实施

轴的局部放大图如图 6-45 所示。

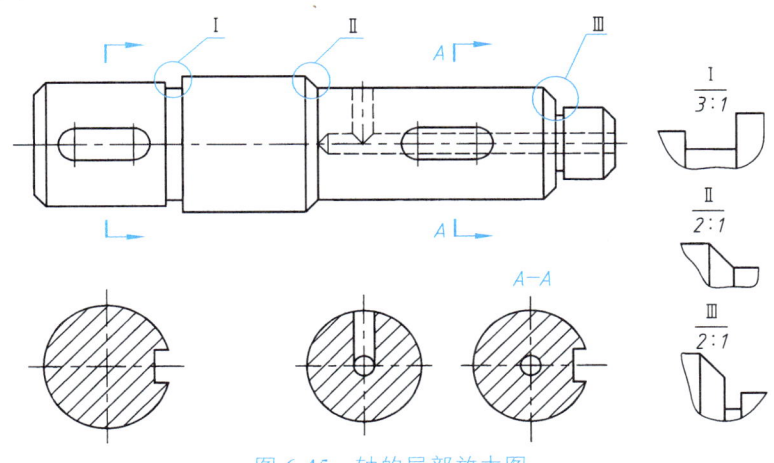

图 6-45 轴的局部放大图

任务二 用规定画法和简化画法绘制机件的剖视图

 任务引入

如图 6-46 所示,按照国家标准规定,用合理的表达形式将该机件的结构表达清楚。

 任务分析

对于这种结构的表达,可以采用国家标准中规定的一些规定画法和简化画法。

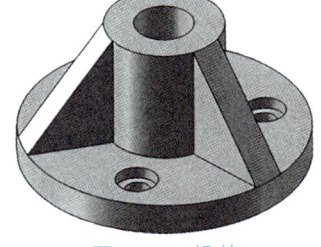

图 6-46 机件

 知识链接

一、肋板剖切的画法

对于机件上的肋、轮辐和薄壁等结构,当剖切面沿纵向(通过轮辐、肋等的轴线或对称平

面）剖切时，规定在这些结构的截断面上不画剖面符号，但必须用粗实线将它与邻接部分分开，如图 6-47 中的左视图。但当剖切平面沿横向（垂直于结构轴线或对称面）剖切时，仍需画出剖面符号，如图 6-47 中的俯视图。

二、均布肋、轮辐、孔剖切的画法

当回转体机件上均匀分布的肋、轮辐、孔等结构不处于剖切平面时，可将这些结构假想旋转到剖切平面上画出，如图 6-48 所示。

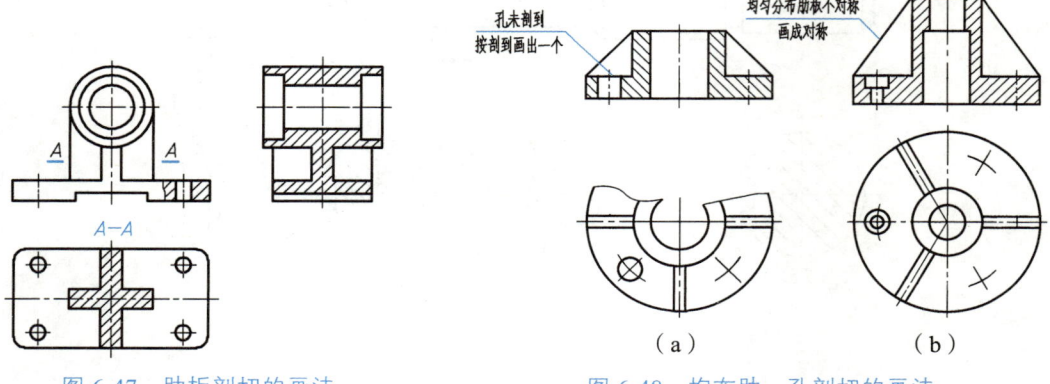

图 6-47　肋板剖切的画法　　　　图 6-48　均布肋、孔剖切的画法

三、均布孔的简化画法

国家标准规定，按一定规律分布的相同结构，可只画一个，其余的只表示其中心位置。

 **任务实施**

用规定画法和简化画法绘制机件的视图，如图 6-48（b）所示。

 **知识拓展**

一、机件上某些交线和投影的简化画法

（1）在不致引起误解时，图形中的过渡线、相贯线可以简化。例如用圆弧或直线代替非圆曲线，如图 6-49、图 6-50 所示；也可以采用模糊画法表示相贯线，如图 6-51 所示。

（2）与投影面倾斜角度小于或等于 30°的圆或圆弧，其投影可以用圆或圆弧代替真实投影的椭圆，如图 6-52（a）所示；斜度不大的结构，在一个图中已表达清楚，其他图形按小端画出，如图 6-52（b）所示。

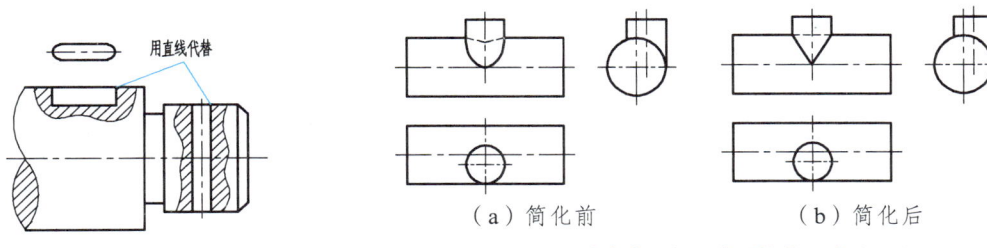

图6-49 过渡线和相贯线的简化画法（一）　　　图6-50 过渡线和相贯线的简化画法（二）

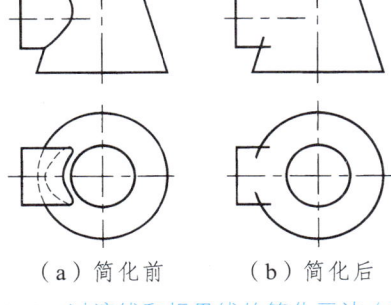

（a）简化前　　（b）简化后

图6-51 过渡线和相贯线的简化画法（三）　　　图6-52 倾斜投影的简化画法

（3）当回转体零件上的平面在视图中不能充分表达时，可采用平面符号（两条相交的细实线）表示这些平面，如图6-53所示。

（4）在不致引起误解的情况下，剖面符号可以省略，如图6-54所示。允许在剖面区域内用点阵或涂色代替通用剖面线，如图6-55所示。

（5）在不致引起误解时，对于对称机件的视图，可只画一半或1/4，并在对称中心线的两端画出两条与其垂直的平行细实线，如图6-56所示。

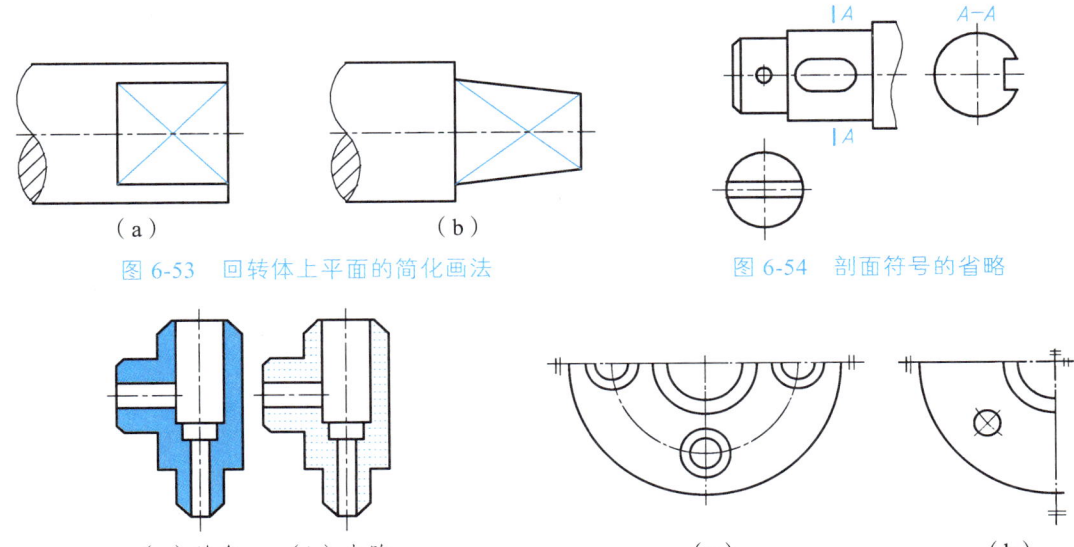

图6-53 回转体上平面的简化画法　　　图6-54 剖面符号的省略

（a）涂色　（b）点阵

图6-55 剖面符号的简化画法　　　图6-56 对称机件视图的简化画法

183

二、相同结构的简化画法

（1）若干直径相同且按规律分布的孔（圆孔、螺孔、沉孔等）、管道等，可以仅画出一个或几个，其余只需标明其中心位置，但在零件图中应注明其总数，如图 6-57 所示。

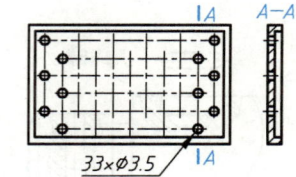

图 6-57 相同结构的简化画法（一）

（2）当机件具有若干相同结构（齿、槽等），并按一定规律分布时，只需画出几个完整的结构，其余用细实线连接，但必须在图中注明该结构的总数，如图 6-58 所示。

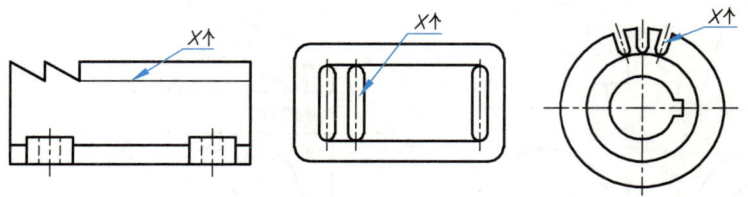

图 6-58 相同结构的简化画法（二）

（3）圆柱形法兰和类似结构上按圆周均匀分布的孔，可按如图 6-59 所示的方式表示。

（4）网状物、编织物或机件上的滚花部分，可在轮廓线之内示意地画出一部分细实线，并加旁注或在技术要求中注明这些结构的具体要求，如图 6-60 所示。

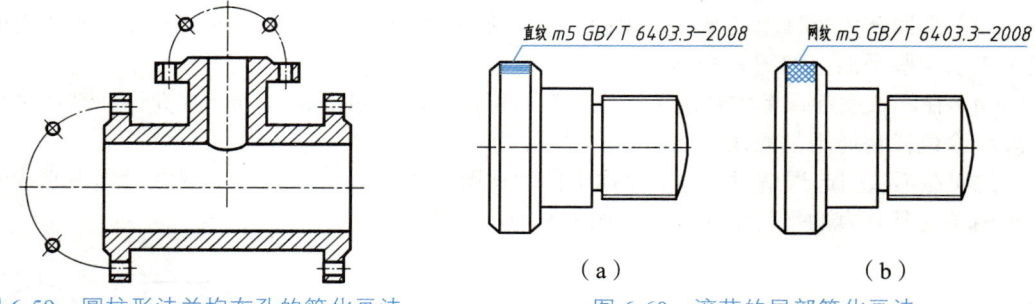

图 6-59 圆柱形法兰均布孔的简化画法

图 6-60 滚花的局部简化画法

（5）较长的机件（轴、型材、连杆等）沿其长度方向的形状一致或按一定规律变化时，可断开后缩短绘制，如图 6-61 所示。断裂处的边界线可采用波浪线、中断线、双折线绘制，但必须按原来实际长度标注尺寸。

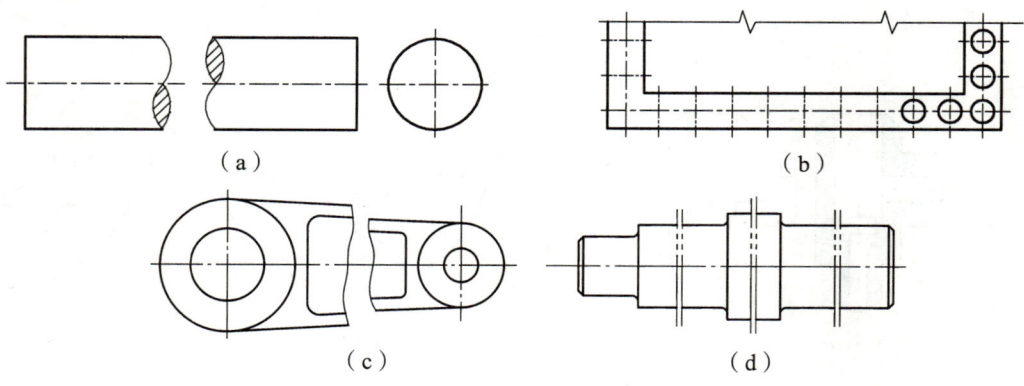

图 6-61 较长机件的简化画法

三、机件上较小结构的简化画法

（1）机件上的较小结构，若已在一个图形中表示清楚，在其他图形中可简化或省略，如图 6-62 所示。

（2）在不致引起误解时，机件上的小圆角、小倒圆或 45°小倒角，在图上允许省略不画，但必须注明其尺寸或在技术要求中加以说明，如图 6-63 所示。

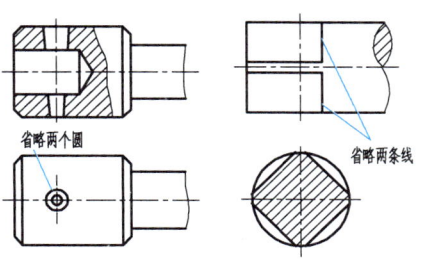

图 6-62　较小结构的简化画法

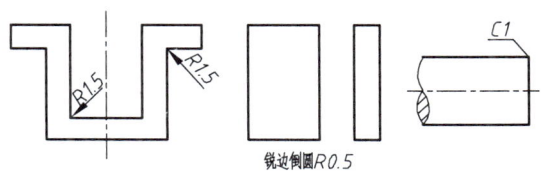

图 6-63　圆角、倒角的简化画法

课题五　用 AutoCAD 绘制剖视图

本课题将深入讲解 AutoCAD 中与剖视图绘制密切相关的功能，如剖切线和隐藏线处理、视图布局、详图插入等。通过学习这些高级技巧，学习者能熟练运用图层管理来区分不同的剖视层次，利用剖面线样式定义材质，并通过块和外部参照功能高效复用设计元素，从而提高设计工作的专业性和效率。

本课题将指导学习者如何在 AutoCAD 环境中设置图纸标准，包括尺寸标注样式、图层命名规则、标题栏和符号使用等，确保所绘制的剖视图满足国际和国内的设计标准，便于全球范围内的交流与合作。掌握 AutoCAD 及其在剖视图绘制中的应用，不仅能满足当前职场对 CAD 技能的需求，也是个人职业发展的重要推动力。

任务　用 AutoCAD 绘制机件的局部剖视图

 任务引入

绘制如图 6-64 所示机件的视图。

 **任务分析**

图 6-64 所示机件的两视图均采用局部剖视的形式表达机件的内部结构。

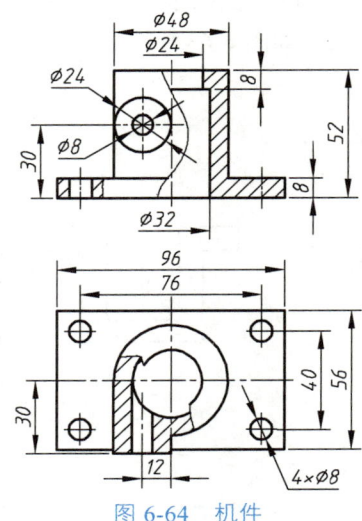

绘制机件的
局部剖视图

图 6-64　机件

 **任务实施**

一、启动 AutoCAD 2020

单击"快速入门"中"样板"下拉菜单，选择"A4 样板"，即可开始新图形的创建。

二、绘制主视图

（1）将"细点画线"层设置为当前层，打开状态栏的"正交"按钮、"对象捕捉"按钮、"对象捕捉追踪"按钮，单击"绘图"面板上的"直线"按钮，在绘图区适当位置绘制中心线。

（2）将"粗实线"层设置为当前层，单击"绘图"面板上的"直线"按钮，绘制轮廓线。

（3）单击"修改"面板上的"偏移"按钮，将点画线向左偏移，偏移距离为12，将点画线向左、向右偏移，偏移距离为38，将底面轮廓线向上偏移，偏移距离为30，并将偏移后的图线修改为"细点画线"层，利用夹点方式调整点画线的长度。

（4）单击"绘图"面板上的"圆"按钮，绘制直径为 ϕ8、ϕ24 的同心圆。

（5）单击"绘图"面板上的"直线"按钮，绘制机件内部轮廓线。

（6）单击"修改"面板上的"偏移"按钮，将底板左侧的点画线向左、向右偏移，并将偏移后的图线修改为"粗实线"层,利用夹点方式调整直线的长度。

(7)关闭状态栏中的"正交"按钮和"对象捕捉"按钮,将"细实线"层设置为当前层,绘制波浪线。

(8)单击"绘图"面板上的"样条曲线拟合"按钮,绘制底板上的波浪线。

(9)打开状态栏中的"正交"按钮和"对象捕捉"按钮,单击"修改"面板上的" "按钮,修剪波浪线和轮廓线,如图6-65所示。

(10)将"细实线"层设置为当前层,单击"绘图"面板上的" "按钮,在弹出的"图案填充创建"面板上,将图案类型均设置为ANSI31,角度设置为0,比例设置为1,在主视图中需要的填充区域内单击,即可绘制剖面线,如图6-66所示。

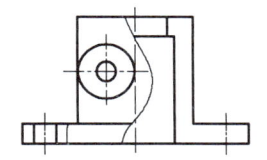
图6-65 修剪波浪线和轮廓线

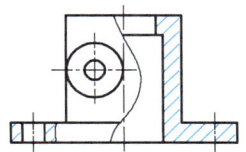
图6-66 填充剖面线

三、绘制俯视图

(1)将"细点画线"层设置为当前层,利用"直线"命令和"对象捕捉追踪"模式绘制俯视图的水平中心线和竖直中心线。

(2)将"粗实线"层设置为当前层,单击"绘图"面板上的"直线"按钮,绘制轮廓线。

(3)单击"修改"面板上的"偏移"按钮,将竖直点画线向左偏移,偏移距离为38,将水平点画线向上偏移,偏移距离为20,利用夹点方式调整点画线的长度。

(4)单击"绘图"面板上的"圆"按钮,绘制直径为$\phi 8$的圆。

(5)单击"修改"面板上的"复制"按钮,完成底板上孔的绘制。

(6)单击"绘图"面板上的"圆"按钮,绘制直径为$\phi 24$、$\phi 32$、$\phi 48$的同心圆。

(7)单击"修改"面板上的"偏移"按钮,将竖直点画线向左偏移,偏移距离为12,将水平点画线向下偏移,偏移距离为30。

(8)单击"绘图"面板上的"直线"按钮,绘制轮廓线。

(9)单击竖直辅助线,利用夹点方式调整点画线的长度。

(10)单击"修改"面板上的"删除"按钮,将水平辅助线删除。

(11)关闭状态栏中的"正交"按钮和"对象捕捉"按钮,将"细实线"层设置为当前层,单击"绘图"面板上的"样条曲线拟合"按钮,绘制波浪线。

(12)打开状态栏中的"正交"按钮和"对象捕捉"按钮,单击"修改"面板上的" "按钮,修剪波浪线和轮廓线。

(13)单击"绘图"面板上的" "按钮,绘制出剖面线,如图6-67所示。

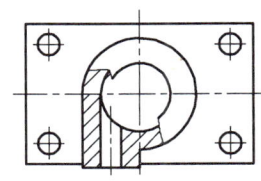
图6-67 绘制俯视图

四、标注尺寸

标注机件的尺寸。

五、保 存

整理图形使其符合机械制图标准，完成后保存图形。

六、退出 AutoCAD 2020

单击 AutoCAD 2020 右上角的"关闭"按钮，退出操作。

项目七　零件图的绘制与识读

项目分析

在机械工程领域,零件图是一种至关重要的技术文档,它详细描述了零件的形状、尺寸、材料和技术要求,是制造和装配零件的重要依据。因此,掌握零件图的绘制与识读技能对机械工程师、设计师和技术人员来说具有重要的意义。

学习目标

(1)理解零件图的基本概念:了解零件图在产品设计、制造和装配过程中的作用,以及零件图的基本构成,如视图、尺寸、公差、标注等。

(2)掌握零件图的绘制技能:能够利用绘图软件或手工工具,根据零件的三维形状和尺寸,绘制出准确、清晰的零件图。

(3)提高零件图的识读能力:能够读懂和理解各种复杂的零件图,包括从简单的二维视图到复杂的三维视图;能够理解图纸上的各种标注和符号,理解零件的尺寸、形状、公差和表面质量等要求。

(4)掌握零件图的解读和分析能力:能够通过对零件图的分析,理解零件的功能、结构特点、制造工艺等;能够根据零件图分析零件的可行性、可制造性和可装配性。

(5)熟悉相关标准和规范:熟悉零件图绘制和识读的相关国家标准、行业规范和技术要求。

(6)培养空间想象能力:零件图的绘制和识读需要良好的空间想象能力。通过学习和实践,能够培养学生的空间想象能力,从而更好地理解和处理三维空间中的零件形状和结构。

(7)提升解决实际问题的能力:通过学习和实践,能够运用零件图的绘制和识读技能,解决实际工程中遇到的问题,如零件设计、制造、装配等过程中的问题。

课题一　认识零件图

在机器或部件中,除标准件(如螺栓、螺母等)外,其余零件一般都需要画出零件图。在实际工业生产中,轴套类和轮盘盖类零件是两类重要的零件。

任务一　认识零件图

 **任务引入**

根据现有零件或其立体图、视图等绘制零件图，是一种常见的绘制零件图的情形。

 **任务分析**

如图 7-1 所示为轴承座立体图。轴承座的主要作用是支撑轴承，固定轴承外圈，使轴承内圈得以转动，同时保持轴承的稳定性和平衡性。请根据立体图分析该零件的结构并绘制零件图。

 **知识链接**

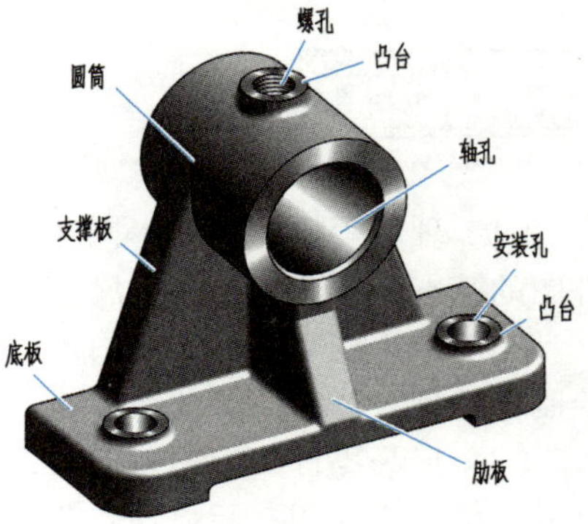

一、零件图与装配图的关系

零件图是表示单个零件形状、大小和有关技术要求的图样，是制造和检验机器零件时所用的图样。它主要反映了零件的结构形状、尺寸大小和技术要求，是指导零件生产的重要技术文件。

图 7-1　轴承座立体图

装配图是表达机器或部件的工作原理、零件间的装配关系和技术要求的图样。它主要用于机器或部件的编制装配工艺、调试、安装、维修等场合，是生产中的基本技术文件。

二、零件图的作用和内容

1. 零件图的作用

表示零件结构、大小及技术要求的图样称为零件图，如图 7-2 所示是阀芯的零件图，它是设计和生产部门进行技术交流的重要文件，也是制造和检验的主要依据。

2. 零件图的内容

以图 7-2 所示阀芯零件图为例，说明零件图应包含的内容：
（1）一组图形。
选用一组适当的视图、剖视图、断面图等图形，将零件的内、外形状正确、完整、清晰地表达出来。

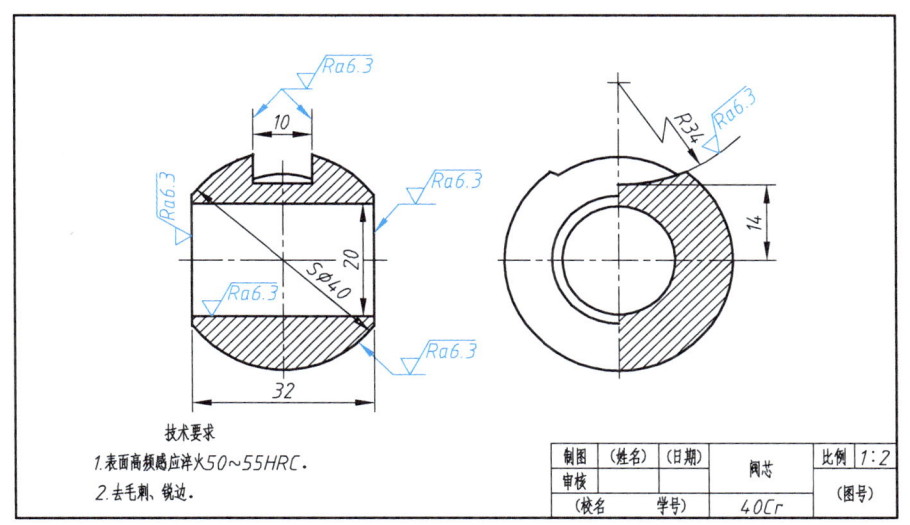

图 7-2 阀芯零件图

（2）齐全的尺寸。

正确、齐全、合理地标注零件在制造和检验时所需要的全部尺寸。

（3）技术要求。

用规定的符号、代号、标记和文字说明等简明地给出零件制造和检验时所应达到的各项技术指标与要求，如表面粗糙度以及表面高频淬火、HRC、去毛刺等。

（4）标题栏。

在图纸右下角的标题栏中填写零件的名称、材料、质量、比例、图号，以及设计、审核、批准人员的签名、日期和单位名称等。学生绘制的标题栏仍按给定的简化标题栏绘制。

任务二　轴承座零件图的视图选择

一、零件图的视图选择

对于一个具体的零件，需要对它的结构形状进行深入细致地分析，选用适当的表达方法，完整、正确、清晰地表达出零件各部分的结构形状。

1. 主视图的选择

在表达零件的各个视图中，主视图是最主要的视图，它选择得合理与否，直接影响到其他视图的表达和读图的方便，选择主视图时应主要考虑以下两个方面。

（1）安放位置。确定零件的安放位置，应尽量符合零件的主要加工位置或工作位置，这样便于根据视图进行加工和安装。通常对轴、套、轮盘等回转体类零件的主视图，选择其加工位置绘制；对叉架、箱壳类零件，选择其工作位置绘制。

（2）投射方向。主视图的投射方向通常以最能反映零件形状特征及各组成形体之间的相互关系的方向作为主视图的投射方向。

2. 其他视图的选择

主视图选定以后，其他视图的选择可以考虑以下几点：

（1）根据零件的复杂程度和内外结构全面考虑所需要的其他视图，使每个视图都有一个表达的重点。

（2）先选择一些基本视图或在基本视图上取剖视表达零件的主要结构和形状，再用一些辅助视图，如局部视图、斜视图、断面图等表达一些局部结构形状。

3. 典型零件的视图选择

（1）轴套类。

图 7-3 所示为轴类零件的表达方案。轴套类零件的结构特点是各组成部分主要是同轴回转体（圆柱体或圆锥体）。根据结构及工艺上的要求，这类零件常带有键槽、轴肩、螺纹、挡圈槽、退刀槽、中心孔等结构。

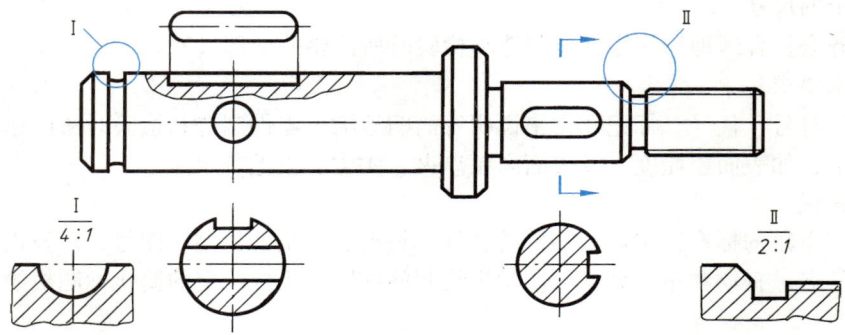

图 7-3 回转体类零件（轴）的视图表达

根据轴套类零件的结构特点，常用的表达方法如下：
① 按加工位置将轴线水平放置，以垂直于轴线的方向作主视图的投射方向。
② 采用断面图、局部剖视图、局部视图、局部放大图等表达方法表示键槽、孔等结构。

（2）轮盘类。

轮盘类零件主体形状也是共轴线回转体，这类零件为了与其他零件连接，常有孔、键槽、螺孔、销孔和凸台等结构，为增加强度，有的要增加肋板、轮辐。

根据轮盘类零件的结构特点，常用的表达方法如下：
① 主视图一般按其加工位置放置，即将其轴线水平放置，并常画成剖视图。
② 左（或右）视图表示零件的外形轮廓和各组成部分，如孔、肋、轮辐等的相对位置。

图 7-4 所示为端盖的视图表达，将轴线水平放置位置作主视图，取全剖视图，并将端盖均布的孔绕回转轴线旋转到剖切面位置画出，左视图主要表达凸台形状、两个螺孔和 4 个台阶孔的分布情况。

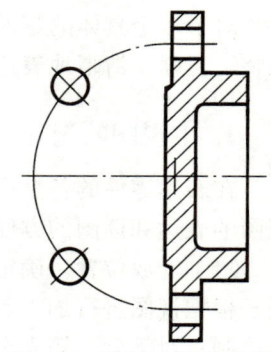

图 7-4 端盖的视图表达

（3）箱壳类。

箱壳类零件用于支撑和容纳其他零件，其结构形状一般都比较复杂，常需要用 3 个或 3 个以上的视图表达其内外结构形状。根据箱壳类零件的结构特点，常用的表达方法如下：

① 选择主视图时主要考虑表示形状特征和工作位置。

② 通常采用通过主要轴孔的剖视图表示内部结构形状，对零件的外形也需要采用一些相应的视图表达清楚。

③ 箱壳类零件上的一些局部结构常用局部视图、斜视图、局部剖视图、断面图等表示。图 7-5 所示为柱塞泵的泵体轴测图，它的内腔可以容纳柱塞零件。左端凸缘上的连接孔用以连接泵盖，底板上的 4 个孔用来将泵体固定在机身上。上端的两个螺纹孔用来安装进出油口的管接头。

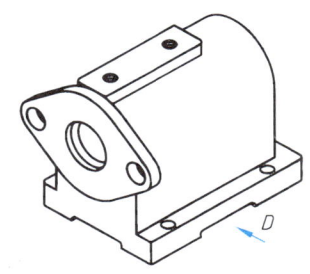

图 7-5　柱塞泵的泵体轴测图

泵体的视图表达方法如图 7-6 所示。由于泵体的主要结构为半圆柱体及圆柱孔内腔，选 D 向作为主视方向，为反映内腔结构，主视图采用全剖视图；该零件前后对称，左视图采用半剖视图，表达内外结构；俯视图主要表达外形，用局部剖视图，表示连接孔为通孔。除上述 3 个基本视图外，还画出了 A 向视图，表示泵体右端面 3 个均匀分布的螺孔及底板圆弧形凹槽形状；用 K 向视图表示底板的底面凹槽部分的形状。

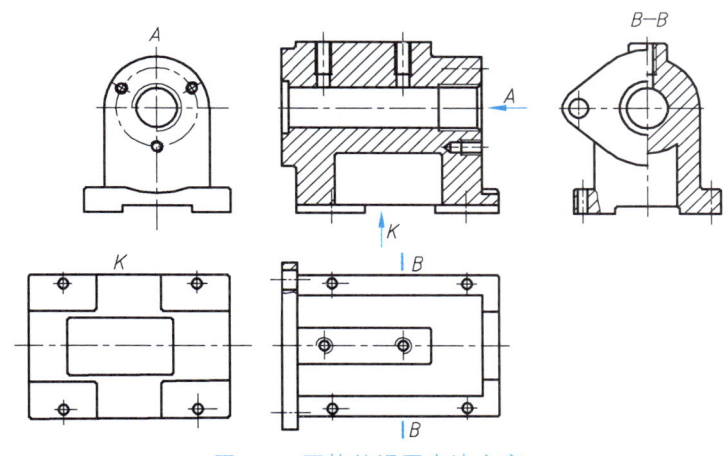

图 7-6　泵体的视图表达方案

（4）叉架类。

叉架类零件一般有拨叉、连杆、支座等，其结构形状比较复杂，毛坯多为铸造或锻造件，再经机械加工而成。根据叉架类零件的结构特点，常用的表达方法如下：

① 主视图常根据结构特征选择，以表达它的形状特征、主要结构和各组成部分的相互关系。

② 根据零件的复杂程度，选择确定其他视图，将其表达完全。

③ 零件上的一些局部结构常用局部剖视图、局部视图、斜视图、断面图等表示。图 7-7 所示为支架零件图，主视图主要表达了形体的内部结构形状，以及各组成部分的相互关系；俯、左视图主要表达了外形、安装板形状、4 个螺孔的分布；移出断面图表达了连接板断面形状。

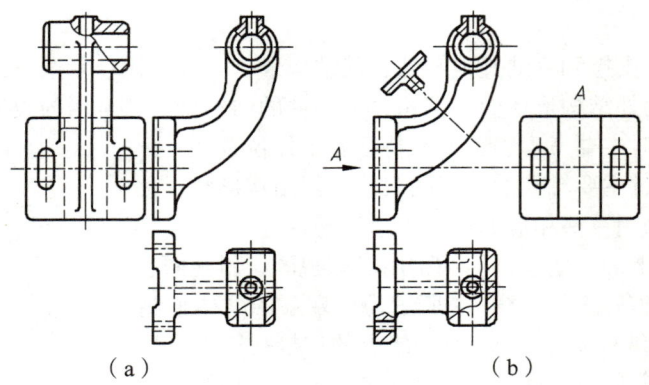

图 7-7 支架的视图表达

【例】试表达图 7-8 所示的轴承架。

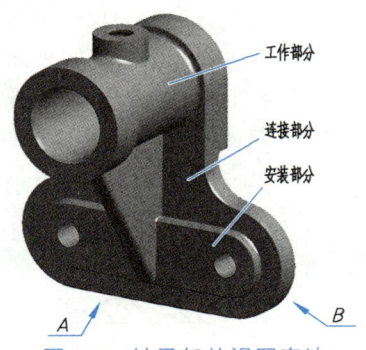

图 7-8 轴承架的视图表达

（1）结构分析。

由图 7-8 可知，轴承架由三部分构成：工作部分为上部的轴承圆筒，孔内安装回转轴，其顶部有圆柱凸台，凸台中间的螺孔用于安装加润滑油的油杯，以润滑运动轴；下部的安装板与圆筒一端连接，安装板上有两个对称的通孔；圆筒与安装板之间是加强结构强度的三角形肋板，是零件的连接部分。

（2）主视图的比较。

如图 7-9 所示，轴承架可有不同的表达方案，这些方案都将轴承架的结构形状表达清楚，但在视图数量、表达方法等方面不尽相同且各有特点。方案Ⅰ用了四个视图（主、左视图，A 向局部视图和 B—B 断面图）；方案Ⅱ用了五个视图；方案Ⅲ用了三个视图。

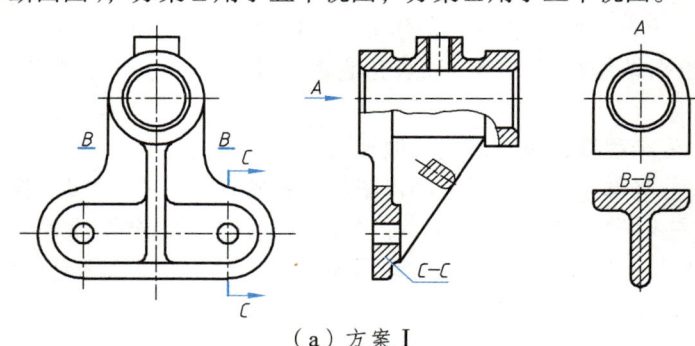

（a）方案Ⅰ

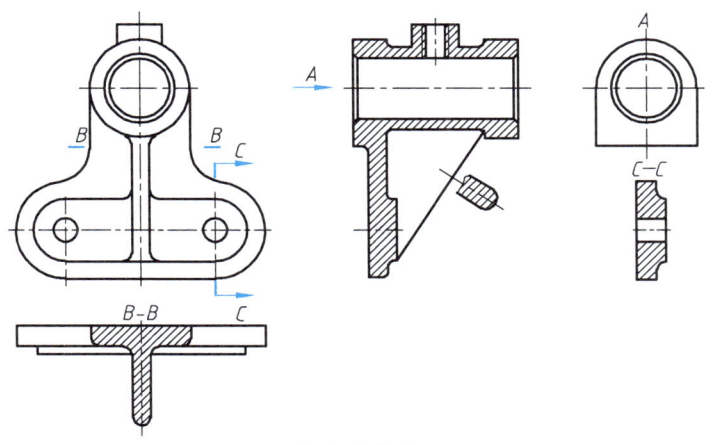

（b）方案Ⅱ

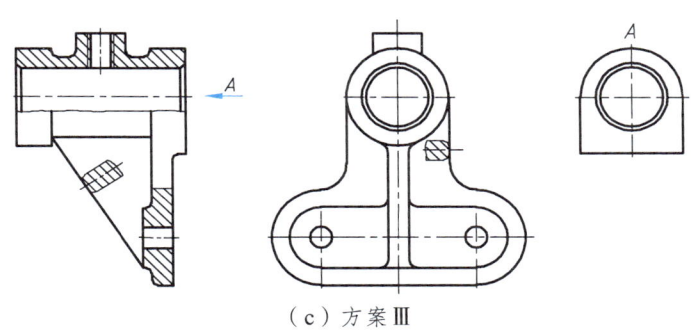

（c）方案Ⅲ

图 7-9　轴承架的表达方案

三种方案的主视图都符合零件的主要加工位置或工作位置。方案Ⅰ、Ⅱ的主视图投射方向如图 7-9 所示均为 A 向，主要反映安装板的形状特征及其与轴承、肋板的关系；方案Ⅲ的主视图投射方向为 B 向，重点表达了轴承圆筒、凸台及螺孔的结构形状。根据轴承架的功能，轴承圆筒是它的主要结构，在主视图上直接显示轴承的结构比反映安装板的形状更为重要，因此方案Ⅲ的主视图选择更为合理。

（3）其他视图的比较。

三种方案都采用 A 向局部视图表示轴承另一端 U 形凸缘的不同外形，也都采用了主视图和左视图。

为了表示安装板和肋板的断面形状，方案Ⅰ增加了一个 B—B 断面图，方案Ⅱ添加了一个 B—B 全剖视图；对于安装板上的两个圆孔，方案Ⅰ在左视图中采用局部剖视图表达，而方案Ⅱ则多画了一个 C—C 断面图，显得多余。比较这两个方案，方案Ⅱ显然不如方案Ⅰ简明。

方案Ⅲ对安装板和肋板以及安装板上圆孔的表达更为简练，因为通过主视图和左视图已将安装板和肋板的外形表示清楚了，只需用重合断面表示它们的轮廓形状和厚度即可。

综上所述，方案Ⅲ由于抓住了选择主视图这一关键，用较少的视图正确、完整、清晰地表达了轴承架的内、外结构形状，因此它是三种方案中的较优表达方案。

任务三　轴承座零件图的尺寸标注

一、零件图的尺寸标注

1. 零件图的尺寸

零件图的尺寸是加工和检验零件的重要依据。标注零件图的尺寸，除满足正确、完整、清晰的要求外，还必须使标注的尺寸合理，符合设计、加工、检验和装配的要求。为了达到这些要求，除严格遵守尺寸标注的国家标准规定，保证定形、定位和总体尺寸完整，不多注、漏注尺寸，尺寸配置清晰、醒目易查找外，还应合理地选择尺寸基准，使尺寸标注便于加工和测量。

2. 零件图的尺寸基准

基准是指零件在机器中或在加工、测量时，用以确定其位置的一些面、线或点。

尺寸基准是确定零件上尺寸位置的几何元素，是测量或标注尺寸的起点。通常将零件上的一些面（主要加工面，两零件的结合面、对称面）和线（轴、孔的轴线，对称中心线等）作为尺寸基准。根据基准的作用不同，尺寸基准分为设计基准和工艺基准两种。

设计基准：在机器或部件中确定零件位置的一些面、线或点，通常选择其中之一作为尺寸标注的主要基准。

工艺基准：在加工或测量时确定零件位置的一些面、线或点，通常作为尺寸标注的辅助基准。

选择基准时，尽量使设计基准和工艺基准重合，当两者不能统一时，应选设计基准为主要基准，工艺基准为辅助基准。

因为基准是每个方向上尺寸的起点，所以零件的长、宽、高三个方向上都各有一个基准，这个基准称为主要基准。除主要基准外的基准都称为辅助基准，主要基准与辅助基准之间应有直接或间接的尺寸联系。基准选定后，主要功能尺寸应从主要基准出发直接标注，如图 7-10 所示。

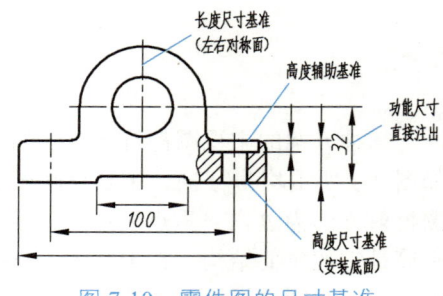

图 7-10　零件图的尺寸基准

二、尺寸标注的注意事项

1. 功能尺寸必须从基准出发直接注出

功能尺寸是指那些影响产品工作性能、精度及互换性的重要尺寸。从设计基准出发，直接标注出功能尺寸，能够直接提取尺寸公差、几何公差的要求，以保证设计要求。加工好的零件尺寸存在误差，为了减少其他尺寸对零件功能尺寸的影响，应在零件图中把功能尺寸从基准出发直接注出，如图 7-10 中轴承座轴线的高度尺寸 32，底板两安装孔的定位尺寸 100。

2. 互相联系的尺寸必须注出

一台机器是由许多零件装配而成的。各零件间总有一个或几个表面相联系，联系尺寸就是在数值上表达这种联系的。常见的联系有轴向联系（直线配合尺寸）、径向联系（轴孔配合尺寸）和一般联系（确定位置的定位尺寸）。

3. 不要注成封闭的尺寸链

如图 7-11（c）所示，尺寸是同一方向串联并头尾相接组成封闭的图形，这样的一组尺寸称为封闭尺寸链。封闭尺寸链在加工时往往难以保证设计要求，因此，实际标注尺寸时，一般在尺寸链中选择一个不重要的环不注尺寸，称之为开口环，如图 7-11（a）所示。开口环的尺寸误差是其他各环尺寸误差之和，对设计要求没有影响。有时将开口环的尺寸用圆括号括起来，作为参考尺寸。

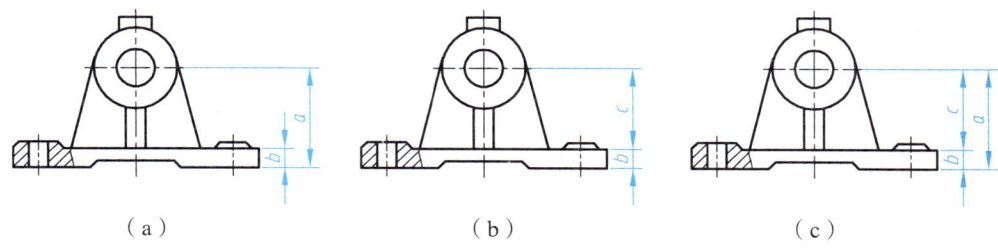

图 7-11 避免注成封闭尺寸链

4. 便于测量的尺寸注法

标注非功能尺寸时，应考虑加工顺序和测量方便。非功能尺寸是指那些不影响产品的工作性能，也不影响零件的配合性质和精度的尺寸。

图 7-12（a）所示的图例，是由设计基准注出圆心或对称面至某面的尺寸，但不易测量。如果这些尺寸对设计要求影响不大时，应考虑测量方便，并尽量使用通用量具，如图 7-12（b）所示。

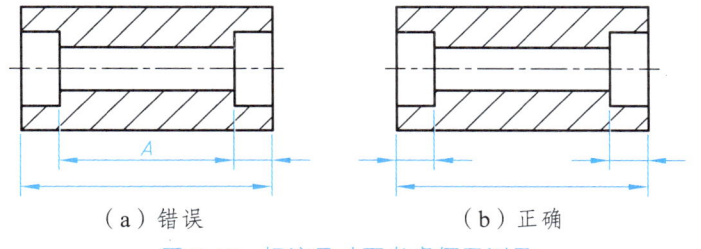

图 7-12 标注尺寸要考虑便于测量

三、常见结构要素的尺寸注法

1. 零件上常见结构的尺寸注法

零件上常见结构的尺寸注法图表是机械工程中非常重要的一种技术文件，它用于指导和规范零件尺寸标注的方法和要求，确保标注得清晰、准确和完整。

（1）圆角过渡处的尺寸标注。

圆角过渡处的尺寸应用细实线延长相交后引出标注，如图 7-13 所示。

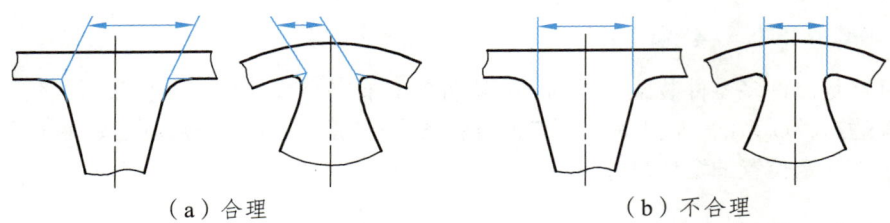

图 7-13 圆角过渡处的尺寸标注

（2）常见底板的尺寸标注。
常见底板的尺寸标注如图 7-14 所示。

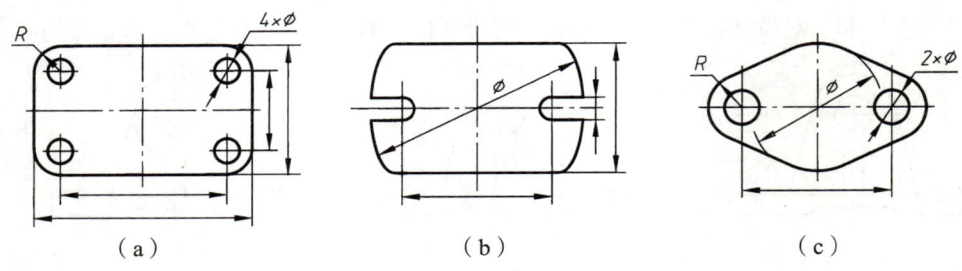

图 7-14 常见底板的尺寸标注

2. 零件上常见孔的尺寸注法

零件上常见的孔有光孔、沉孔和螺纹孔，其具体的尺寸注法如表 7-1 所示。标注时，既可以选用普通注法，也可以选用旁注法。

表 7-1 零件上常见孔的尺寸注法

类型		普通注法	旁注法		说　　明
光孔	一般孔	4×ϕ12，深14	4×ϕ12▽14	4×ϕ12▽14	表示 4 个 ϕ12 mm 的孔，孔深为 14 mm。"▽" 为深度符号（下同）
	锥销孔	无普通注法	锥销孔ϕ4 配作	锥销孔ϕ4 配作	"配作"是指和另一零件的同位锥销孔一起加工；与孔相配的圆锥销的公称直径（小端直径）为 4 mm
沉孔	锥形沉孔	90°，ϕ15，3×ϕ9	3×ϕ9，▽ϕ15×90°	3×ϕ9，▽ϕ15×90°	表示 3 个 ϕ9 mm 的孔，其 90° 锥形沉孔的最大直径为 15 mm，"∨" 为锥形沉孔符号

续表

类型		普通注法	旁注法		说　明
沉孔	柱形沉孔	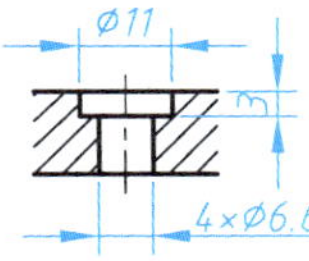 ⌀11, 4×⌀6.6	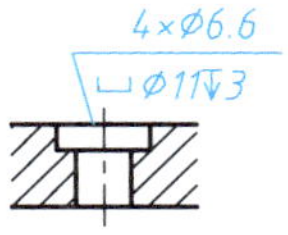 4×⌀6.6 ⌴⌀11▽3	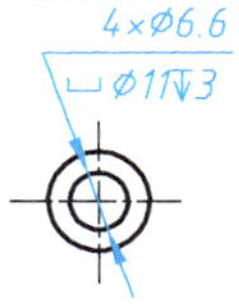 4×⌀6.6 ⌴⌀11▽3	表示 4 个直径为 ⌀6.6 mm 的孔，柱形沉孔的直径为 ⌀11 mm，深为 3 mm，"⌴"为柱形沉孔（或锪平孔）符号
	锪平孔	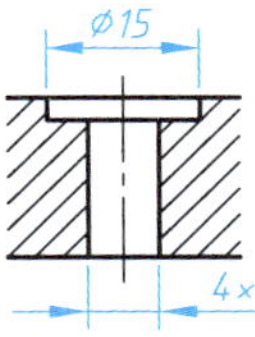 ⌀15, 4×⌀7	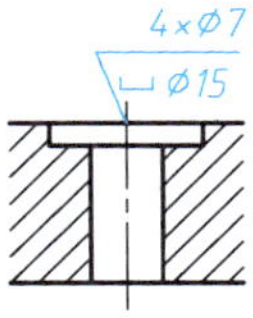 4×⌀7 ⌴⌀15	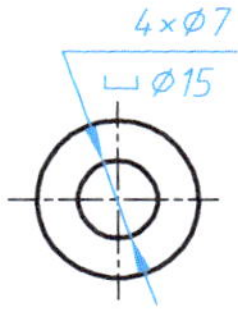 4×⌀7 ⌴⌀15	表示 4 个直径为 ⌀7 mm 的孔，其锪平直径为 ⌀15 mm，深度不必标出（锪平通常只需锪出平面即可）
螺纹孔	通孔	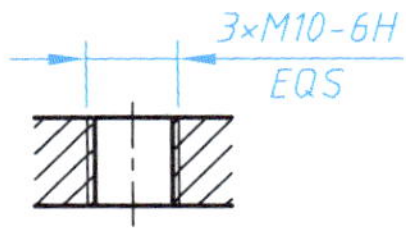 3×M10-6H EQS	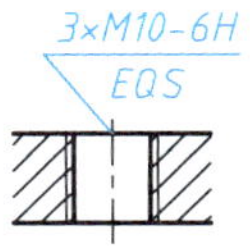 3×M10-6H EQS	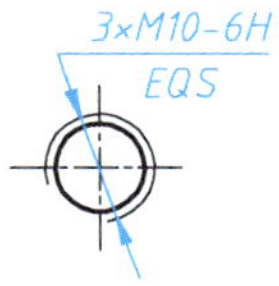 3×M10-6H EQS	表示 3 个公称直径为 ⌀10 mm 的螺纹孔，中径、顶径的公差带代号为 6H，均匀分布
	盲孔	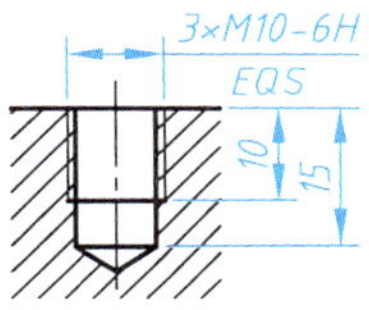 3×M10-6H EQS	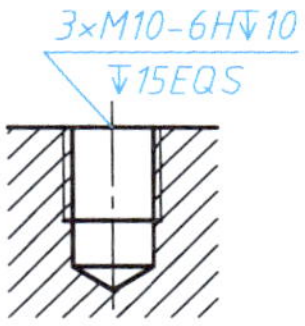 3×M10-6H▽10 ▽15EQS	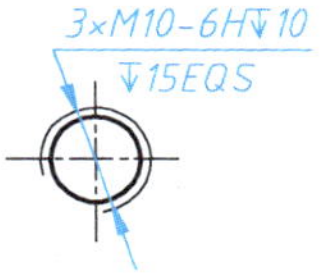 3×M10-6H▽10 ▽15EQS	表示 3 个均匀分布的公称直径为 ⌀10 mm 的螺纹孔，钻孔深度为 15 mm，螺纹孔深度为 10 mm，中径、顶径的公差带代号为 6H，均匀分布

 **任务实施**

绘制轴承座零件图的作图步骤。

一、零件分析

轴承座通常由多个复杂的几何形状组成，如圆柱、圆锥、孔洞、螺纹等，如图 7-1 所示。这些形状在三个方向（前后、左右、上下）上都有可能存在。

轴承座的功用是支撑轴，主体结构由四部分组成，即圆筒（包容轴或轴瓦）、支撑板（连接圆筒和底板）、底板（与机座连接）、肋板（增加强度和刚度）。

轴承座的局部结构有圆筒，顶部有凸台和螺孔，底板上有两个安装孔。

二、选择视图

根据主视图（见图 7-15），选择其他必要的视图以完整、清晰地表达零件的结构。对于轴承座，可能需要俯视图来展示底面的形状和尺寸，以及侧视图或斜视图来展示高度方向上的结构和尺寸。

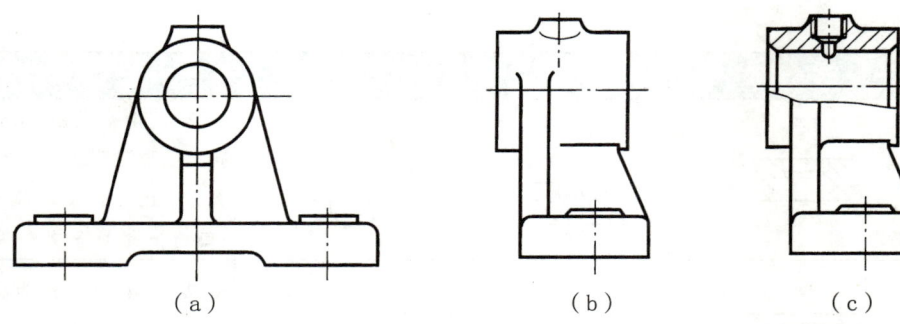

（a） （b） （c）

图 7-15 轴承座主视图方案

三、选择辅助视图

（1）底板上两个光孔的形状可在主视图上采取局部剖视表达。

（2）支撑板与肋板的垂直连接关系，可将俯视图画成全剖视图，或者加画一个断面图和 B 向局部视图。轴承座零件图的 4 个方案如图 7-16 所示。

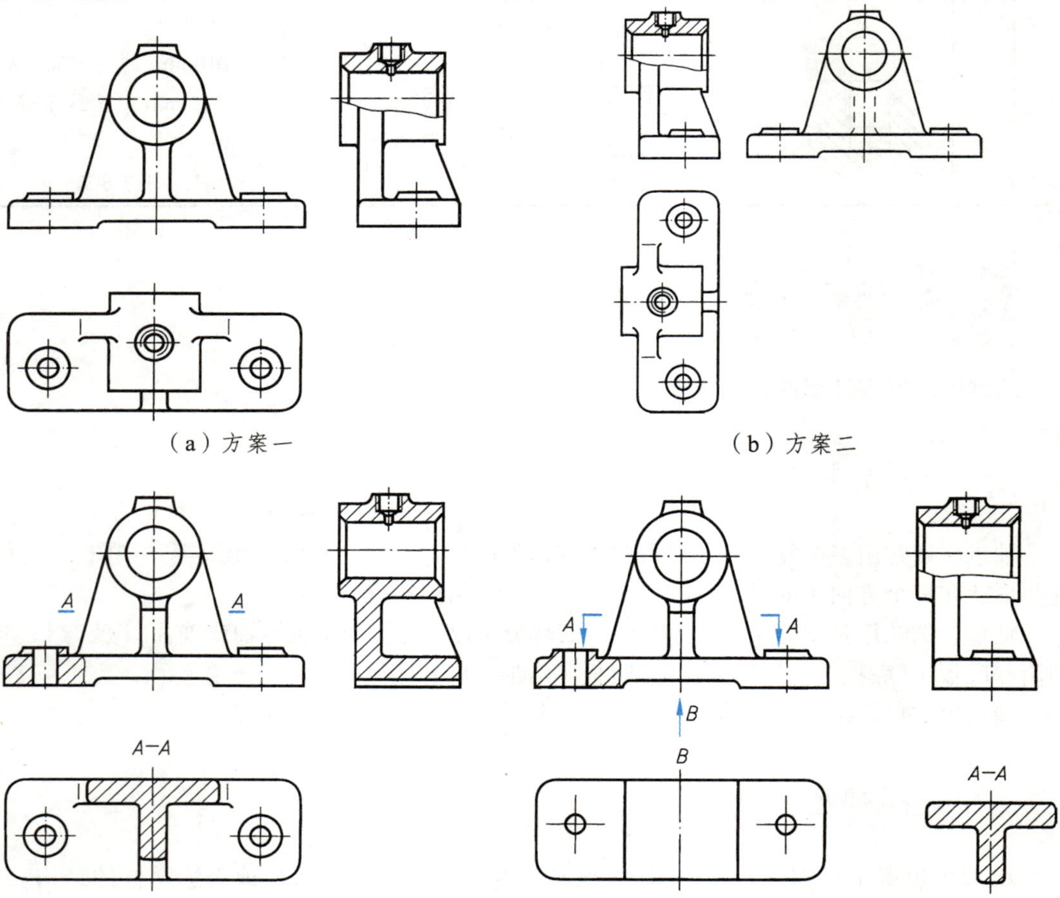

（a）方案一　　　　　　　　　（b）方案二

（d）方案三　　　　　　　　　（c）方案四

图 7-16 轴承座零件图方案

课题二　零件图中的技术要求

零件图中除了视图和尺寸外，还应具备制造和检验零件的技术要求。技术要求主要包括零件的表面结构、尺寸公差、几何公差，对零件的材料、热处理和表面修饰的说明，以及对特殊加工和检验的说明。

任务一　在零件图上标注表面结构要求

任务引入

零件图是表示零件结构形状、尺寸大小和技术要求的图样；它不仅是加工制造零件的主要依据，也是检验零件质量的重要技术文件。

任务分析

如图 7-17 所示为调节杆零件图，请指出该零件图中标注有哪些技术要求，含义是什么。

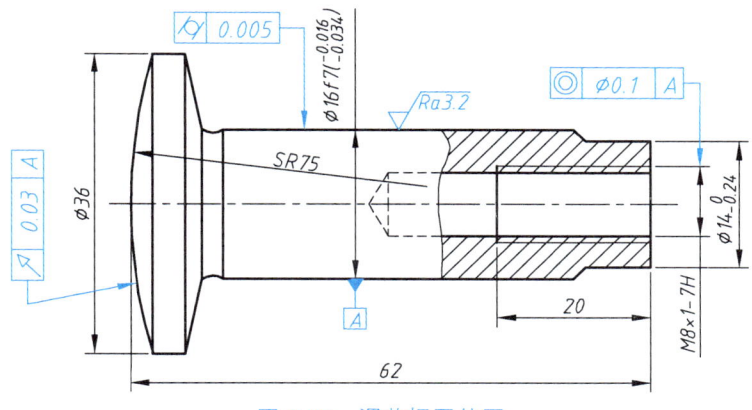

图 7-17　调节杆零件图

知识链接

一、表面结构表示法

表面结构是表面粗糙度、表面波纹度、表面缺陷和表面纹理等的总称。表面结构的各项要

201

求在图样上的表示法在 GB/T 131—2006《产品几何技术规范（GPS）技术产品文件中表面结构的表示法》中均有规定。

1. 基本概念及术语

零件表面几何特性大多数是由粗糙度、波纹度、表面几何形状综合影响产生的结果，如图 7-18 所示；但由于 3 种特性对零件功能影响各不相同，所以分别测出它们是很有用的。

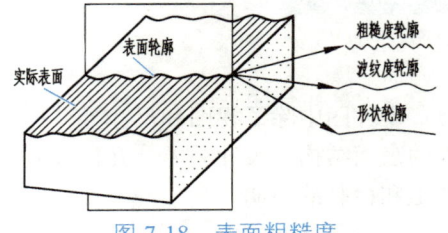

图 7-18　表面粗糙度

① 表面粗糙度主要是由所采用的加工方法形成的，如在切削过程中，工件加工表面上的刀具痕迹以及切削撕裂时的材料塑性变形等。

② 表面波纹度是由于机床或工件的挠曲、振动、颤抖和成形加工材料应变以及其他一些外部影响等形成的。

③ 表面几何形状一般是由机器或工件的挠曲或导轨误差引起的。

表面结构对零件的配合、耐磨性、抗腐蚀性、密封性和外观都有影响，应根据机器的性能要求，恰当地选择表面结构参数及数值。

（1）表面结构的参数。

涉及表面结构的轮廓参数是粗糙度参数（R 轮廓）、波纹度参数（W 轮廓）和原始轮廓参数（P 轮廓）。

此处主要介绍评定粗糙度轮廓（R 轮廓）的主要参数。

① 表面粗糙度。零件加工时，由于零件和刀具间的运动和摩擦、机床的振动以及零件的塑性变形等各种原因，其加工表面在放大镜或显微镜下观察存在着许多微观高低不平的峰和谷，如图 7-19 所示。这种微观不平的程度称为表面粗糙度。

国家标准中规定了评定表面粗糙度的各种参数，其中使用最多的是两种参数，即轮廓算术平均偏差 Ra 和轮廓的最大高度 Rz。其值越小，表面越平整光滑，加工成本越高。因此在选择表面粗糙度时，既要满足零件功能要求，又要考虑工件的经济性，在满足零件功能要求的前提下，尽量选择数值大的粗糙度。

图 7-19　零件表面微小不平情况图

轮廓算术平均偏差 Ra 是在取样长度 l 内，轮廓偏距绝对值的算术平均值，如图 7-20 所示，可表示为

$$Ra = \frac{1}{l}\int_0^l |y(x)|\,dx$$

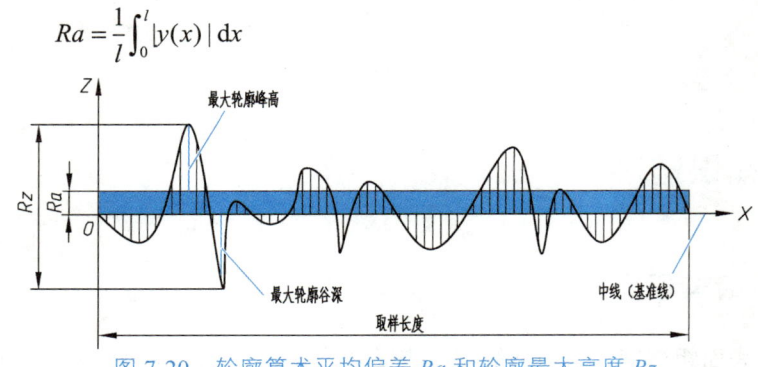

图 7-20　轮廓算术平均偏差 Ra 和轮廓最大高度 Rz

轮廓的最大高度 Rz 是在取样长度 l 内轮廓峰顶线和轮廓峰谷底线之间的距离。

② 表面结构参数值的选用。

表 7-2 列出了 Ra 数值及对应的加工方法与应用。

表 7-2　Ra 数值及对应的加工方法与应用

Ra	加工方法	应用举例
50	粗车、粗铣、粗刨及钻孔等	不重要的接触面或不接触面，如凸台顶面、穿入螺纹紧固件的光孔表面
25		
12.5		
6.3	精车、精铣、精刨及铰钻等	较重要的接触面、转动和滑动速度不高的配合面及接触面，如轴套、齿轮端面、键及键槽工作面
3.2		
1.6		
0.8	精铰、磨削及抛光等	要求较高的接触面、转动和滑动速度较高的配合面及接触面，如齿轮工作面、导轨表面、主轴轴颈表面及销孔表面
0.4		
0.2		
0.1	研磨、超级精密加工等	要求密封性能好的表面、转动和滑动速度极高的表面，如精密量具表面、气缸内表面、活塞环表面及精密机床的主轴轴颈表面等
0.05		
0.025		
0.012		

（2）表面粗糙度数值的选用原则。

零件表面粗糙度高度参数值的选用，应该既要满足零件表面的功能要求，又要考虑经济合理性。具体选用时，可参照生产中的实例，用类比法确定，同时注意下列问题：

① 在满足功能的前提下，尽量选用较大的表面粗糙度参数值，以降低生产成本。

② 在同一零件上，工作表面的粗糙度参数值一般应小于非工作表面的粗糙度参数值。

③ 受循环载荷的表面及容易引起应力集中的表面（如圆角、沟槽），其表面粗糙度参数值要小。

④ 配合性质相同时，零件尺寸小的比尺寸大的表面粗糙度参数值要小；同一公差等级，小尺寸比大尺寸、轴比孔的表面粗糙度参数值要小。

⑤ 运动速度高、压力大的摩擦表面比运动速度低、压力小的摩擦表面的粗糙度参数值要小。

⑥ 一般情况下，尺寸和表面形状要求精确程度高的表面的粗糙度参数值要小。

2. 表面结构的图形符号

（1）标注表面粗糙度的图形符号。

标注表面粗糙度的图形符号的画法如图 7-21 所示。符号的各部分尺寸与字体大小有关，并有多种规格。对于 3.5 号字，H_1=5 mm，H_2=10.5 mm，符号线宽 d=0.35 mm；对于 2.5 号字，H_1=3.5 mm，

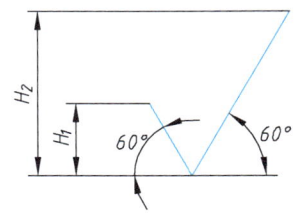

图 7-21　表面结构基本图形符号的画法

H_2=7.5 mm，符号线宽 d=0.25 mm。

表面结构的基本图形符号、完整图形符号及其含义见表 7-3。

表 7-3　表面结构符号及含义

符号名称	符号	含义
基本符号	√	基本符号是指未指定工艺方法的表面。当该符号作为注解时，可单独使用
扩展符号	√ (去除材料)	用于表示用去除材料的方法获得的表面，仅当含义是"被加工表面"时可单独使用
扩展符号	√ (不去除材料)	用于表示用不去除材料的方法获得的表面，也可用于表示保持原供应状况或上道工序形成的表面（不管是否已去除材料）
完整符号	√ 允许任何工艺　√ 去除材料　√ 不去除材料	当需要标注表面结构特征的补充信息时，在上述 3 个符号的长边上可加一横线，用于标注有关参数或说明
完整符号	（带圆圈的三个符号）	表示视图中封闭的轮廓线所表示的所有表面具有相同的表面粗糙度要求

在完整符号中，为明确表面结构的要求，应标注表面结构的单一要求。单一要求又称为基本要求。它包括传输带、取样长度、结构参数和极限数值。在必要时，还应标注补充要求（补充要求包括加工工艺、表面纹理及方向、加工余量等）。对表面结构的单一要求和补充要求，应注写在图 7-22（a）所示的指定位置，相关含义如下：

① 位置 a 注写表面结构的单一要求，当传输带为标准规定的范围时，可不标注出来（默认）。

② 位置 b 注写表面结构的第二个单一要求。如果要注写第三个或更多的单一要求时，图形符号应在竖直方向扩大，以空出足够的空间。

③ 位置 c 注写加工方法、表面处理、涂层等工艺要求，如车、磨、铣等。

④ 位置 d 注写要求的表面纹理和纹理方向符号，如=、x、L、C、M、R、P；符号含义可查阅标准 GB/T 131—2006 附录。

⑤ 位置 e 注写加工余量，加工余量以毫米为单位。

当在图样某个视图上构成封闭轮廓的各表面有相同的表面结构要求时，应在完整图形符号上加一圆圈，并应标注在图样中工件的封闭轮廓上，如图 7-22（b）所示构成工件封闭轮廓的六个面（不含前、后面）具有相同的表面结构要求。

图 7-22　补充要求的注写位置

二、表面结构要求的标注方法

（1）表面结构要求对每一表面一般只标注一次，并尽可能注在相应的尺寸及其公差的同一视图上。

（2）表面结构的注写和读取方向与尺寸注写和读取方向一致，如图 7-23 所示。

注意： 表面结构注写在水平线上时，符号、代号的尖端应向下；注写在竖直线上时，符号、代号的尖端应向右；注写在倾斜线上时，符号、代号的尖端应向下倾斜。

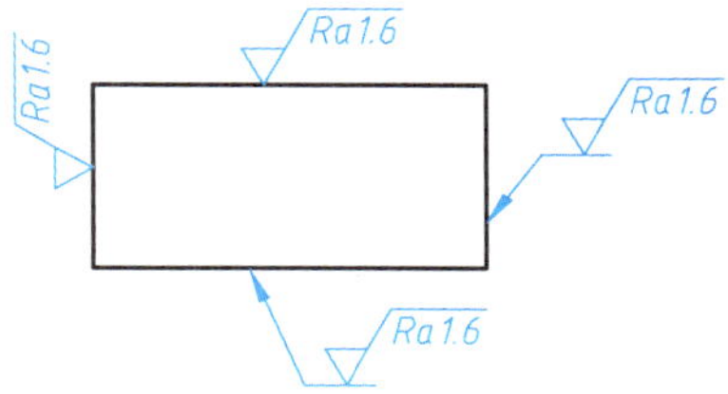

图 7-23 表面结构要求的标注

（3）表面结构要求可标注在轮廓线上，其符号应从材料外指向并接触零件表面。必要时，表面结构符号也可用带箭头或黑点的指引线引出标注，如图 7-24 所示。

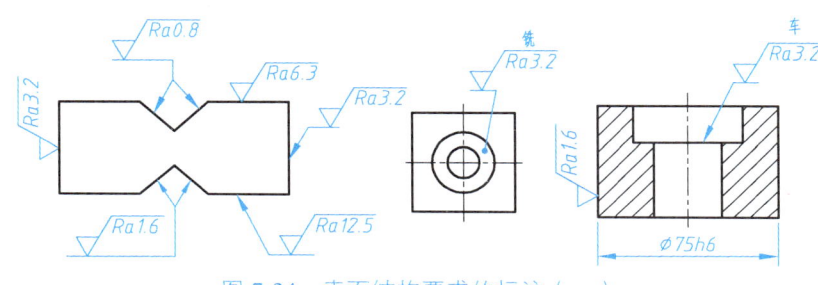

图 7-24 表面结构要求的标注（一）

（4）在不致引起误解的时候，表面结构要求可以标注在特征尺寸的尺寸线上或几何公差框格的上方，如图 7-25 所示。

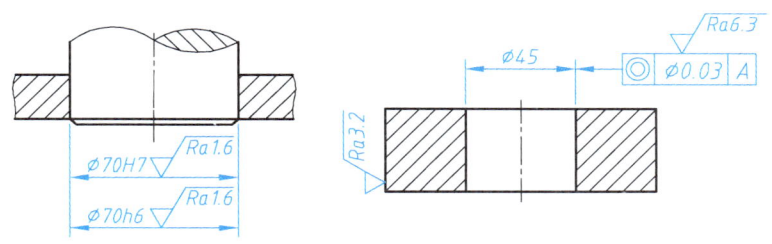

图 7-25 表面结构要求的标注（二）

（5）圆柱和棱柱表面的表面结构要求只标注一次，如图 7-26 所示。如果每个棱柱表面有不同的表面结构要求，则应分别单独标注。

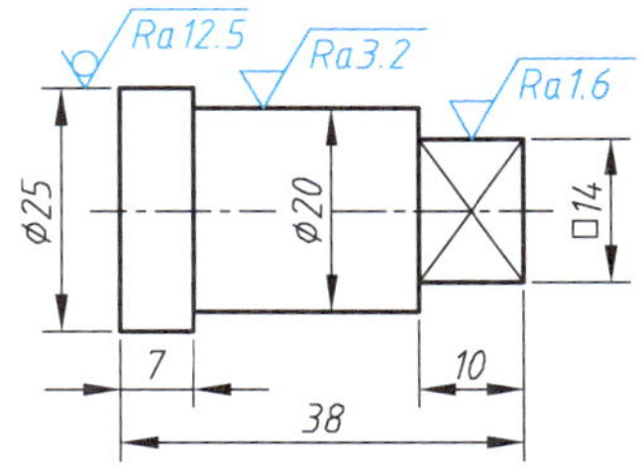

三、面结构要求的简化注法

（1）大多数表面有相同表面结构要求的简化注法。当工件的多数（包括全部）表面具有相同的表面结构要求时，可先将不同的表面结构要求直接标注在视图上，然后将相同的表面结构要求统一标注在标题栏附近。此时，该表面结构要求后面应加圆括号，且圆括号内应给出基本符号或标出不同的表面粗糙度符号，具体意义如下：

图 7-26 表面结构要求的标注（三）

如果圆括号内给出基本符号，表示除了图上标出来的表面结构要求外，其余表面的表面结构要求均与标题栏附近的那个表面结构要求相同，如图 7-27（a）所示。

如果圆括号内给出不同的表面结构要求，表示与大多数表面的表面粗糙度要求不同的几个表面的表面粗糙度要求，此时必须在图形的对应位置处注出括号内的表面粗糙度数值，如图 7-27（b）所示。

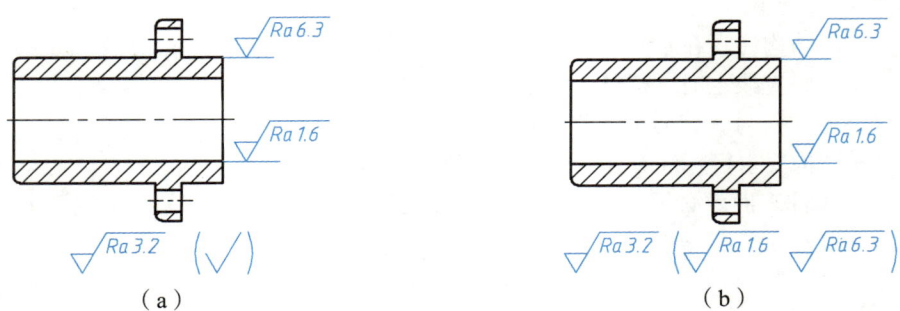

图 7-27　大多数表面有相同表面结构要求的简化注法

（2）多个表面具有共同表面结构要求的注法。当多个表面具有相同的表面结构要求，或图纸的标注空间较小时，可采用如图 7-28 所示的两种简化注法。无论采用哪一种简化注法，都必须在标题栏附近以等式的形式写出具体表示的粗糙度值。

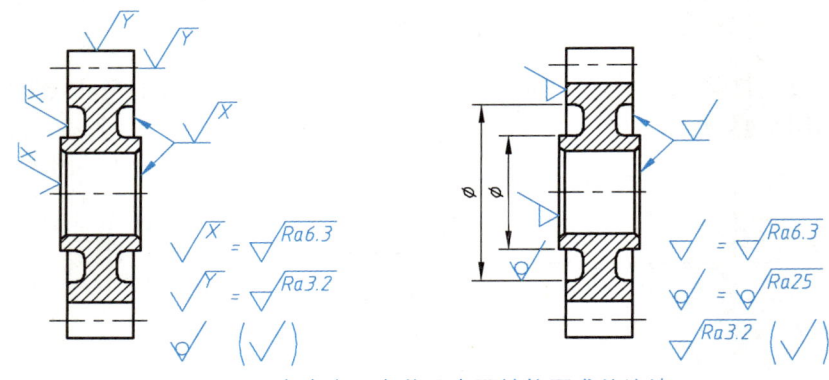

图 7-28　多个表面有共同表面结构要求的注法

任务二　在零件图上标注形位公差

一个合格的精度要求较高的零件，除了要达到零件尺寸公差的要求外，还要保证对零件几何公差的要求。《产品几何技术规范（GPS）　几何公差形状、方向、位置和跳动公差标注》GB/T 1182—2018 中，对零件的几何公差标注规定了基本的要求和方法。几何公差是指零件各部分形状、方向、位置和跳动误差所允许的最大变动量，它反映了零件各部分的实际要素对理想要素的误差程度。合理确定零件的几何公差，才能满足零件的使用性能与装配要求，它同零件的尺寸公差、表面结构一样，是评定零件质量的一项重要指标。

如图7-29（a）所示的小轴，加工后发现形体弯曲了，没有做成准确的直圆柱形，这种形状的不准确，属于形状误差，即实际轴线与理想轴线之间的变动量——直线度误差；加工圆柱销，也可能出现母线不是直线，而是中间粗，两端细的情况，如图7-29（b）所示。此外，平面、圆、轮廓线和轮廓面偏离理想形状的情况，也形成形状误差。

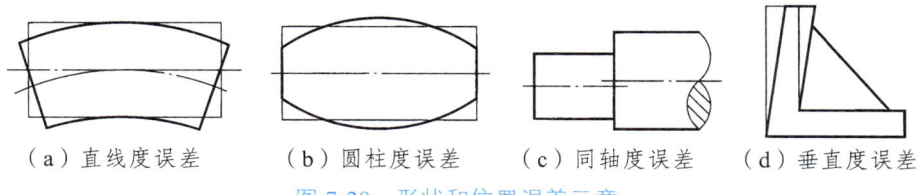

（a）直线度误差　　（b）圆柱度误差　　（c）同轴度误差　　（d）垂直度误差

图 7-29　形状和位置误差示意

如图 7-29（c）所示的台阶轴，由于加工误差的原因，出现了两段圆柱体的轴线不在一条直线上的情况，这就形成了轴线的实际位置相对理想位置的变动量——同轴度误差；如图 7-30（d）所示，要求垂直的表面加工后不垂直了，即为垂直度误差。此外，零件上各几何要素的相互垂直、平行、倾斜、对称等对理想位置的偏离情况，均属于位置误差。

一、几何公差的特征符号

GB/T 1182—2018《产品几何技术规范（GPS）　几何公差形状、方向、位置和跳动公差标注》规定的几何公差特征符号如表 7-4 所示。

表 7-4　几何公差的几何特征和符号

类型	几何特征	符号	有无基准	类型	几何特征	符号	有无基准
形状公差	直线度	—	无	位置公差	位置度	⊕	有或无
	平面度	▱	无		同心度（用于中心点）	◎	有
	圆度	○	无		同轴度（用于轴线）	◎	有
	圆柱度	⌭	无		对称度	═	有
	线轮廓度	⌒	无		线轮廓度	⌒	有
	面轮廓度	⌓	无		面轮廓度	⌓	有
方向公差	平行度	∥	有	跳动公差	圆跳动	↗	有
	垂直度	⊥	有		全跳动	⌮	有
	倾斜度	∠	有				
	线轮廓度	⌒	有				
	面轮廓度	⌓	有				

二、几何公差代号与基准代号

几何公差代号与基准代号在机械工程中具有重要的作用，它们用于描述和定义零件的形状、方向和位置精度。几何公差代号由几何公差项目的代号、框格、指引线、公差数值、基准符号及其他有关符号构成，如图 7-30 所示。

几何公差项目的代号用于标识不同的几何公差类型，如直线度、平面度、圆度等。框格用于将公差要求与其他信息分隔开，通常采用矩形框格。指引线用于将公差要求与对应的尺寸或特征相连接，指示公差的应用范围。公差数值则表示允许的最大变动范围或形状误差的限值。

基准符号用于标识作为测量或定位基准的点、线或面。在零件图中，基准符号通常与公差要求一起使用，以定义零件在装配或加工过程中的准确位置。基准代号由一个大写字母表示，用于标识单个基准，如图 7-31 所示。如果零件有多个基准，可以用多个字母表示，并用横线隔开。

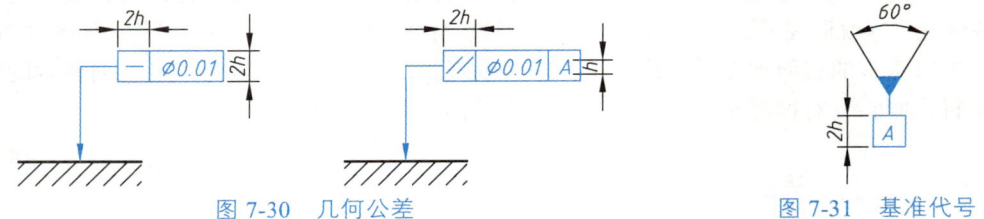

图 7-30　几何公差　　　　　　图 7-31　基准代号

在选择几何公差代号与基准代号时，应遵循相关的国家标准和规范，确保标注的准确性和一致性。此外，还应注意与技术人员和制造人员的沟通和协调，确保公差要求和基准定义能够正确理解和执行，从而保证零件的加工质量和装配精度。

三、几何公差的标注

几何公差标注示例如图 7-32 所示。

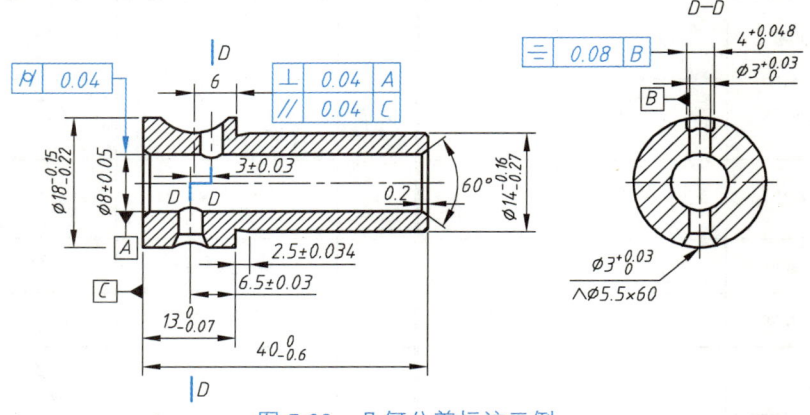

图 7-32　几何公差标注示例

由该示例可知，标注几何公差时应遵循以下规定：

（1）当被测要素或基准要素为轮廓线或轮廓表面时，带指引线的箭头和基准符号应置于被测要素的轮廓线或其延长线上，但必须与尺寸线明显错开。

（2）当被测要素和基准要素为轴线、中心平面或中心点时，带指引线的箭头和基准符号应与被测要素的尺寸线对齐。

（3）当同一个被测要素具有不同的公差项目时，两个公差框格可上下并列，并共用一条带箭头的指引线。

 **任务实施**

图 7-33 中的技术要求包括表面结构、极限与配合、几何公差三种，其含义分别如下：
16 为公称尺寸；
f 为轴的基本偏差代号；
7 表示公差等级为 7 级；
上极限偏差为 −0.016 mm；
下极限偏差为 −0.034 mm；
公差为 0.018 mm。

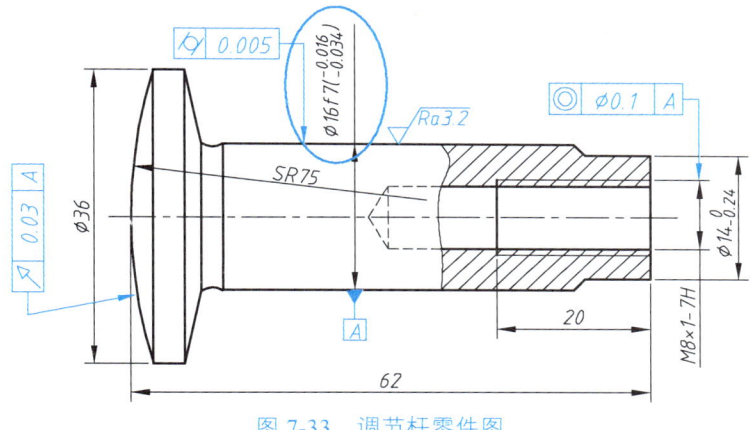

图 7-33　调节杆零件图

圆柱面 ϕ16 mm 的轮廓算术平均偏差为 3.2 μm，如图 7-34 所示。

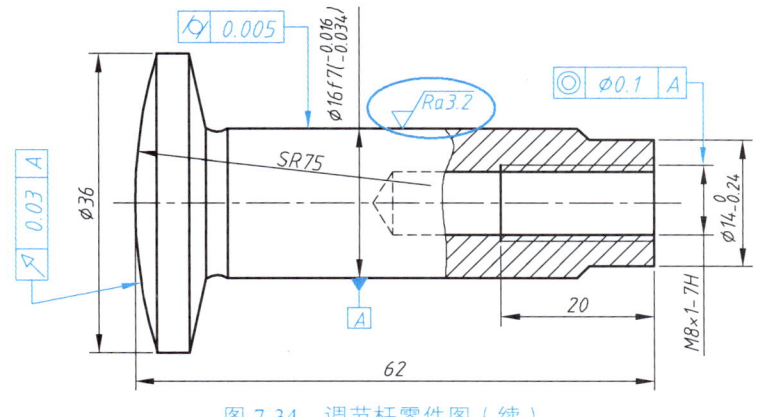

图 7-34　调节杆零件图（续）

圆柱面 ϕ16 mm 的圆柱度公差为 0.05 mm，如图 7-35 所示。
螺纹孔 M8 的轴线对 ϕ16 mm 轴线的同轴度公差为 ϕ0.1 mm，如图 7-36 所示。

左球面对 $\phi16$ mm 轴线的轴向圆跳动公差为 0.03 mm，如图 7-37 所示。

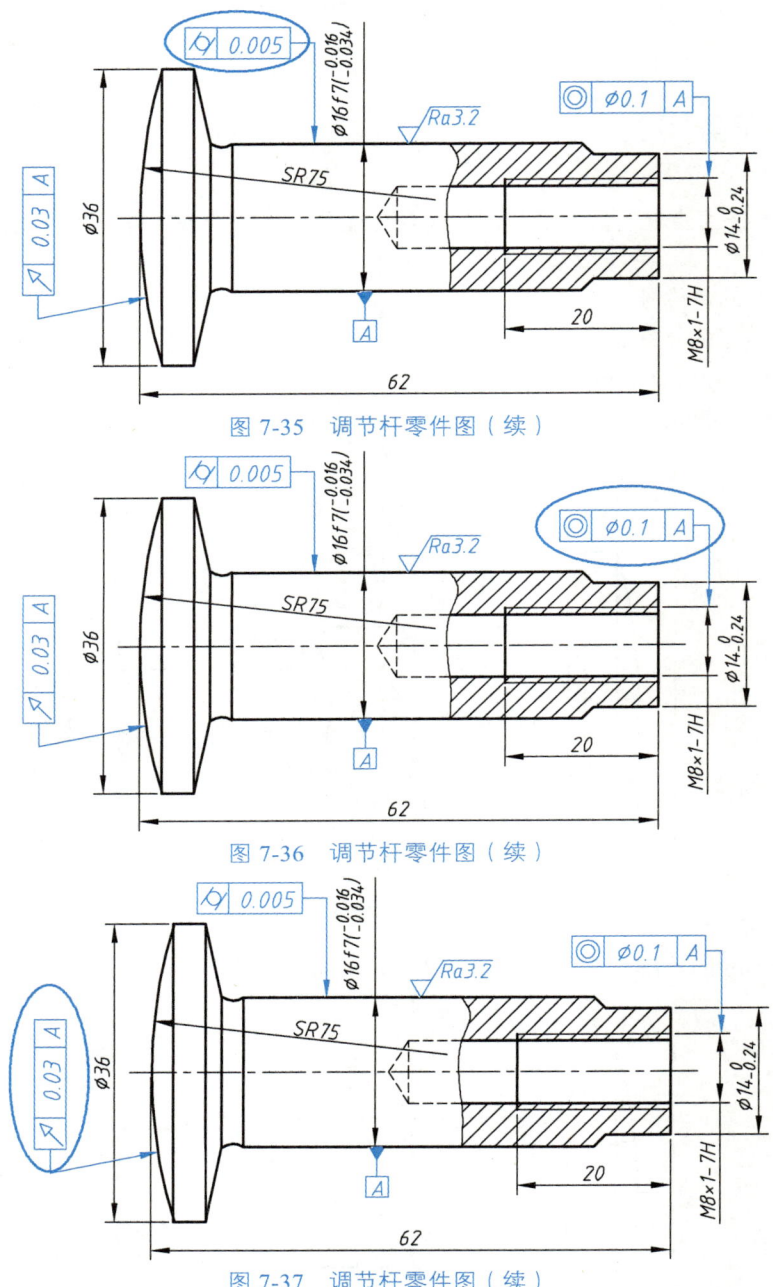

图 7-35 调节杆零件图（续）

图 7-36 调节杆零件图（续）

图 7-37 调节杆零件图（续）

课题三　识读零件图

读零件图是工程技术人员的一项重要工作。通过读零件图，应当全面地了解该零件的结构形状及各部分结构的尺寸大小，同时还需要弄清该零件制造、检验的技术要求。

任务一　识读零件图的基本方法

 任务引入

读零件图的目的就是根据零件图想象零件的结构形状，了解零件的制造方法和技术要求。

 任务分析

如图 7-38 所示为蜗轮减速器箱体零件图，图中详细展示了箱体的结构、尺寸、材料和技术要求等信息。请识读并理解蜗轮减速器箱体的零件图。

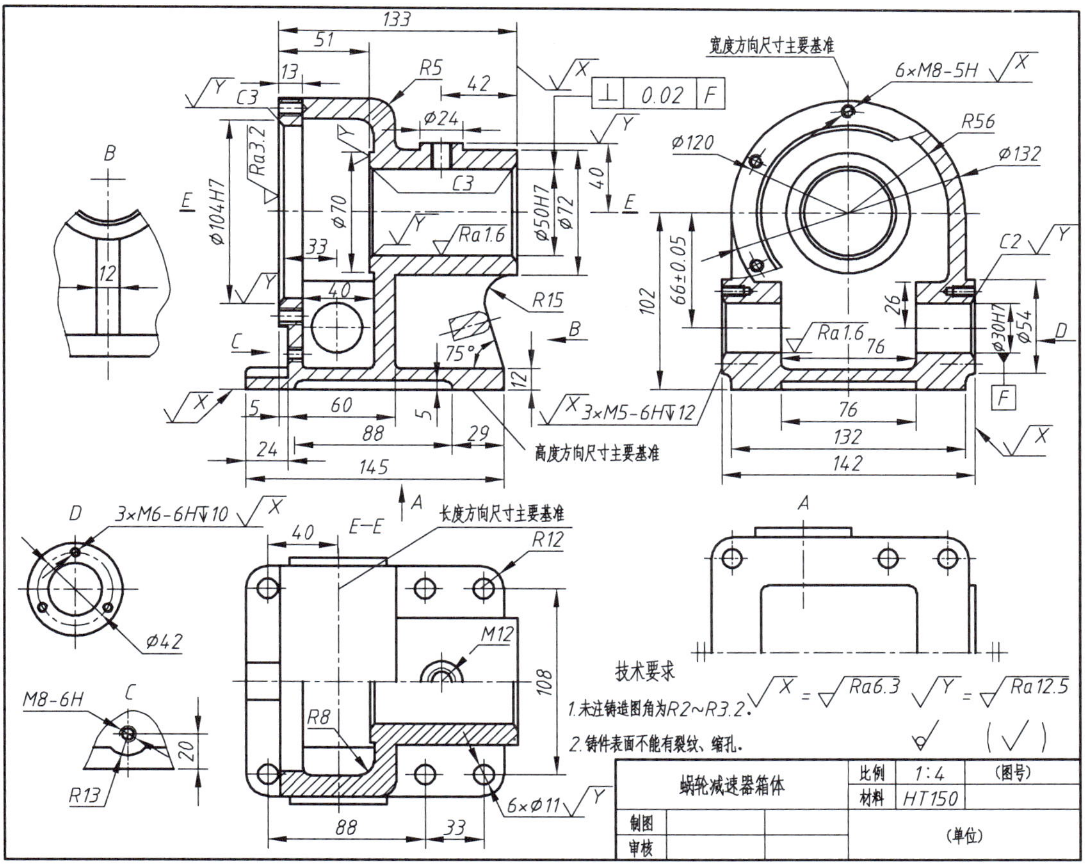

图 7-38　蜗轮减速器箱体零件图

 知识链接

一、识读零件图的基本方法

识读零件图的基本方法是形体分析法和线面分析法。复杂零件图因视图、尺寸及代号较多，初学者常不知从何看起，甚至畏惧。其实，看多个视图与看三视图原理相同，每个基本形体通常用 2~3 个视图即可确定形状。看图时，善用形体分析法，按组成部分"分块"看，可将复杂问题化简处理。

二、识读零件图的步骤

（1）看标题栏。了解零件的名称、材料、绘图比例等，为联想零件在机器中的作用、制造要求以及有关结构形状等提供线索。

（2）分析视图。先根据视图的配置和有关标注，判断出视图的名称和剖切位置，明确它们之间的投影关系，进而抓住图形特征，分部分想形状，合起来想整体。

（3）分析尺寸。先分析长、宽、高三个方向的尺寸基准，再找出各部分的定位尺寸和定形尺寸，搞清楚哪些是主要尺寸，最后还要检查尺寸标注是否齐全和合理。

（4）分析技术要求。可根据表面粗糙度、尺寸公差、几何公差以及其他技术要求，弄清楚哪些是要求加工的表面以及精度的高低等。

（5）综合归纳。将识读零件图所得到的全部信息加以综合归纳，对零件的结构、尺寸及技术要求有一个完整的认识，这样才算真正将图看懂。

任务二 识读轴类零件图

齿轮轴零件图如图 7-39 所示。

（1）看标题栏。概括了解该零件为齿轮轴，绘图比例为 1:1，材料为 45 号钢。

该零件是齿轮油泵的一个零件，主要用于传递运动和动力。轴类零件常用的材料为优质碳素钢 45 号钢，工作转速较高时可选用 40Cr 钢。常用的毛坯为圆钢或锻件。

（2）分析视图。该齿轮轴属轴套类零件，主要在车床、磨床上加工。为便于加工时看图，常按其形状特征及加工位置选择视图，轴线水平放置。此类零件常用一个基本视图外加移出断面图、局部放大图等表达键槽、退刀槽、砂轮越程槽等细部结构。

轴上的键槽一般朝外，用移出断面图表达键槽深度及有关尺寸。此图中，为表达轮齿结构，采用了局部剖视图。对于形状简单且较长的轴可采用折断画法。该轴两端有倒角、退刀槽等。

（3）分析尺寸。轴套类零件通常以重要的定位面作为长度方向的主要尺寸基准，以回转轴线作为径向（即宽、高方向）的主要尺寸基准，以加工顺序标注尺寸。在该轴中，$\phi 35$ 轴段用来安装滚动轴承，为使传动平稳，各轴段应有同一轴线，故径向尺寸以回转轴线为尺寸基准。

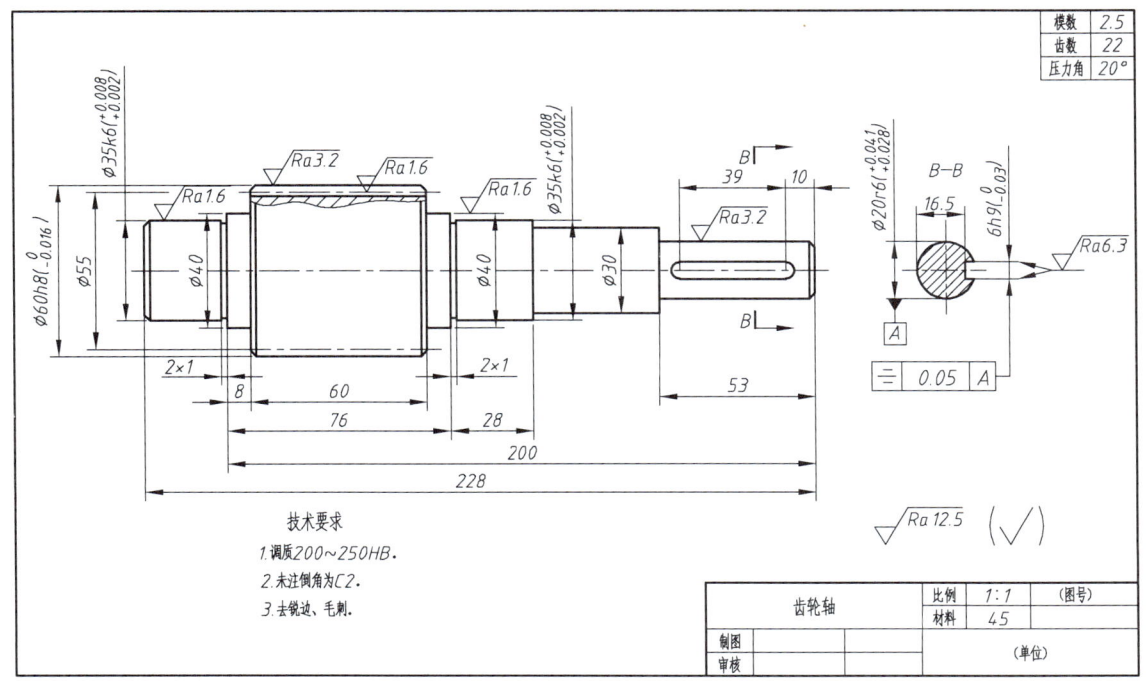

图 7-39 齿轮轴零件图

左轴肩用于滚动轴承的定位，尺寸 76 的左端面为长度方向的主要基准，以此为基准注出尺寸 8、60、76、28、200、2×1。以轮齿轴右端面为长度方向的第一辅助基准，以此为基准注出尺寸 53、10。其与长度方向主要基准的联系尺寸为 200。

（4）分析技术要求。从图中可以看出，$\phi 35$ 处与滚动轴承有配合要求，表面粗糙度为 $Ra1.6$ μm；右端带有键槽，与带轮有配合尺寸，表面粗糙度为 $Ra3.2$ μm；为保证键与轴很好地配合，键槽两侧面对回转轴线的对称度公差为 0.05；齿轮与齿轮相啮合，表面粗糙度为 $Ra1.6$ μm、$Ra3.2$ μm；图中还有用文字说明的技术要求，为提高轴的强度和韧性进行调质处理。

（5）综合归纳。通过上述看图分析，对轴的作用、形状、大小、主要加工方法、加工中的主要技术要求就有了清楚的认识，综合起来，即可得出齿轮轴的立体形状，如图 7-40 所示。

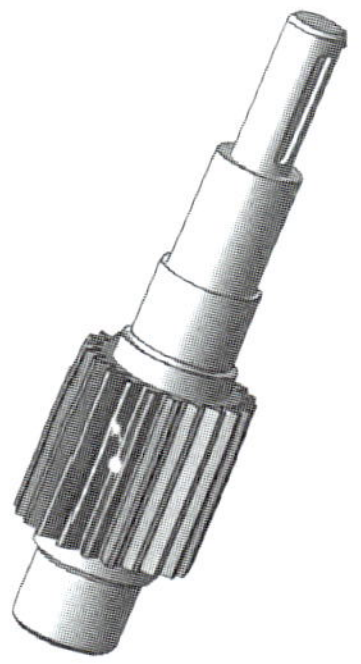

图 7-40 齿轮轴立体图

任务三 识读轮盘类零件图

泵盖零件图如图 7-41 所示。

（1）看标题栏。概括了解该零件为泵盖，绘图比例为 1∶2，材料为 HT200，在齿轮油泵中用于支承轴、与泵体之间形成密封，属于轮盘类零件。这类零件的常用材料为铸铁（HT200）或普通碳素钢，常用毛坯为铸件或锻件。

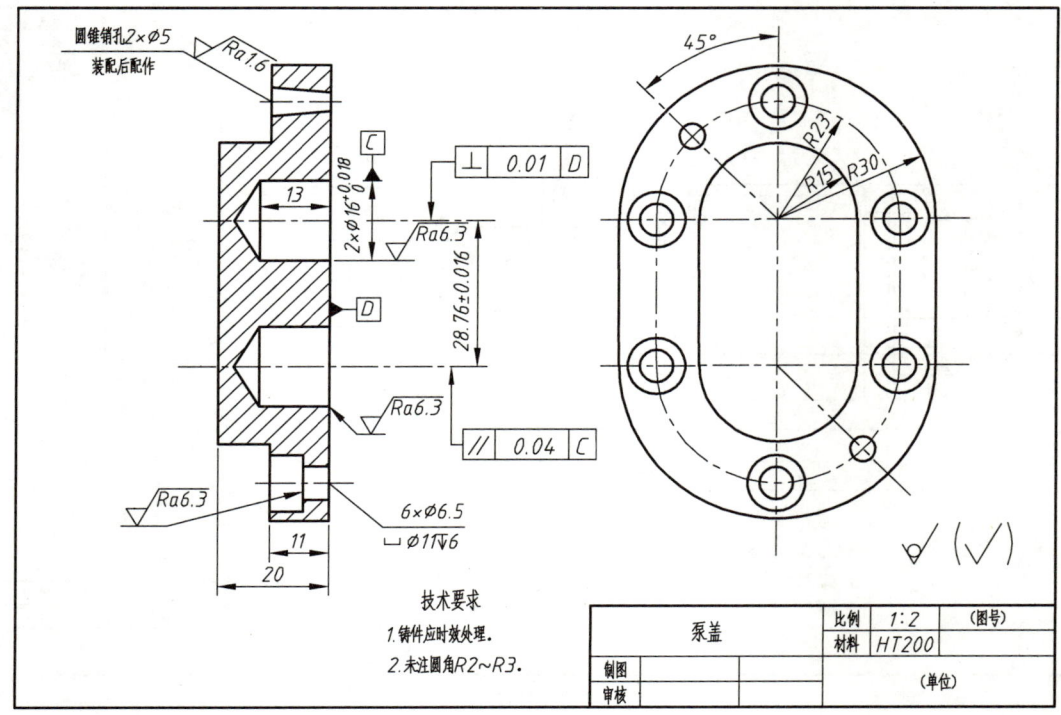

图 7-41 泵盖零件图

（2）分析视图。泵盖零件图由一个全剖的主视图和一个左视图组成。此类零件多在车床加工，常按形状特征及工作位置选择主视图。其基本形状为扁盘状回转体，轴向尺寸较小，径向尺寸较大。泵盖上有 6 个均布的直径为 $\phi6.5$ 的孔，两个直径为 $\phi5$ 的圆锥销孔。除此之外，轮盘类零件上常有轮辐、键槽、螺孔等结构。

（3）分析尺寸。泵盖的径向主要尺寸基准为上部 $\phi16$ 孔中心线，以此注出尺寸 28.76。长度方向的主要尺寸基准为右端面，以此注出尺寸 20、11、13，宽度方向以前后对称面为尺寸基准。

（4）分析技术要求。尺寸 $\phi16$ 有配合要求，故该内圆面的表面粗糙度要求较高，为 $Ra1.6\ \mu m$；两轴的平行度公差为 0.04；右端面起轴向定位作用，表面粗糙度为 $Ra6.3\ \mu m$；右端面与 $\phi16$ 孔的垂直度公差为 0.01；圆锥销孔的表面粗糙度为 $Ra1.6\ \mu m$；6 个沉孔的表面粗糙度为 $Ra6.3\ \mu m$。图中还有用文字说明的圆角尺寸要求，以及为释放内应力而进行时效处理。

（5）综合归纳。通过分析，想象出泵盖的立体形状，如图 7-42 所示。

图 7-42 泵盖零件图

任务四　识读叉架类零件图

拨叉零件图如图7-43所示。

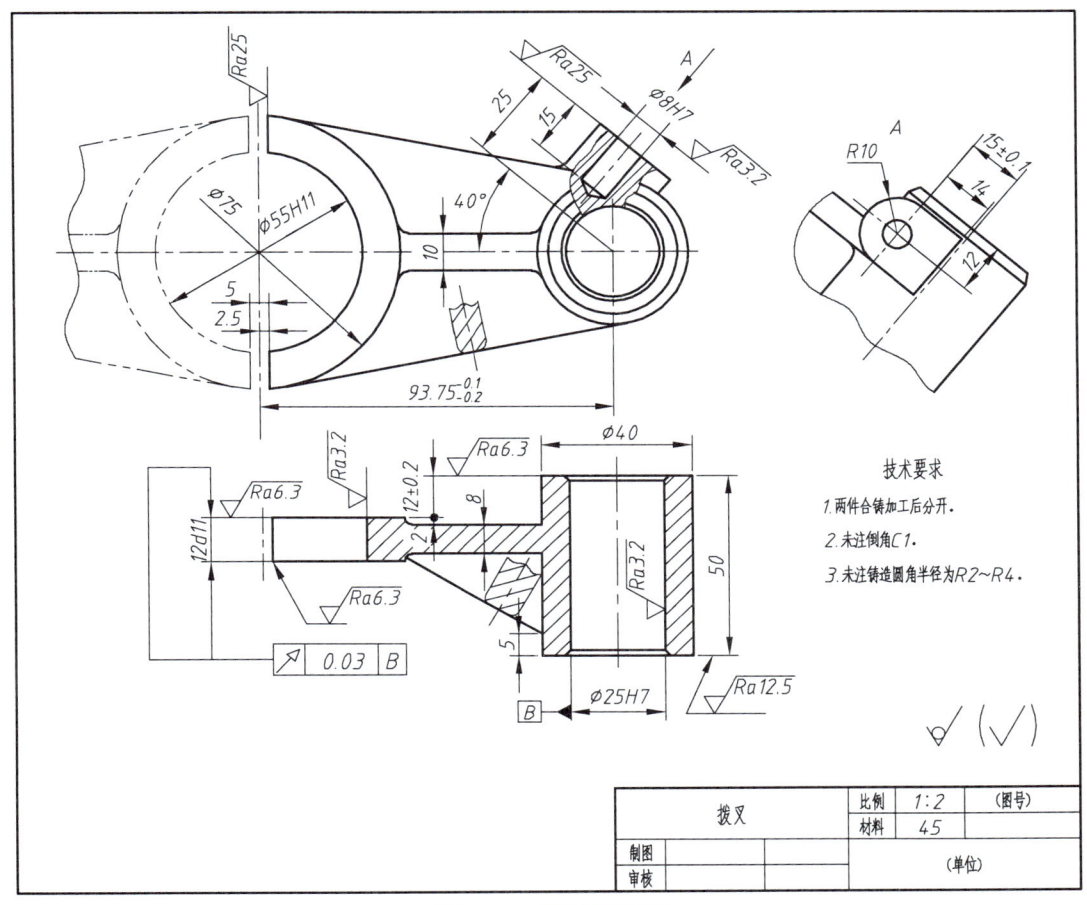

图7-43　拨叉零件图

（1）看标题栏。概括了解该零件为拨叉，属于叉架类零件，绘图比例为1∶2，材料为45号钢。叉架类零件一般包括拨叉、连杆和支架等，用于支承连接零件。零件上常有弯曲或倾斜结构，以及肋板、轴孔、耳板、底板等。局部结构常有螺孔、沉孔、油孔、油槽等。常用的材料为铸铁、碳钢，毛坯常为铸件或锻件。

（2）分析视图。叉架类零件结构复杂，加工工序多且位置多变，通常按工作位置和形状特征选择主视图。当工作位置倾斜或不固定时，可将其摆正绘制主视图。一般至少需两个基本视图表达，常将其中一个视图画成全剖视图，以展示孔、槽等内部结构。常见工艺结构如铸造圆角、拔模斜度、凸台、凹坑等，采用局部视图与剖视图表达；倾斜结构用斜视图或斜剖视图；肋板则用重合断面图表达断面形状。

拨叉采用两个基本视图和一个辅助视图，主视图上做局部剖以表达孔，俯视图画成全剖视图以展示轴套结构，肋板形状用重合断面图表达，耳板形状用A向局部视图表示。

（3）分析尺寸。通常以主要孔的轴线、对称平面、经过加工的较大端面、安装底面作为主要尺寸基准。图 7-43 所示拨叉零件图，长度方向以拨叉孔 ϕ55H11 的中心线为主要基准，标出与孔 ϕ25H7 的中心距为 $93.75_{-0.2}^{-0.1}$；高度方向以拨叉的对称平面为主要基准；宽度方向则以拨叉的后工作侧面为主要基准，标出尺寸 12d11、12±0.2 以及 2 等。

（4）分析技术要求。具有配合要求的表面，表面质量要求较高，如与轴相配合的表面 ϕ25H7、ϕ55H11 的表面粗糙度值为 Ra3.2 μm；对 ϕ55H11 轴孔的上、下表面提出了圆跳动公差 0.03；还用文字说明了未注倒角和圆角的两项技术要求、一项加工要求。

图 7-44　拨叉立体图

（5）综合归纳。通过分析，想象出拨叉的立体形状，如图 7-44 所示。

任务五　识读箱体类零件图

壳体零件图如图 7-45 所示。

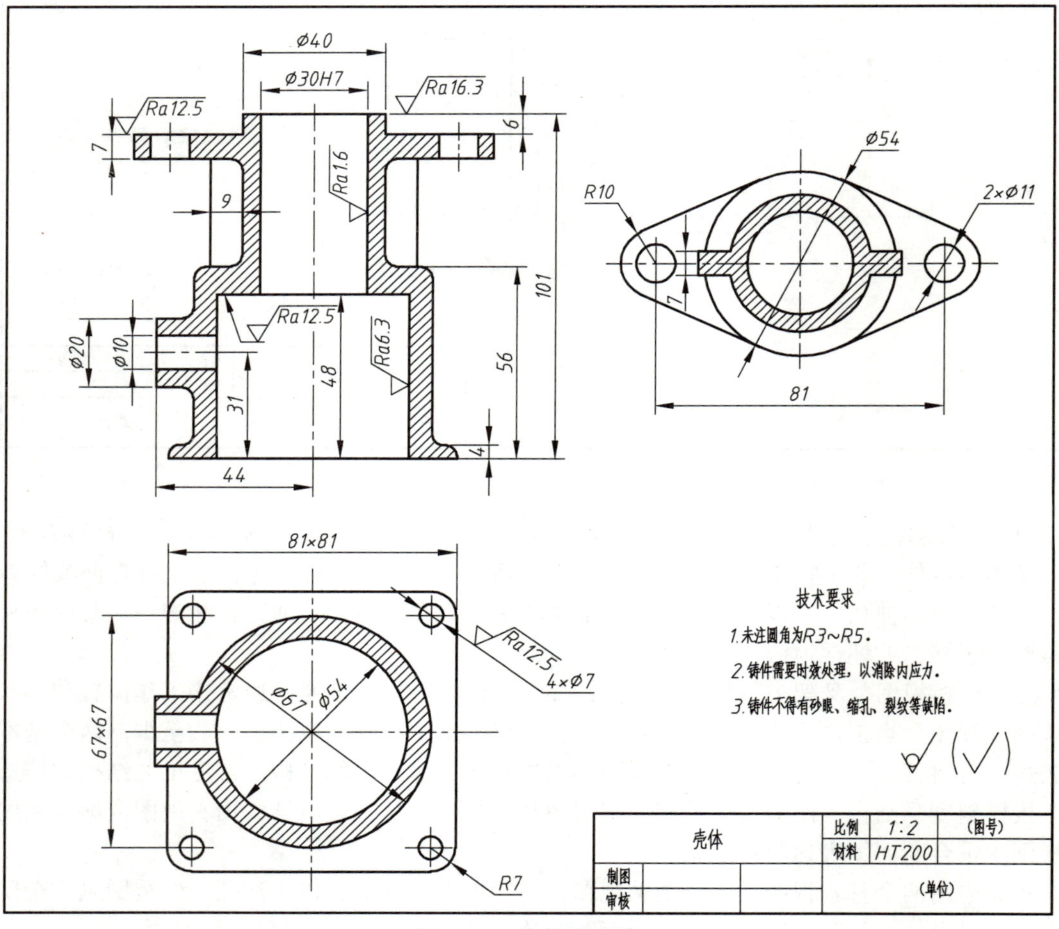

图 7-45　壳体零件图

（1）看标题栏。概括了解该零件为壳体，属于箱体类零件，绘图比例为 1∶2，其材料为铸铁（HT200），铸造毛坯。

（2）分析视图。箱体类零件加工位置多变，其上常有铸造圆角、拔模斜度、凸台、凹坑等工艺结构，故常按其形状特征及工作位置来选择主视图，通常需要三个以上的基本视图，并按结构表达需要采用合适的剖视图、断面图、局部视图等表达方法。该壳体采用了两个基本视图和一个辅助视图。主视图中采用了全剖视图，以表达壳体空腔、左端凸台、壳体上盖安装孔等结构形状。俯视图采用全剖视图，以表达底板上螺孔的分布状况。

（3）分析尺寸。箱体类零件尺寸繁多，加工难度大，在长、宽、高三个方向上常选对称平面、主要孔的轴线、安装底面、重要端面、箱体盖的接合面作为主要尺寸基准。该壳体零件图中，长度方向以主视图中左右基本对称面为主要尺寸基准；宽度方向以前后对称平面为主要尺寸基准；高度方向以底面为主要尺寸基准。

（4）分析技术要求。箱体上的配合面及安装面，表面质量要求较高，如 $\phi30H7$ 的表面粗糙度值为 $Ra1.6\ \mu m$。箱体在机加工前应做时效处理，技术要求中还注出了未注圆角的尺寸。

（5）综合归纳。通过分析，想象出壳体的立体形状，如图 7-46 所示。

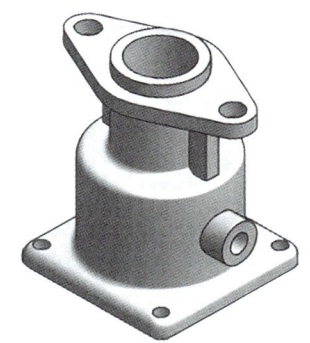

图 7-46　壳体立体图

任务实施

根据图 7-38 所示的蜗轮减速器箱体零件图，识读并理解蜗轮减速器箱体的零件图，具体分析如下。

一、概括了解

从标题栏中了解零件的名称、材料和比例等。图 7-38 所示为蜗轮减速器箱体零件图，材料为铸铁（HT150），比例为 1∶4。该零件是一个箱体类零件，经铸造加工而成。

二、分析视图，想象形状

根据视图配置，按投影关系了解各视图的名称及相互关系，分析和想象出零件的形状。

（1）分析视图。从图 7-38 中可以看出，该零件采用 7 个视图来表达，主视图采用全剖视图，重点表达箱体内腔的主要结构形状，肋板采用重合断面表示；俯视图采用 $E—E$ 半剖视图，由此可知箱体前后对称，既可表达外形也可表达内形；左视图采用局部剖视图，重点表达支承蜗杆轴的支承孔处的结构及箱体内腔的形状；A 向仰视图主要表达底板的结构形状；另外还有 B 向局部视图、C 向局部视图及 D 向局部视图，分别表达减速器箱体的一些局部结构形状。

（2）分析结构。按组合体读图的基本方法，利用投影关系进行分析，该零件可分为 4 个部分。

① 底板部分：由主、俯、左视图可知，底板是长 145、宽 142、高 12，带有 R12 的 4 个圆角的长方体底板，其上有 6 个 $\phi11$ 通孔，用于安装箱体；由主视图和 A 向仰视图可看到底板的下表面有一个 88×76 深 5 的凹坑，目的是减少底面的加工面和接触面；由 C 向视图可看出底板左端上表面有一个 R13 的圆弧坑，这是为安装和拆卸放油塞而留出的扳手空间。

② 蜗轮轴的支撑部分：由主视图可知这部分主要是内径 $\phi50H7$ 的孔，外径 $\phi72$，长 133-51=82 的圆筒，在圆筒的上方有一个 $\phi24$ 的凸台，M12 是安装油杯用的螺孔，由俯视图可知它的水平投影。

③ 箱壳部分：由主、左视图和俯视图可知，这部分由箱体左上方的半个大空心圆筒（其外形为 $\phi132$，长 60+5=65，内径为 $\phi104$、R56）前、后、右为平板形状并与底板连接的箱壁，以及在蜗轮轴线上的支承部分（对照俯视图和左视图：内孔 $\phi30H7$，长 40，距孔中心高 66±0.05 的方形凸台）所组成，它的里面是安装蜗轮和蜗杆的空腔，为了与箱盖连接，由主、左视图可以看出在左端有 6 个 M8 的螺孔，左下方有一个装放油塞的放油孔 M8。

④ 肋板部分：由 B 向视图和主视图的重合断面图可知，在圆筒的下面有厚度为 12 的肋板，处于箱体前后对称的位置，用它将圆筒、箱壳和底板连接起来，以加强它们之间的结构强度。

综合以上分析，可以想象出蜗轮减速器箱体零件整体形状，如图 7-47 所示。

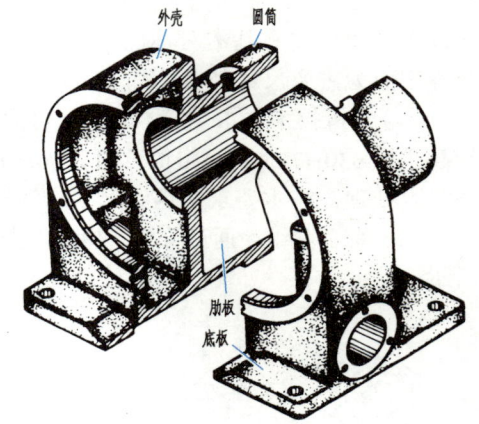

图 7-47 蜗轮减速器箱体立体图

三、分析尺寸

由于箱体类零件结构复杂，在标注尺寸时，首先找出尺寸基准，分清定形尺寸、定位尺寸和总体尺寸，注意尺寸标注是否完整、合理。

如图 7-38 所示的零件尺寸基准：从俯视图可以看出长度方向尺寸的主要基准是过蜗杆轴线，箱体的左、右端面是辅助基准；从俯视图和左视图可以看出宽度方向尺寸主要基准以零件的前后对称平面为主要基准；从主、左视图可以看出高度方向尺寸主要基准是底板的底面。按形体分析法分析各组成部分的定位尺寸和定形尺寸，检查尺寸标注的完整性、合理性。

四、了解技术要求

了解零件图上的尺寸公差、表面结构、几何公差及其他技术要求，并逐项分析。

该箱体的技术要求：从图 7-38 中可知该零件为铸件，$\phi104H7$ 孔及 $\phi50H7$ 孔与 $\phi30H7$ 的孔轴线中心距为 66±0.05，要求较高，加工时必须保证，$\phi50H7$ 孔及 $\phi30H7$ 孔是配合尺寸，零件接触面粗糙度要求较高，为 $Ra1.6$ mm，$\phi50H7$ 安装蜗轮轴孔与 $\phi30H7$ 安装蜗杆的孔的轴线有垂直度要求，为 0.02，这样才能保证蜗轮和蜗杆安装后能正常啮合。此外还有其他一些技术要求，这些都是制造合格零件所必须达到的技术指标。

课题四　用 AutoCAD 绘制零件图

用 AutoCAD 绘制零件图需关注图纸幅面与比例、视图选择与布局、尺寸标注方法、公差与配合、表面粗糙度、技术要求说明、标题栏与明细表及图形符号与标注等，以绘制清晰、准确、易理解的零件图，支持生产加工。

一、视图选择与布局

适当的视图选择是关键。通常选用主视图、俯视图、左视图等基本视图展示零件结构与尺寸。布局时需考虑视图的排列、重叠及对齐，使图纸清晰易读。剖视图、断面图等辅助视图可进一步说明内部结构。

二、尺寸标注方法

尺寸标注是重要环节，可用线性标注、对齐标注、半径标注、直径标注等工具，遵循标准规范，确保尺寸准确、易读。同时，标注应清晰合理，避免过多或过少标注。

任务一　用 AutoCAD 绘制蜗轮轴零件图

任务引入

在现代机械工程中，蜗轮轴作为一种重要的传动元件，广泛应用于各种减速和传动装置中。由于其特殊的传动特性和结构要求，蜗轮轴的设计与制造过程对整个机械的性能和稳定性至关重要。本任务的主要目标是利用 AutoCAD 软件绘制出精确的蜗轮轴零件图，以满足实际生产和加工的需要。

任务分析

该蜗轮轴零件图，采用主视图、断面图表达蜗轮轴的零件结构。主视图水平放置，通过断面图可知键槽的槽宽和槽深。绘制图形时，先绘制出图框和标题栏，再绘制主视图和断面图，最后标注尺寸、尺寸公差、形位公差、表面结构要求和其他技术要求等内容，如图 7-48 所示。

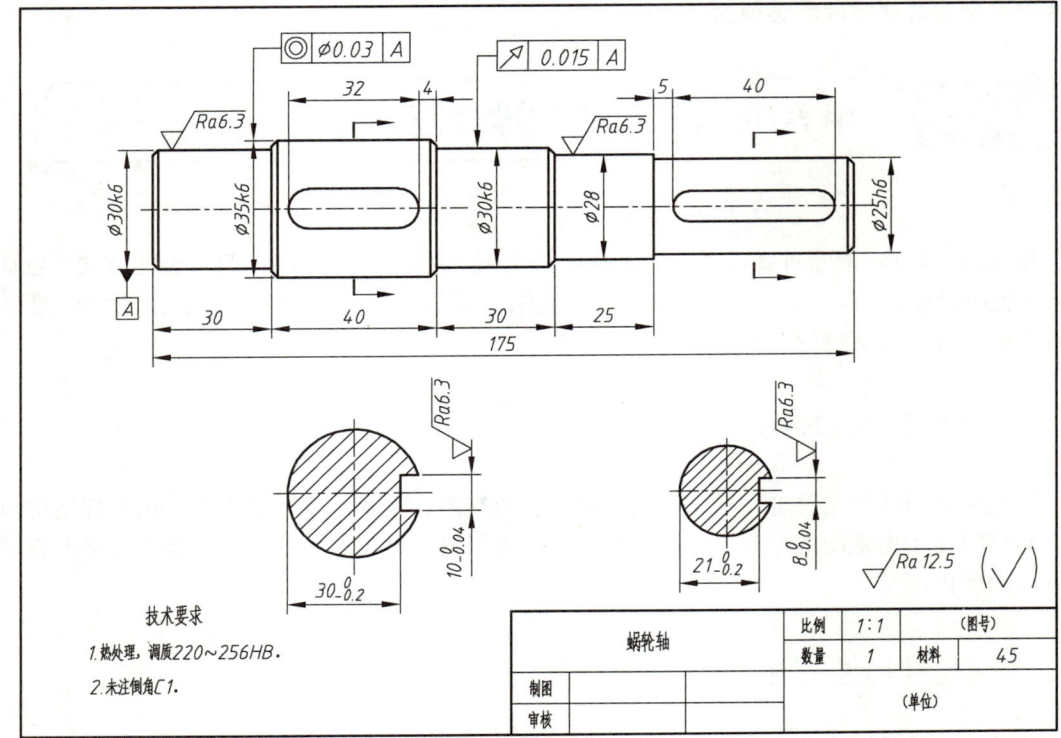

图 7-48 蜗轮轴零件图

知识链接

绘制轴零件图

一、绘制图框和标题栏

启动 AutoCAD 2020，选择文件→新建→打开 A4 样板，绘制图框和标题栏。

1. 设置图层 "Alt+N"

（1）在菜单栏中点击"图层"选项，选择"新建图层"。

（2）在弹出的对话框中可以设置新图层的名称、颜色、线型等属性。根据设计需求进行相应设置，然后点击"确定"或"应用"按钮。

（3）重复以上步骤，可以创建多个图层以满足不同的设计需求。

（4）创建完图层后，需要将相应的图形元素分配到对应的图层上。选择要分配的对象，然后在属性栏中选择要分配的图层。

（5）如果需要控制图层的可见性，可以点击菜单栏中的"图层"选项，选择"图层特性管理器"。在弹出的对话框中，可以控制每个图层的可见性，选择需要显示的图层或隐藏不需要显示的图层。

2. 绘制图框线

在使用 AutoCAD 绘图时，绘图边界不能直观显示出来，所以在绘图时还需要通过图框来确定绘图的范围，使所有图形绘制在图框线之内。图框通常要小于绘图边界，要留一定的距离，且必须符合机械制图标准。在此，绘图的图框尺寸为 287 mm × 200 mm。

3. 绘制标题栏

将"粗实线"层设置为当前层，单击"绘图"工具栏中的"矩形"按钮，绘制标题栏外框。利用"修改"工具栏中的"偏移""修剪"命令绘制标题栏内格线，并将标题栏内格线图层修改为"细实线"层。

4. 填写文字

（1）多行文字"MTEXT"。

可以将若干文字段落创建为单个多行文字对象。使用内置编辑器，可以格式化文字外观、列和边界。

（2）单行文字"TEXT"。

可以使用单行文字创建一行或多行文字，其中，每行文字都是独立的对象，可对其进行移动、格式设置或其他修改。在文本框中单击鼠标右键可选择快捷菜单上的选项。

5. 移动标题栏

（1）移动"MOVE"。

将对象在指定方向上移动指定距离，使用坐标、栅格捕捉、对象捕捉和其他工具可以精确移动对象。

单击"修改"面板上的" 移动 "按钮，将标题栏移动到图框的右下角，如图 7-49 所示。

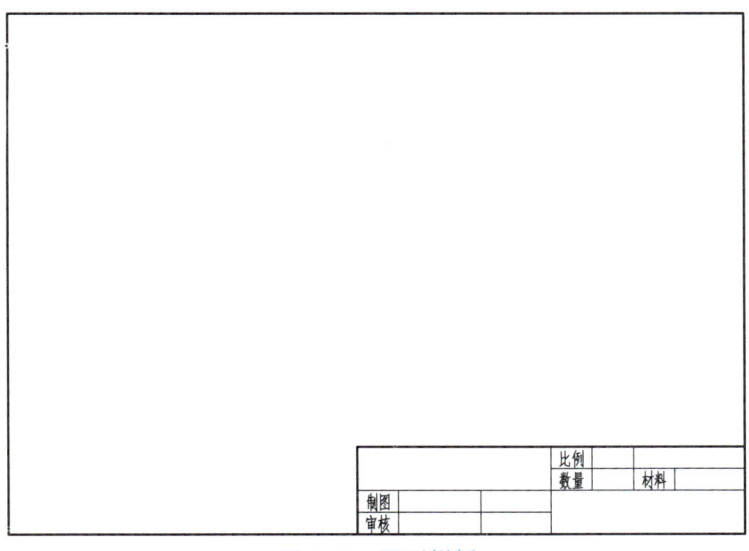

图 7-49　图形样板

6. 保　存

设置完成后，保存图形样板。

二、绘制主视图

1. 命令应用

（1）对象捕捉。

① 在命令区启用：在软件下方的命令区输入"OSNAP"并按回车键进行确认。此时，计算机会弹出草图设置对话框。在对象捕捉页面勾选"启用对象捕捉（F3）"。

② 使用快捷键：按 F3 键，可以启用或关闭对象捕捉功能。查看命令区的提示，可以看到当前的对象捕捉功能处于何种状态。

③ 在状态栏操作：点击状态栏中的"对象捕捉"按钮，也可以启用或关闭对象捕捉功能。

（2）正交。

① 在状态栏上找到"正交"按钮（通常显示为一个小正方形或带有"ORTHO"标签的按钮）。

② 单击"正交"按钮，使其处于选中状态（通常按钮会变成深色或带有选中标记）。

（3）偏移"OFFSET"。

创建同心圆、平行线和等距曲线，可以在指定距离或通过一个点偏移对象。偏移对象后，可以使用修剪和延伸等方式来创建包含多条平行线和曲线的图形。

（4）修剪"TRIM"。

修剪对象以适合其他对象的边。要修剪对象，需选择边界，然后按 Enter 键并选择要修剪的对象。要将所有对象用作边界，需在首次出现"选择对象"提示时按 Enter 键。

（5）倒角"CHAMFER"。

给对象加倒角，将按用户选择对象的次序应用指定的距离和角度。

（6）镜像"MIRROR"。

创建选定对象的镜像副本，可以创建表示半个图形的对象，选择这些对象并沿指定的线进行镜像以创建另一半。

（7）圆角"FILLET"。

给对象加圆角，在此示例中，创建的圆弧与选定的两条直线均相切。直线被修剪到圆弧的两端。要创建一个锐角转角，需输入零作为半径。

2. 绘制主视图

（1）将"细点画线"层设置为当前层，单击"绘图"面板上的"直线"按钮，在绘图区适当位置绘制中心线。

（2）将"粗实线"层设置为当前层，打开状态栏的"正交"按钮、"对象捕捉"按钮、"对象捕捉追踪"按钮，单击"绘图"面板上的"直线"按钮，在中心线上捕捉起点，绘制连续直线，如图 7-50 所示。

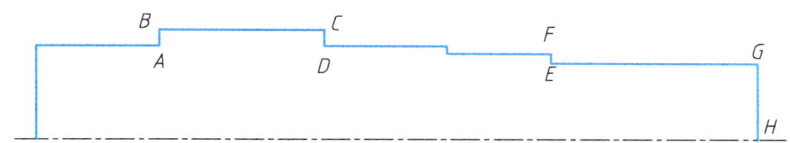

图 7-50　绘制直线

（3）单击"绘图"面板上的"直线"按钮，绘制竖直轮廓线。

（4）单击"修改"面板上的"偏移"按钮，将直线 AB、CD 和 EF、GH 分别向右、向左偏移，偏移距离为 9，将中心线向上偏移，偏移距离分别为 4、5。

（5）将偏移出来的两条点画线的图层修改为"粗实线"层。

（6）单击"修改"面板上的" 修剪 "按钮，修剪多余图线。

（7）单击"修改"面板上的" 倒角 "按钮，绘制倒角距离为 1 的倒角。

（8）单击"绘图"面板上的"直线"按钮，过倒角斜线的端点绘制竖直轮廓线。

（9）单击"修改"面板上的" 镜像 "按钮，以中心线为镜像线，镜像出蜗轮轴的下半部分图形，如图 7-51 所示。

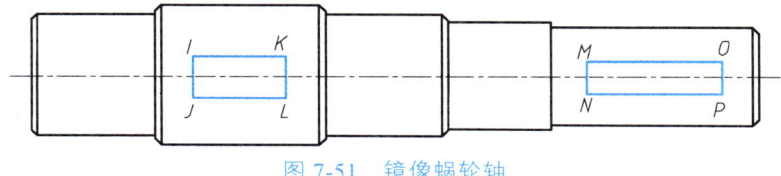

图 7-51　镜像蜗轮轴

（10）单击"修改"面板上的" 圆角 "按钮，在平行线 IJ 和 KL、MN 和 OP 之间绘制圆角，圆角半径为 R5 和 R4。

（11）单击"修改"面板上的"删除"按钮，删除直线 IJ 和 KL、MN 和 OP。

（12）绘制剖切符号和箭头，如图 7-52 所示。

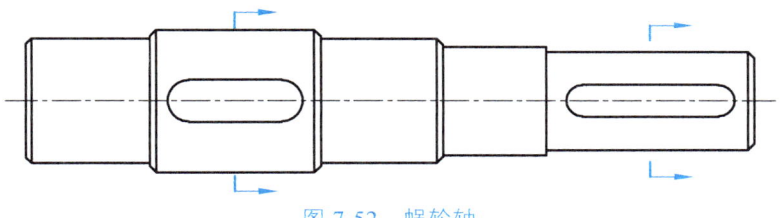

图 7-52　蜗轮轴

三、绘制断面图

（1）图案填充"HATCH"。

使用填充图案对封闭区域或选定对象进行填充，从下列方法中进行选择以指定图案填充的边界。

① 指定对象封闭的区域中的点；
② 选择封闭区域的对象；
③ 使用"HATCH"绘图选项指定边界点；
④ 将填充图案从工具选项板或设计中心拖动到封闭区域。

图案填充对话框如图 7-53 所示。

图 7-53　图案填充

注意：除了基本的图案填充外，AutoCAD 还支持渐变色填充。用户可以在填充对话框中选择渐变色选项卡，然后设置起始颜色和结束颜色，以及渐变的方向和方式。

另外，AutoCAD 还提供了自定义填充的功能。用户可以在填充对话框中选择自定义选项卡，然后创建自己的填充图案，并将其保存为自定义图案供以后使用。

（2）将"细点画线"层设置为当前层，单击"绘图"面板上的"直线"按钮，在剖切符号的延长线上绘制点画线。

（3）将"粗实线"层设置为当前层，单击"绘图"面板上的"圆"按钮，以点画线交点为圆心，绘制直径为 $\phi35$、$\phi25$ 的圆。

（4）单击"修改"面板上的"偏移"按钮，将直径为 $\phi35$ 圆的水平点画线对称偏移，偏移距离为 5，将竖直点画线向右偏移，偏移距离为 12.5；将直径为 $\phi25$ 圆的水平点画线对称偏移，偏移距离为 4，将竖直点画线向右偏移，偏移距离为 8.5。

（5）将偏移出来的点画线的图层修改为"粗实线"层。

（6）单击"修改"面板上的" 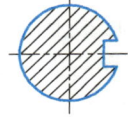 "按钮，修剪多余图线，得到键槽轮廓线。

（7）将"细实线"层设置为当前层，单击"绘图"面板上的"图案填充"按钮，绘制出剖面线，如图 7-54 所示。

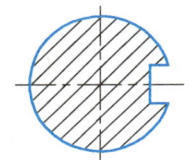

图 7-54　断面图

四、标注尺寸

（1）标注命令。

① 线性"DIMLINEAR"。

创建线性标注，使用水平、竖直或旋转的尺寸线创建线性标注。

② 已对齐"DIMALIGNED"。

创建对齐线性标注，创建与尺寸界线的原点对齐的线性标注。

③ 角度"DIMANGULAR"。

创建角度标注，测量选定的对象或 3 个点之间的角度；可以选择的对象包括圆弧、圆和直线等。

④ 弧长"DIMARC"。

创建弧长标注，弧长标注用于测量圆弧或多段线圆弧上的距离。弧长标注的尺寸界线可以正交或径向。在标注文字的上方或前面将显示圆弧符号。

⑤ 半径"DIMRADIUS"。

创建圆或圆弧的半径标注,测量选定圆或圆弧的半径,并显示前面带有半径符号的标注文字。可以使用夹点轻松地重新定位生成的半径标注。

⑥ 直径"DIMDIAMETER"。

创建圆或圆弧的直径标注,测量选定圆或圆弧的直径,并显示前面带有直径符号的标注文字。可以使用夹点轻松地重新定位生成的直径标注。

注释面板如图 7-55 所示。

图 7-55　注释面板

(2)单击"注释"面板上的"线性"按钮,标注线性尺寸,如图 7-56 所示。
(3)单击"注释"面板上的"线性"按钮,标注断面图中的尺寸,如图 7-56 所示。

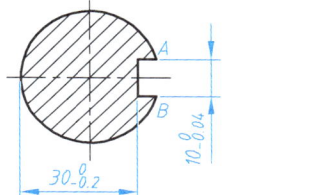 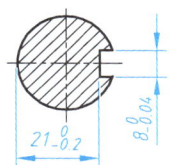

图 7-56　尺寸标注

五、标注表面粗糙度

(1)块命令。

在 AutoCAD 中,块命令是用于创建、插入、编辑和管理块(或称为图块、符号)的命令。块是一种将多个图形对象组合成一个单独实体的方法,可以方便地在 AutoCAD 图纸中重复使用。

① 创建块(BLOCK)。

a. 打开 AutoCAD 软件并进入绘图界面。

b. 选择"块"命令:可以通过菜单栏、工具栏或命令行来访问。在命令行中输入"B"并按回车键,或选择相应的块创建工具。

c. 定义块:在弹出的对话框中输入块的名称、基点坐标(块的参考点)以及其他可选设置。

d. 选择对象:在绘图区域中选择要包含在块中的图形对象。

e. 完成块的创建:确认选择后,点击"确定"或"创建"按钮。

② 插入块(INSERT)。

a. 打开包含要插入块的 AutoCAD 图纸。

b. 选择"插入"命令:同样可以通过菜单栏、工具栏或命令行来访问。在命令行中输入"I"并按回车键,或选择相应的插入块工具。

c. 选择块:在弹出的对话框中选择要插入的块名称。

d. 指定插入点:在绘图区域中指定块的插入位置。

e. 调整块的比例和旋转（可选）：根据需要，可以调整块的比例因子和旋转角度。

f. 完成块的插入：确认设置后，点击"确定"或"插入"按钮。

③ 编辑块（BEDIT）。

a. 选择"编辑块"命令：可以通过命令行输入"BE"并按回车键，或从菜单中选择相应的编辑块工具。

b. 选择要编辑的块：在绘图区域中选择要编辑的块实例。

c. 编辑块内容：进入块编辑器，可以对块内的图形对象进行编辑、添加或删除。

d. 保存更改：完成编辑后，保存块定义并退出块编辑器。

④ 重命名块（RENAME）。

a. 选择"重命名"命令：可以通过命令行输入"REN"并按回车键，或从菜单中选择相应的重命名工具。

b. 选择要重命名的块：在绘图区域中选择要重命名的块实例。

c. 输入新名称：在弹出的对话框中输入块的新名称。

d. 确认重命名：完成输入后，点击"确定"或"重命名"按钮。

（2）单击"块"面板上的"定义属性"，弹出"属性定义"对话框，在"属性"栏的"标记"中输入"粗糙度"，在"提示"中输入"请输入粗糙度值"，在"默认"中输入"12.5"。在"文字样式"下拉列表中选择"尺寸标注"，在"对正"下拉列表中选择"左对齐"，然后单击"确定"。

（3）将属性与图形一起创建成图块。单击"块"面板上的"创建"按钮，打开"块定义"对话框，在"名称"文本框中输入新建图块的名称"粗糙度"。单击"选择对象"，返回绘图窗口，并提示"选择对象"，选择粗糙度符号及属性。单击"拾取点"，返回绘图窗口，并提示"指定插入基点"，捕捉一点。单击"确定"，生成图块。

（4）单击"块"面板上的"插入块"按钮，打开"插入"对话框，在"名称"下拉列表中选择"粗糙度"，然后单击"确定"。

（5）用同样的方法标注其他的表面粗糙度，在主视图中标注粗糙度的结果如图 7-57 所示。

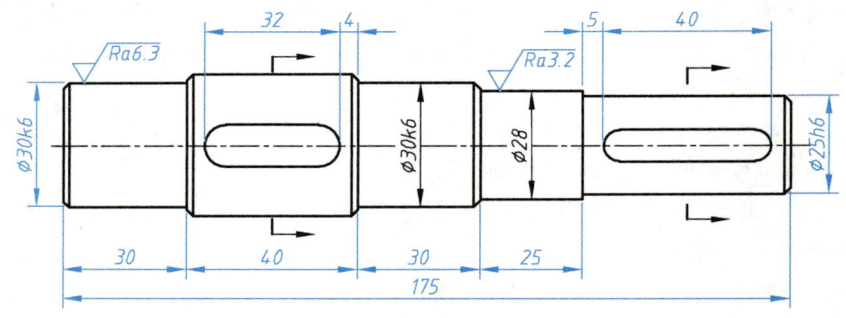

图 7-57　表面粗糙度标注

六、标注形位公差

（1）选择"注释"选项卡，单击"标注"面板上的"公差"按钮，弹出"形位公差"对话框，如图 7-58（a）所示。单击"符号"图标框，弹出"特征符号"对话框，如图 7-58（b）所示，在对话框中单击"同轴度"符号，该符号便显示在"形位公差"对话框中。单击"形位公差"对话框的"公差1"图标框，显示出直径符号"ϕ"，在"公差1"文本框中输入"0.03"，在

"基准1"文本框中输入字母"A",单击"确定"按钮,即可标注出同轴度。

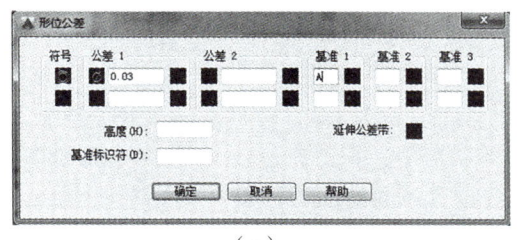

(a)

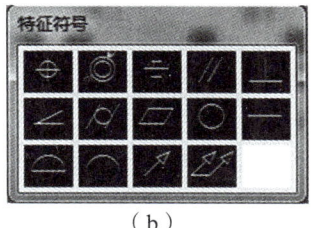

(b)

图 7-58 形位公差标注

(2)用同样的方法可以标注出跳动度,如图 7-59 所示。

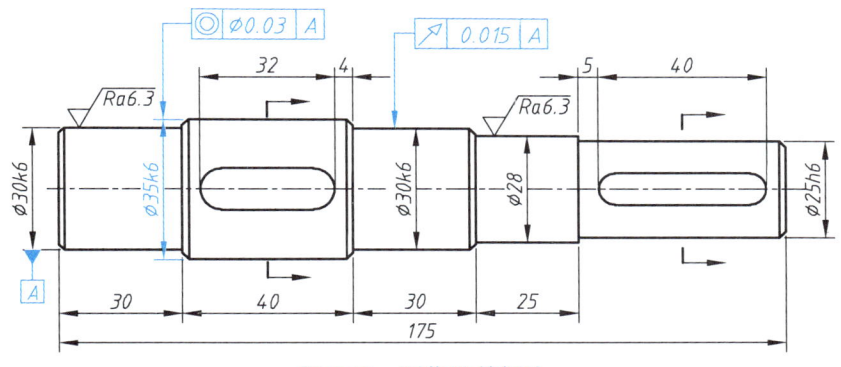

图 7-59 形位公差标注

七、输入技术要求

(1)文字命令直接输入:使用 AutoCAD 的文字命令(如 MT 命令)直接在图纸中输入技术要求的文字说明,并调整格式和位置。

(2)复制粘贴:如果其他图纸中已经有现成的技术要求,可以直接复制粘贴到当前图纸中。

(3)使用设计中心:将技术要求保存到设计中心,然后在需要的时候直接从设计中心插入到图纸中。

八、保 存

整理图形使其符合机械制图标准,完成后保存图形。

 **任务实施**

（1）启动 AutoCAD 软件：打开 AutoCAD 软件，准备开始绘制。
（2）新建空白文件：在菜单栏中选择"新建"，创建一个新的空白图纸。
（3）设置图层：根据需要设置不同的图层，如"中心线"图层、"轮廓线"图层等，以便于管理和编辑。
（4）绘制中心线：将"中心线"图层设为当前图层，使用"直线"命令，绘制垂直相交的中心线。
（5）绘制蜗轮轴的基本形状：使用"圆"命令，以中心线的交点为圆心，绘制蜗轮轴的基本形状。
（6）绘制细节特征：使用"直线""圆弧"等命令，根据蜗轮轴的设计要求，绘制细节特征，如轴线、轮廓线、孔位等。
（7）添加标注和文字说明：使用"标注"工具和"文字"工具，在图纸上添加尺寸标注、技术要求和其他必要的文字说明。
（8）调整和完善：对绘制的蜗轮轴零件图进行调整和完善，确保图纸的准确性和美观性。
（9）保存图纸：完成绘制后，保存图纸到指定的文件夹中。

任务二　用 AutoCAD 绘制端盖零件图

 **任务引入**

随着机械制造业的快速发展，端盖零件作为机械设备的重要组成部分，其需求量不断增加。因此，提高端盖零件图的绘制效率和质量，对满足市场需求、提升企业竞争力具有重要意义。本任务的主要目标旨在利用 AutoCAD 软件绘制出符合要求的端盖零件图，为后续加工和装配提供准确的图纸依据。

 **任务分析**

该端盖零件图采用两个基本视图表达，主视图按加工位置选择，轴线水平放置，并采用两相交剖切平面的全剖视图，以表达端盖上孔的内部结构。左视图则表达端盖的基本外形和四个圆孔、四个阶梯孔的分布情况，如图 7-60 所示。绘制图形时，先绘制出图框和标题栏，再绘制主视图和左视图，最后标注尺寸、尺寸公差、形位公差、表面结构要求和其他技术要求等内容。

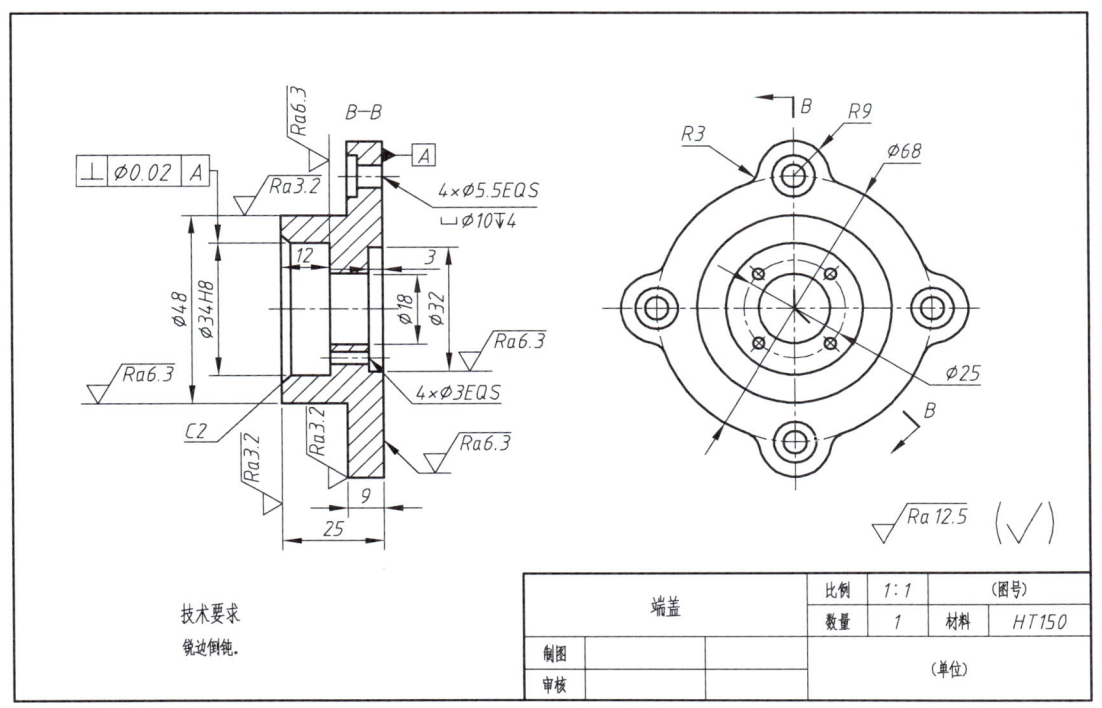

图 7-60　端盖零件图

知识链接

一、绘制图框和标题栏

绘制端盖零件图

启动 AutoCAD 2020，选择文件→新建→打开 A4 样板，绘制图框和标题栏。

二、绘制左视图

1. 命令应用

（1）圆命令。

① 圆心，半径"CIRCLE"：用圆心和半径创建圆，如图 7-61（a）所示。
② 圆心，直径"CIRCLE"：用圆心和直径创建圆，如图 7-61（b）所示。
③ 两点"CIRCLE"：用直径的两个端点创建圆，如图 7-61（c）所示。
④ 三点"CIRCLE"：用圆周上的三个点创建圆，如图 7-61（d）所示。
⑤ 相切，相切，半径"CIRCLE"：以指定半径创建相切于两个对象的圆，如图 7-61（e）所示。
⑥ 相切，相切，相切"CIRCLE"：创建相切于三个对象的圆，如图 7-61（f）所示。

229

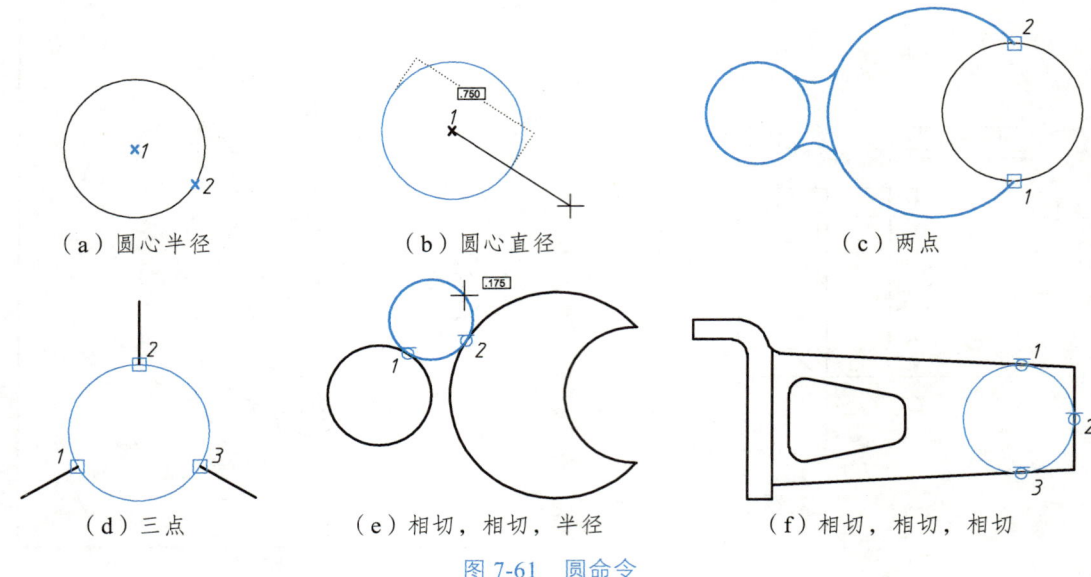

图 7-61 圆命令

(2) 旋转命令。

① 选择对象：在 AutoCAD 软件中选择需要旋转的对象。

② 进入旋转命令：在命令行中输入"ROTATE"或者按下快捷键"R"或者"RO"，以进入旋转命令模式。

③ 指定基点：在命令提示下，选择对象的原始基点，这是对象将要围绕其进行旋转的点。

④ 指定旋转角度：输入旋转角度或者使用鼠标手动指定旋转角度。这可以通过两种方式实现：一种是直接在命令行中输入想要进行旋转的角度；另一种是确定了旋转的中心点后拖动鼠标，直到对象达到所需旋转的角度再点击确认。

⑤ 确认旋转：在命令提示下，确认旋转操作。此时，对象将按照指定的角度进行旋转，如图 7-62 所示。

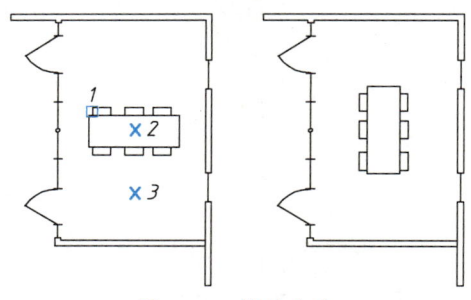

图 7-62 旋转命令

除了基本的旋转操作，AutoCAD 还提供了一些高级选项，如复制旋转和参照旋转。复制旋转可以在旋转的同时复制选定的对象，而参照旋转允许用户指定一个参考角度，然后设置一个新的旋转角度。

注意：在使用旋转命令时，建议先将对象锁定，以避免在旋转过程中被误操作。同时，熟练掌握 AutoCAD 软件的快捷键，如"RO"或"ROTATE"，可以极大地提高工作效率。

（3）阵列命令。

① 矩形阵列"ARRAYRECT"。

按任意行、列和层级组合分布对象副本，创建选定对象的副本的行和列阵列，如图7-63（a）所示。

② 路径阵列"ARRAYPATH"。

沿整个路径或部分路径平均分布对象副本，路径可以是直线、多段线、三维多段线、样条曲线、螺旋、圆弧、圆或椭圆，如图7-63（b）所示。

③ 环形阵列"ARRAYPOLAR"。

绕某个中心点或旋转轴形成的环形图案平均分布对象副本，通过围绕指定的中心点或旋转轴复制选定对象来创建阵列，如图7-63（c）所示。

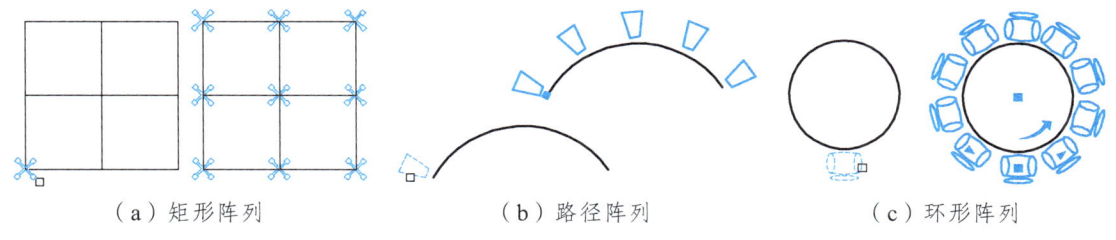

（a）矩形阵列　　　　　　（b）路径阵列　　　　　　（c）环形阵列

图7-63　阵列命令

2. 绘制左视图

（1）将"细点画线"层设置为当前层，打开状态栏的"正交"按钮、"对象捕捉"按钮、"对象捕捉追踪"按钮，单击"绘图"面板上的"直线"按钮，在绘图区适当位置绘制中心线。

（2）将"粗实线"层设置为当前层，单击"绘图"面板上的"圆"按钮，绘制直径为ϕ18、ϕ25、ϕ34、ϕ48和ϕ68的同心圆，将直径为ϕ25的圆修改为"细点画线"层。

（3）单击"绘图"面板上的"圆"按钮，捕捉点画线交点，绘制直径为ϕ3的四个圆孔。

（4）单击"修改"面板上的"旋转"按钮，将四个直径为ϕ3的圆旋转45°，如图7-64所示。

（5）单击"绘图"面板上的"圆"按钮，绘制直径为ϕ5.5、ϕ10，半径为R9的同心圆。单击"绘图"面板上的"相切，相切，半径"按钮，绘制半径为R3的圆。

（6）单击"修改"面板上的"环形阵列"按钮，将同心圆环形阵列。

（7）单击"修改"面板上的"修剪"按钮，修剪多余图线，如图7-65所示。

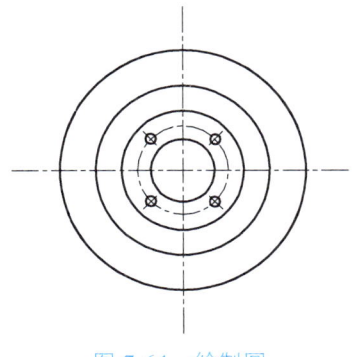

图7-64　绘制圆

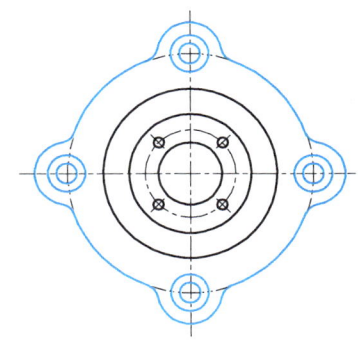

图7-65　绘制左视图

三、绘制主视图

1. 命令应用

（1）辅助线。

① 直线命令（Line）：这是 AutoCAD 软件中最基础的绘图命令之一。通过按下快捷键"L"或者在命令行输入"Line"，可以激活直线命令，用于绘制直线作为辅助线。

② 二维构造线命令（Construction line）：此命令可以帮助用户绘制出多个互相垂直或平行的辅助线。通过按下快捷键"X"或者在命令行输入"Xline"，可以激活二维构造线命令。

③ 多段线命令（Polyline）：这个命令可以在一个对象中绘制多个相连的线段，适用于绘制复杂的辅助线形状。通过按下快捷键"PL"或者在命令行输入"Polyline"，可以激活多段线命令。

（2）特定辅助线。

还有一些特定的辅助线命令，如：

① 快捷命令 REV：用于绘制云线。

② 快捷命令 CL：用于绘制对中线。

③ 快捷命令 UL：用于绘制截断线。

④ 快捷命令 ULL：用于绘制双截断线。

⑤ 快捷命令 TL：用于绘制转折线。

⑥ 快捷命令 DQ：用于绘制对齐线。

2. 绘制主视图

（1）将"细点画线"层设置为当前层，利用"直线"命令和"对象捕捉追踪"模式绘制主视图的水平中心线。

（2）将"粗实线"层设置为当前层，单击"绘图"面板上的"直线"按钮，绘制连续轮廓线。

（3）单击"修改"面板上的"偏移"按钮，将左侧轮廓线向右偏移，偏移距离为 12，将右侧轮廓线向左偏移，偏移距离为 3，将水平中心线向上偏移，偏移距离为 9，并将偏移后的图线修改为"粗实线"层。

（4）单击"修改"面板上的" 倒角 "按钮，绘制倒角距离为 2 的倒角。

（5）单击"修改"面板上的" 修剪 "按钮，修剪多余图线。

（6）单击"修改"面板上的" 镜像 "按钮，镜像出端盖下半部分的轮廓线。

（7）将"细点画线"层设置为当前层，单击"绘图"面板上的"直线"按钮，绘制辅助线。

（8）单击辅助线，利用夹点方式调整点画线的长度，如图 7-66 所示。

（9）单击"修改"面板上的"偏移"按钮，将调整后的点画线对称偏移，偏移距离为 5、2.75、1.5，将右侧轮廓线向左偏移，偏移距离为 5。

（10）将偏移后的点画线修改为"粗实线"层。单击"修改"面板上的" 修剪 "按钮，修剪多余图线。

（11）将"填充"层设置为当前层，单击"绘图"面板上的"图案填充"按钮，绘制剖面线。

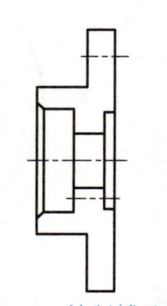

图 7-66　绘制辅助线

四、标注尺寸

1. 沉头孔命令应用

在 AutoCAD 中标注沉头孔,通常可以采用以下两种方法:

(1)第一种方法:

① 打开 AutoCAD 软件,选择需要标注的沉头孔。

② 在"标注"工具栏中选择"直径"按钮。

③ 在绘图界面中选定沉头孔的直径,点击确定后,会出现直径标注。

④ 双击直径标注,进入编辑模式。

⑤ 在"属性管理器"窗口中,找到"文字"选项卡,将"粗体"选项打钩,并设置合适的"高度"值,例如 2.5 mm。

⑥ 在"内容"选项卡中,将"内容"更改为"沉头孔ϕXXϕYY",其中 XX 为孔底直径,YY 为孔口直径,例如"沉头孔ϕ8ϕ10"。

⑦ 点击确定后,沉头孔的标注就完成了。

沉头孔符号如图 7-67 所示。

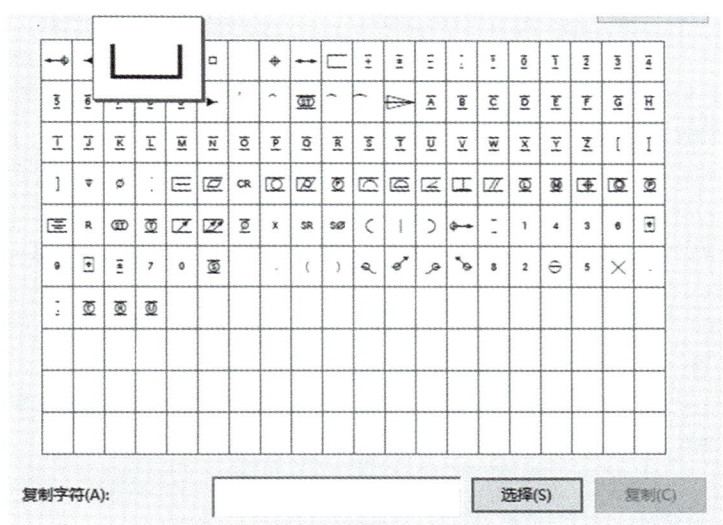

图 7-67 沉头孔符号

(2)第二种方法:

① 打开 AutoCAD 软件,在命令行中输入"DIMDIAMETER",并按回车键。

② 选择需要标注的沉头孔。

③ 指定标注的位置,并按回车键。

④ 在命令行中输入沉头孔的直径,并按回车键。

⑤ 在命令行中输入标注文字,如"沉头孔ϕ8ϕ10",并按回车键即可完成标注。

2. 标注尺寸

标注零件图上的尺寸,如图 7-68 所示。

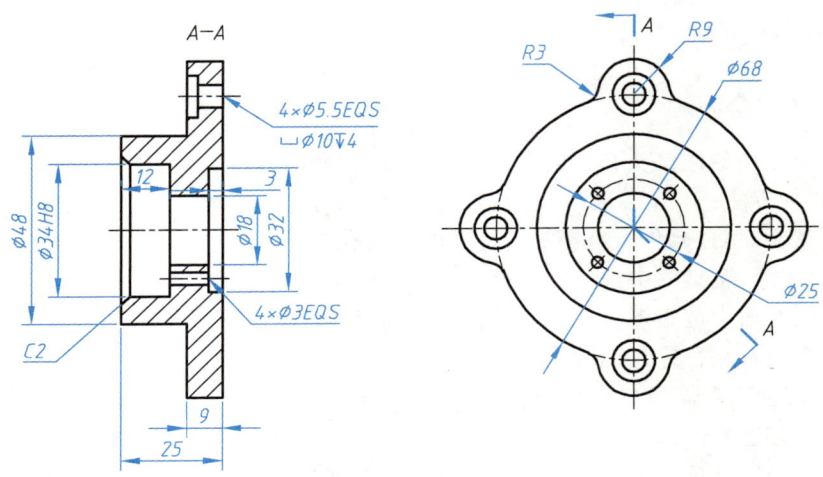

图 7-68 尺寸标注

五、标注表面粗糙度、形位公差

1. 剖切命令应用

在 AutoCAD 中，剖切符号是用于表示图形剖切位置和方向的标记。剖切符号的绘制通常涉及使用直线和引线工具来创建特定的标记和指示。

使用直线工具绘制剖切线：在 AutoCAD 的工具栏中选择直线工具，并沿着剖切线的位置绘制一条直线。这条直线表示剖切的位置。

输入指令绘制引线：在编辑区中输入特定的指令（如"LE"或"LEADER"），按下空格键或回车键执行该指令。

绘制引线并指示剖切方向：使用引线工具在剖切线上绘制一条引线，该引线应指向剖视图的方向。引线可以用于标注或说明剖切的方向和位置。

除了手动绘制剖切符号外，一些 AutoCAD 软件还提供了专门的剖切符号工具或命令，可以更方便地创建标准的剖切符号。

2. 标注表面粗糙度、形位公差

标注零件图上的表面粗糙度、形位公差，绘制基准及剖切符号，如图 7-69 所示。

六、输入技术要求

输入零件的技术要求。

七、保 存

整理图形使其符合机械制图标准，完成后保存图形。

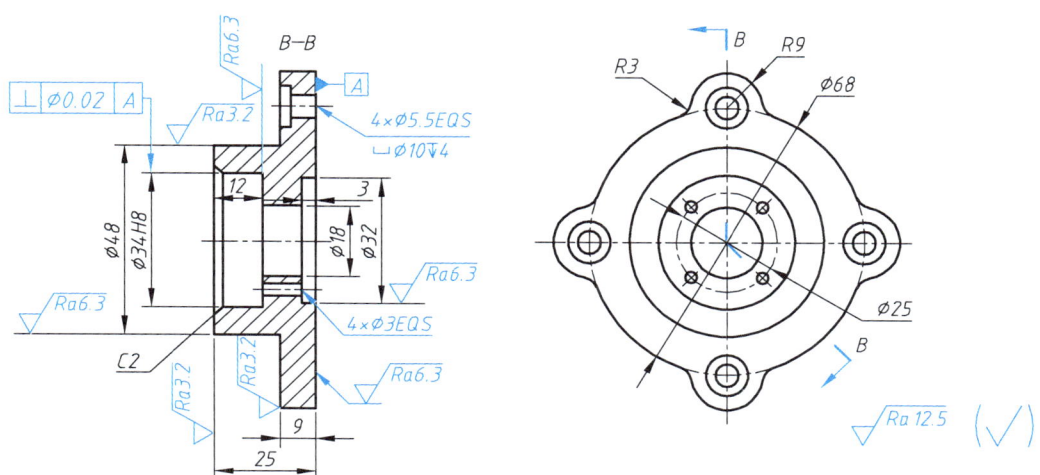

图 7-69 形位公差标注

 任务实施

一、准备工作

在开始使用 AutoCAD 软件绘制端盖零件图之前，需要了解端盖的详细尺寸和技术要求。

二、创建绘图环境

（1）打开 AutoCAD 软件，并创建一个新的绘图文件。
（2）根据需要，设置绘图单位、图层和视图比例等参数。

三、绘制基础轮廓

（1）使用"圆"命令（快捷键 C）绘制端盖的外轮廓。根据给定的直径，在适当的位置绘制一个圆。
（2）使用"偏移"命令（快捷键 O）和"直线"命令（快捷键 L）绘制端盖的侧壁。根据端盖的高度和壁厚，从圆的边缘偏移出侧壁的轮廓线。

四、绘制细节特征

（1）根据端盖的设计要求，使用"圆"命令（快捷键 C）绘制端盖上的孔或其他细节特征。根据给定的孔径和孔间距，在适当的位置绘制圆形。
（2）使用"修剪"命令（快捷键 TR）和"删除"命令（快捷键 E）修剪多余的线段，使轮廓和细节特征更加清晰。

五、添加尺寸标注

（1）使用"尺寸"命令（快捷键 D）为端盖零件图添加必要的尺寸标注。根据给定的尺寸，选择适当的标注类型（如直径标注、线性标注等），并在图纸上添加相应的尺寸标注。

（2）根据需要，调整标注的位置、大小和方向，以确保清晰易读。

六、添加技术要求和注释

（1）使用"文本"命令（快捷键 T）在图纸上添加技术要求和注释。这些要求可能包括材料类型、表面处理、公差范围等。

（2）选择适当的字体、大小和位置，以确保技术要求和注释清晰可读。

七、创建标题栏和边框

（1）使用"线"命令（快捷键 L）和"文本"命令（快捷键 T）创建标题栏和边框。在图纸的顶部或底部绘制一个矩形框，作为标题栏。

（2）在标题栏中添加图纸的标题、设计者信息、日期等必要内容。

八、保存和导出图纸

（1）在完成端盖零件图的绘制后，务必保存绘图文件。选择适当的文件格式（如 DWG、DXF 等）和保存位置，为文件命名一个清晰、描述性的文件名。

（2）如果需要将图纸导出为其他格式（如 PDF、JPG 等），可以使用 AutoCAD 的导出功能。选择适当的导出选项和设置，将图纸导出到所需的位置。

项目八　标准件与常用件的绘制

项目分析

在各种机器、仪表及设备中，螺纹紧固件、键、销、齿轮、滚动轴承、弹簧等零件都被广泛应用，它们中有些结构、尺寸、规格和质量已全部标准化了，称为标准件；有的重要参数已标准化了，称为常用件。本项目将介绍一些标准件和常用件的结构、规定画法、代号和标注等内容。

学习目标

（1）熟悉螺纹的基础知识；
（2）掌握螺纹的规定画法；
（3）了解螺纹的种类；
（4）掌握螺纹的标注方法；
（5）掌握螺纹紧固件的连接画法；
（6）熟悉键的种类与标记，掌握键槽和普通平键连接的画法；
（7）熟悉销的种类、标记及画法；
（8）了解常用滚动轴承的结构与分类，熟悉其代号与画法；
（9）掌握圆柱螺旋压缩弹簧的各部分名称、尺寸关系及规定画法；
（10）能够熟练绘制外螺纹、内螺纹和螺纹旋合；
（11）能够正确绘制常用螺纹紧固件的连接；
（12）能够正确绘制键和销并进行尺寸标注；
（13）能够正确绘制圆柱螺旋压缩弹簧。

课题一　绘制螺纹紧固件连接的视图

各种机器或部件都是由若干零件组装而成的。如图 8-1 所示，其中包含螺栓、螺柱、螺钉，螺母、垫圈、键、销和轴承等机件，其结构、尺寸等都已标准化，故称为标准件；还有如齿轮、弹簧等机件，其结构、尺寸部分标准化，故称为常用件。在工程图样中，这些机件不需要画出其真实结构的投影，只需按国家标准的规定画法绘制，并按国家标准的规定代号或标记方法进行标注即可。

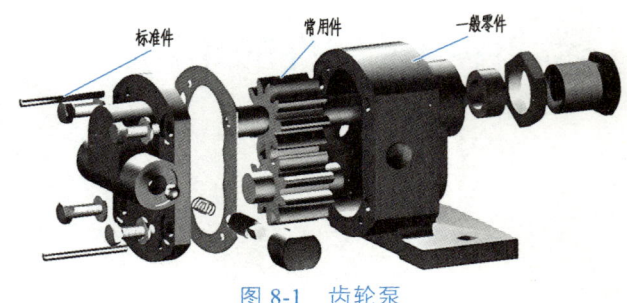

图 8-1 齿轮泵

任务一　绘制螺栓连接图

 任务引入

螺栓连接是工程上经常使用的一种连接方式，一般是两个不太厚的零件用螺栓连接在一起，两个零件都钻成通孔。试根据图 8-2（a）所示螺栓连接的结构示意图，补画图 8-2（b）中的漏线。

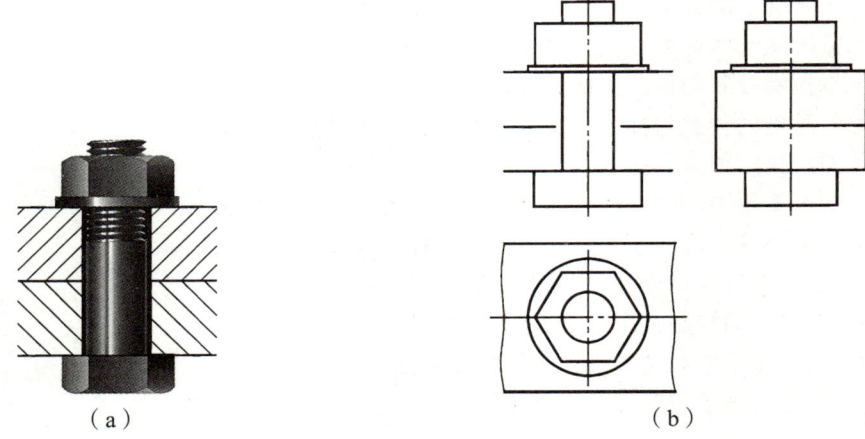

（a）　　　　　　　　　　　　（b）

图 8-2　螺栓连接的结构示意

 任务分析

螺栓连接由螺栓、螺母、垫圈等标准件组成，其连接特点是：两个被连接件上加工出通孔，其直径略大于螺纹外径，装配后通孔与螺杆之间有间隙，在画图时要充分注意并合理表达。

知识链接

一、螺纹及螺纹紧固件

一个平面图形(如三角形、梯形等)沿着圆柱或圆锥表面上的螺旋线运动所形成的具有规定形状的连续凸起和沟槽称为螺纹。螺纹有外螺纹和内螺纹两种,成对使用。在圆柱或圆锥外表面形成的螺纹称为外螺纹,在内孔表面形成的螺纹称为内螺纹,如图 8-3 所示。

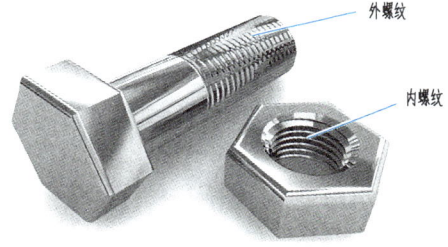

图 8-3　螺纹

1. 螺纹的形成

如图 8-4 所示为内、外螺纹常见的加工方法。

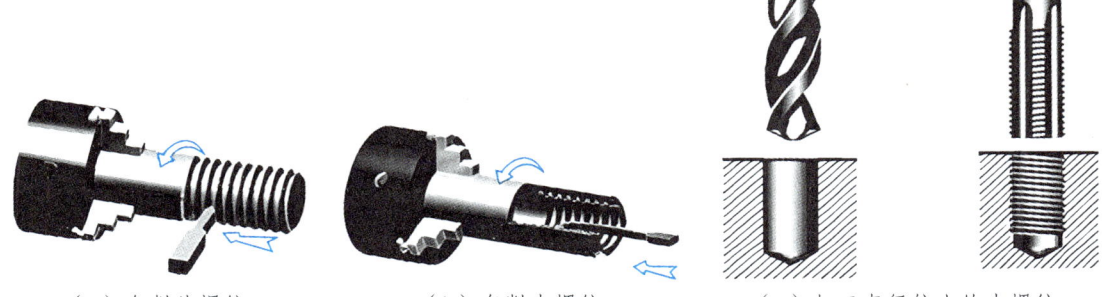

(a) 车削外螺纹　　(b) 车削内螺纹　　(c) 加工直径较小的内螺纹

图 8-4　螺纹的加工方法

2. 螺纹的基本要素

(1) 牙型。螺纹的牙型是指螺纹轴向剖面的形状。常用的牙型有三角形、梯形、锯齿形、矩形等,如图 8-5 所示。不同的螺纹牙型有不同的用途。

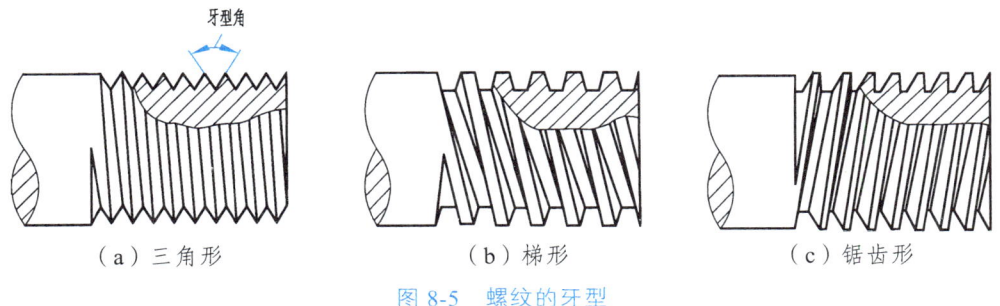

(a) 三角形　　(b) 梯形　　(c) 锯齿形

图 8-5　螺纹的牙型

（2）直径。螺纹的直径有三个：大径、小径、中径（见图 8-6）。

① 与外螺纹牙顶或与内螺纹牙底相重合的假想圆柱面的直径称为大径（d 或 D）。

② 与外螺纹牙底或与内螺纹牙顶相重合的假想圆柱面的直径称为小径（d_1 或 D_1）。

③ 一个假想圆柱面的直径，该圆柱面的母线通过牙型上沟槽和凸起宽度相等处的直径称为中径（d_2 或 D_2）。

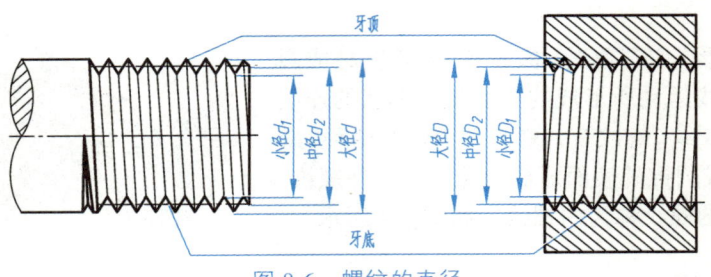

图 8-6 螺纹的直径

代表螺纹尺寸的直径称公称直径，除管螺纹外，公称直径均指螺纹的大径。

（3）线数。形成螺纹时螺旋线的条数称为线数（n）。沿一条螺旋线形成的螺纹称为单线螺纹，沿两条或两条以上的螺旋线形成的螺纹称为多线螺纹，如图 8-7 所示。

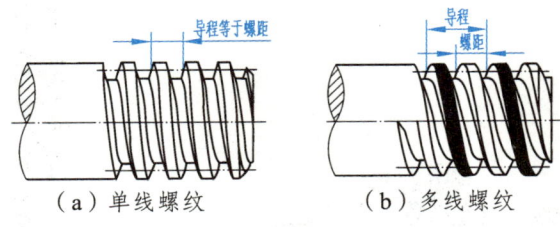

（a）单线螺纹　　（b）多线螺纹

图 8-7 螺纹的线数、导程和螺距

（4）螺距和导程。相邻两牙在中径线上对应两点间的轴向距离称为螺距（P）。同一条螺旋线上相邻两牙在中径线上对应两点间的轴向距离称为导程（P_h）（见图 8-7）。导程、螺距和线数的关系为 $P_h=nP$。

（5）旋向。螺纹有左旋和右旋之分。螺纹按顺时针方向旋进的，称为右旋螺纹；按逆时针方向旋进的，称为左旋螺纹，如图 8-8 所示。

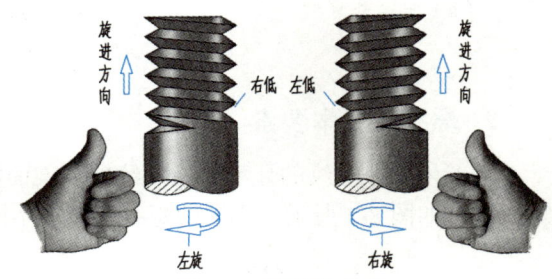

图 8-8 螺纹的旋向

二、螺纹的规定画法

为了作图方便，国家标准规定了螺纹的规定画法。

1. 外螺纹的画法

如图 8-9（a）所示，在投影为非圆视图中，牙顶线（大径）用粗实线表示，牙底线（小径）用细实线表示，并画入倒角为止，其大小约为大径的 0.85 倍，螺纹终止线用粗实线画出。在投影为圆的视图中,牙顶线(大径)用粗实线圆表示,牙底线(小径)用约 3/4 圈细实线圆表示,倒角圆省略不画。

如图 8-9(b)所示的外螺纹剖视图中,螺纹终止线只画出牙底到牙顶的一小段粗实线,剖面线画到粗实线为止。

图 8-9　外螺纹的画法

2. 内螺纹的画法

如图 8-10 所示,在投影为非圆剖视图中,牙底线(大径)用细实线表示;牙顶线(小径)和螺纹终止线用粗实线表示。在投影为圆的视图中,牙顶线(小径)用粗实线圆表示,牙底线(大径)用约 3/4 圈细实线圆表示,倒角圆省略不画,剖面线画到粗实线为止。

如图 8-11 所示的螺纹盲孔画法,钻头头部形成的锥顶角画成 120°。内螺纹不剖时,与轴线平行的视图上,所有图线均用虚线表示,如图 8-12 所示。

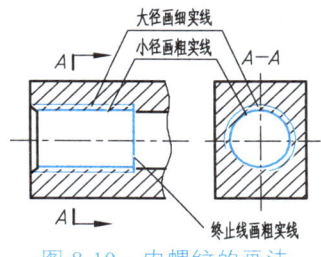

图 8-10　内螺纹的画法

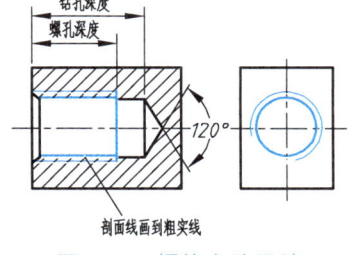

图 8-11　螺纹盲孔画法

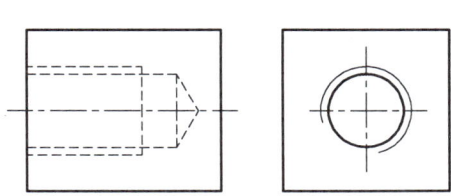

图 8-12　螺纹盲孔不剖的画法

3. 内、外螺纹连接画法

五要素相同的内、外螺纹可旋合使用。如图 8-13 所示,在螺纹旋合部分按外螺纹画法绘制,其余部分按各自的画法表示。

画图时应注意以下几点:

(1)当剖切面通过实心螺杆轴线时,实心杆按不剖绘制。

(2)同一零件在各个剖视图中剖面线的方向和间距应一致;在同一剖视图中,相邻零件的剖面线方向和间距应不同。

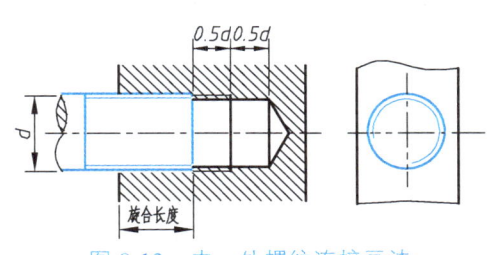

图 8-13　内、外螺纹连接画法

241

（3）内、外螺纹的大径线和小径线应分别对齐。
（4）内、外螺纹旋合时，一般采用剖视图表示。

三、螺纹的种类与标记

1. 螺纹的种类

螺纹按用途分为连接螺纹和传动螺纹两大类。连接螺纹起连接作用；传动螺纹用于传递运动和动力。常用螺纹分类如下：

（1）按牙型分类。
① 三角形螺纹：最常用的螺纹形式，具有自锁性，用于连接或紧固零件。
② 梯形螺纹：又称爱克姆螺纹，具有传动效率高、承载能力大等特点，常用于传动机构。
③ 锯齿形螺纹：又称斜方螺纹，只适于单方向传动，常用于单向受力的传动机构。
④ 矩形螺纹：传动效率大，仅次于滚珠螺纹，但磨损后无法用螺帽调整。
⑤ 圆弧螺纹：具有圆弧形状的牙型，适用于一些特殊场合。

（2）按螺纹旋向分类。
① 左旋螺纹：逆时针旋转时旋入的螺纹。
② 右旋螺纹：顺时针旋转时旋入的螺纹。

（3）按螺旋线条数分类。
① 单线螺纹：沿一条螺旋线形成的螺纹。
② 多线螺纹：沿轴向等距分布的两条或两条以上的螺旋线形成的螺纹，常用于需要快速旋入或旋出的场合。

（4）按螺纹母体形状分类。
① 圆柱螺纹：母体形状为圆柱形的螺纹。
② 圆锥螺纹：母体形状为圆锥形的螺纹，常用于需要锥度配合的场合。

此外，根据用途和标准的不同，螺纹还可以分为普通螺纹、传动螺纹、密封螺纹等多种类型。普通螺纹主要用于连接或紧固零件，传动螺纹主要用于传递运动和动力，密封螺纹则主要用于密封连接。

（5）按牙型、大径、螺距是否符合国家标准分类。
① 三者都符合国家标准的，称为标准螺纹。
② 只有牙型符合国家标准的，称为特殊螺纹。
③ 三者都不符合国家标准的，称为非标准螺纹。

2. 螺纹的标注

螺纹按国标的规定画法画出后，图上并未表明牙型、螺距、线数和旋向等结构要素，因此，需要用标注代号或标记的方式在图样中进行标注。对于成品的精度要求，即螺纹的公差，还需注出螺纹公差带代号和螺纹旋合长度。

螺纹公差带代号由表示其大小的公差等级（以数字表示）和代表公差带位置的字母组成，如 6g、6H 等；旋合长度有长（用 L 表示）、中（用 N 表示）、短（用 S 表示）之分。

（1）普通螺纹（GB/T 196—2025、GB/T 197—2018）。

普通螺纹分粗牙和细牙两种，同一公称直径的粗牙普通螺纹的螺距只有一种尺寸规格，因此标注时，粗牙不标螺距，细牙要标螺距。通常细牙螺纹多用于细小的精密零件和薄壁零件上。

其标记内容及格式如图 8-14 所示。

| 螺纹特征代号 | 尺寸代号 |-| 中径和顶径公差带代号 |-| 旋合长度代号 |-| 旋向代号 |

图 8-14 螺纹标记内容及格式

① 螺纹特征代号因螺纹种类不同而采用不同字母。例如，普通螺纹的特征代号为 M，梯形螺纹的特征代号为 Tr。

② 单线螺纹的尺寸代号为"公称直径×螺距"。普通螺纹的螺距有粗牙和细牙两种，粗牙螺纹不标注螺距，细牙螺纹要标注螺距。多线螺纹的尺寸代号为"公称直径×P_h 导程 P 螺距"，如果没有误解风险，可以省略导程代号 P_h。公称直径、导程、螺距的单位均为毫米（mm）。

③ 螺纹公差带代号包括中径和顶径公差带代号，如 5g6g，前两位为中径公差带代号，后两位为顶径公差带代号。如果中径与顶径公差带代号相同，则只标注一个代号。最常用的中等公差精度的普通螺纹（公称直径≤1.4 的 5H、6h 和公称直径≥1.6 的 6H、6g），可不标注公差带代号。内螺纹的公差带代号为大写字母，外螺纹为小写字母。

④ 普通螺纹的旋合长度规定为短（S）、中（N）、长（L）三组，中等旋合长度（N）不必标注。

⑤ 左旋螺纹要注写 LH，右旋螺纹不注。

（2）管螺纹（GB/T 7307—2001，GB/T 7306.1~7306.2—2000）。

管螺纹是用于管子连接的螺纹，有非螺纹密封管螺纹（GB/T 7307—2001）和螺纹密封管螺纹（GB/T 7306.1—2000，GB/T 7306.2—2000）。非螺纹密封管螺纹连接由圆柱外螺纹和圆柱内螺纹旋合获得，密封管螺纹由圆锥外螺纹和圆锥内螺纹或圆柱内螺纹旋合获得，圆锥螺纹设计牙型的锥度为 1∶16。

非螺纹密封的管螺纹的尺寸代号与带有外螺纹的管子的孔径的英寸数相近，不是管螺纹的大径。管螺纹的直径通过查国家标准确定。

螺纹密封的管螺纹不需要标注公差等级。非螺纹密封的内管螺纹公差等级只有一种，不需要标注，而外管螺纹公差等级有 A、B 两种，需要标注。

（3）梯形螺纹（GB/T 5796.4—2022）。

梯形螺纹用来传动双向动力，如机床的丝杠。

（4）锯齿形螺纹（GB/T 13576.1~13576.4—2008）。

锯齿形螺纹用来传动单向动力，如千斤顶中的螺杆。其标记内容及格式与梯形螺纹相同。

【例】解释螺纹标记 M20×1.5－5g6g－S－LH 中各符号代表的含义。

解释：

· M 为普通螺纹特征代号；

· 公称直径为 20 mm，细牙，螺距为 1.5 mm；

· 中径公差带代号为 5g，顶径公差带代号为 6g；

· 短旋合长度；

· 左旋。

各种常用螺纹的分类、特征代号及标记示例见表 8-1。

表 8-1 常用螺纹的种类和标记示例

螺纹种类		特征代号	标记示例	说　明	用　途
连接螺纹	普通螺纹	M	粗牙 M20-6g	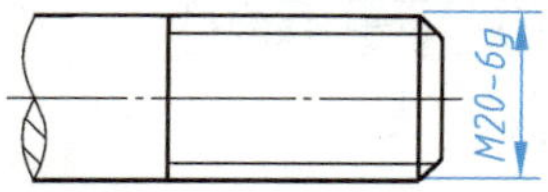 粗牙普通螺纹，公称直径为20 mm，螺纹中、顶径公差带代号均为6g，中等旋合长度，右旋	普通螺纹主要用于紧固连接，其牙型角为60°，螺纹分为粗牙和细牙。粗牙螺纹的直径和螺距的比例适中，强度好；细牙螺纹用于薄壁零件和轴向尺寸受限制的场合或用于微调机构
			细牙 M16×1.5-6H-L	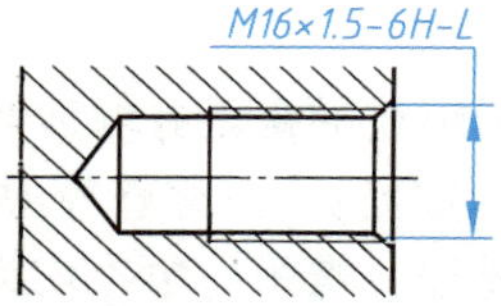 细牙普通螺纹，公称直径为16 mm，螺距为1.5 mm，螺纹中、顶径公差带代号均为 6H，长旋合长度，右旋	
	管螺纹	G	55°非密封管螺纹 G1/2A G1/2	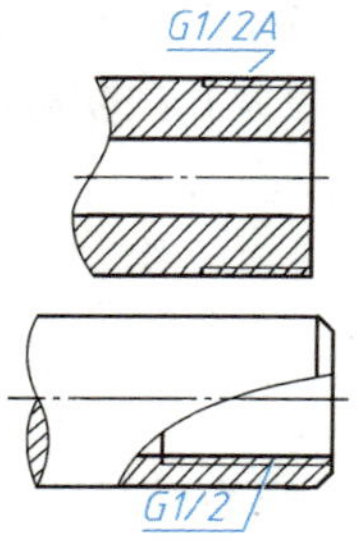 55°非密封管螺纹外螺纹有A、B两种公差等级，公差等级代号标注在尺寸代号之后。例如，G1/2A：G 表示55°非密封管螺纹，1/2 为尺寸代号，尺寸代号无单位，表示管子外径的英寸数，公差等级为 A，右旋。55°非密封管螺纹内螺纹只有一种公差等级，可省略不标，如 G1/2	管螺纹主要用于管道的连接，使内外螺纹的配合紧密，有直管螺纹和锥管螺纹两种。在液压系统、气动系统、润滑附件和仪表等管道连接中，常用管螺纹。管螺纹标注时，标记要从螺纹的大径引出
		Rp Rc R1 R2	55°密封管螺纹 Rc1/2	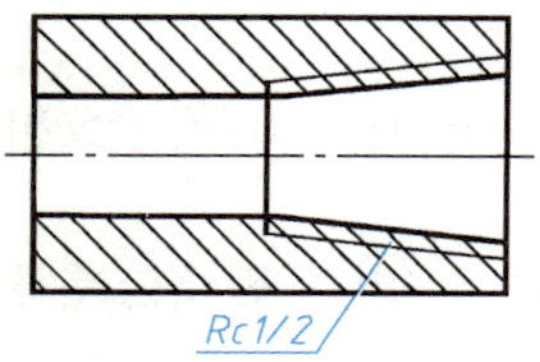 55°密封管螺纹圆柱内、外螺纹只有一种公差等级，可省略不标。圆柱内螺纹代号为 Rp，圆锥内螺纹代号为 Rc，R1 和 R2 分别表示与圆柱和圆锥配合的圆锥外螺纹代号。例如，Rc1/2：Rc 表示55°密封圆锥内螺纹，尺寸代号为 1/2，右旋	
传动螺纹	梯形螺纹	Tr	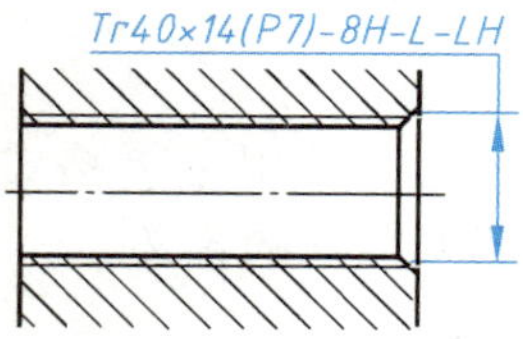 Tr40×14(P7)-8H-L-LH	双线梯形螺纹，公称直径为40 mm，导程为 14 mm，螺距为 7 mm，中径公差带代号为8H，长旋合长度，左旋	梯形螺纹是最常用的传动螺纹，用来传递双向动力，如机床的丝杠等
	锯齿形螺纹	B	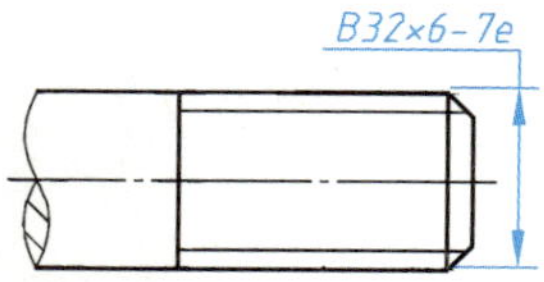 B32×6-7e	锯齿形螺纹，公称直径为32 mm，单线螺纹，螺距为6 mm，中径公差带代号为 7e，中等旋合长度，右旋	锯齿形螺纹只适用于承受单方向的轴向载荷，如千斤顶中的螺杆等

至于非标准螺纹，也可以按规定画法画出，但必须画出牙型和注出所需要的尺寸及有关要求，如图 8-15 所示。

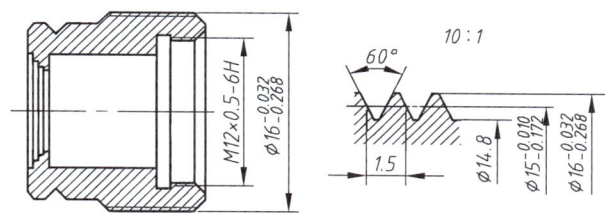

图 8-15 非标准螺纹的画法和标注

需要时，在装配图中应标注螺纹副的标记。该标记的标注方法与螺纹标记的标注方法相同，如图 8-16 所示。

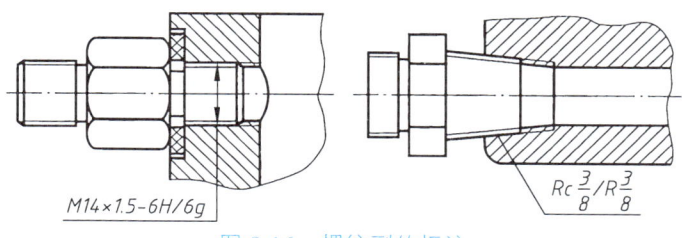

图 8-16 螺纹副的标注

任务二　绘制双头螺柱连接图

一、螺纹紧固件的种类与标记

常用螺纹紧固件有螺栓、螺柱、螺钉、螺母和垫圈等，如图 8-17 所示。它们属于标准件，其结构尺寸都已标准化，使用时可以从相应的标准中查出所需的结构尺寸。常用螺纹紧固件的结构形式和标记示例如表 8-2 所示。

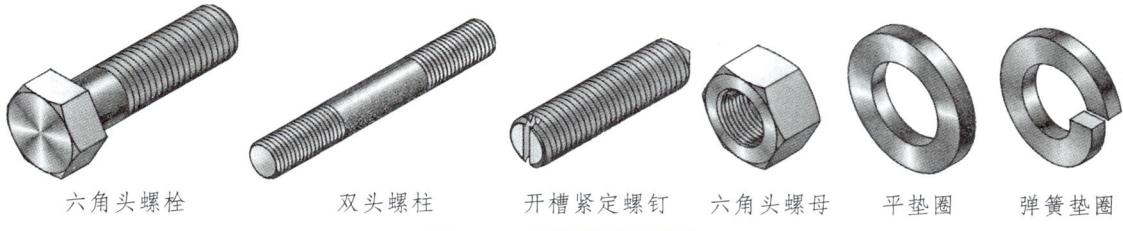

图 8-17 常用螺纹紧固件

表 8-2 常见螺纹紧固件的标记示例

种类及标准号	图例及尺寸	标记示例
六角头螺栓 GB/T 5782—2016		螺栓 GB/T 5782 M8×40 表示六角头螺栓的螺纹规格为 M8，公称长度 40 mm

245

续表

种类及标准号	图例及尺寸	标记示例
双头螺柱 GB/T 897、898、 899、900—1988	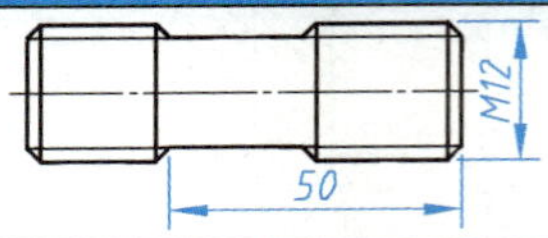 M12, 50	螺柱 GB/T 898 M12×50 表示两端均为粗牙普通螺纹的双头螺柱，螺纹规格为 M12，公称长度 50 mm
开槽沉头螺钉 GB/T 68—2016	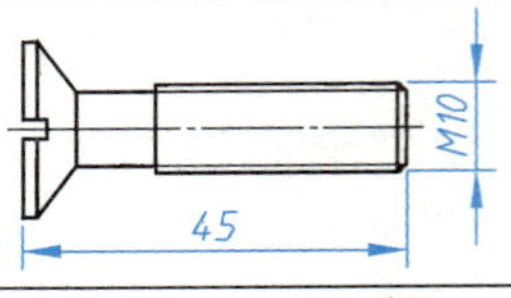 M10, 45	螺钉 GB/T 68 M10×45 表示开槽沉头螺钉的螺纹规格为 M10，公称长度 45 mm
I 型六角螺母 GB/T 6170—2015	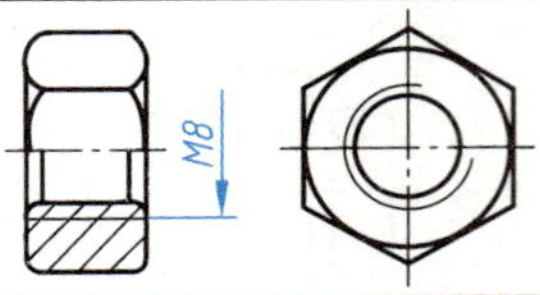 M8	螺母 GB/T 6170 M8 表示 A 级 I 型六角螺母的螺纹规格为 M8
平垫圈 GB/T 97.1—2002	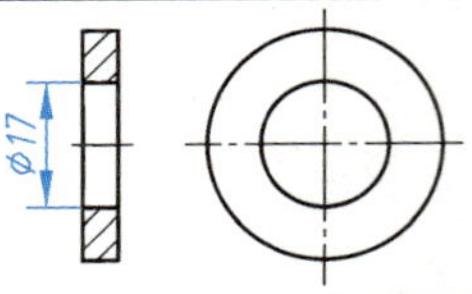 φ17	垫圈 GB/T 97.1 16 表示公称规格为 16 mm（可从标准中查得垫圈孔径为φ17）的标准 A 级平垫圈
标准型弹簧垫圈 GB/T 93—1987	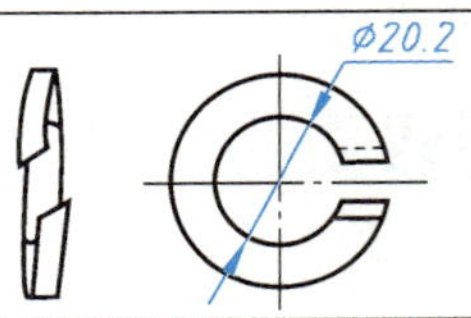 φ20.2	垫圈 GB/T 93 20 表示公称规格为 20 mm 的标准型弹簧垫圈（可从标准中查得垫圈孔径为φ20.2）

二、螺纹紧固件的连接画法

螺纹紧固件是工程中应用最广泛的连接零件。常见的连接形式有螺栓连接、双头螺柱连接和螺钉连接。在绘制连接图时，有查表画法和比例画法两种方法，为了作图方便，一般不按紧固件的实际尺寸作图，而是采用比例画法，即螺纹紧固件各部分尺寸（除公称长度 L）都按与螺纹大径 d（或 D）成一定比例来确定。

画连接图时应遵循以下规定，如图 8-18 所示：

① 两零件的接触面画一条线，非接触面画两条线。

② 相邻两零件的剖面线方向相反，或者方向相同、间距不等。但同一零件在任何视图中，剖面线的方向和间距都一致。

③ 当剖切面通过螺纹紧固件（如螺栓、螺母、垫圈等）的轴线时，紧固件按不剖绘制，必要时，可采用局部剖视图。

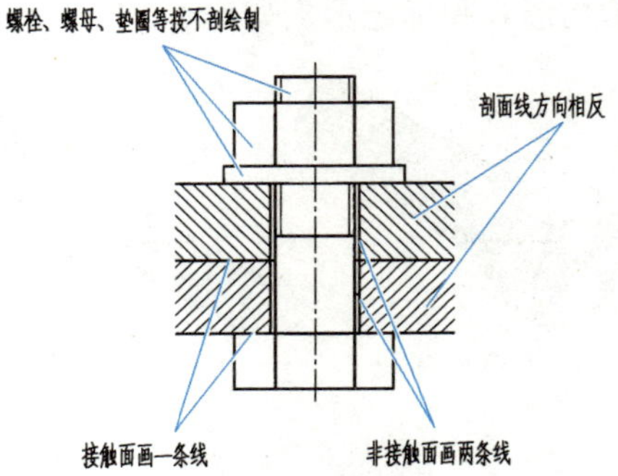

图 8-18 螺纹连接的规定画法

1. 螺栓连接

螺栓连接适用于被连接件都不太厚，能加工成通孔且受力较大的情况。通孔的大小根据装配精度的不同，查阅机械设计手册确定，通孔直径一般按 $1.1d$（d 为螺纹大径）绘制，其连接画法如图 8-19 所示。画螺栓连接图时应注意以下几点：

（1）螺栓公称长度 L 的确定：

螺栓的长度 L 应按照 $L=t_1+t_2+0.15d+0.8d+0.3d$ 计算，计算出 L 值后，还应从相应的螺栓标准所规定的长度系列中选择最接近标准的长度值。

（2）螺栓上的螺纹终止线应可见，一般位于垫圈与被连接件的接触面和两被连接件的接触面之间，以保证拧紧螺母时有足够的螺纹长度。

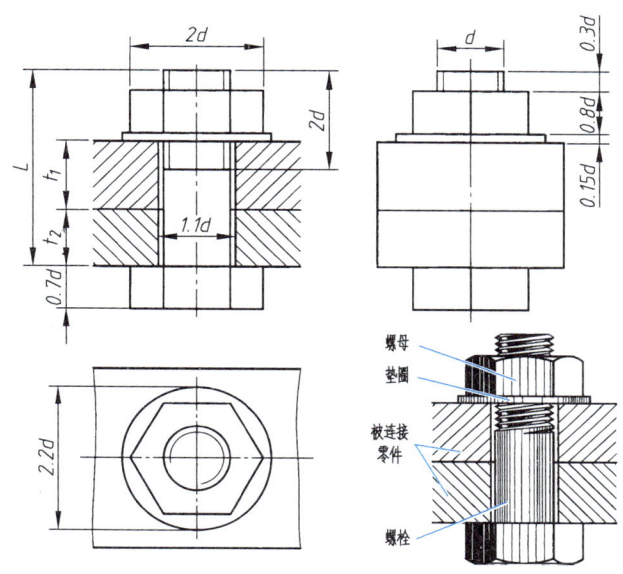

图 8-19　螺栓连接

螺栓连接的画图步骤如图 8-20 所示。

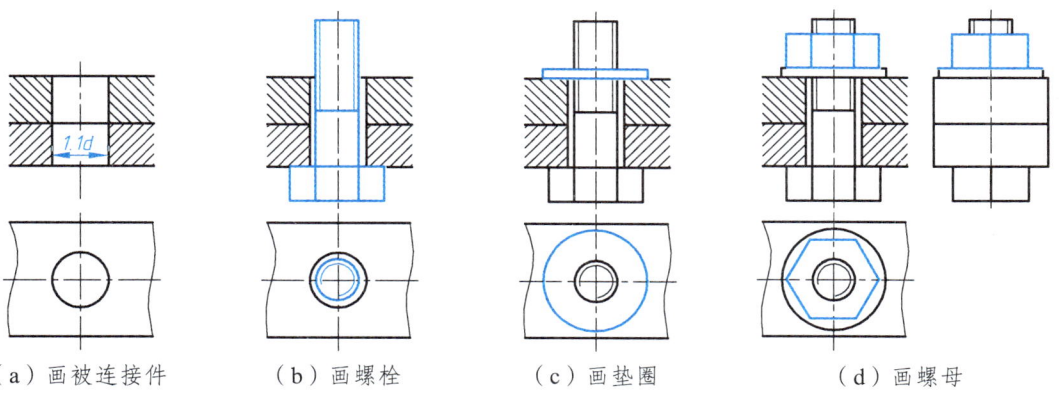

（a）画被连接件　　（b）画螺栓　　（c）画垫圈　　（d）画螺母

图 8-20　螺栓连接的画图步骤

2. 螺柱连接

双头螺柱常用于两被连接件中，其中一个被连接件较厚，不便于或不能钻出通孔，且受力较大的情况。旋入被连接件螺孔的一端，称为旋入端，旋紧螺母的一端称为紧固端。其连接画法如图 8-21 所示。

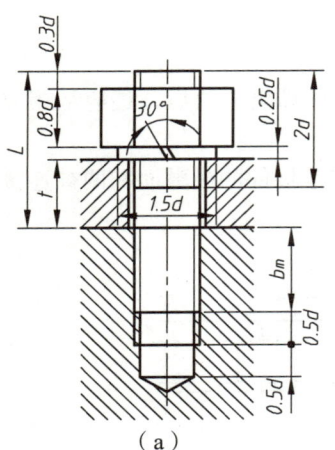 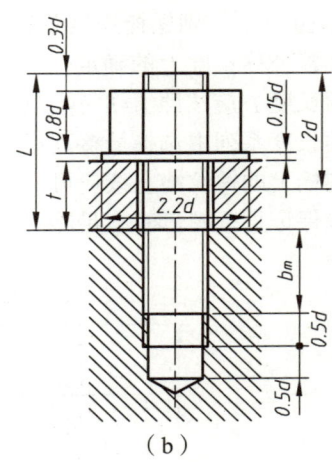

(a)　　　　　　　　　　　　　　(b)

图 8-21　螺柱连接的比例画法

画螺柱连接图时应注意以下几点：

（1）因为双头螺柱旋入端的螺纹全部旋入螺纹孔内，所以旋入端的螺纹终止线应与两被连接件的接触面平齐，以示旋入端已拧紧。

（2）为了确保旋入端全部旋入螺纹孔内，零件上的螺纹孔深度应大于旋入端长度。画图时，螺纹孔的螺纹深度可按 $b_m+0.5d$ 画出；钻底孔时，其深度应略大于螺纹孔的螺纹深度。孔底应画出钻头留下的 120°圆锥孔。

（3）旋入长度 b_m 值与被旋入工件的材料有关，通常 b_m 有四种不同的取值：

① 当材料为钢或青铜时，$b_m=d$（GB/T 897—1998）；

② 当材料为铸铁时，$b_m=1.25d$（GB/T 898—1998）；

③ 当材料为铸铁或铝合金时，$b_m=1.5d$（GB/T 899—1998）；

④ 当材料为铝合金时，$b_m=2d$（GB/T 900—1998）。

螺柱连接的画图步骤如图 8-22 所示。

（a）画被连接件　　（b）画双头螺柱　　（c）画垫圈　　（d）画螺母

图 8-22　螺柱连接的画图步骤

 **任务实施**

（1）分析图 8-2 中的漏线，可将其分为三大类：螺栓的螺纹线、螺母的轮廓线、被连接零

件的剖面线。确定各部分的比例尺寸后补画漏线。

（2）在投影为非圆的视图中，用细实线画出螺纹小径，用粗实线画出螺纹终止线；在投影为圆的视图中，用 3/4 圈细实线画出螺纹小径，如图 8-23（a）所示。

（3）用粗实线画出螺母的轮廓线，如图 8-23（b）所示。

（4）用粗实线画出被连接零件被剖切后的可见轮廓线，用细实线画出被连接零件的剖面线，如图 8-23（c）所示。

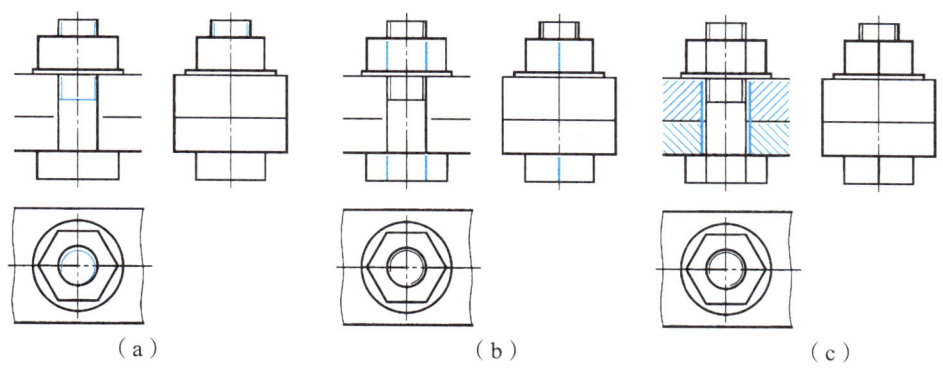

图 8-23　补画螺栓连接图

课题二　绘制齿轮的视图

齿轮是指轮缘上有轮齿，能连续啮合传递运动和动力的机件，它在机械设备中的应用十分广泛。通过一对轮齿的啮合，齿轮能将一根轴上的动力传递给另一根轴，并能根据要求改变另一根轴的转速和旋转方向。齿轮传动具有稳定、高效、寿命长、结构紧凑等优点。

任务一　绘制圆柱齿轮的视图

 **任务引入**

齿轮上每一个用于啮合的凸起部分称为轮齿；一对齿轮的轮齿依次交替接触，从而实现一定规律相对运动的过程和形态称为啮合。

 **任务分析**

如图 8-24 所示为两齿轮啮合图，已知两啮合齿轮

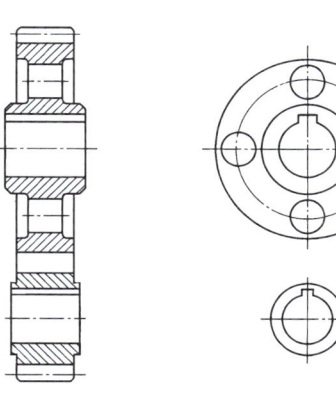

图 8-24　两齿轮啮合图

的模数 m=4 mm，大齿轮齿数 z_2=40，两齿轮的中心距 a=114 mm，试计算两齿轮的分度圆、齿顶圆及齿根圆的直径，并补画齿轮啮合图。

 知识链接

一、齿轮的作用及分类

齿轮是机械传动中广泛应用的零件，齿轮传动常用来改变转速和旋转方向，或改变力矩大小等。

根据齿轮传动的情况，齿轮可分为以下 3 类。

（1）圆柱齿轮：用于两轴平行时的传动，如图 8-25（a）所示。
（2）圆锥齿轮：用于两轴相交时的传动，如图 8-25（b）所示。
（3）蜗轮蜗杆：用于两轴交叉时的传动，如图 8-25（c）所示。

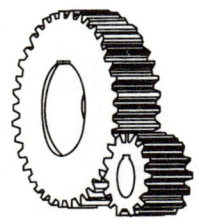　　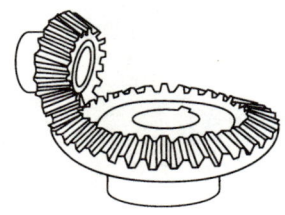　　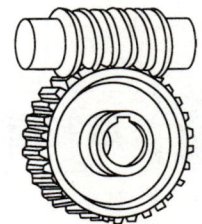

（a）圆柱齿轮　　　　　　（b）圆锥齿轮　　　　　　（c）蜗轮与蜗杆

图 8-25　齿轮的传动形式

二、圆柱齿轮

圆柱齿轮的轮齿有直齿、斜齿和人字齿 3 种。下面着重介绍直齿圆柱齿轮的尺寸关系和规定画法。

1. 标准直齿圆柱齿轮各部分的名称和尺寸关系

标准直齿圆柱齿轮各部分的名称见图 8-26。

① 齿顶圆（d_a）：通过轮齿顶部的圆。
② 齿根圆（d_f）：通过轮齿根部的圆。
③ 分度圆（d）：当标准齿轮的齿厚与齿间相等时所在位置的圆。
④ 齿顶高（h_a）：分度圆与齿顶圆之间的径向距离。
⑤ 齿根高（h_f）：分度圆与齿根圆之间的径向距离。
⑥ 齿高（h）：齿顶圆与齿根圆之间的径向距离。
⑦ 齿距（p）：分度圆上相邻两齿对应点之间的弧长。
⑧ 分度圆齿厚（e）：轮齿在分度圆上的弧长。
⑨ 模数（m）：由于分度圆周长 $pz=\pi d$，则 $d=(p/\pi)z$。

定义 $m=p/\pi$,单位为 mm,则有 $d=mz$,当齿数一定时,m 越大,分度圆直径越大,齿轮承载能力越大。

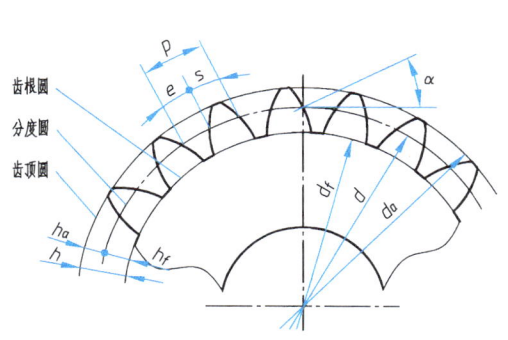
（a）直齿圆柱齿轮各部分名称及重要参数

（b）直齿圆柱齿轮

图 8-26　直齿圆柱齿轮

为了便于制造和测量,模数的值已经标准化。我国规定的标准模数值如表 8-3 所示。

表 8-3　标准模数（摘自 GB/T 1357—2008）

第Ⅰ系列	1.25　1.5　2　2.5　3　4　5　6　8　10　12　16　20　25　32　40　50
第Ⅱ系列	1.125　1.375　1.75　2.25　2.75　3.5　4.5　5.5（6.5）7　9　11　14　18　22　28　36　45

注：应优先选用第Ⅰ系列的标准模数,尽量避免选用第Ⅱ系列中的标准模数 6.5。

⑩ 压力角（α）：分度圆上齿轮轮廓曲线的法线（接触点作用力方向）与分度圆切线所夹的锐角。我国规定的标准齿轮的压力角为 20°。

只有模数和压力角都相同的齿轮,才能互相啮合。

齿轮的齿数 z 和模数 m 确定后,就可按表 8-4 中的公式计算出齿轮各部分的尺寸。

表 8-4　直齿圆柱齿轮各部分的尺寸计算公式

名　称	计算公式	名　称	计算公式
分度圆直径 d	$d=mz$	齿距 p	$p=\pi m$
齿顶高	$h_a=m$	齿顶圆直径	$d_a=d+2h_a=m(z+2)$
齿根高	$h_f=1.25m$	齿根圆直径	$d_f=d-2h_f=m(z-2.5)$
齿高 h	$h=h_a+h_f=2.25m$	中心距 a	$a=(d_1+d_2)/2=(mz_1+mz_2)/2$

注：d_1、d_2 是相啮合的两个齿轮的分度圆直径；z_1、z_2 是两个齿轮的齿数。

2. 单个圆柱齿轮的规定画法

国家标准 GB/T 4459.2—2003 对齿轮的画法作了统一的规定。单个圆柱齿轮的画法如图 8-27 所示。

（1）在视图中,齿顶圆和齿顶线用粗实线表示,分度圆和分度线用点画线表示,齿根圆和齿根线用细实线表示或省略不画,如图 8-27（a）所示。

（2）在剖视图中，轮齿部分不画剖面线，齿根线用粗实线表示，如图 8-27（b）所示。

（3）斜齿轮需在非圆的外形图上用 3 条平行的细实线表示轮齿的方向，如图 8-27（c）所示。

（4）齿轮的其他结构，按投影画出。

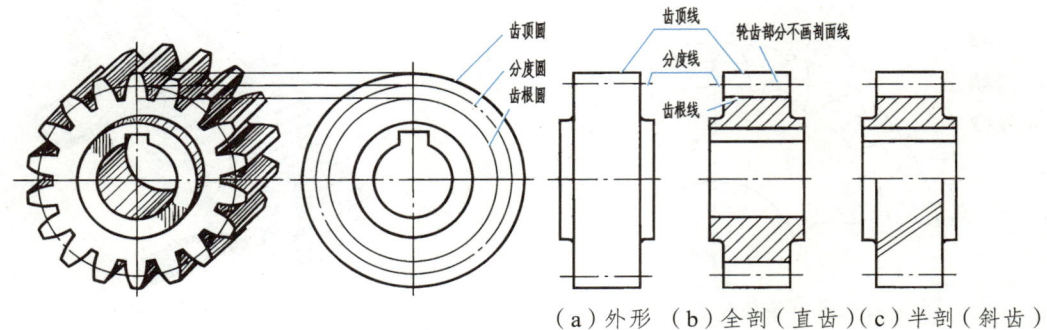

（a）外形　（b）全剖（直齿）（c）半剖（斜齿）

图 8-27　单个圆柱齿轮的画法

3. 圆柱齿轮啮合的画法

两标准齿轮相互啮合时，分度圆处于相切的位置，此时分度圆又称节圆。啮合部分的画法规定如下：

（1）在投影为圆的视图（端视图）中，两分度圆（节圆）相切，用点画线表示。齿顶圆与齿根圆的画法有两种。

① 啮合区的齿顶圆画粗实线，齿根圆用细实线画出或省略不画，如图 8-28（a）左视图所示。

② 啮合区齿顶圆省略不画，此时齿根圆也可省略，如图 8-28（b）所示。

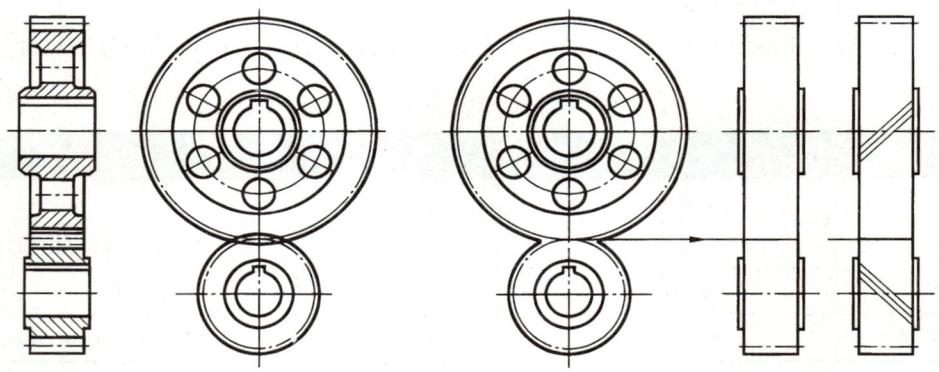

（a）全剖视图的主视图和左视图　　（b）左视图的另一种画法　　（c）未剖（直齿）　　（d）未剖（斜齿）

图 8-28　圆柱齿轮啮合的画法

（2）在非圆投影的外形图中，啮合区的齿顶线和齿根线不必画出。分度线（节线）用粗实线画出，如图 8-28（c）、（d）所示。

（3）在非圆投影的剖视图中，如图 8-28（a）所示的主视图，两齿轮分度线（节线）重合，用点画线表示。齿根线用粗实线表示。齿顶线的画法是将其中一个齿轮的轮齿作为可见，齿顶线画粗实线；另一个齿轮的轮齿被遮住，齿顶线画虚线，但这条虚线也可省略不画。注意啮合齿轮的齿顶间隙的投影，参看图 8-29 所示的放大图。

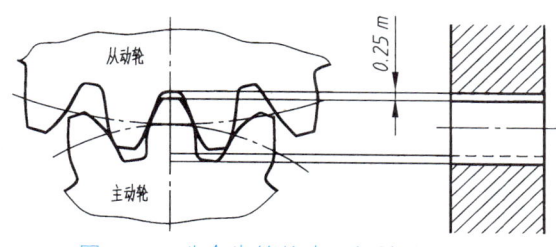

图 8-29　啮合齿轮的齿顶间隙的投影

图 8-30 是齿轮零件图。画齿轮零件图，不仅要表示出齿轮的形状、尺寸和技术要求，而且要表示出制造齿轮所需要的基本参数。

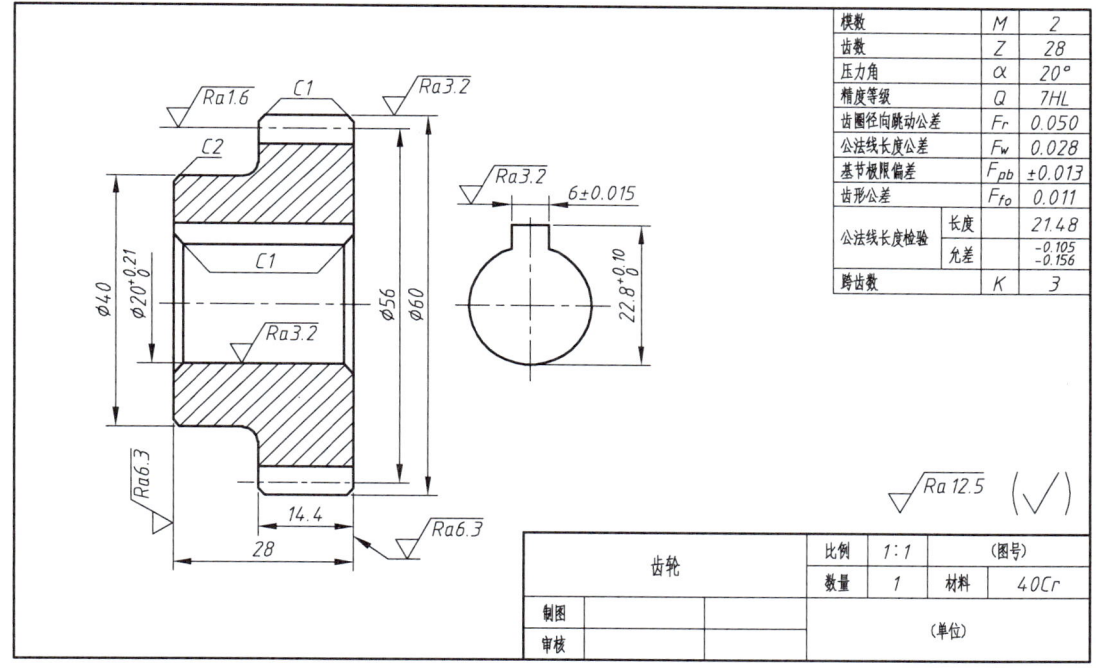

图 8-30　齿轮零件图

任务二　绘制锥齿轮的视图

圆锥齿轮又称伞齿轮，用来传递两相交轴的回转运动。

圆锥齿轮的轮齿位于圆锥面上，因此它的轮齿一端大一端小，齿厚由大端到小端逐渐变小，模数和分度圆也随齿厚而变化。为了设计和制造方便，规定以大端模数为标准来计算大端轮齿各部分的尺寸。锥齿轮各部分的名称和符号如图 8-31 所示。

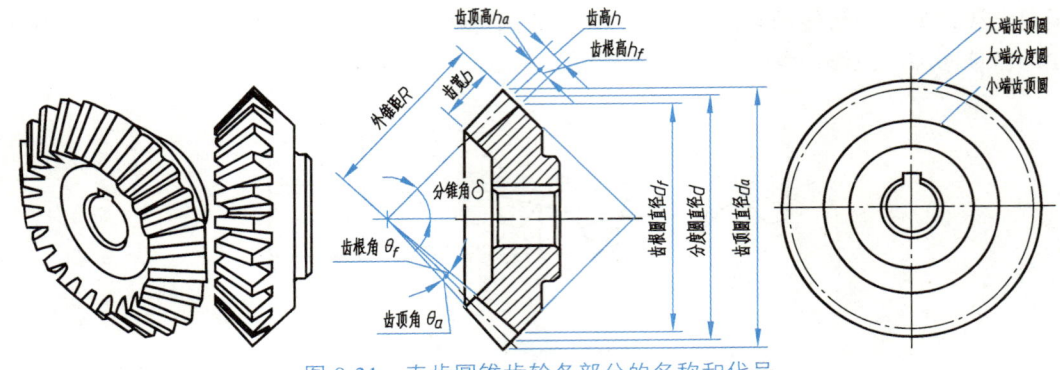

图 8-31　直齿圆锥齿轮各部分的名称和代号

一、直齿圆锥齿轮各部分尺寸计算

直齿圆锥齿轮各部分的尺寸也都与模数和齿数有关。轴线相交成 90°的直齿圆锥齿轮各部分尺寸的计算公式见表 8-5。

表 8-5　直齿圆锥齿轮各部分的尺寸关系

名　称	计算公式	名　称	计算公式
分度圆直径 d	$d=mz$	齿顶高 h_a	$h_a=m$
分锥角 δ　小齿轮	$\delta_1=\arctan(z_1/z_2)$	齿根高 h_f	$h_f=1.2m$
分锥角 δ　大齿轮	$\delta_2=\arctan(z_2/z_1)=90°-\delta_1$	齿高 h	$h=h_a+h_f=2.2m$
齿顶圆直径 d_a	$d_a=m(z+2\cos\delta)$	齿顶角 θ_a	$\theta_a=\arctan(2\sin\delta/z)$
齿根圆直径 d_f	$d_f=m(z-2.4\cos\delta)$	齿根角 θ_f	$\theta_f=\arctan(2.4\sin\delta/z)$
外锥距 R	$R=mz/(2\sin\delta)$	齿宽 b	$b=0.2\sim0.35R$

二、圆锥齿轮的画法

圆锥齿轮的规定画法基本与圆柱齿轮相同。只是由于圆锥的特点，在表达和作图方法上较圆柱齿轮复杂。

（1）单个圆锥齿轮的画法。单个圆锥齿轮的主视图常画成剖视图，左视图用粗实线画出齿轮大端和小端齿顶圆，用点画线画出大端分度圆，齿根圆不必画出，如图 8-32 所示。

① 画水平轴线，根据已知分度圆锥角 $\delta=28°18'$ 和大端分度圆直径 d，画出这个圆锥的投影；在 d 两端画两条与分度圆锥母线垂直的线就得锥齿轮的背部轮廓。

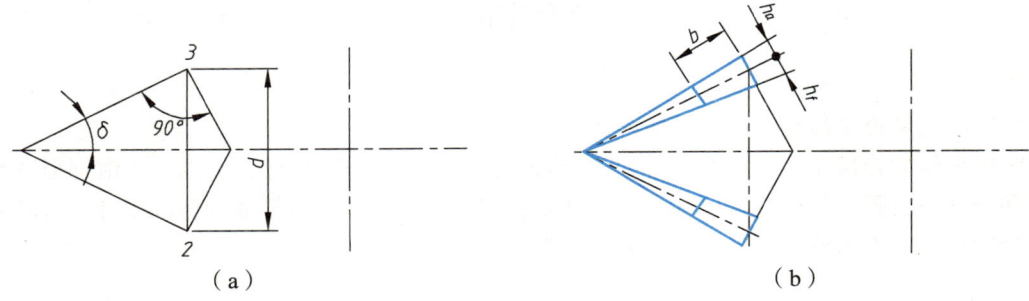

（a）　　　　　　　　　　　　　　　（b）

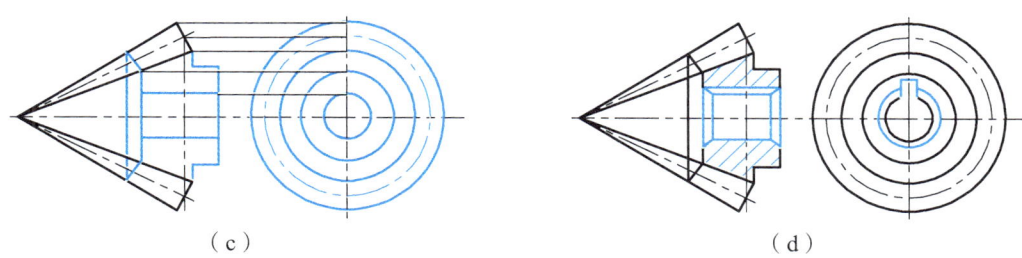

图 8-32 单个圆锥齿轮的画图步骤

② 根据已知尺寸 h_a、h_f、b 画出齿轮的投影。齿顶、齿根各圆锥母线延长后,必须相交于锥顶。

③ 在主视图上画出其余部分的投影,如轮毂、辐板、轮缘等,再根据主视图画出左视图。

④ 键槽是先画左视图再画主视图,最后检查、描深、画剖面线。

在画图时要注意以下几点:

① 圆锥齿轮的主视图一般用剖视图来表示,但轮齿按不剖处理。

② 画圆锥齿轮的左视图时,需要用粗实线画出大端和小端的齿顶圆,用细点画线画出大端分度圆,不需要画出大、小端的齿根圆和小端分度圆,齿轮轮齿部分以外的结构均按真实投影绘制。

(2)圆锥齿轮啮合的画法。圆锥齿轮啮合时,两分度圆锥相切,锥顶交于一点。画图时主视图多采用剖视,如图 8-33 所示。两锥齿轮轴线成 90°时,它们的作图步骤如图 8-34 所示。

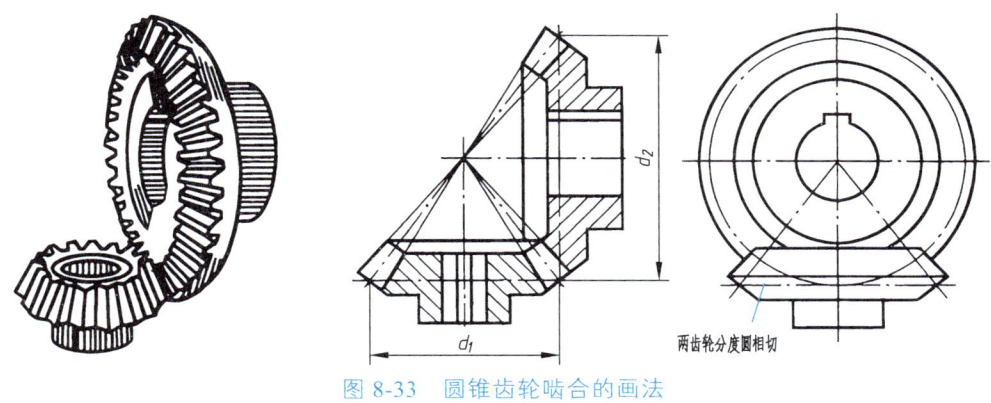

图 8-33 圆锥齿轮啮合的画法

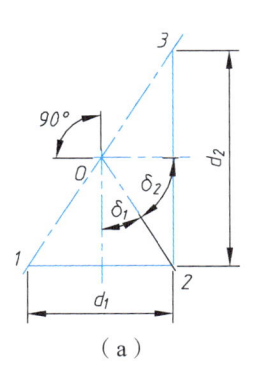
(a)

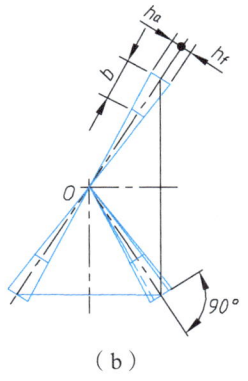
(b)

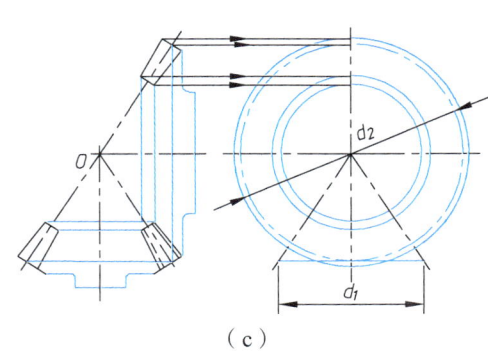
(c)

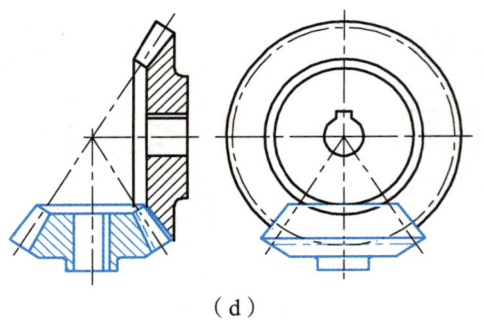

（d）

图 8-34 两直齿圆锥齿轮啮合的画图步骤

① 根据两轴线的交角 δ 画出两轴线（这里 $\delta=90°$）；再根据分度圆锥角 δ_1、δ_2 和大端分度圆直径 d_1、d_2 画出两个圆锥的投影。

② 过1、2、3点分别作两分度圆锥母线的垂直线，得到两圆锥齿轮的背部轮廓，再根据齿顶高 h_a、齿根高 h_f、齿宽 b 画出两齿轮的投影。齿顶、齿根各圆锥母线延长后必相交于锥顶点 O。

③ 在主视图上画出两齿轮的大致轮廓，再根据主视图画出齿轮的左视图。

④ 画齿轮其余部分投影，描深全图。

圆锥齿轮啮合时的画法与圆柱齿轮啮合时的画法基本相同，一般采用主、左视图表示，且主视图画成剖视图。在啮合区域内，应将一个齿轮的齿顶线画成粗实线，而将另一个齿轮的齿顶线画成虚线或省略不画，如图 8-34（d）所示。此外，两圆锥齿轮啮合时，其分度线应相切。

 **任务实施**

对图 8-24 进行分析可知，应先确定齿轮各部分的尺寸，再按规定作图。

计算：

（1）计算大齿轮的相关尺寸，具体如下。

分度圆直径：$d_2 = mz_2 = 4 \times 40 = 160 \text{(mm)}$。

齿顶圆直径：$d_{a2} = m(z_2 + 2) = 4 \times (40 + 2) = 168 \text{(mm)}$。

齿根圆直径：$d_{f2} = m(z_2 - 2.5) = 4 \times (40 - 2.5) = 150 \text{(mm)}$。

（2）计算小齿轮的相关尺寸，具体如下。

已知中心距 $a=114$ mm，$m=4$ mm，$z_2=40$，根据 $a = \dfrac{mz_1 + mz_2}{2}$，可得 $z_1 = 17$。

分度圆直径：$d_1 = mz_1 = 4 \times 17 = 68 \text{(mm)}$。

齿顶圆直径：$d_{a1} = m(z_1 + 2) = 4 \times (17 + 2) = 76 \text{(mm)}$。

齿根圆直径：$d_{f1} = m(z_1 - 2.5) = 4 \times (17 - 2.5) = 58 \text{(mm)}$。

作图步骤：

（1）如图 8-35（b）所示，在垂直于轴线的视图中，绘制两齿轮的分度圆和齿顶圆，齿根圆省略不画。其中，分度圆用细点画线绘制，且两分度圆相切；齿顶圆用粗实线绘制。

（2）如图 8-35（a）所示，在齿轮啮合的剖视图中，绘制两齿轮的啮合部分。其中，分度线用细点画线绘制，小齿轮的齿顶线用粗实线绘制，大齿轮的齿顶线用细虚线绘制。

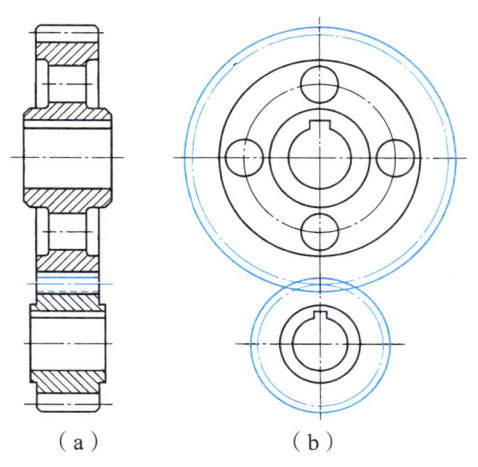

（a）　　　　　　（b）

图 8-35　补画齿轮啮合图

课题三　绘制键、销连接图

除螺栓、螺母、螺钉外，机械设备中常用的标准件还有很多种类，如键、销、滚动轴承等。由于这些标准件的应用十分广泛，因此国家标准对其结构和尺寸进行了统一规定。此外，弹簧作为一种常用件，国家标准也对其部分尺寸和参数进行了标准化。

任务一　绘制普通平键连接图

 **任务引入**

如图 8-36 所示为轴与齿轮间的普通平键连接，在被连接的轴上和轮毂中加工了键槽，先将键嵌入轴上的键槽内，再对准轮毂孔中的键槽（该键槽是穿通的），将它们装配在一起，便可达到连接的目的。下面认识普通平键的形状和标记，绘制连接图。

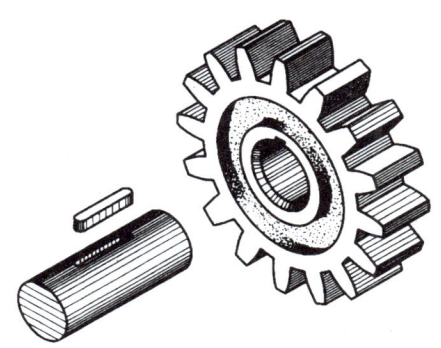

图 8-36　轴与齿轮间的普通平键连接

 **任务分析**

键是用来连接轴及轴上零件（如齿轮、带轮等）的标准件，起传递扭矩的作用。键的结构尺寸设计可根据轴的直径查键的标准得出，同时也可查得键槽的宽度和深度。键的长度 L 则应根据轮毂长度及工作要求选取相应的系列值。

257

知识链接

一、键及键连接

键是标准件,在轮和轴上分别加工出键槽,再将键放入键槽内,可实现轮和轴的共同转动,如图 8-37 所示。

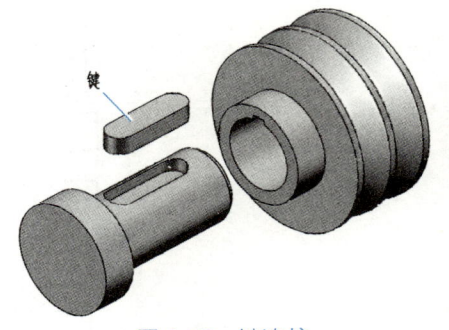

图 8-37 键连接

1. 键的种类及标记

键有普通平键、半圆键、钩头楔键、花键等,如图 8-38 所示。其中普通平键、半圆键、钩头楔键为常用键,其种类和规定标记见表 8-6。

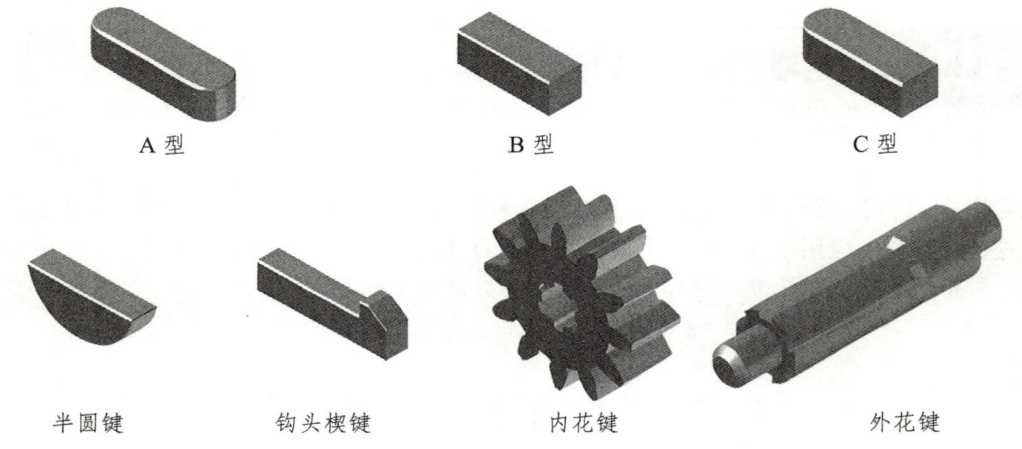

图 8-38 常用键的类型

表 8-6 键的形式及其标记示例

名称及标准编号	图 例	标记示例
普通平键(A 型) GB/T 1096—2003		宽度 $b=16$ mm,高度 $h=10$ mm,长度 $L=100$ mm 的普通 A 型平键,其标记为 GB/T 1096 键 $16\times10\times100$(A 型普通平键在标注时省略型号 A)
半圆键 GB/T 1099.1—2003		宽度 $b=6$ mm,高度 $h=10$ mm,直径 $D=25$ mm 的半圆键,其标记为 GB/T 1099.1 键 $6\times10\times25$

续表

名称及标准编号	图 例	标记示例
钩头楔键 GB/T 1565—2003		宽度 $b=16$ mm，高度 $h=10$ mm，长度 $L=100$ mm 的钩头楔键，其标记为 GB/T 1565 键 16×100

花键具有传递扭矩大、连接可靠的特点，其同轴度和导向性能好，是机床、汽车等变速箱中常用的传动轴。花键连接是由制在轴上的外花键和制在孔内的内花键装配在一起，以实现传递运动或动力的目的。花键的齿形有矩形、渐开线形等，常用的是矩形花键。

2. 普通平键键槽的画法及尺寸标注

普通平键键槽的画法及尺寸标注如图 8-39 所示。键槽的宽度 b 可根据轴的直径 d 查表确定，轴上的槽深和轮毂上的槽深可从键的标准中查得，键的长度 L 由设计确定，应小于或等于键槽的长度。

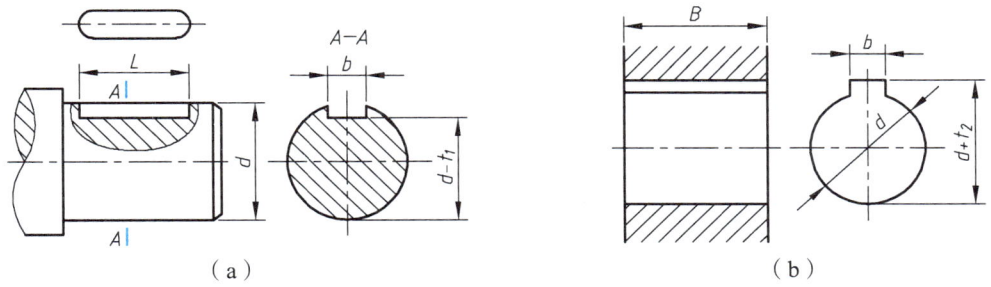

注：键的长度 L 应比轮毂长度小 $5\sim10$ mm。

图 8-39　普通平键键槽的画法及尺寸标注

二、常用键的连接画法

如图 8-40～图 8-42 所示，分别为普通平键、半圆键、钩头楔键的连接画法。

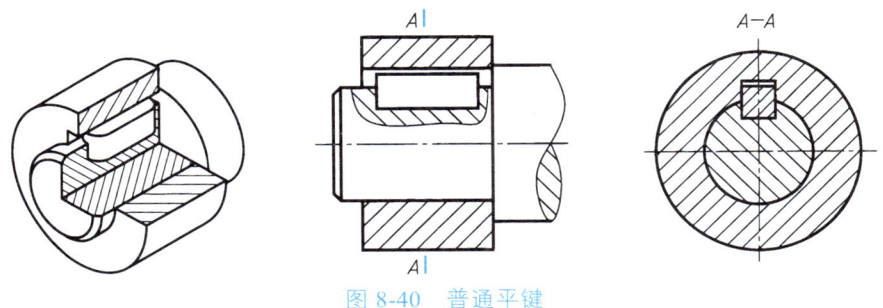

图 8-40　普通平键

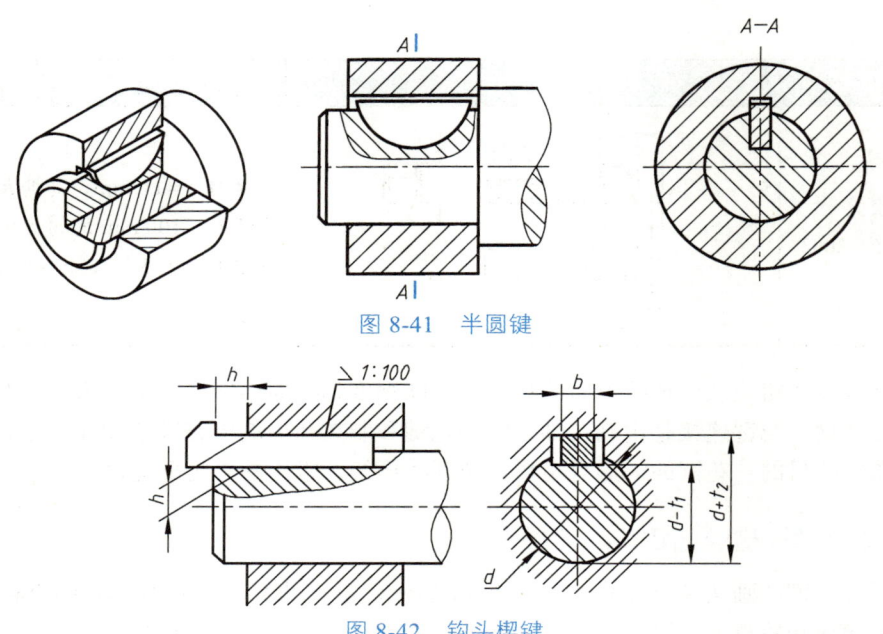

图 8-41 半圆键

图 8-42 钩头楔键

普通平键的两侧面为工作面，底面和顶面为非工作面。在绘制装配图时，键的两侧面和键的底面分别与轴上的键槽接触，故画成一条线，平键的顶面与键槽的底面之间是有间隙的，必须画成两条线，如图 8-40 所示。

当剖切面通过轴的轴线和键的对称面时，轴和键按不剖绘制。为了表示键在轴上的装配关系，在轴上采用了局部剖视图。

钩头楔键的顶面有 1∶100 的斜度，用于静连接，利用键的顶面与底面使轴上零件固定，同时传递转矩和承受轴向力。在连接画法中，钩头楔键的顶面和底面分别与轮毂和轴接触，均应画成一条线；而两个侧面与轴和轮毂有间隙，应画成两条线，如图 8-42 所示。

绘图时注意以下几个问题：

（1）当剖切平面沿着键的纵向剖切时，键按不剖绘制；沿其他方向剖切时，则要按剖视图绘制。通常用局部剖视图表达键与轴及轴上零件之间的连接关系。

（2）普通平键和半圆键的工作面是键的两侧面，不留间隙，顶部应有间隙；钩头楔键的工作面是键的斜面，其两侧面是配合面，均不留间隙。

 **任务实施**

对图 8-36 进行分析可知，应先计算出键的各部分尺寸，再按规定作图。

一、计算尺寸

轴和齿轮轮毂上键槽的视图如图 8-43 所示，图中轴径 $d=18$ mm，齿轮宽度 $B=20$ mm，查表可得：

选用 A 型普通平键，键的公称尺寸 $b×h$=6×6；长度 L=18 mm；轴上键槽深度 t=3.5 mm，轮毂上键槽深度 t_1=2.8 mm，$d-t$ =18 mm − 3.5 mm=14.5 mm，$d+t_1$=18 mm+2.8 mm=20.8 mm。

二、绘制普通平键连接图

普通平键连接图如图 8-43 所示。

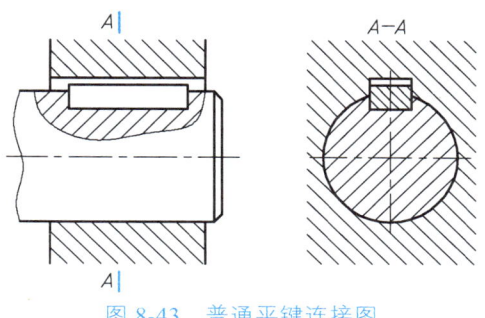

图 8-43　普通平键连接图

任务二　绘制销连接图

一、销及销连接

销主要用于两零件之间的连接或定位。常用的销有圆柱销、圆锥销和开口销，如图 8-44 所示。销是标准件，使用时按相关标准选用。开口销经常与开槽螺母配合使用，可起到防松脱的作用。

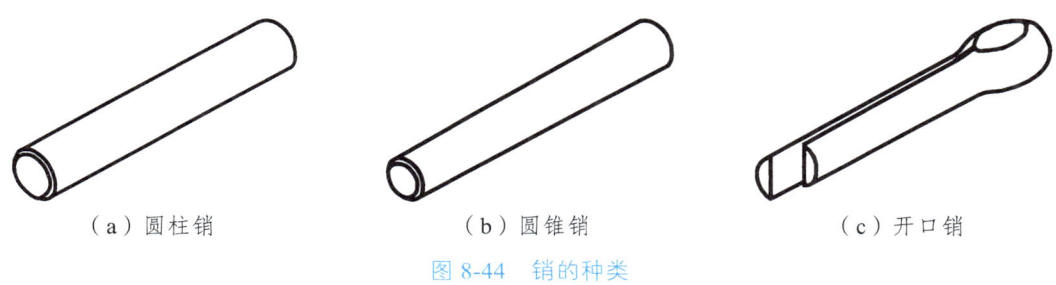

(a) 圆柱销　　　　　　(b) 圆锥销　　　　　　(c) 开口销

图 8-44　销的种类

销的种类、标记及画法如表 8-7 所示。当剖切面通过销的轴线时，销按不剖处理。

表 8-7　销的种类、标记及画法

名称及标准编号	形状及主要尺寸	标　记	连接画法
圆柱销 GB/T 119.1—2000		销 GB/T 119.1 $d×l$	
圆锥销 GB/T 117—2000		销 GB/T 117 $d×l$ 注意：圆锥销的公称直径是指其小端的直径	
开口销 GB/T 91—2000		销 GB/T 91 $d×l$ 注意：d 指销孔直径	

二、销连接的画法

图 8-45 所示为圆柱销和圆锥销的连接画法，当剖切平面通过销的轴线时，销按不剖处理。用销连接和定位的两个零件上的销孔一般需一起加工，并在图上注写"与某件配制"，如图 8-46 所示。

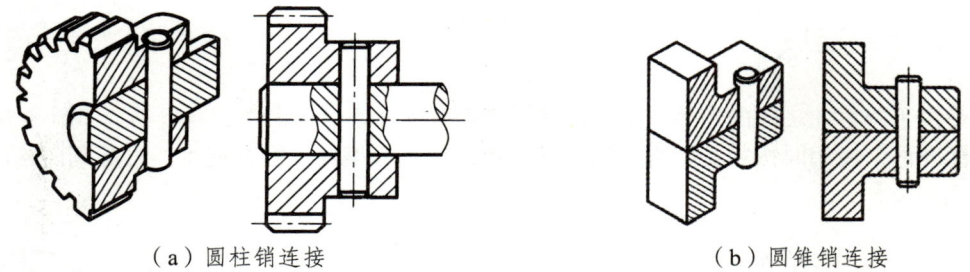

（a）圆柱销连接　　　　　　　　　　（b）圆锥销连接

图 8-45　圆柱销和圆锥销的连接画法

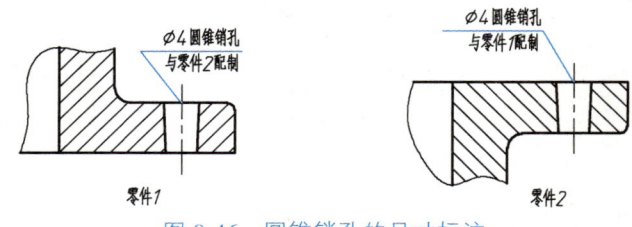

图 8-46　圆锥销孔的尺寸标注

课题四　用 AutoCAD 绘制常用件

斜齿圆柱齿轮是一种常见的齿轮传动装置，由斜面齿轮和圆柱齿轮组合而成。其结构特点是齿面呈斜齿状，使得齿轮在啮合时能够逐渐进出啮合状态，避免在短时间内产生过大的载荷和冲击。这一特性使得斜齿圆柱齿轮在传动效率和承载能力方面比常规圆柱齿轮更优秀。

此外，斜齿圆柱齿轮主要分为直齿型、斜齿型、渐开线型等几种类型，广泛应用于机械传动、减速和提速等领域。

在机械系统中，斜齿圆柱齿轮主要作为传动件使用，用于实现机械系统的动力传递和运动控制。同时，由于其齿型更为合理，传动效率更高，因此也常被用于需要高效传动的机械系统中。

任务　用 AutoCAD 绘制斜齿圆柱齿轮

 任务引入

图 8-47 采用两个基本视图表达，主视图采用局部剖视图的形式，以表达斜齿圆柱齿轮的轮毂、辐板以及轮齿的方向。左视图则表达斜齿圆柱齿轮的基本外形。

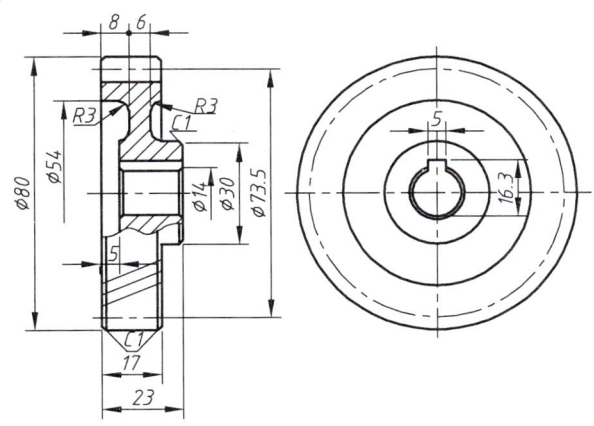

图 8-47　斜齿圆柱齿轮

绘制斜齿圆柱齿轮

 任务分析

一、理解斜齿圆柱齿轮的几何特性

（1）斜齿角。斜齿圆柱齿轮的齿线不是垂直于齿轮轴线的，而是有一定的倾斜角度，这就

263

是斜齿角。斜齿角的存在可以增加齿轮的啮合性，减少噪声和振动。

（2）模数和齿数。模数和齿数是齿轮的基本参数，决定了齿轮的大小和形状。模数是指相邻两齿在分度圆上的弧长，齿数则是指齿轮上的齿数。

（3）压力角。压力角是指齿廓曲线在分度圆上的点与齿轮转动方向所成的角度。在斜齿圆柱齿轮中，由于齿线的倾斜，压力角会随着齿线的倾斜角度而改变。

二、确定绘制参数

在绘制斜齿圆柱齿轮之前，需要确定模数、齿数、斜齿角、压力角等几何参数。这些参数将直接影响齿轮的形状和大小。

三、选择合适的 AutoCAD 工具

AutoCAD 提供了多种绘图工具，如线、圆、弧、多边形等。绘制斜齿圆柱齿轮时，需要选择合适的工具来绘制齿轮的齿廓曲线。这可能需要使用到 AutoCAD 的参数化绘图功能，以便按照齿轮的几何参数进行精确绘图。

 知识链接

一、绘制图框和标题栏

启动 AutoCAD 2020，选择文件→新建→打开 A4 样板，并绘制图框和标题栏。

二、绘制主视图

1. 命令应用

（1）矩形命令"RECTANG"。
矩形命令主要用于绘制矩形。
① 打开 AutoCAD 软件，新建一张图纸。
② 在命令行中输入"RECTANG"命令，或者在绘图工具栏中选择矩形工具。
③ 按照提示，指定矩形的第一个角点，可以通过单击鼠标左键在绘图区域中任意选择一点来实现。
④ 指定矩形的对角点，以确定矩形的尺寸和方向，也可以通过输入矩形的长和宽来精确绘制矩形，如图 8-48（a）所示。
⑤ 如果需要，可以使用鼠标拖动来调整矩形的位置和大小。可以使用 AutoCAD 的编辑命令和工具对矩形进行进一步的修改和优化。
（2）多边形命令"Polygon"。
多边形命令主要用于创建等边闭合多段线。通过此命令，用户可以指定多边形的各种参数，

包括边数、内接和外切选项等，还可以选择交接模式，如图8-48（b）所示。

① 在命令栏中输入Polygon命令，然后按下空格键。
② 设置多边形的边数。
③ 指定多边形的中心点。用户可以选择捕捉圆心点作为参考中心点。
④ 输入多边形的半径。
⑤ 选择需要的交接模式。

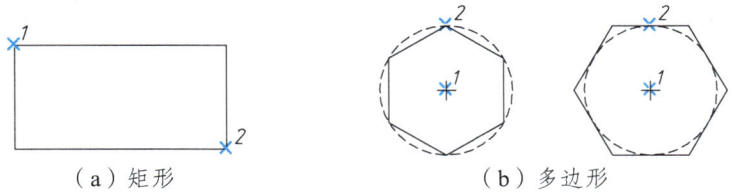

（a）矩形　　　　　　　（b）多边形

图8-48　绘制矩形和多边形

（3）动态输入"DYNMODE"。

AutoCAD动态输入是一种除了命令行以外的人机交互方式，用于在工具栏提示中输入坐标值或命令，从而直接对绘图过程中的提示做出响应。这种输入方式使得用户可以在光标附近实时查看和输入信息，如绘制直线或圆的尺寸大小、圆的半径等，数值会随着鼠标的移动而变化。

动态输入包括两种主要类型：指针输入和标注输入。指针输入主要用于输入坐标值，而标注输入则用于输入距离和角度。这两种输入方式都可以提高绘图的效率和精度。

在AutoCAD软件的较新版本中，动态输入功能得到了进一步的优化和改进。例如，指针输入框被重新设计，可以分开显示和编辑长度、角度和坐标等值，更符合用户的绘图和数值输入习惯。同时，新增的命令提示菜单也提供了更多的便利，可以展示所有提示选项，减少选择次数。

要使用动态输入功能，用户可以通过单击状态栏上的"DYN"按钮来打开或关闭它。此外，还可以通过"草图设置"对话框来自定义动态输入的设置。

（4）波浪线命令。

方法一：使用样条曲线（Spline）。

① 打开AutoCAD软件，并在默认菜单选项下点击"绘图"。
② 在下拉菜单中选择"样条曲线"或"样条曲线拟合"。这里以"样条曲线控制点"为例，点击该选项。
③ 使用鼠标在绘图区域中上下交错点击，以绘制波浪线。可以根据需要调整曲线的形状和弯曲程度。
④ 完成绘制后，按下"Enter"键结束。这样就成功绘制了波浪线。

方法二：使用线型管理器（Linetype Manager）。

① 在AutoCAD的默认菜单下，点击"格式"面板中的"线型"选项。
② 在线型下拉选项中选择"其他"（Other）。
③ 弹出线型管理器（Linetype Manager）对话框，点击"加载"（Load）按钮。
④ 在加载线型对话框中，找到并选择"ZIGZAG"线型，然后点击"确定"按钮。
⑤ 返回线型管理器，单击"确定"按钮应用更改，如图8-49所示。

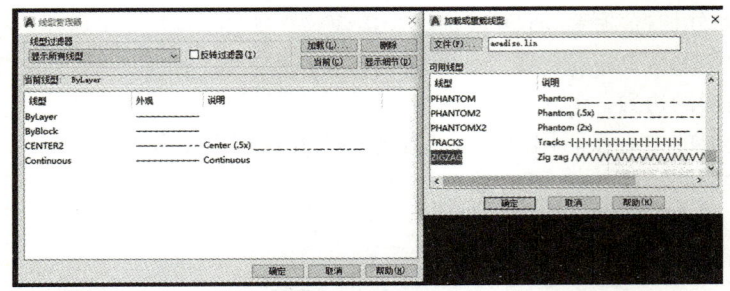

图 8-49　线型管理器

⑥ 在 AutoCAD 主界面，选择"直线"工具。

⑦ 在绘图区域中，点击起点和终点，绘制直线。此时，绘制的直线将自动显示为波浪线。

2. 绘制主视图

（1）将"粗实线"层设置为当前层，打开状态栏的"正交"按钮、"对象捕捉"按钮、"对象捕捉追踪"按钮、"动态输入"按钮，单击"绘图"工具栏中的"矩形"按钮，绘制图 8-50 所示的矩形。

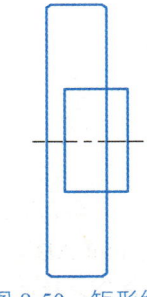

图 8-50　矩形绘制

（2）将"点画线"层设置为当前层，利用"直线"命令和"对象捕捉追踪"模式绘制齿轮的水平对称中心线，如图 8-50 所示。

（3）单击"绘图"面板上的"直线"按钮。

（4）单击"修改"面板上的"偏移"按钮，将直线 DE 向右偏移，偏移距离为 6。

（5）单击"绘图"面板上的"直线"按钮，过 F 点绘制水平线 FH，H 点是在大矩形竖直边上捕捉的垂足。

（6）单击"修改"面板上的"偏移"按钮，将中心线向上偏移，偏移距离为 32.687 5，再对称偏移中心线，偏移距离为 36.75，如图 8-51 所示。

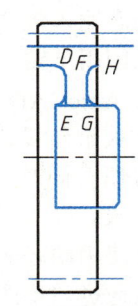

图 8-51　倒角和倒圆角

（7）将偏移距离为 32.687 5 的点画线的图层修改为"粗实线"层。

（8）单击"修改"面板上的"圆角"按钮，在 D、E、F、G 处绘制 4 个半径为 R3 的圆角，其中绘制 E、G 处的圆角时，"圆角"命令中的"修剪"选项应设置为"不修剪"。

（9）单击"修改"面板上的"倒角"按钮，在大矩形和小矩形的右侧两个拐角处绘制倒角，倒角距离 1，如图 8-51 所示。

（10）单击"修改"面板上的"修剪"按钮，修剪由点画线变化来的粗实线及圆角处轮廓线。

（11）关闭状态栏中的"正交"按钮和"对象捕捉"按钮，将"细实线"层设置为当前层，在对称中心线的下方绘制波浪线，波浪线的端点指定在两侧轮廓线处，单击"绘图"面板上的"N"按钮。

（12）打开状态栏中的"正交"按钮和"对象捕捉"按钮，将"粗实线"层设置为当前层。单击"绘图"面板上的"直线"按钮，过两个矩形的下方倒角斜线的端点绘制竖直轮廓线，3 条竖直轮廓线的端点指定在波浪线的上方。

（13）单击"修改"面板上的"修剪"按钮，修剪波浪线和 3 条竖直轮廓线，如图 8-52 所示。

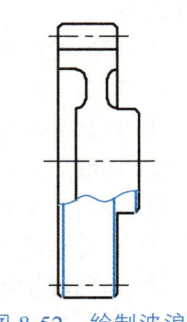

图 8-52　绘制波浪线

（14）将"细实线"层设置为当前层，单击"绘图"面板上的"直线"按钮，在波浪线的下方绘制 1 条倾斜线，该线右端点相对于左端点的坐标为"@30<21.8"。

（15）单击"修改"面板上的"偏移"按钮，向右下方连续偏移细实线，偏移距离为 3，得到互相平行且等距的细实线。

（16）单击"修改"面板上的" 修剪 "按钮，修剪 3 条细实线，如图 8-53 所示。

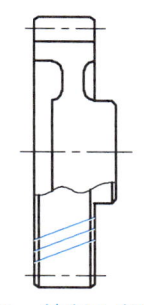

图 8-53　绘制 3 条细实线

三、绘制左视图

（1）将"细点画线"层设置为当前层，利用"直线"命令和"对象捕捉追踪"模式绘制左视图的水平中心线和竖直中心线。

（2）单击"绘图"面板上的"圆"按钮，绘制直径为 $\phi73.5$ 的点画线图。

（3）将"粗实线"层设置为当前层，单击"绘图"面板上的"圆"按钮，绘制直径为 $\phi80$、$\phi54$、$\phi30$、$\phi16$ 和 $\phi14$ 的同心圆。

（4）单击"修改"面板上的"偏移"按钮，向上偏移水平中心线、对称偏移竖直中心线，偏移距离为 9.3 和 2.5。

（5）将偏移出来的 3 条点画线的图层修改为"粗实线"层。

（6）单击"修改"面板上的" 修剪 "按钮，修剪 3 条直线和直径为 $\phi16$ 和 $\phi14$ 的圆，得到键槽轮廓线，如图 8-54 所示。

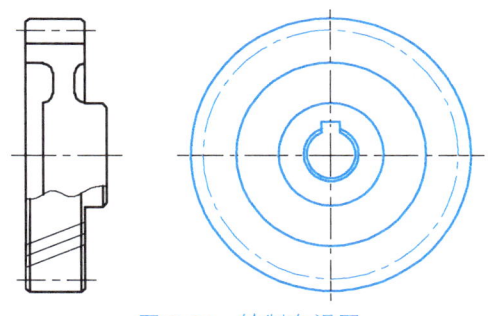

图 8-54　绘制左视图

四、绘制剖面线

（1）单击"绘图"面板上的"直线"按钮，过键槽竖直轮廓线的端点和直径为 $\phi14$ 的圆的下象限点绘制 3 条水平辅助线，辅助线的左端点为在主视图竖直轮廓线上捕捉的垂足。

（2）单击"修改"面板上的" 修剪 "按钮，修剪 3 条直线水平辅助线，得到主视图中键槽轮廓线。

（3）单击"修改"面板上的" 倒角 "按钮，在 A、B、C、D 处绘制 4 个距离为 1 的倒角，"倒角"命令中的"修剪"选项应设置为"不修剪"。

（4）单击"绘图"面板上的"直线"按钮，绘制键槽轮廓线。

（5）单击"修改"面板上的" 修剪 "按钮，修剪多余图线。

267

（6）将"细实线"层设置为当前层，单击"绘图"面板上的""按钮，在弹出的"图案填充创建"面板（见图 8-55）上，将图案类型均设置为 ANSI31，角度设置为 0，比例设置为 0.75，在主视图中需要的填充区域内单击，回车，即可绘制剖面线，如图 8-56 所示。

图 8-55　ANSI31

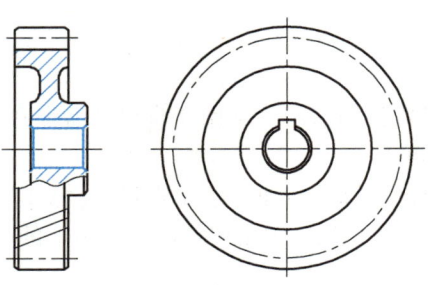

图 8-56　绘制剖面线

五、标注尺寸

将"标注"层设置为当前层，标注斜齿圆柱齿轮的尺寸。

六、保　存

整理图形使其符合机械制图标准，完成后保存图形。

 任务实施

一、齿轮参数与规格

在开始绘制之前，需要明确斜齿圆柱齿轮的各项参数和规格，包括模数、齿数、压力角、螺旋角、齿宽、齿顶高、齿根高等。这些参数将直接影响齿轮的形状和性能，因此在绘制过程中必须严格遵循。

二、绘制步骤与操作

（1）打开 AutoCAD 软件，并设置适当的绘图环境，如单位、图层、线型等。
（2）使用 AutoCAD 的圆命令绘制齿轮的基本轮廓，包括外圆和内圆。
（3）根据齿轮的模数和齿数，计算并绘制齿轮的齿槽和齿型。对于斜齿圆柱齿轮，还需要考虑螺旋角的影响，确保齿型的准确性和连续性。

（4）使用 AutoCAD 的阵列功能复制齿型，形成完整的齿轮齿部。在复制过程中，要注意保持齿型的相对位置和角度关系。

（5）根据需要，可以添加其他细节元素，如中心孔、倒角等。

（6）最后，对绘制的齿轮进行检查和修正，确保各项参数和规格符合要求。

三、精度与质量控制

在绘制过程中，应严格控制精度和质量。可以使用 AutoCAD 的精确测量工具检查齿轮的各项参数是否准确，同时也可以通过与其他设计文件或实物进行比较来验证齿轮的正确性。

四、绘制斜齿圆柱齿轮

绘制的斜齿圆柱齿轮如图 8-47 所示。

项目九　装配图的绘制与识读

项目分析

装配图是用来表达机器或部件整体结构关系的图样。装配图要能反映出机器或部件的工作原理、性能结构，以及零件间的装配关系和必要的技术数据。本项目主要介绍装配图的作用、内容、表达方法、画法以及读装配图和由装配图拆画零件图等内容。

学习目标

（1）掌握装配图的基本原理和规则；理解装配图的组成要素，包括视图、尺寸、标题栏、明细表等，并熟悉相关标准和规定。

（2）学会使用绘图工具，如铅笔、直尺、圆规等的使用方法。

（3）掌握AutoCAD绘图软件的基本操作，能够熟练绘制装配图。

（4）通过大量练习，提高绘图速度和准确性，确保所绘制的装配图符合工程要求。

（5）理解装配图的结构和组成，能够准确识别装配图中的各个部件、零件及其装配关系。

（6）掌握装配图的解读方法，学会从装配图中获取关键信息，如尺寸、材料、工艺要求等。

（7）通过识读装配图，锻炼空间想象能力，能够想象出装配体的三维结构。

（8）通过实际案例的分析和练习，增强对装配图的理解和应用能力，为今后的工程实践打下基础。

课题一　识读装配图

在产品的设计过程中，一般应先绘制出装配图，再根据装配图绘制零件图。在产品的装配过程中，通常是根据装配图将零件装配成部件或机器。因此，装配图在实际工业生产中是一种必不可少的重要资料。正确、熟练地绘制与识读装配图是机械工程人员必须具备的一项基本功。

任务　识读虎钳装配图

 任务引入

如图9-1为虎钳的装配图，识读虎钳装配图，掌握装配图的识读方法。

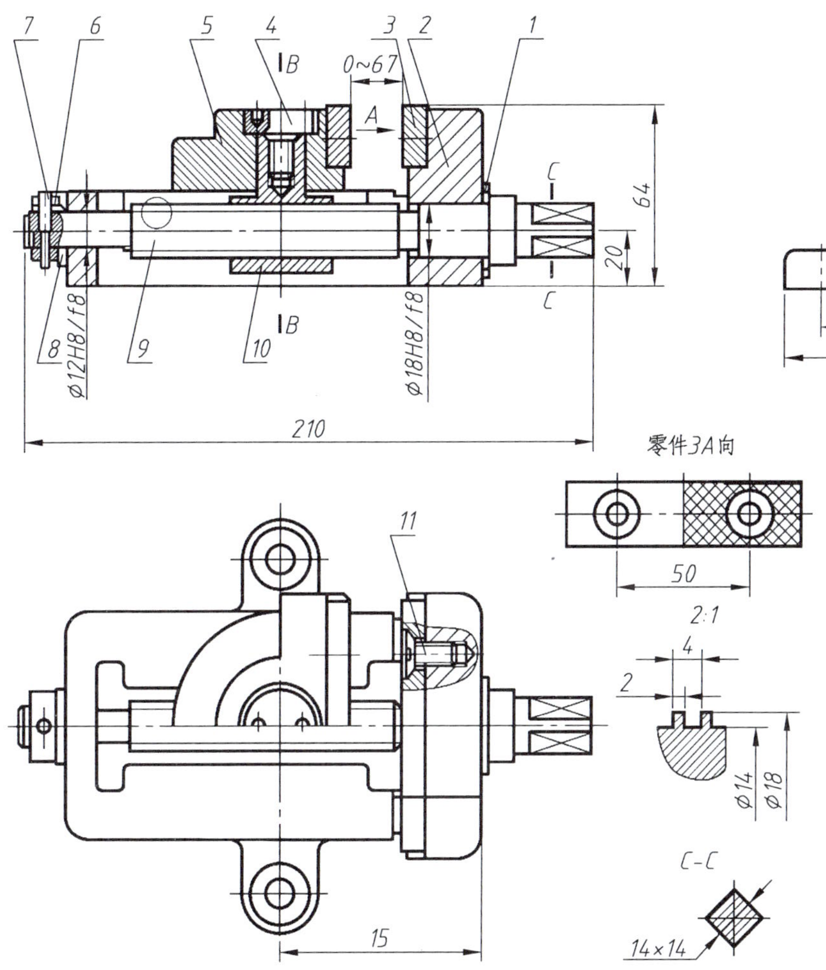

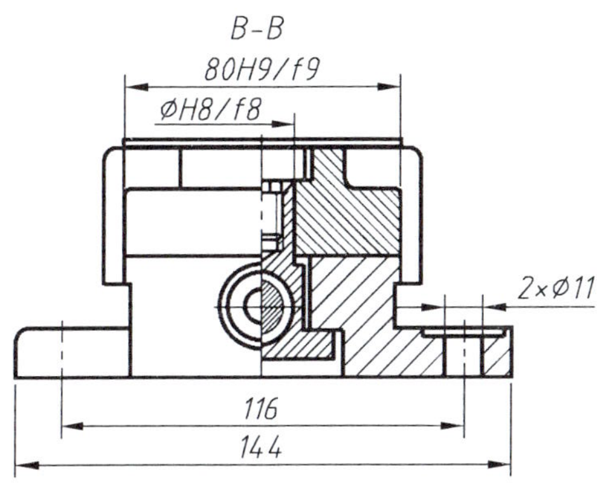

11	螺钉M10×20	4	Q235-A	GB/T 68—2000
10	螺母	1	Q235-A	
9	螺杆	1	45	
8	垫圈12-140HV	1	Q235-A	GB/T 97.1—2002
7	销4×25	1	Q235-A	GB/T 117—2000
6	挡圈	1	Q235-A	
5	活动钳身	1	HT150	
4	螺钉	1	Q235-A	
3	钳口板	2	45	
2	固定钳身	1	HT150	
1	垫圈8-140HV	1	Q235-A	GB/T 97.1—2002
序号	零件名称	序号	材料	备 注

机用虎钳	比例		数量	
	材料			
制图				
考号				

图 9-1 虎钳的装配图

 任务分析

机用虎钳是安装在机床工作台上，用于夹紧工件以便切削加工的一种通用夹具，共由 11 种零件组成，如图 9-1 所示。

 知识链接

一、装配图的作用和内容

1. 装配图的作用

一般表示一台完整机器的装配图，称为总装图。表示机器中某个部件或组件的装配图，称为部件装配图。通常总装图只表示各部件间的相对位置和机器的整体情况，而把整台机器按各部件分别画出装配图。

在设计新产品或改进原有产品时，一般先从装配图入手，然后根据装配图画出零件图，零件制成后，再按装配图装配成机器或部件。因此装配图是反映设计意图，表达部件或机器的工作原理、性能要求，零件间的装配关系，零件的主要结构形状，以及在装配、检验、安装和维修时所需要的尺寸数据和技术要求，是设计部门提交给生产部门的重要技术文件。装配图的作用如下：

（1）在设计或测绘部件或机器时，要画出装配图，表示机器或部件的构造和装配关系，并确定各零件的结构形状和协调各零件的尺寸等，它是绘制零件图的依据。

（2）在生产过程中，要根据装配图制定装配工艺流程，装配图是机器装配、检验、调试和安装工作的依据。

（3）在使用和维修中，装配图是了解机器或部件的工作原理、结构性能，从而决定操作、保养、拆装和维修方法的依据。

2. 装配图的内容

从图 9-2 中可以看出，一张完整的装配图，包括以下四个方面的内容：

（1）一组视图。

装配图通过一组图形用适当的表示方法清楚地表示装配体的工作原理，主要零件的结构形状，零件之间的装配关系、连接方式、传动情况等。图 9-2 采用了全剖的主视图、半剖的左视图和局部剖的俯视图来表示装配体。

（2）必要的尺寸。

零件是根据零件图制造的，因此，装配图上不需要标出制造零件所需要的所有尺寸。装配图上一般只标出装配体的规格（性能）尺寸、外形尺寸、各零件间的配合尺寸和安装尺寸，以及其他重要尺寸。

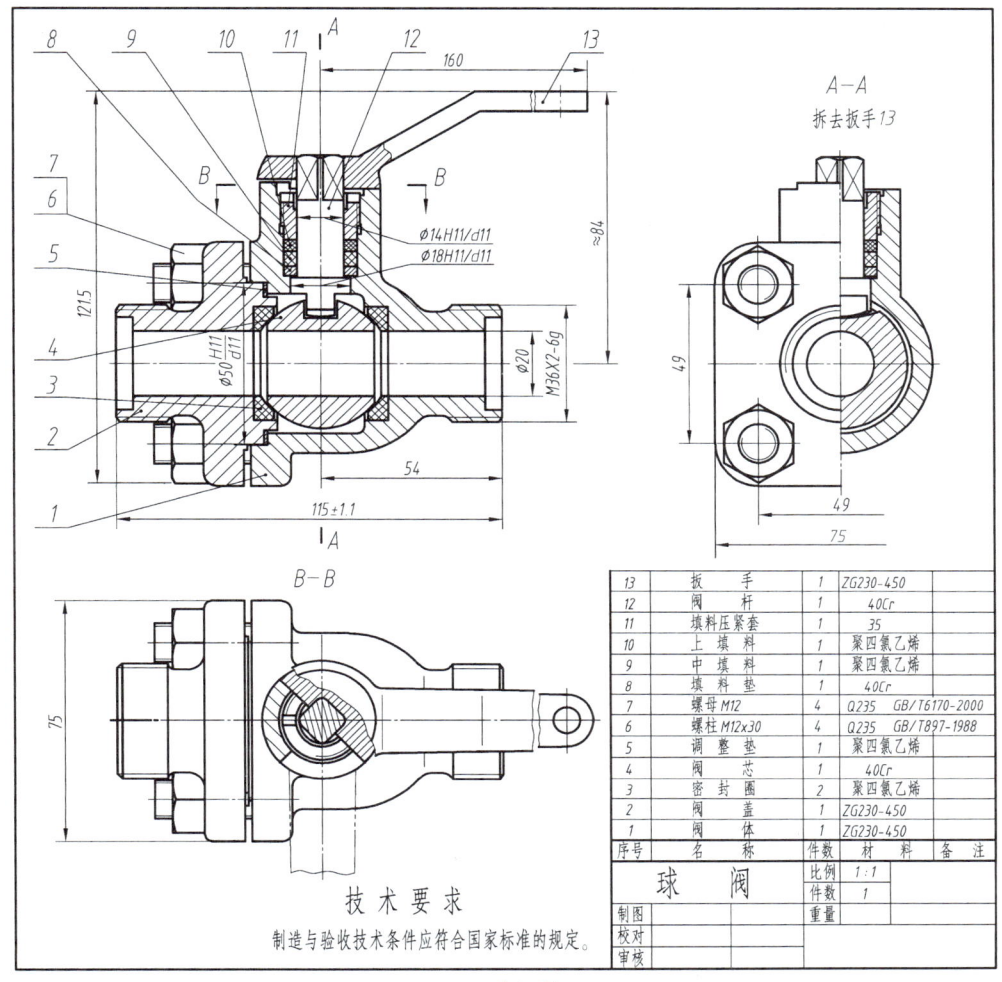

图 9-2 球阀装配图

（3）技术要求。

在装配图中，技术要求用来表示机器或部件在装配、调整、测试和使用等方面必须满足的技术条件，一般标注在明细栏周围的空白处，或用规定的标记、代号在图中相应位置标出，如图 9-2 中装配尺寸 ϕ14H11/d11、ϕ18H11/d11、ϕ50H11/d11 及 115±1.1 等。

（4）零件序号、明细栏和标题栏。

装配图中的所有零件都必须编号，相同的零件用同一个序号。装配图中的标题栏应标明装配体的名称、图号、比例和责任者等，明细栏中应填写组成装配体的所有零件的序号、代号、名称、数量、材料等。

值得注意的是，装配图所包含的内容，因作用不同和行业特点而有差异，在视图的繁简、尺寸的详略、表达方法的选用等方面，都各有特色。

二、装配图的表达方法

装配图的表达与零件图的表达方法基本相同，前面学过的各种表达方法，如视图、剖视图，断面图等,在装配图的表达中也同样适用,但两者的侧重点不同。装配图表达的重点在于反映机器或部件的工作原理、零件间的装配连接关系和主要零件的主要结构特征,所以装配图还有一些特殊的表达方法。

1. 规定画法

(1)零件接触面与配合面的画法。

零件的接触面或配合面,规定只画一条线;对于非接触面、非配合表面,即使间隙再小,也必须画两条线,如图 9-3 所示。

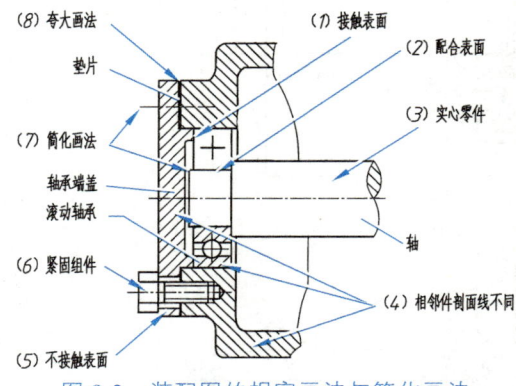

图 9-3　装配图的规定画法与简化画法

(2)剖面线的画法。

在剖视图中,相邻两零件的剖面线倾斜方向应相反,如图 9-3 中轴承盖、轴承与轴承座。若相邻零件多于两个时,则应以间距不等与相邻零件相区别。同一零件在各个视图上的剖面线方向和间距应一致。

(3)紧固件及实心件的画法。

在装配图中,当剖切平面通过一些标准件(如螺栓、螺柱、螺母、垫圈、键、销)和实心零件(如轴、杆、球等)的轴线(或对称线)时,这些零件按不剖绘制,只画外形,不画剖面线,如图 9-3 中的螺栓、轴等。

2. 特殊画法

(1)沿结合面剖切画法。

绘制装配图时,为了表达机器或部件的内部结构,可采用沿某些零件的结合面剖切的画法。其特点是在结合面上不画剖面线,但穿过该结合面被剖切到的零件应按剖视画。如图 9-4 所示转子油泵装配图中的 $A—A$ 就是沿泵盖和泵体的结合面处剖切后画出的,其泵体表面不画剖面线,而被剖切到的轴、螺栓、定位销需画剖面线。

(2)单独表示某个零件。

在装配图中,当某个零件的结构未表达清楚,且对理解配置关系或部件功能有影响时,应单独画出该零件,并在其上方注明"零件××",在相应视图附近用箭头指明投射方向,并注明相应的大写字母,如图 9-4 所示的"泵盖 B"就是专门表达其形状的一个视图。需要注意的是,此种画法的图名中必须注出零件序号,如图 9-5 中的 C(零件 1)、$B—B$(零件 4)就是此种标注。

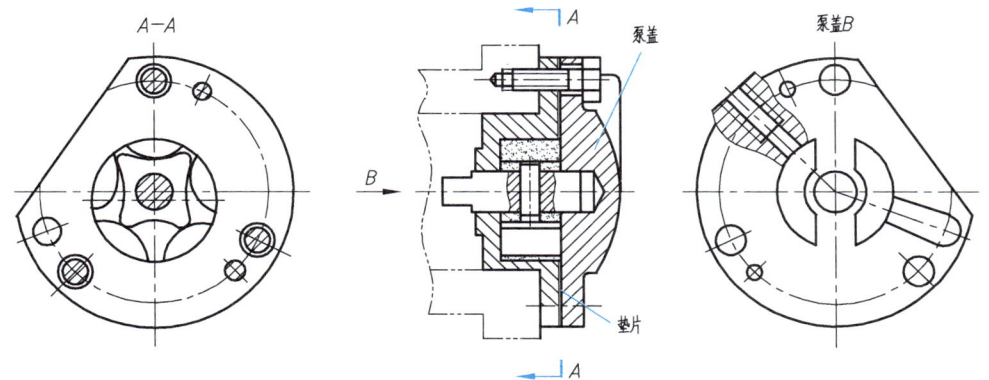

图 9-4 沿结合面剖切和单独表示某个零件

序号	名称	数量	材料	备注
7	底座	1	HT200	
6	螺套	1	QT 400—18	
5	螺钉M8×12	1	35	GB/T 73—1985
4	起重螺杆	1	45	
3	转杆	1	35	
2	螺钉M8×12	1	35	GB/T 75—1985
1	顶垫	1	Q235	

球阀	比例	1:1	（图号）	
	数量		材料	
制图			（单位）	
审核				

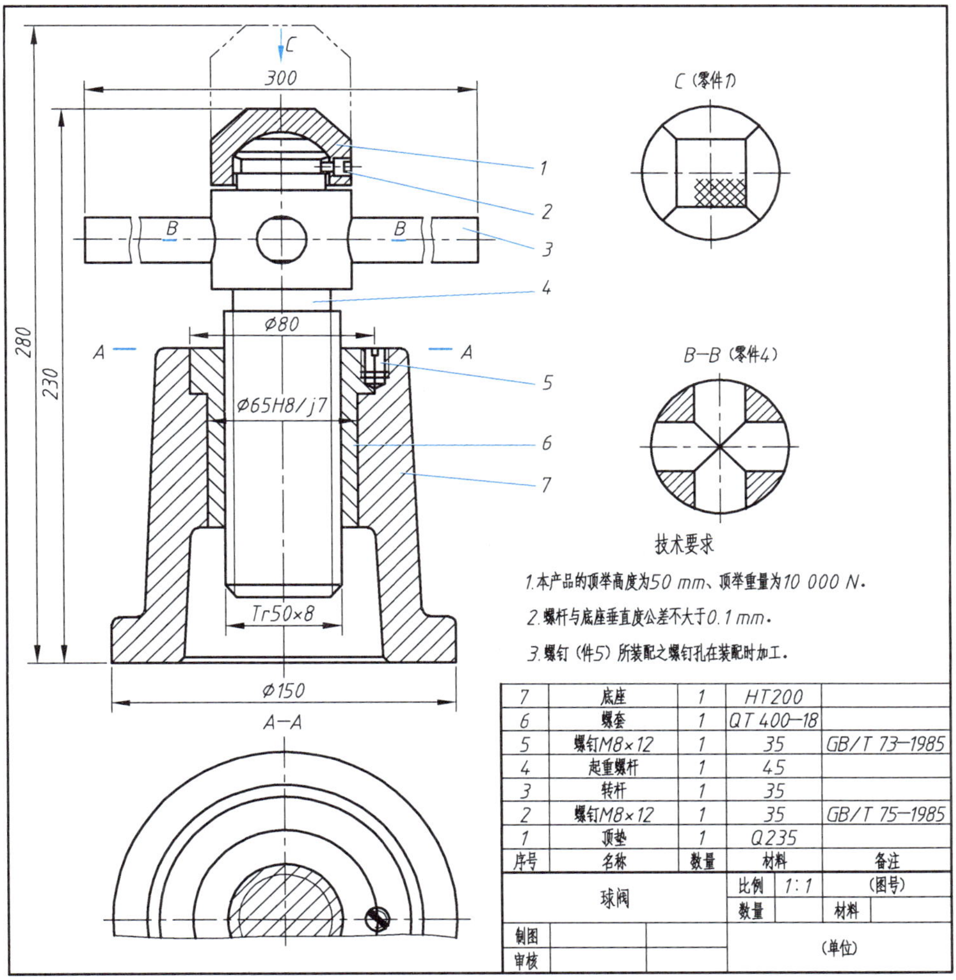

图 9-5 螺旋千斤顶装配图

（3）拆卸画法。

在装配图中，当某个或几个零件遮住了需要表达的其他结构或装配关系，而该结构在其他视图中已表示清楚时，可假想将其拆去，只画出所要表达的部分视图，此时应在该视图的上方加注"拆去××件"，这种画法称为拆卸画法，如图 9-2 中的左视图就是拆去了扳手后画出的图形。

（4）夸大画法。

对于装配图中较小的间隙、细小的结构、薄件的厚度等在图形上小于或等于 2 mm 时，允许不按原比例而将其适当夸大画出，也可用涂黑代替剖面符号，如图 9-3、图 9-4 所示的起密封作用的垫片。

（5）假想画法。

在装配图中，当需要表示运动零件的运动范围或极限位置，可先在一个极限位置上画出该零件，再在另一个极限位置上用细双点画线画出其轮廓。如图 9-6 所示，用细双点画线画出了车床尾座上手柄的另一个极限位置；图 9-5 所示的零件 1（顶垫）的工作极限位置。

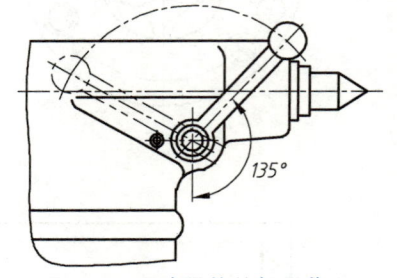

图 9-6　运动零件的极限位置

为了表示与该装配体有连接关系但又不属于该装配体的其他相邻零部件，可用细双点画线假想画出其相邻机件的外形轮廓，如图 9-7 所示用细双点画线表示的床头箱轮廓。

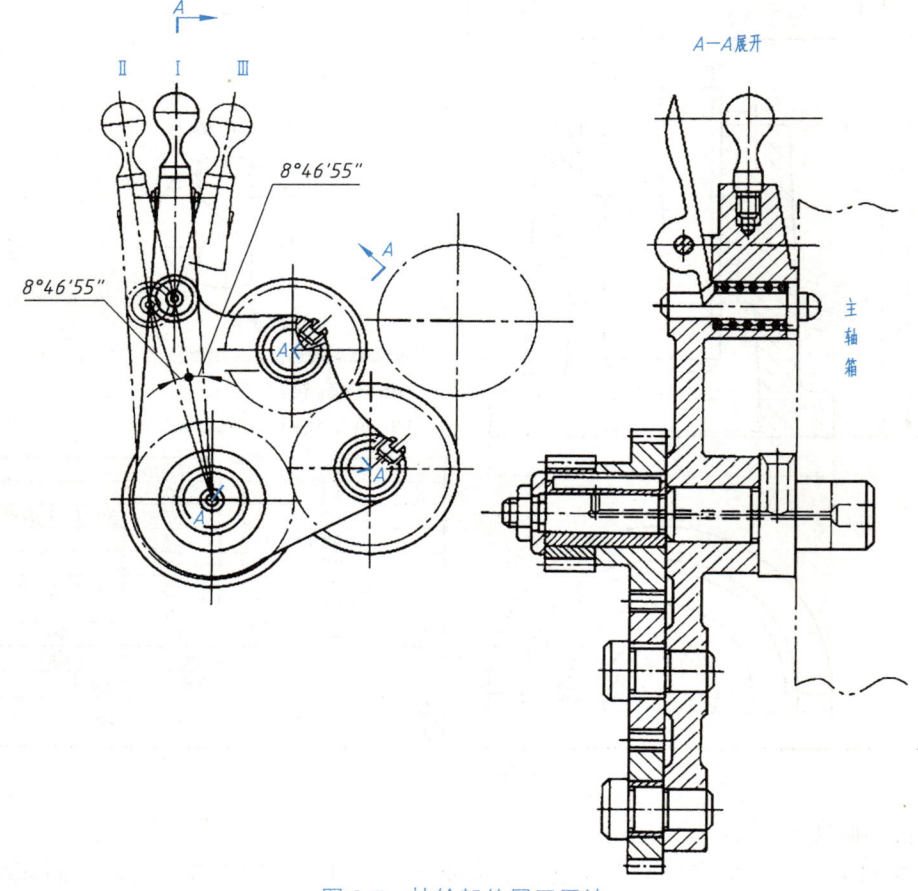

图 9-7　挂轮架的展开画法

（6）展开画法。

为了表达某些重叠的装配关系，如多级传动变速箱，为表示齿轮传动顺序和装配关系，可以假想将空间轴系按其传动顺序展开在一个平面上，画出剖视图，这种画法称为展开画法。如图 9-7 所示的挂轮架装配图就是采用了展开画法，展开符号标注在展开图上方的名称字母后面。

（7）简化画法。

① 零件的工艺结构画法。在装配图中，对零件的工艺结构如小圆角、倒角和退刀槽等允许省略不画，如图 9-3 所示的轴的倒角、退刀槽等均采用简化画法，省略未画。螺栓头部、螺母也允许按简化画法画出，如图 9-4 所示。

② 相同的零、部件组画法。对于装配图中若干相同的零、部件组，可仅详细画出其中一组，其余只需用细点画线表示出其位置，并给出零、部件组的总数。如图 9-8 所示表明共有 3 组相同的零件组；图 9-3 是对螺栓连接组的简化画法。

③ 标准产品画法。当剖切面通过标准产品的轴线或对称中心时，可按不剖画出其外形，如图 9-1 所示主视图中的油杯。此外，在剖视图中，表示滚动轴承时一般一半采用规定画法，另一半采用通用画法，如图 9-3 所示。

④ 根据国家标准《技术制图　简化表示法　第 1 部分：图样画法》GB/T 16675.1—2012 的规定，在装配图中，可用粗实线表示带传动中的带，如图 9-9 所示；用细点画线表示链传动中的链，如图 9-10 所示。必要时，可在粗实线或细点画线上绘制出表示带类型或链类型的符号。

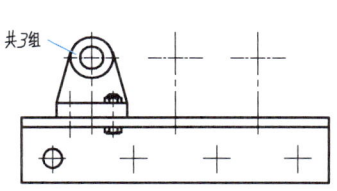
图 9-8　相同零件组的简化

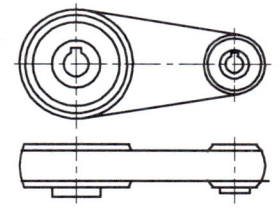
图 9-9　带传动中带的简化

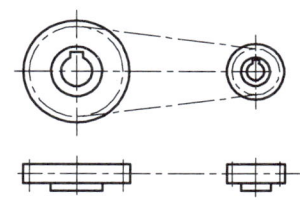
图 9-10　链传动中链的简化

⑤ 在装配图中，零件的剖面线、倒角、肋、滚花或拔模斜度及其他细节等可不画出。

在装配图中可省略螺栓、螺母、销等紧固件的投影，而用细点画线和指引线指明它们的位置。此时，表示紧固件组的公共指引线应根据其不同类型从被连接件的某一端引出，如螺钉、螺柱、销连接从其装入端引出，螺栓连接从其装有螺母一端引出。

三、装配图的尺寸标注和技术要求的注写

1. 装配图的尺寸标注

在装配图中一般只标注下列几类尺寸。

（1）性能尺寸（规格尺寸）。

性能尺寸说明机器或部件的性能和规格的尺寸，这些尺寸在设计时就已确定。它也是设计和选用机器的主要依据。如图 9-11 所示球阀的管口直径为 $\phi25$。

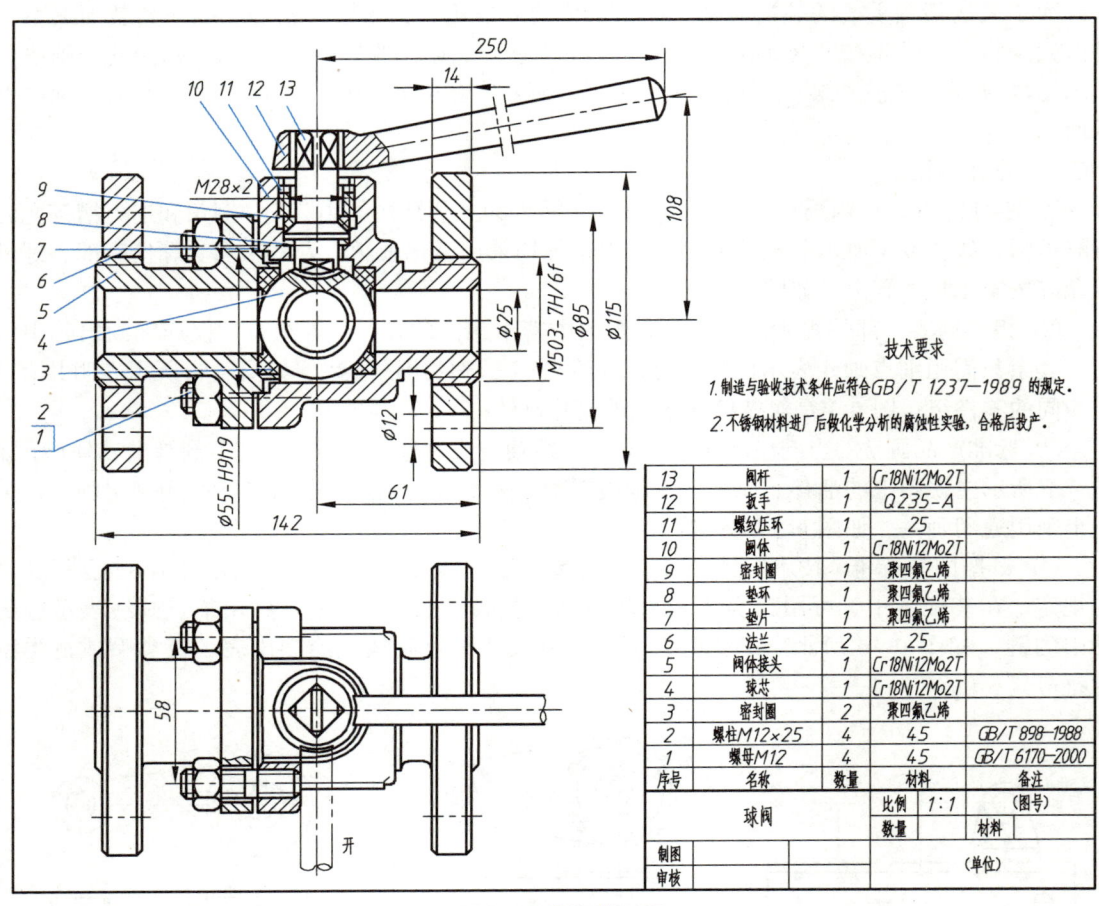

图 9-11 球阀装配图

（2）配合尺寸。

配合尺寸是表示零件之间配合性质的尺寸，如图 9-11 所示的 $\phi55H9/h9$ 为阀体接头和阀体连接处的配合尺寸。

（3）安装尺寸。

安装尺寸表示机器或部件安装到其他部件或基座上所需要的尺寸，如图 9-11 主视图中的 $\phi85$ 尺寸，图 9-12 左视图中的 40、52 安装定位尺寸。

（4）外形尺寸。

外形尺寸表示机器或部件外形轮廓的尺寸，即总长、总宽、总高，在安装、运输时依此确定所占有的空间，如图 9-11 所示的 142、$\phi115$、108，如图 9-12 所示的 126、72、73 尺寸。

（5）其他重要尺寸。

其他重要尺寸是在设计中经过计算确定或选定的尺寸，以及运动零件的极限尺寸等，如图 9-11 所示的 250。

上述 5 类尺寸，不一定在每一张装配图上都必须具备，有时一个尺寸会兼有多种意义。在装配图上标注尺寸时，必须根据机器或部件的特点来确定。

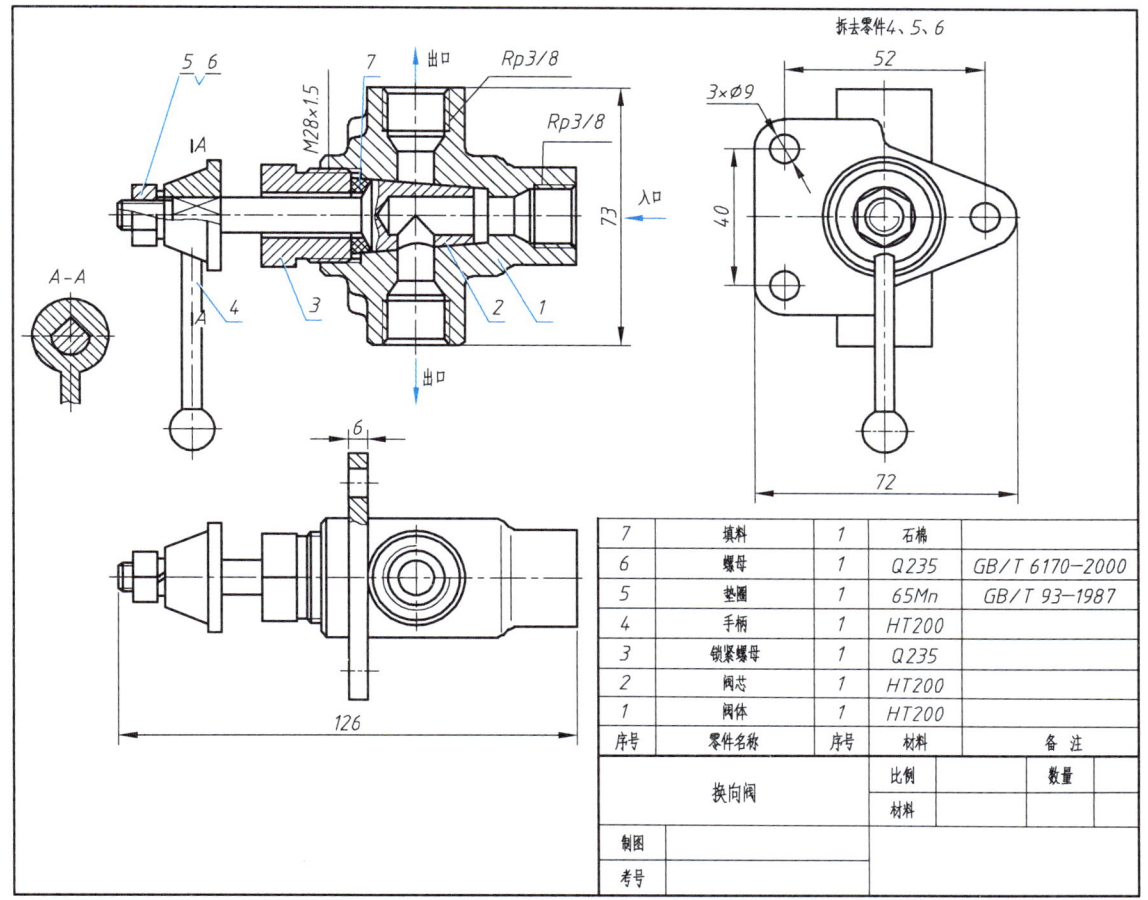

图 9-12 换向阀的拆画画法

2. 装配图的技术要求

在装配图中，有些技术上的要求和说明必须用文字来表达，这些技术要求一般有如下内容。
（1）机器或部件的性能、安装、使用和维护要求。
（2）机器或部件的制造、检验方法及要求。
（3）机器或部件对润滑和密封等的特殊要求。
技术要求一般在明细栏的上方或左侧用文字加以说明。

四、装配图中零件的编号和明细栏

为了便于看图、画图和生产管理，在装配图中需要给每种不同的零件或部件进行编号，并在标题栏的上方绘制明细栏，详细列出所有零部件的编号、名称、材料和数量等有关项目。

1. 零部件编号

（1）装配图中的每种零件或部件都要编号，形状、尺寸完全相同的零件只编一个号，数量填写在明细表内；形状相同但尺寸不同的零件，要分别编号。对于标准化组件，如滚动轴承、油杯、电动机等只编写一个序号。

（2）零部件的编号应与明细表中的编号对应一致。

（3）零件编号的表示方法如图 9-13 所示，指引线应从零件的可见轮廓内引出，并在末端画一圆点，在指引线的水平线（细实线）上或圆（细实线）内，填写零件的编号，编号字号要比尺寸数字大一号，如图 9-13（a）、（b）所示。

（4）对于很薄的零件或涂黑的剖面不宜画圆点，可用箭头指向轮廓线，如图 9-13（c）所示。

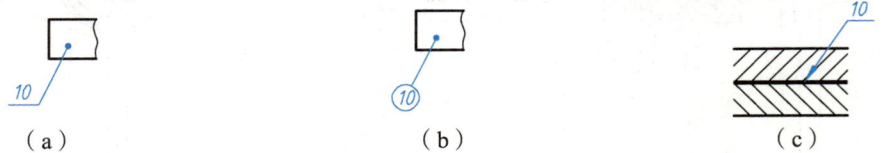

图 9-13　零件编号形式和画法（1）

（5）指引线相互不能相交，当通过有剖面线的区域时，指引线不应与剖面线平行，必要时可画成折线，但只曲折一次，如图 9-14（a）所示。

一组紧固件（如螺栓、螺母和垫圈）及装配关系清楚的零件组，可以采用公共指引线，如图 9-14（b）所示。

（6）装配图中的序号应按水平或垂直方向排列整齐，并按顺时针或逆时针方向顺序填写。

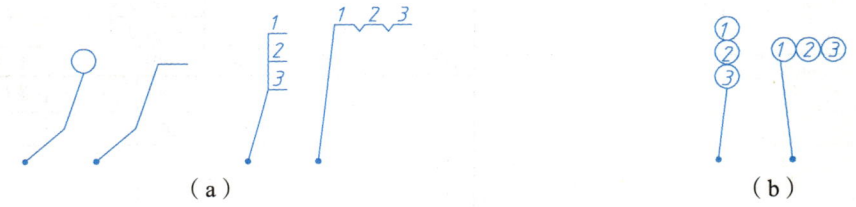

图 9-14　零件编号形式和画法（2）

2. 明细栏

（1）明细栏应放在标题栏的上方，并与标题栏相连，如图 9-12 所示，当位置不够时，可将明细栏的一部分移到标题栏的左边。

（2）零件序号应自下而上按顺序填写。

 任务实施

一、概括了解

读虎钳装配图（见图 9-1）标题栏、明细栏和产品说明书等有关技术资料，了解到机用虎钳是机床上夹持工件的一种部件，它由 11 种零件组成，其最大夹持厚度为 67 mm。

机用虎钳装配图视图，共包括三个基本视图和一个局部视图、一个断面图。主视图采用了通过螺杆轴线的全剖视图，表达了虎钳的主要装配关系。左视图采用了局部剖视图，主要表达

钳座的外部形状。俯视图除局部采用剖视画法表示钳座上的护口板连接外，主要是外形视图，表达虎钳俯视方向的总体轮廓。局部视图表达护口板的形状结构。断面图表达螺杆的断面结构。

二、了解虎钳的工作原理和装配关系

工作原理：用扳手顺时针或逆时针方向旋转螺杆 10，使方块螺母 7 带动活动钳口 5 沿螺杆 10 轴向做水平直线运动，以实现夹紧或松开工件，从而进行切削加工。被夹工件厚度可在 0～67 mm 范围内变化。

装配关系：方块螺母 7 从钳座 4 下方空腔装入工字形槽内，再装入螺杆 10，并用垫圈 9、垫圈 3 以及螺母 2、圆柱销 1 将螺杆轴向固定；通过螺钉 6 将活动钳口 5 与方块螺母 7 连接；最后用螺钉 11 将两块护口板 8 分别与钳座 4 和活动钳口 5 连接。

三、分析零件，读懂零件结构形状

利用装配图特有的表达方法和投影关系，将零件的投影从重叠的视图中分离出来，从而读懂零件的基本结构形状和作用。

（1）利用剖面线的方向和间距来分析。国标规定，同一零件的剖面线在各个视图上的方向和间距应一致。

（2）利用规定画法来分析。如实心件在装配图中规定沿轴线剖开，不画剖面线，据此能很快地将螺钉、螺杆、圆柱销等区分出来。

（3）利用零件序号，对照明细栏进行分析。

四、分析尺寸，了解技术要求

装配图中标注必要的尺寸，包括规格（性能）尺寸、装配尺寸、安装尺寸和总体尺寸。其中装配尺寸与技术要求有密切关系，应仔细分析。

例如，虎钳装配图中标注的规格尺寸为 0～67；装配尺寸为 $\phi 20H/f7$、$\phi 18H8/f7$、$\phi 12H8/f7$、M10-7H/6g；安装尺寸为地脚螺栓孔的尺寸 114；总体尺寸为有 208、114、59。

技术要求：装配前，所有零件用煤油清洗；表面涂灰包油漆。

五、归纳总结

在以上分析的基础上，对整个装配体及其工作原理、连接、装配关系有了全面的认识，从而对其使用时的操作过程有了进一步的了解，图 9-15 所示为该虎钳的立体图。

图 9-15　虎钳立体图

课题二　绘制装配图

装配图是表达机器或部件的图样。一般是先画装配图，然后拆画零件图；在生产过程中，先根据零件图进行加工，再依据装配图将零件装配成部件或机器。因此，装配图既是制定装配工艺规程，进行装配、检验、安装及维修的技术文件，又是表达设计思想、指导生产和交流技术的重要技术文件。

任务　绘制滑动轴承装配图

任务引入

装配图主要表示机器或部件的工作原理、零件间的装配关系和技术要求等，用以指导机器或部件的装配、检验、调试、操作及维修等。

任务分析

如图 9-16 所示为滑动轴承装配图，请思考该装配图包括哪些内容，并综合想象该滑动轴承的立体图。

知识链接

一、装配结构的合理性

为了实现机器或部件的顺利装配，保证装配质量、达到装配性能要求，并方便加工制造和拆卸维修，在设计时必须考虑装配结构的合理性。

1. 接触面与配合面的结构

（1）两相邻零件接触时，在同一方向上的接触表面应只有一对。如图 9-17（a）所示，在水平方向一对面接触了，另一对面就要有间距；如图 9-17（c）所示，较小的轴和孔形成了配合，较大的轴和孔之间就不能再有配合关系，这样，既保证了零件接触良好，又降低了加工要求。

此外，为了保证接触良好，接触面需经机械加工。因此，合理减少加工面积，不但可以降低加工费用，而且可以改善接触情况，其常见结构如凸台、凹坑、凹槽、凹腔等在零件图的机械加工工艺结构中已作介绍，设计时应注意使用。

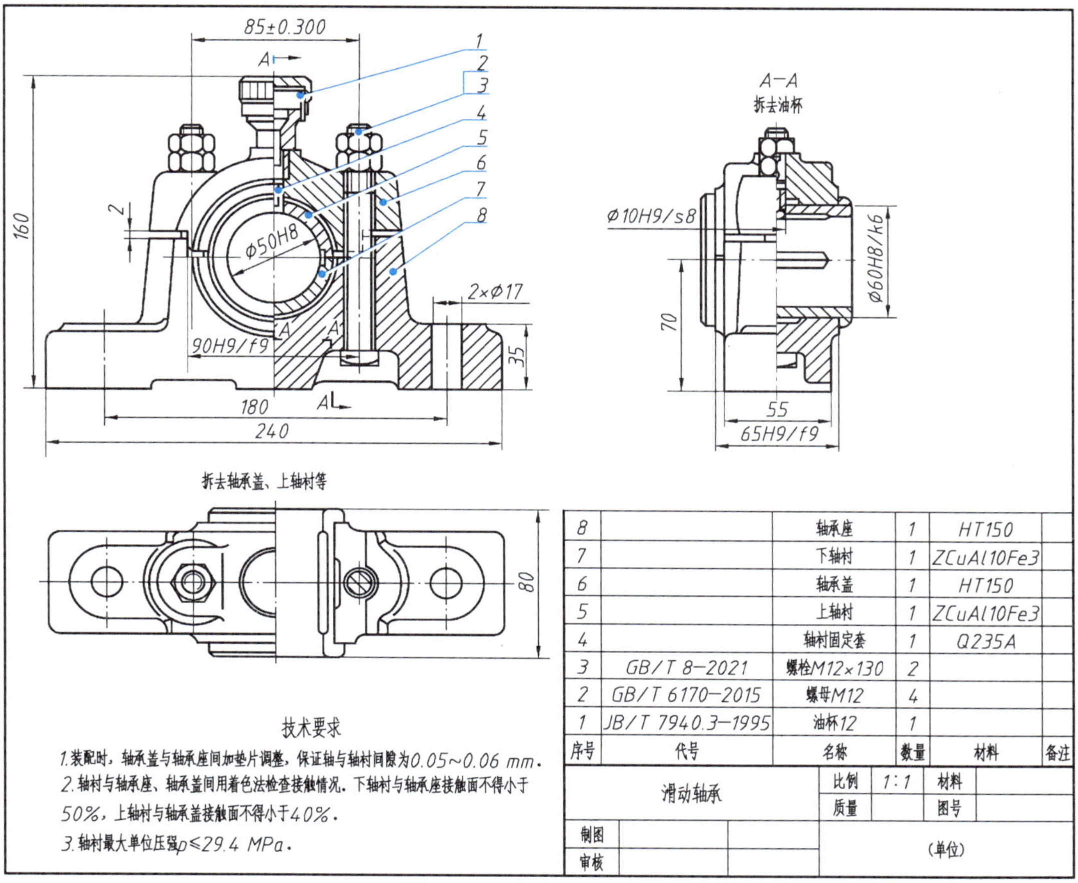

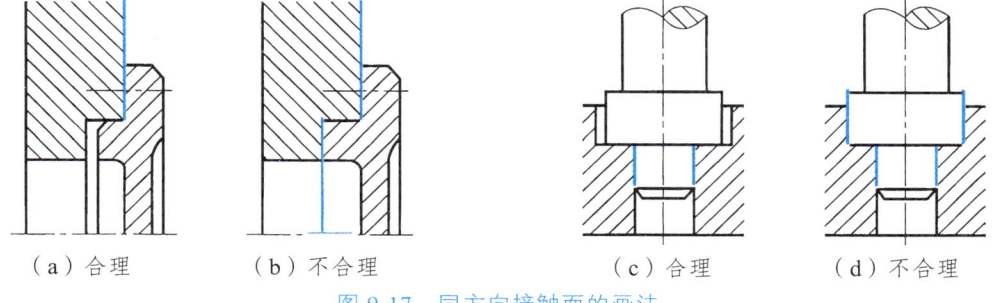

图 9-16　滑动轴承装配图

（a）合理　（b）不合理　（c）合理　（d）不合理

图 9-17　同方向接触面的画法

（2）为了使具有不同方向接触面的两个零件接触良好，在接触面的交角处不应都做成尖角或半径相同的圆角。如轴与孔的端面相接触时，孔边要倒角或轴边要切槽，以保证端面接触良好，如图 9-18 所示。

2. 轴向零件的固定结构

为了防止滚动轴承等轴上的零件产生轴向窜动，必须采用一定的结构来固定。如滚动轴承常用轴肩或阶梯孔的台肩来固定，这时要考虑到维修时拆装方便，应使轴肩高度小于滚动轴承内圈高度，如图 9-19（a）所示，孔的凸台高度小于滚动轴承的外圈高度，如图 9-19（c）所示。

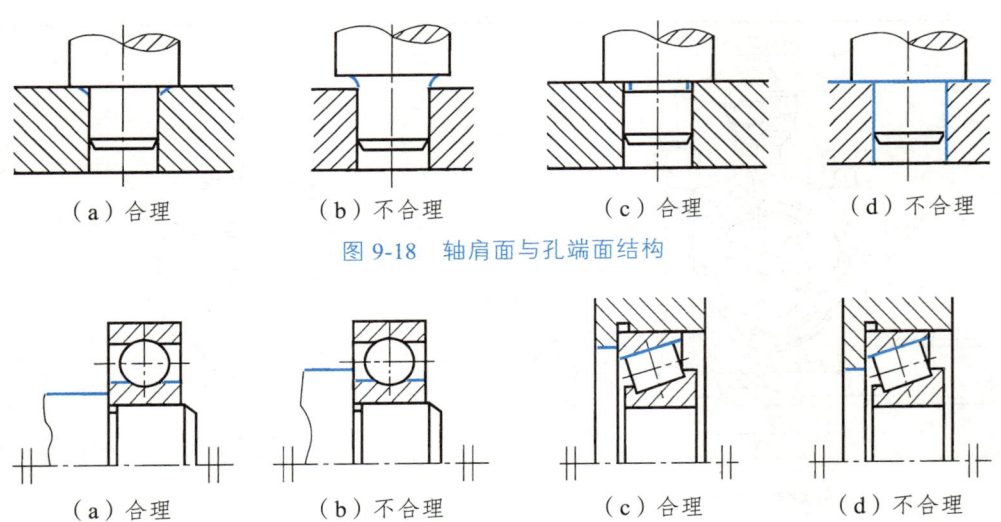

图 9-18 轴肩面与孔端面结构

图 9-19 滚动轴承的安装结构

需要指出的是，除了上述轴承固定结构，滚动轴承还可采用弹性挡圈、轴端挡圈、圆螺母及止动垫圈等形式来固定，以上所述的结构及相关尺寸都已标准化，使用时请查标准确定。

3. 拆装方便结构

当零件用螺纹紧固件连接时，应考虑到螺纹紧固件拆装的方便。不仅要留出拧入螺栓所需要的空间，同时还应考虑拆装时所用扳手的活动范围，如图 9-20 所示。

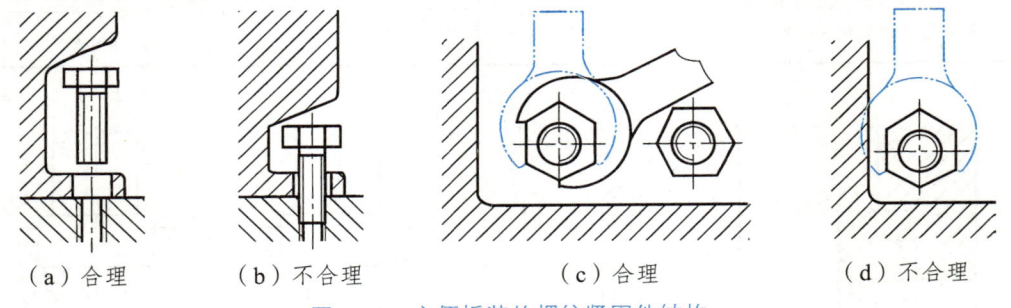

图 9-20 方便拆装的螺纹紧固件结构

4. 密封防漏的结构

在机器或部件中，为了防止内部液体外漏，同时防止外部灰尘、杂质侵入，要采用密封防漏措施。常用的密封结构如下：

（1）毡圈密封装置结构。滚动轴承需要密封，一方面是防止外部的灰尘和水分进入轴承，另一方面也要防止轴承的润滑剂渗漏，常在装轴的端盖孔内开出一个环槽（属标准结构，尺寸可查有关手册），将毡圈置于槽内并与轴紧密接触，可起密封作用，如图 9-21（a）所示。滚动轴承除这种毡圈式密封外，还有沟槽式、皮碗式、挡片式等密封结构，使用时可从有关手册中查取。

（2）填料密封装置结构。通过螺栓头部来调节填料压盖的位置，将填料压紧而起到密封作用。画图时应使填料压盖处于可调节位置（可画在初始压填料的位置，表示填料刚刚加满），一般使其调节量为 3～5 mm，如图 9-21（b）所示。

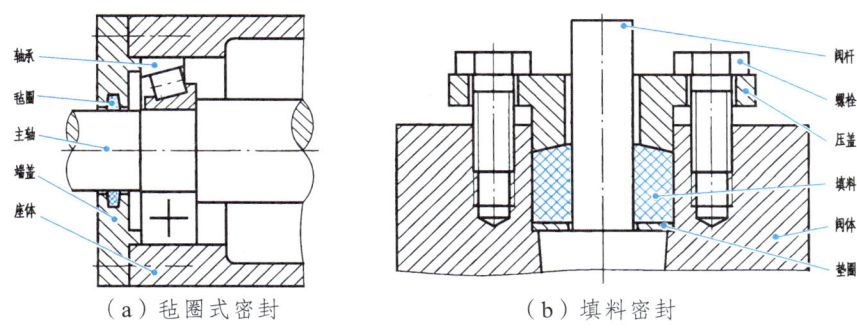

（a）毡圈式密封　　　　　（b）填料密封

图 9-21　防漏结构

（3）垫片密封装置结构。在两零件的结合面处常采用垫片密封。当垫片厚度小于等于 2 mm 时，应采用夸大画法将其涂黑。

5. 防松结构

机器运转时，由于受到振动或冲击，螺纹连接可能发生松动，有时甚至会造成严重事故。因此，在某些结构中需要防松。

图 9-22（a）所示为用双螺母锁紧，它依靠两螺母拧紧后，螺母之间产生的轴向力，使螺母牙与螺栓牙之间的摩擦力增大而防止螺母自动松脱。

图 9-22（b）所示为用弹簧垫圈锁紧，弹簧垫圈的作用是在螺母拧紧之后，依靠垫圈材料的变形弹力给螺母一个力，以增大螺母和螺栓之间的摩擦力来防止螺母自动松脱，故画图时弹簧垫圈的开口方向应为防止螺母松动的方向。

图 9-22（c）所示为用开口销与开槽螺母配合使用，开口销穿过螺母上的槽和螺杆上的孔以防松动，有时也用在轴上，防止轴或轴上零件脱落，作图时常采用示意画法。

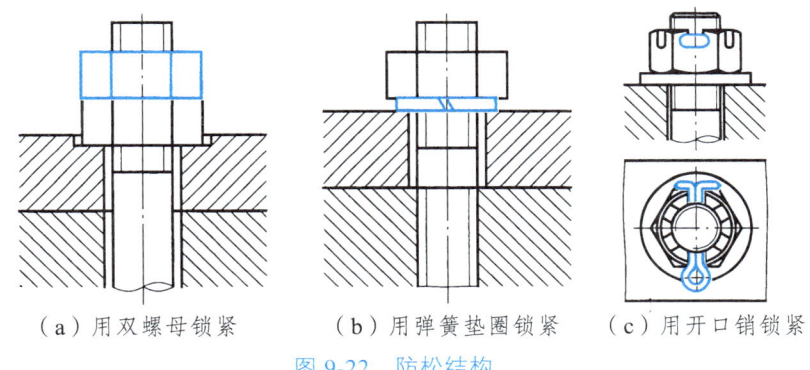

（a）用双螺母锁紧　　　　（b）用弹簧垫圈锁紧　　　　（c）用开口销锁紧

图 9-22　防松结构

二、画装配图的方法和步骤

1. 装配示意图介绍

在了解或拆卸装配体的过程中，应画出装配示意图，即用规定符号和简单图线画出装配体各零件的大致轮廓，用以说明各零件之间的装配关系和相对位置，以及传递情况和工作原理等，如图 9-23 所示的铣刀头装配示意图。装配示意图的作用是为了方便将拆散的装配体复原，也可以作为画装配图时的参考。图 9-24 和图 9-25 为铣刀头的部分零件。

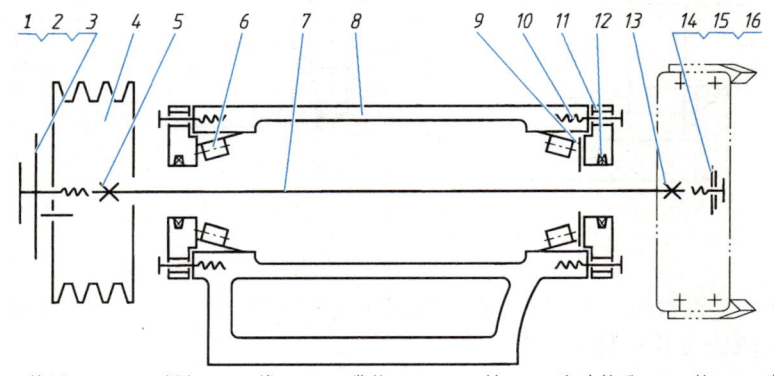

1，14—挡圈；2，10—螺钉；3—销；4—V 带轮；5，13—键；6—滚动轴承；7—轴；8—座体；
9—调整环；11—端盖；12—毡圈；15—螺栓；16—垫圈。

图 9-23　铣刀头装配示意图

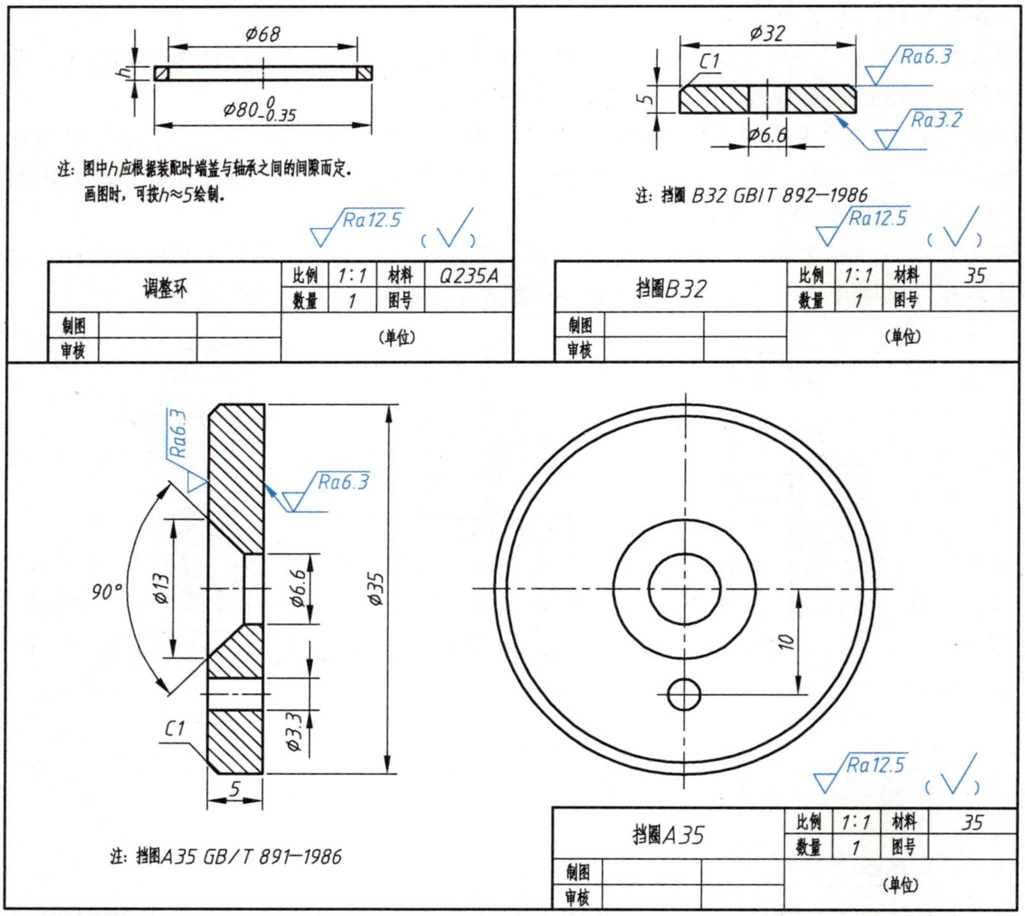

图 9-24　铣刀头的部分零件图（一）

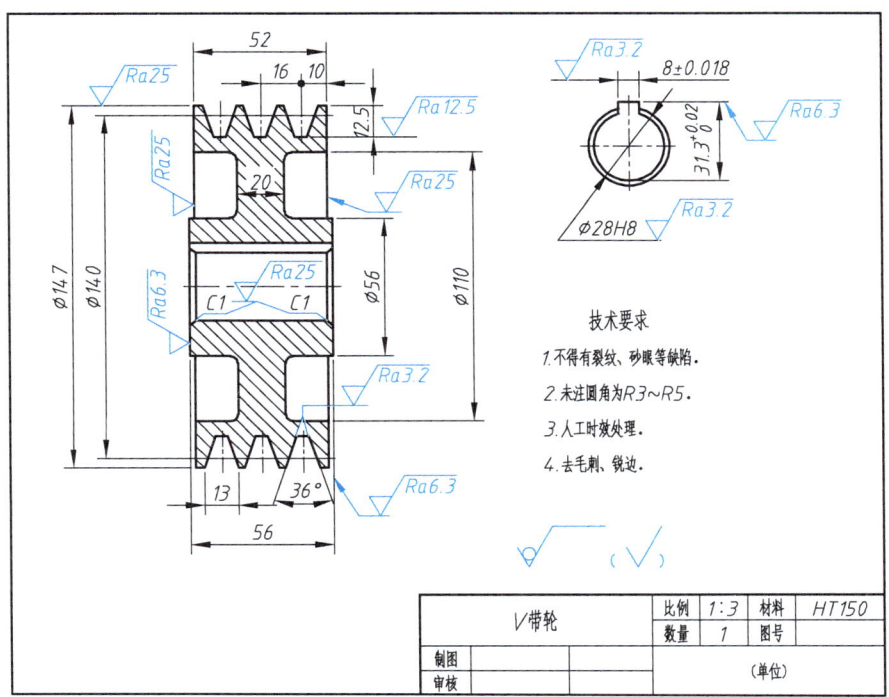

图 9-25 铣刀头的部分零件图（二）

2. 拟定表达方案

在对铣刀头有了较清楚的了解后，应根据需要灵活选用装配图的各种表达方法，确定最佳的表达方案，包括选择主视图、确定视图数量和所采用的表达方法。

（1）选择主视图。

主视图的选择应满足以下要求：

① 按机器或部件的工作位置放置。工作位置倾斜时，可将其放正。

② 应能较多地表达出机器或部件的工作原理、零件间的主要装配关系、传动路线、连接方式及主要零件的结构形状特征。

③ 通过主要装配干线的轴线剖开机件，画出剖视图以表达内部结构。

铣刀头的主视图按工作位置摆放，通过轴线的前后对称平面剖开，得到铣刀头的全剖主视图，较多反映了铣刀头零件间的传动路线、装配关系、连接关系和相对位置。在全剖的主视图中，因轴为实心件，全剖时按不剖处理。为了表示其与键的连接以及左右端的中心螺纹孔连接情况，可做两处局部剖。

（2）其他视图的选择。

分析部件中还有哪些工作原理、装配关系和主要零件的结构没有表达清楚，然后确定选用适当的其他视图。至于各视图采用何种表达方法，应根据需要来确定，但每个零件至少应在某个视图中出现一次。

铣刀头左视图采用拆去部分零件的拆卸画法，来表达座体的外形轮廓、与端盖连接的螺栓分布情况和轴左端销孔的位置，再用局部剖，表达起加强作用的肋板和安装孔的形状大小。

3. 画装配图的步骤

（1）装配图的画图顺序。

① 从内向外画就是遵循设计过程，从内部主要装配干线开始，逐次向外扩展。它的优点是从最内层实形零件（或主要零件）画起，按装配顺序逐步向四周扩展，层次分明，并可避免绘制的外部零件被内部零件挡住轮廓线，图形清晰。

② 从外向内画，就是按照装配顺序，从机器（或部件）的主体零件开始，逐次向里画出各个零件。它的优点是便于从整体的合理布局出发，决定主要零件的结构形状和尺寸，其余部分也易确定下来。

（2）拼画装配图的步骤。

① 定表达方案，选比例、定图幅、画图框。

根据装配体的大小和复杂程度确定表达方案，合理布局各个视图，同时还应考虑尺寸标注、编注序号和明细栏所占的空间，画出各视图的主要基准线，如轴线、中心线，如图9-26（a）所示的铣刀头定位基准线的绘制。

② 画各视图的底稿。

先用细线画出底稿，以便于画图过程中的修改。画图时一般从主视图开始，且几个视图相互配合一起画。根据装配关系和各零件的位置，沿装配干线逐一画出各零件的轮廓及其细部结构；先画出主要零件，再按装配关系依次逐个画出相邻零件。

对于铣刀头，可先画座体的主要轮廓线，如图9-26（b）所示；再沿装配干线从内向外画，从左边开始，根据轴、轴承、端盖的轴向定位距离，依次画出轴、轴承、端盖，如图9-26（c）所示；最后，先画左端的带轮、键、挡圈、螺钉和销，再画右端的调整环、键、挡圈、垫圈和螺栓等，如图9-26（d）所示。

③ 检查、加深、画剖面线。

检查、修正所画视图，按照图线的粗细要求和规格类型将图线描深、加粗，完成后画剖面线，如图9-26（d）所示。

注意： 同一零件的剖面线在各个视图中的间隔和方向必须完全一致，而相邻两零件的剖面线必须不同。

④ 标注装配图尺寸。

根据装配图的要求，标注出性能、规格、装配、安装、外形等必要的尺寸。

⑤ 编写零件序号，填写明细栏和标题栏，注写技术要求，完成铣刀头装配图，如图9-26（d）所示。

任务实施

如图9-16所示，滑动轴承装配图包括一组视图、必要的尺寸、技术要求、零件序号、标题栏及明细栏等内容。

（1）一组视图。该装配图的主视图是滑动轴承装配体的半剖视图；左视图是通过装配体的前后对称面作的半剖视图，配合主视图进一步表示滑动轴承的工作原理和各零件间的装配关系，且补充反映了它的外形结构。

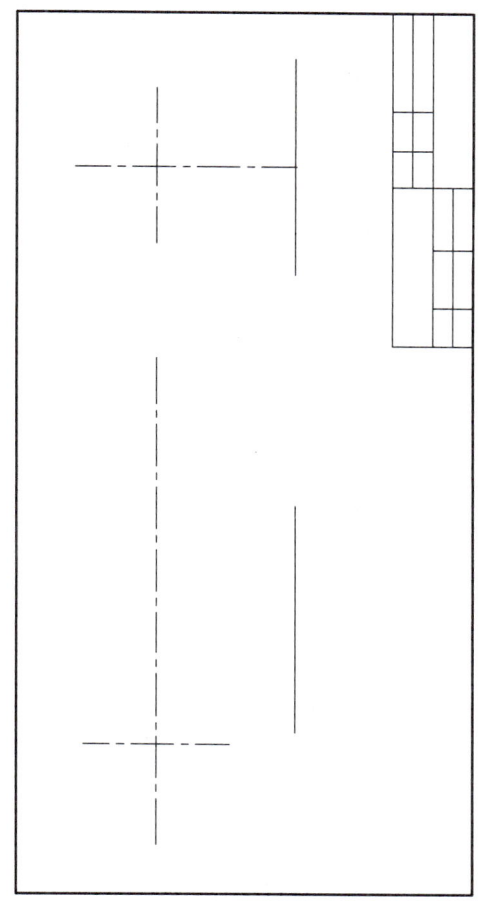
（a）画定位线、图框等

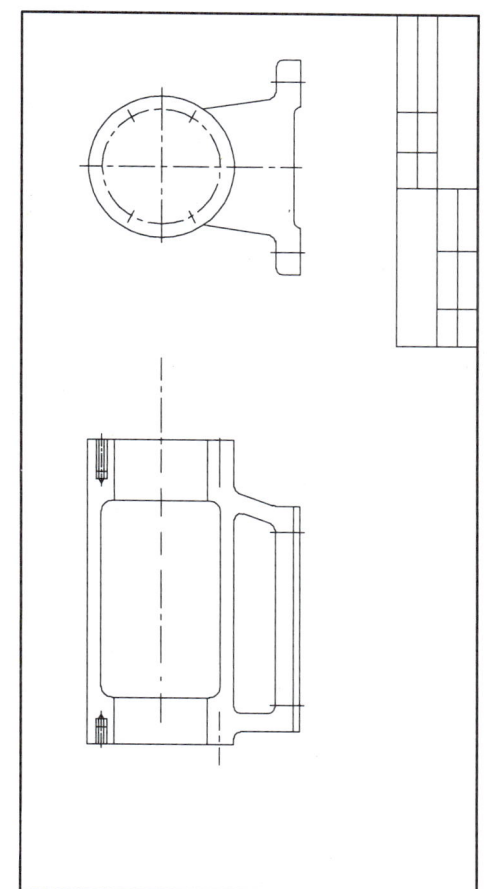
（b）画主体零件（座体的大致轮廓）

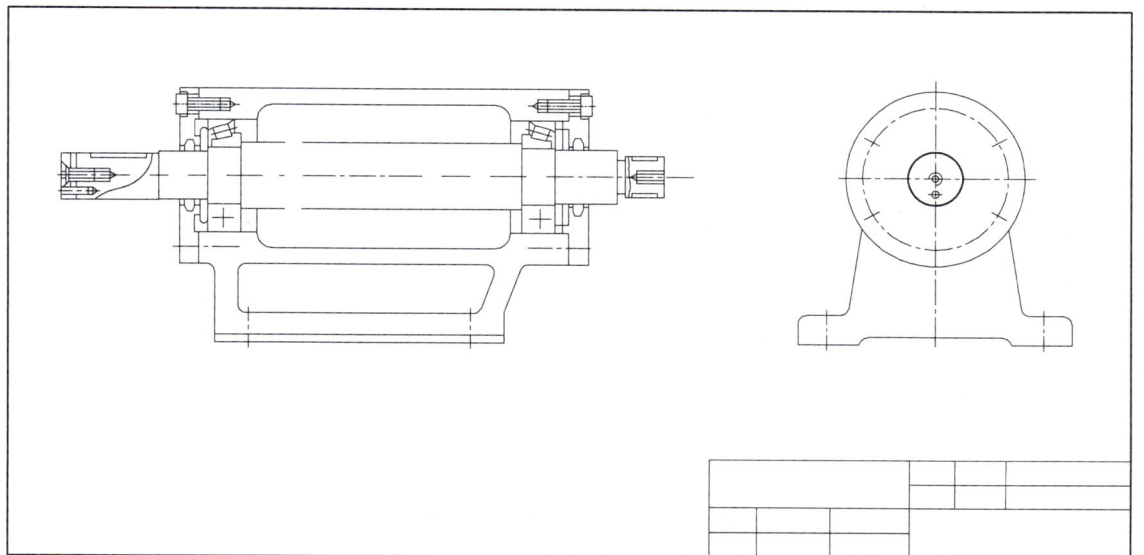
（c）由内向外，按装配干线，画轴、轴承、端盖等

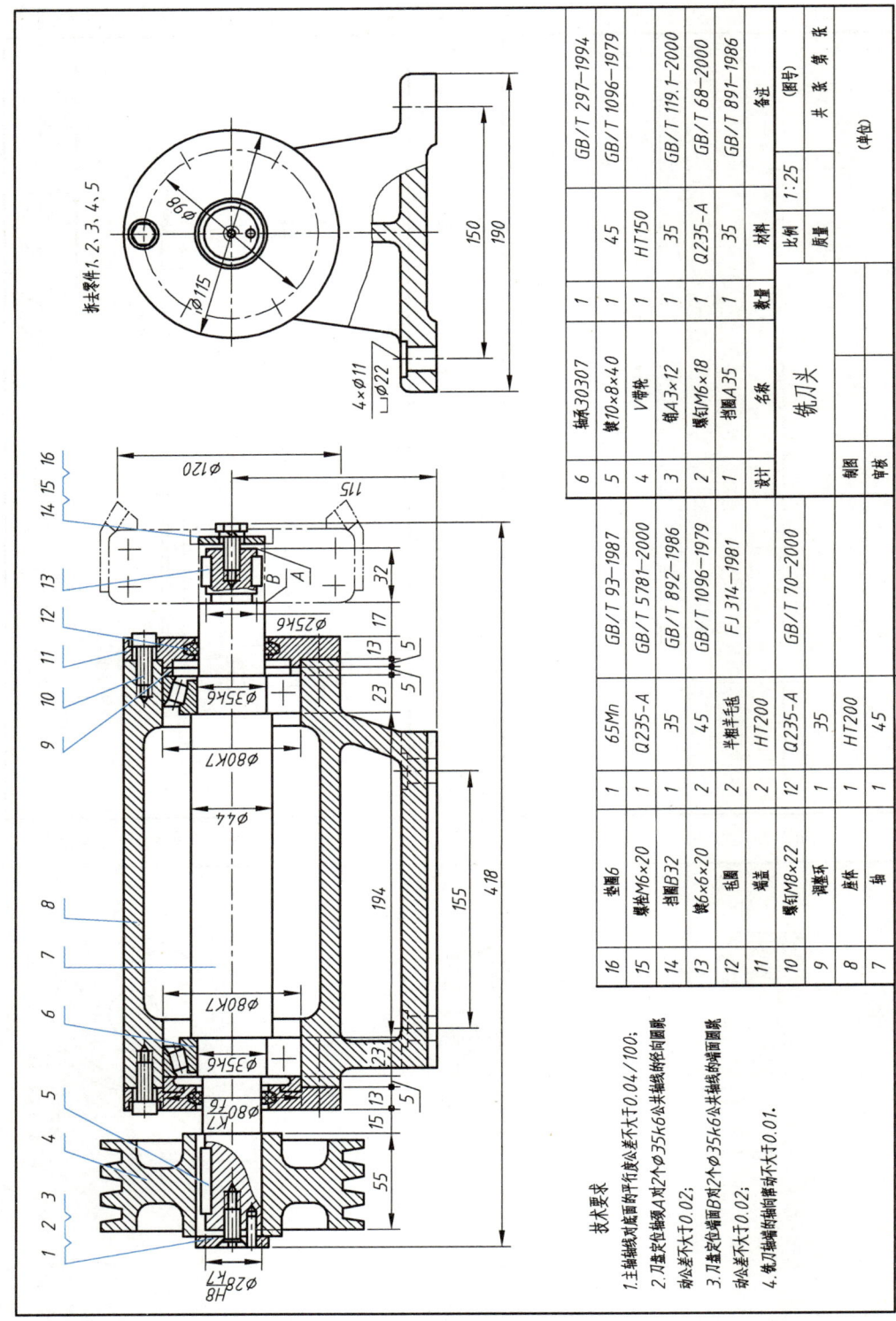

（d）完成其他装配结构，检查、描深，完成铣刀头装配图

图9-26 铣刀头装配图的作图步骤

由于主视图、左视图已将滑动轴承的大部分结构和装配关系反映清楚了，所以俯视图重点表示其外部结构。

（2）必要的尺寸。

① 规格（性能）尺寸：滑动轴承的轴孔尺寸ϕ50H8 等。

② 配合尺寸：上轴衬、下轴衬与轴的装配尺寸ϕ50H8，上轴衬、下轴衬与轴承盖、轴承座的装配尺寸ϕ60H8/k6 等。

③ 相对位置尺寸：轴承盖与轴承座之间非接触面的间距尺寸 2，中心高 70，两螺栓的中心距 85±0.300 等。

④ 安装尺寸：孔尺寸 2×ϕ17 和孔心距尺寸 180 等。

⑤ 外形尺寸：总长尺寸 240、总宽尺寸 80、总高尺寸 160 等。

⑥ 其他重要尺寸：轴承座安装台高度尺寸 35 及其宽度尺寸 55 等。

（3）技术要求。

① 装配要求：装配时，轴承盖与轴承座间加垫片调整，保证轴与轴衬间隙 0.05~0.06 mm。

② 检验要求：轴衬与轴承座、轴承盖间用着色法检查接触情况。下轴衬与轴承座接触面不得小于 50%，上轴衬与轴承盖接触面不得小于 40%。

③ 使用要求：轴衬最大单位压强 $p \leqslant 29.4$ MPa。

（4）零件序号、标题栏及明细栏。

该装配体的名称为滑动轴承，比例为 1:1，共有 8 种、12 个零件，分别为油杯 12（1 个，执行标准 JB/T 7940.3—1995）、螺母 M12（4 个，执行标准 GB/T 6170—2015）、螺栓 M12×130（2 个，执行标准 GB/T 8—2021）、轴衬固定套（1 个，材料为 Q235A）、上轴衬（1 个，材料为 ZCuAl10Fe3）、轴承盖（1 个，材料为 HT150）、下轴衬（1 个，材料为 ZCuAl10Fe3）、轴承座（1 个，材料为 HT150）。

（5）滑动轴承的立体图如图 9-27 所示。

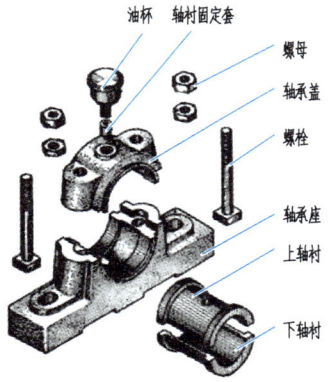

图 9-27　滑动轴承的立体图

绘制装配图

课题三　用 AutoCAD 绘制装配图

使用 AutoCAD 绘制图 9-28 所示的滑动轴承装配图。

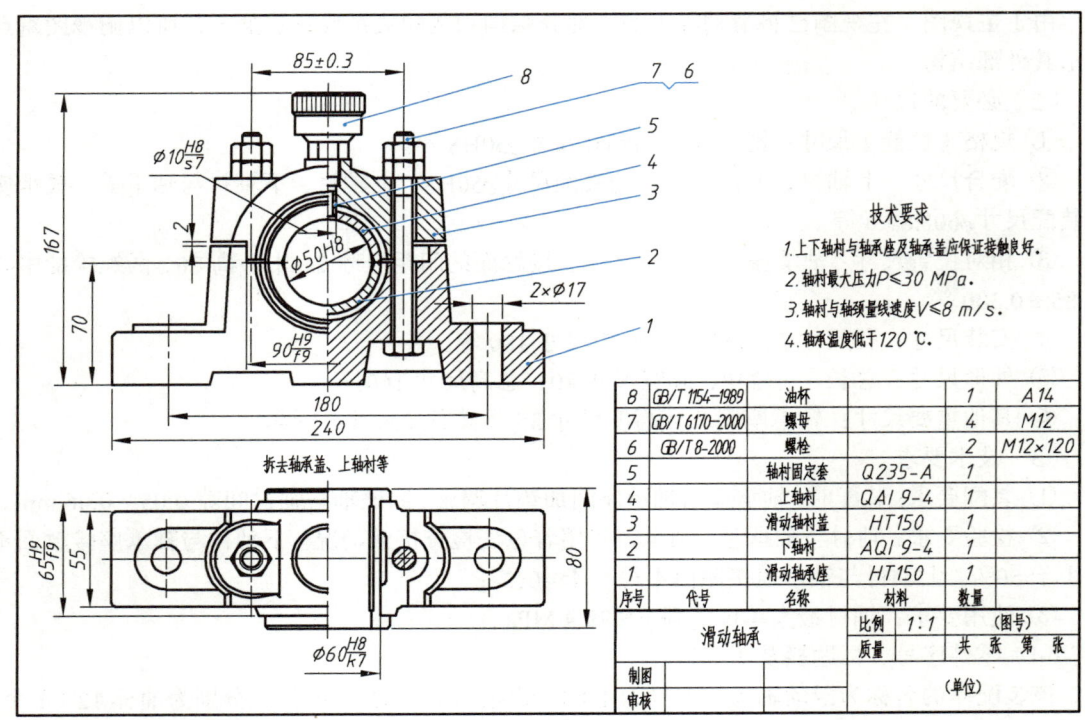

图 9-28 滑动轴承装配图

任务　用 AutoCAD 绘制滑动轴承装配图

 **任务引入**

绘制装配图是机械设计过程中至关重要的一环，它对确保机械部件的准确装配、提高机械设备的性能以及优化整体设计方案具有显著意义。

在机械制造领域，装配图是指导机械部件装配和调试的关键文件。随着机械行业的快速发展，对装配图的准确性和规范性要求越来越高。因此，掌握装配图的绘制方法和技巧，对机械工程师来说至关重要。

 **任务分析**

（1）组件复杂性：滑动轴承通常由多个组件组成，每个组件可能具有复杂的形状和尺寸。正确绘制和组装这些组件需要精确的技术和对细节的关注。

（2）装配关系表达：在装配图中，清晰地表达各个组件之间的装配关系是关键。这包括轴承与轴、轴承座、密封件等之间的配合关系。需要确保这些关系在图纸上准确无误地表示出来。

（3）尺寸和公差标注：滑动轴承装配图需要详细的尺寸和公差标注，以确保装配的正确性和精度。这些标注需要准确地反映各个组件的尺寸、相对位置以及允许的偏差范围。

（4）材料和技术要求：装配图中通常还需要包含材料说明和技术要求，以指导生产和装配过程。正确选择和标注材料，以及明确技术要求，对确保滑动轴承的性能和使用寿命至关重要。

（5）视图选择和表达：为了清晰地表达装配关系和细节，可能需要使用多个视图（如主视图、俯视图、剖视图等）。选择合适的视图和表达方式，确保图纸的清晰性和可读性。

（6）图层和线型管理：在 AutoCAD 中，有效地管理图层和线型是保持图纸整洁和有序的关键。为每个组件使用不同的图层和线型，有助于区分和组织各个部分，提高绘图效率。

（7）约束和装配顺序：在装配图中，正确设置约束和标注装配顺序是很重要的。这有助于确保在生产或装配过程中，组件能够按照正确的顺序和方式组装在一起。

 知识链接

一、创建 A2 模板

（1）打开 AutoCAD 2020，设置绘图界限。

（2）图层特性管理器"LAYER"。

图层是 AutoCAD 中的主要组织工具，用户可以把图层理解为没有厚度、透明的图纸，一个完整的工程图样由若干个图层完全对齐、重叠在一起形成。图层具有以下一些特性：

① 图名：每一个图层都有自己的名字，以便查找。
② 颜色、线型、线宽：每个图形都可以设置自己的颜色、线型、线宽。
③ 图层状态：可以对图层进行打开和关闭、冻结和解冻、锁定和解锁等控制。

（3）打开 A2 模板。

二、插入零件图

1. 命令应用

（1）插入块"INSERT"。

将块或图形插入当前图形中，建议插入块库中的块。块库可以是存储相关块定义的图形文件，也可以是包含相关图形文件的文件夹，每个文件均可作为块插入。无论使用何种方法，块均可标准化且可供多个用户访问。

插入块的步骤如下：
① 在绘图界面中，选择"插入"命令，或者在命令行中输入"I"命令并按回车键。
② 在弹出的对话框中，选择要插入的块名称。
③ 指定块的插入点，可以根据需要选择不同的插入点。
④ 点击"确定"按钮，完成块的插入。

（2）创建块"BLOCK"。

从选定对象创建块定义，通过选择对象、指定插入点然后为其命名，创建块定义。

创建块的步骤如下：

① 打开 AutoCAD 软件，进入绘图界面。

② 在绘图界面中选择"块"命令，或者在命令行中输入"B"命令并按回车键。

③ 在弹出的对话框中，输入块的名称并选择基点，基点通常选择为块的插入点。

④ 选择要创建为块的图形对象，可以单击鼠标左键选择单个对象，也可以按住鼠标左键拖动选择多个对象。

⑤ 点击"确定"按钮，完成块的创建。

2. 实施步骤

单击"块"面板上的"插入"按钮，将教学资源文件"9-1 滑动轴承座.dwg""9-2 滑动轴承下轴衬.dwg""9-3 滑动轴承盖.dwg""9-4 滑动轴承上轴衬.dwg""9-5 轴衬固定套""9-6 螺栓""9-7 螺母""9-8 油杯"插入到当前图形文件中，其中插入轴衬固定套、螺母的比例为 0.5，插入其他图形的比例均为 1。在"插入"对话框中均勾选"分解"复选框。

三、编辑零件图

1. 命令应用

（1）删除命令。

① ERASE 命令（E）：这是最常用的删除命令。可以在命令行中输入"E"并按回车键，或者从菜单栏选择"修改"→"删除"来激活此命令。选择想要删除的对象，然后再次按回车键或右键确认即可删除。

② TRIM 命令（TR）：此命令主要用于修剪对象，但也可以用来部分删除对象。输入"TR"并按两次回车键，选择要修剪的边界对象，然后选择要删除的部分。

③ OVERKILL 命令（OV）：当需要删除重叠的对象时，可以使用此命令。输入"OV"并按回车键，选择要删除的重叠对象，然后确认即可。

④ SIMILAR 命令（SIM）：此命令可以删除与选定对象类似的其他对象。输入"SIM"并按回车键，选择要删除的对象，然后输入"E"并按回车键以删除所有类似对象。

此外，还有一些其他删除命令，如"REMOVE"和"DELETE"等，它们在 AutoCAD 中的使用相对较少。

注意：在执行删除命令之前，建议先备份或保存文件，以防意外删除重要对象。同时，使用 AutoCAD 时，需确保熟悉各种命令和工具，并遵循相关的标准和规范，以确保图纸的准确性和可读性。

（2）旋转命令"ROTATE"。

① 输入旋转命令：在命令行中输入"RO"或"ROTATE"命令，然后按 Enter 键。

② 选择对象：在命令行提示下，使用鼠标选择想要旋转的对象。可以一次选择一个或多个对象。

③ 指定基点：选择一个点作为旋转的基点。这通常是对象上的一个点，如圆心或交点。

④ 指定旋转角度：输入希望旋转的角度值。如果是正值，对象将按逆时针方向旋转；如果是负值，对象将按顺时针方向旋转。

⑤ 完成旋转：按 Enter 键确认旋转操作。

2. 编辑零件图

（1）单击"修改"面板上的"删除"按钮，删除零件图中无用的对象。

① 零件图中需要删除的对象有：边界线、边框、标题栏、粗糙度、技术要求，以及绝大部分尺寸。

② 滑动轴承盖零件图中保留两个通孔的定位尺寸，俯视图只保留一半，但将两个整圆和螺纹圆删除。

③ 滑动轴承座零件图中保留两个视图及总长尺寸、两个通孔的尺寸及其定位尺寸。

④ 上轴衬零件图只保留左视图，下轴衬零件图只保留两个视图。

⑤ 轴衬固定套只保留主视图。

⑥ 3个标准件的尺寸全部删除，六角螺母图形中的剖视图删除，如图 9-29 所示。

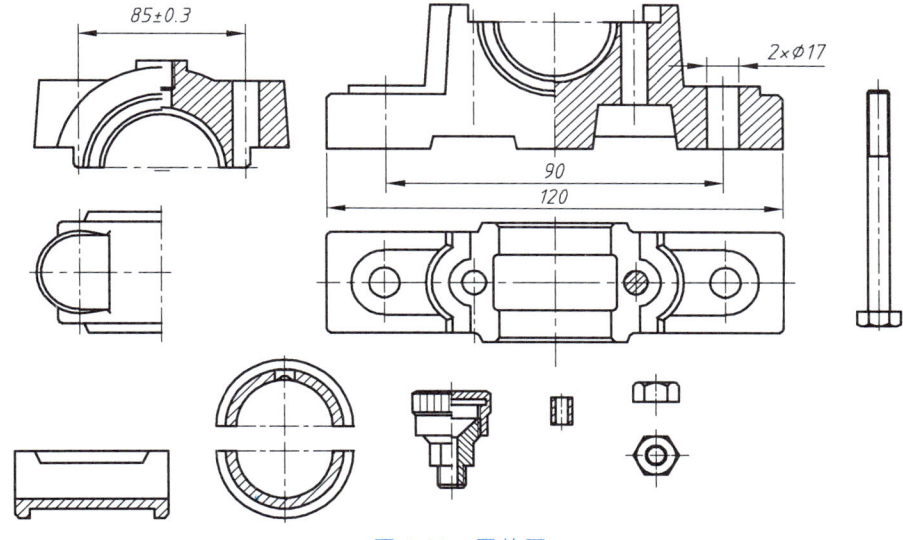

图 9-29　零件图

（2）单击"修改"面板上的" 镜像 "按钮，做下轴衬两个视图的水平镜像，即两个视图翻转 180°。

（3）单击"修改"面板上的" 旋转 "按钮，将六角头螺栓和六角螺母的图形各旋转 90°。

四、拼装滑动轴承主视图

1. 命令应用

（1）复制命令"COPY"。

将对象复制到指定方向上的指定距离处，使用 COPYMODE 系统变量，可以控制是否自动创建多个副本。

① 输入复制命令：在命令行中输入"CO"或"COPY"命令，然后按 Enter 键。
② 选择对象：使用鼠标选择想要复制的对象。可以一次选择一个或多个对象。
③ 指定基点：选择一个点作为复制的基点。通常是对象上的一个点，如圆心或交点。
④ 指定目标点：移动鼠标到希望复制对象出现的位置，并点击鼠标左键指定目标点。
⑤ 完成复制：按 Enter 键确认复制操作。此时，选定的对象将被复制到指定的目标位置。

除了基本的复制命令，AutoCAD 还提供了其他与复制相关的命令，如"MIRROR"命令，它用于创建对象的镜像副本；"ARRAY"命令，它用于创建对象的数组（如矩形数组或环形数组）；以及"COPYCLIP"和"PASTECLIP"命令，它们分别用于将对象复制到剪贴板和从剪贴板粘贴对象。

请注意，在使用复制命令时，务必小心选择对象和指定基点及目标点，以免意外更改图纸内容。同时，为了提高操作效率，可以考虑为复制命令创建自定义快捷键。

（2）移动命令"MOVE"。

将对象在指定方向上移动指定距离，使用坐标、栅格捕捉、对象捕捉和其他工具可以精确移动对象。

① 输入移动命令：在命令行中输入"M"或"MOVE"命令，然后按 Enter 键。
② 选择对象：使用鼠标选择想要移动的对象。可以一次选择一个或多个对象。
③ 指定基点：在命令行提示下，选择一个点作为移动的基点。通常是对象上的一个点，如圆心或交点。基点用于确定对象移动的方向和距离。
④ 指定目标位置：移动鼠标到希望对象出现的新位置，并点击鼠标左键指定目标点。
⑤ 完成移动：按 Enter 键确认移动操作。此时，选定的对象将从原始位置移动到新的目标位置。

请注意，在使用移动命令时，务必小心选择对象和指定基点及目标位置，以免意外更改图纸内容。另外，AutoCAD 还提供了其他与移动相关的命令和工具，如"PAN"命令用于平移视图，"OFFSET"命令用于创建对象的偏移副本等。

2. 拼装主视图

（1）单击"修改"面板上的"移动"按钮，调整滑动轴承盖和滑动轴承座的主视图、上轴衬和下轴衬的左视图、上轴衬固定套、六角头螺栓、六角螺母、油杯的位置，使这几个图形能在绘图区内同时显示。

（2）单击"修改"面板上的"复制"按钮，复制下轴衬，使其和上轴衬组成一个完整的轴衬。复制的基点为下轴衬的同心半圆的圆心，复制的第 2 点为上轴衬同心半圆的圆心。保留下轴衬的原图形备用。

（3）单击"修改"面板上的"移动"按钮，将上下轴衬和滑动轴承座移到一起，如图 9-30 所示。移动的基点为上下轴衬的同心圆的圆心，移动的第 2 点为滑动轴承座同心半圆的圆心。

（4）单击"修改"面板上的"移动"按钮，将滑动轴承和滑动轴承座移到一起。移动的基点为滑动轴承盖的同心圆弧的圆心，移动的第 2 点为滑动轴承座同心半圆的圆心。

（5）单击"修改"面板上的"删除"按钮，将油杯右半部分剖开的图形删除。

（6）单击"修改"面板上的"镜像"按钮，做油杯左半部分图形的竖直镜像，得到油杯的外形视图。

（7）单击"修改"面板上的" 移动 "按钮，将上轴衬固定套、油杯、螺栓与滑动轴承盖、滑动轴承座移到一起，移动的基点分别为 A_1、B_1 和 C_1，移动的第 2 点分别为 A_2、B_2 和 C_2，如图 9-30 所示。

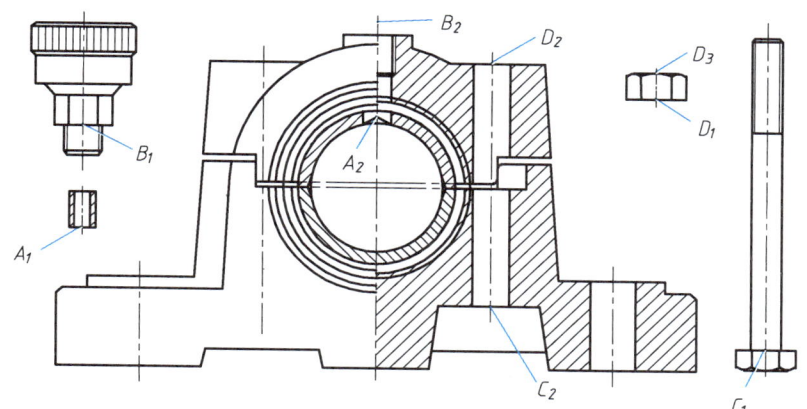

图 9-30　上轴衬固定套、油杯、螺栓与滑动轴承盖、滑动轴承座

（8）单击"修改"面板上的" 复制 "按钮，将螺母复制到滑动轴承盖上，复制的第 2 点为 D_2 和 D_3（复制了螺母后，需要源对象删除）。

（9）单击"修改"面板上的" 复制 "按钮，将两个螺母和螺栓的外螺纹轮廓线复制到滑动轴承盖左侧竖直点画线处。

（10）单击"修改"面板上的" 修剪 "按钮和"删除"按钮，修剪和删除多余的和不可见的轮廓线。

（11）单击"修改"面板上的"删除"按钮，删除滑动轴承盖内螺纹的粗实线和细实线，按照内外螺纹旋合的规定画法利用"直线"命令重新绘制。

（12）将重合在一起的点画线删除只保留其中一条，并将保留的点画线拉长。

（13）将滑动轴承盖、滑动轴承座、上轴衬、下轴衬和上轴承固定套的剖面线删除，单击"绘图"面板上的"图案填充"按钮，重新绘制剖面线。填充图案均选择 ANSI37，角度和比例为 90 和 1.25，0 和 1.25，0 和 1，90 和 1，0 和 0.5。完成拼装滑动轴承的主视图，如图 9-31 所示。

五、拼装滑动轴承俯视图

1. 命令应用

（1）打断命令"BREAK"。

在两点之间打断选定的对象，可以在对象上的两个指定点之间创建间隔，从而将对象打断为两个对象。如果这些点不在对象上，则会自动投影到该对象上。

"BREAK"通常用于为块或文字创建空间。

① 输入打断命令：在命令行中输入"BR"或"BREAK"命令，然后按 Enter 键。

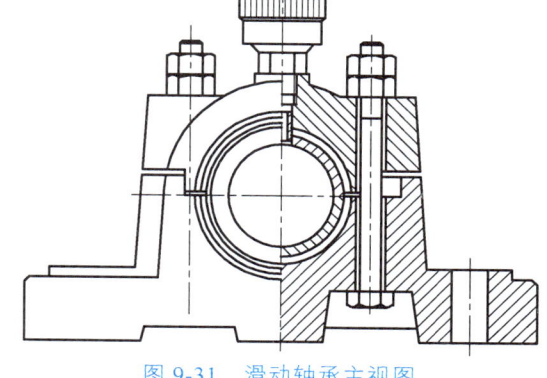

图 9-31　滑动轴承主视图

② 选择对象：使用鼠标选择想要打断的对象。

③ 指定第一个打断点：在命令行提示下，或直接在图形界面上，指定第一个打断点的位置。这可以是通过输入坐标、选择点或使用鼠标在图形上指定点来完成。

④ 指定第二个打断点：根据命令行的提示，指定第二个打断点的位置。这可以是与第一个点直接相对的位置，也可以是通过输入新的坐标或使用鼠标在图形上指定点来完成。

⑤ 完成打断：按 Enter 键确认打断操作。此时，选定的对象将在指定的两个打断点之间被打断，分成两段。

（2）需要注意的是，打断命令通常用于在对象上创建断裂或截断的效果，例如将一条线段分成两部分。在使用打断命令时，务必小心选择对象和指定打断点的位置，以确保打断效果符合设计要求。

2. 拼装俯视图

（1）单击"修改"面板上的"旋转"按钮，将下轴衬主视图（已做水平镜像）旋转90°。

（2）单击"修改"面板上的"移动"按钮，将旋转后的下轴衬主视图移到其左视图的正下方，即其右侧竖直轮廓线处于左视图竖直中心线的延长线上。

（3）单击"修改"面板上的"镜像"按钮，做下方图形的竖直镜像。

（4）单击"修改"面板上的"复制"按钮，将中间竖直线上的相交的倾斜线复制到左右两侧竖直线上。

（5）单击"修改"面板上的"删除"按钮，将中间竖直线和相交的倾斜线删除。

（6）单击"绘图"面板上的"直线"按钮，过下轴衬左视图中两条倾斜线的4个端点绘制4条竖直线，如图9-32所示。

（7）单击"修改"面板上的"修剪"按钮，修剪竖直线和倾斜线，并利用"直线"命令绘制其对称点画线，得到下轴衬的俯视图。

（8）编辑下轴衬的俯视图，得到上轴衬的俯视图。

（9）单击"修改"面板上的"移动"按钮，将下轴衬俯视图的右半部分和上轴衬俯视图的左半部分拼装在一起，得到两个轴衬在滑动轴衬俯视图中的投影。

（10）单击"修改"面板上的"移动"按钮，将螺母俯视图、滑动轴承左俯视图、上下轴衬俯视图、滑动轴承座俯视图移到一起。图9-32中将滑动轴承座左半部分图形中的一些轮廓线删除。

（11）单击"修改"面板上的"修剪"按钮和"删除"按钮，修剪和删除多余的不可见轮廓线，如图9-32所示。

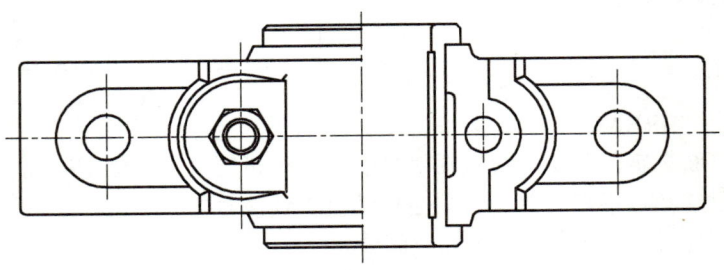

图 9-32　修剪不可见轮廓线

（12）单击"绘图"面板上的"圆"按钮，以俯视图的两条对称点画线的交点为圆心绘制半径为ϕ19.1 和ϕ17.7 的同心圆；以直径为ϕ13 的圆的圆心为圆心，绘制直径为ϕ12 的圆。

（13）单击"修改"面板上的"修剪"按钮，将绘制的同心圆的右半部分删除，得到油杯在滑动轴承俯视图中的投影。

（14）单击"绘图"面板上的"图案填充"按钮，在直径为ϕ12 的圆内绘制剖面线，填充图案均选择 ANSI37，角度和比例为 0 和 0.75，得到螺栓的剖断面。

（15）单击"修改"面板上的"合并"按钮，将螺母 3/4 细实线圆闭合。

（16）将细实线圆的图层修改为"粗实线"层，将与细实线圆同心的圆的图层修改为"细实线"层。

（17）单击"修改"面板上的""按钮，将细实线圆打断为 3/4 圆，得到螺栓都在俯视图中的投影。

完成拼装滑动轴承俯视图，如图 9-33 所示。

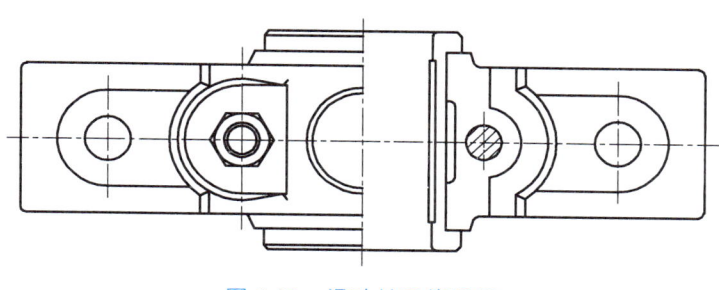

图 9-33　滑动轴承俯视图

六、标注尺寸和序号

1. 命令应用

（1）对齐命令"MLEADERALIGN"。

① 将选定多重引线对齐并按一定间距排列，选择多重引线后，指定所有其他多重引线要与之对齐的多重引线。

② 打开 AutoCAD 软件并加载需要编辑的图纸文件。

③ 在命令行中输入"MLEADERALIGN"或简写"MLA"，然后按 Enter 键。这是调用 AutoCAD 多重引线对齐命令的方式。

④ 在命令行提示下，选择需要对齐的多重引线对象。可以通过单击鼠标选择单个或多个多重引线。

⑤ 选择一个多重引线作为基准，其他引线将与之对齐。可以通过单击鼠标选择基准引线。

⑥ 指定对齐方向。根据命令行提示，输入对齐方向的角度或选择对齐点。

⑦ 按 Enter 键确认对齐操作。此时，选定的多重引线将按照指定的方向和间距进行对齐。

（2）需要注意的是，多重引线对齐命令的具体操作步骤可能因不同的 AutoCAD 软件版本而略有差异。因此，在实际操作时，建议参考相应软件的用户手册或在线帮助文档以获取准确的操作指南。

2. 尺寸标注

（1）滑动轴承装配图中标注的尺寸和零件的序号如图9-34所示。

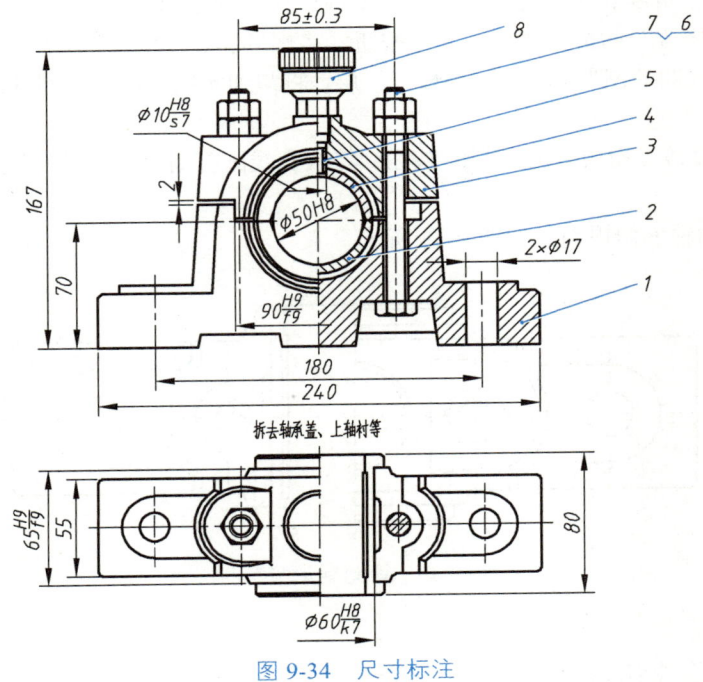

图 9-34　尺寸标注

（2）配合标注成上下分子分母的形式，这必须使用标注命令中的"多行文字"选项。

（3）装配图中的序号必须顺时针或逆时针排列，且应上下对正、左右对齐，要做到这一点，可以利用"注释"面板上的"对齐"命令。

（4）序号引线的引出端一般为圆点或箭头，在滑动轴承中标注序号时，在"引线设置"对话框中将箭头的样式设置为"小点"即可。

七、输入技术要求、填写明细表和标题栏

（1）滑动轴承装配图中的技术要求如图9-35所示，利用"多行文字"命令输入即可。

技术要求
1. 上下轴衬与轴承座及轴承盖应保证接触良好。
2. 轴衬最大压力 $P \leqslant 30$ MPa。
3. 轴衬与轴颈最量线速度 $V \leqslant 8$ m/s。
4. 轴承温度低于120 ℃。

图 9-35　技术要求

（2）滑动轴承装配图中明细表和标题栏如图 9-36 所示，利用"单行文字"命令输入即可。

8	GB/T 1154-1989	油杯		1	A14	
7	GB/T 6170-2000	螺母		4	M12	
6	GB/T 8-2000	螺栓		2	M12×120	
5		轴衬固定套	Q235-A	1		
4		上轴衬	QAl 9-4	1		
3		滑动轴衬盖	HT150	1		
2		下轴衬	AQl 9-4	1		
1		滑动轴承座	HT150	1		
序号	代号	名称	材料	数量		
	滑动轴承		比例	1:1	(图号)	
			质量		共 张 第 张	
制图						
审核			(单位)			

图 9-36　明细表和标题栏

八、保　存

完成滑动轴承的装配图，整理图形使其符合机械制图标准，完成后保存图形。

任务实施

一、绘制装配图步骤分析

1. 准备工作

（1）理解装配图的要求：确保完全理解装配图的设计要求和规范，包括各组件的尺寸、相对位置、连接方式等。

（2）准备组件图纸：确保有每个组件的详细图纸，包括 2D 和 3D 模型（如果可用）。

2. 创建新图形

（1）在 AutoCAD 中创建一个新的图形文件。
（2）设置适当的图层和线型，以便更好地组织和区分不同的组件和细节。

3. 绘制组件

（1）使用块（Blocks）：对于重复的组件，可以创建块并在需要时插入。这样可以提高绘图效率。
（2）使用图层：为每个组件使用不同的图层，这样就可以单独控制每个组件的可见性和属性。

4. 组件布局

（1）放置组件：按照装配要求，将各个组件放置在适当的位置。

（2）使用约束：使用 AutoCAD 的约束功能（如对齐、距离、角度等）来确保组件之间的相对位置正确。

5. 连接和装配
（1）绘制装配线：使用线条、箭头或其他标记来表示组件之间的连接方式。
（2）添加注释：添加必要的注释和说明，解释装配步骤或特殊要求。

6. 细节完善
（1）添加尺寸：为关键尺寸添加标注，确保所有组件都按照正确的尺寸进行装配。
（2）添加标题栏和明细表：在适当的位置添加标题栏和明细表，列出装配图中使用的所有组件和材料。

7. 检查和修订
（1）使用 AutoCAD 的测量工具检查装配图的尺寸和位置是否正确。
（2）根据需要修订和调整装配图。

8. 导出和分享
将装配图导出为所需的文件格式（如 PDF、DWG、DXF 等），以便与他人共享或用于进一步设计和生产。

9. 文档整理
将装配图和相关文件整理到一个文件夹中，并创建文档说明，以便将来参考或修改。

二、绘制滑动轴承装配图

按要求完成滑动轴承装配图的绘制，如图 9-16 所示。

项目十　电气图的绘制与识读

项目分析

电气图的绘制与识读是电气行业人员应具备的一项专业技能。本项目着重介绍典型电气图的绘制与识读，并用 AutoCAD 绘制典型电气图。通过本项目的学习，学生能够识读常见的电气符号、图形符号，会分析典型电气控制图样，掌握识图方法，掌握 AutoCAD 软件中高级图形编辑命令的用法，学会典型电气图的绘制方法，进一步掌握 AutoCAD 软件的应用，培养严谨细致、勇于突破的工匠素养。

学习目标

（1）掌握电气图的分类，包括电气概略图（也叫系统图、框图）、电路图、接线图（也叫接线表）、位置图、逻辑图、功能图等。

（2）掌握电气图的特点，包括电气图的表达方式、组成部分、元素、基本布局方法、多样性等。

（3）掌握电气图的规范，包括电气图的图幅尺寸、图框线、图幅分区、标题栏、图线、字体、比例等的使用及绘制规范。

（4）了解识读电气图的国家标准，熟悉国家统一的图形符号、文字符号和项目代号。

（5）了解电气图的布局要求；掌握电气图的读图方法和步骤。

（6）掌握用 AutoCAD 软件绘制典型电气图，包括调频器电路图、继电器-接触器控制电路图、电气接线图、电气平面布置图。

课题一　识读电气图

本课题旨在学习电气工程图的分类、特点、规范以及基本表示方法，使学生能够对电气工程图有一个宏观的认识。本课题详细介绍了电气图主要分类，即电气概略图、电路图、接线图、位置图等6大类，描述了电气图关于简图、表示符号、主要表现符号、布局等的特点，列出了电气图关于图幅、图线、标题框、字体比例等规范的主要内容，简单介绍了国家相关的电气制图标准，对电气图形符号的组成、分类进行了说明，给出了电气制图文字符号和项目代号表示方法。

任务一　电气图基础知识

 **任务引入**

要求了解电气图的分类、特点、规范。如图 10-1 所示为电气原理图。

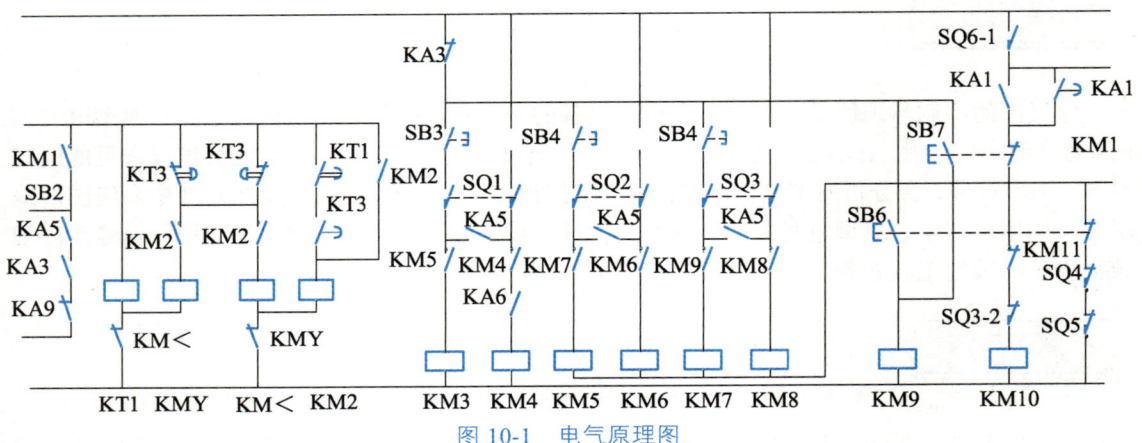

图 10-1　电气原理图

 **任务分析**

电气图是用电气图形符号、带注释的围框或简化外形来表示电气系统或设备中组成部分之间相互关系及其连接关系的一种图,是电气工程领域中提供信息的最主要方式,提供的信息内容可以是功能、位置、设备制造及接线等,也可以是工作参数表格、文字等。

实际上,一个完整的工程项目电气图通常包括图册目录和前言、电气系统图、电路图、接线图、位置图、项目表、说明文件等,有时还要使用一些特殊的电气图,如逻辑图、功能图、印制板电路图、曲线图等,以对必要的局部工程做细节补充和说明。

 **知识链接**

一、电气图分类

根据按国家标准 GB/T 6988.1—2024 的规定,按照所表达信息类型和表达方式,电气图大致可分为 19 种,常用的主要有以下几种:电气概略图(也叫系统图、框图)、电路图、接线图和接线表、位置图、逻辑图、功能图等。

1. 电气概略图

电气概略图表示系统、分系统、装置、部件、设备、软件中各项目之间的主要关系和连接的相对简单的简图，通常用单线表示法，如图 10-2 所示。概略图可以在功能和结构的不同层次上绘制，较高层次描述总系统（即过去所称的系统图），较低层次描述系统中的分系统（即过去所称的框图）。在概略图上一般应进行项目代号的标注，在较高层次上标注高层代号，较低层次上标注种类代号。

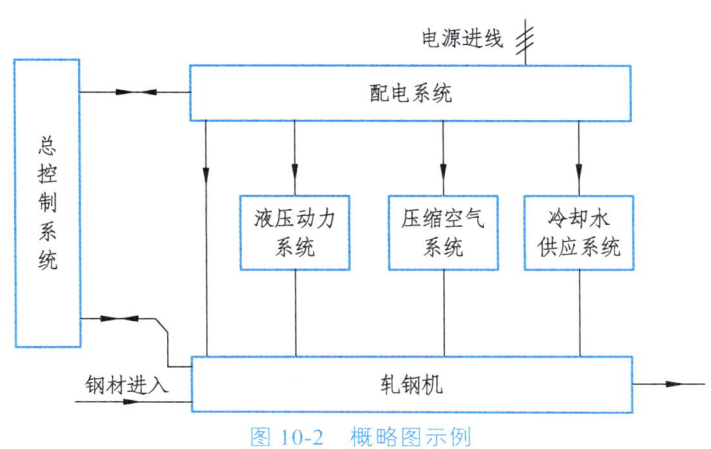

图 10-2 概略图示例

2. 电路图

电路图也称电气原理图，是一种表示系统、分系统、装置、部件、设备、软件等实际电路的简图。电路图按功能排列的图形符号来表示各元件及其连接关系，以表示功能而不需要考虑项目的实体尺寸、形状或位置，即不按电器元件、设备的实际位置绘制，而是根据电器元件、设备在电路中所起的作用画在不同的部位上，如图 10-3 所示。电路图通常必须标注项目代号中的种类代号，前缀符号通常可以省略，高层代号和位置代号可以进行总的说明，端子代号则根据需要进行标注。

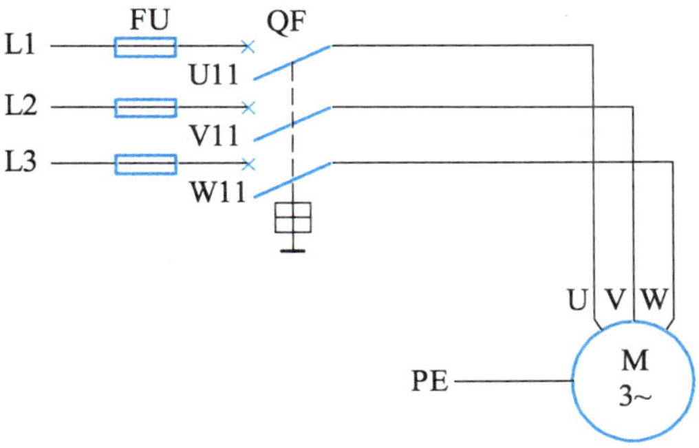

图 10-3 电路图示例

电路图主要用于分析研究系统的组成和工作原理，为寻找电气故障提供帮助，同时也是编制电气接线图/表的依据。

3. 接线图和接线表

接线图和接线表（包括接线图、单元接线图、互连接线图、端子接线图和端子接线表、电缆配置图和电缆配置表等）是表示成套装置、设备或装置的连接关系的一种简图或表格，包含电气设备和电器元件的相对位置、项目代号、端子号、导线号、导线类型、导线截面面积、屏蔽和导线绞合等情况，用于电气设备的安装接线、电路检查、电路维修和故障处理，如图 10-4 所示。

305

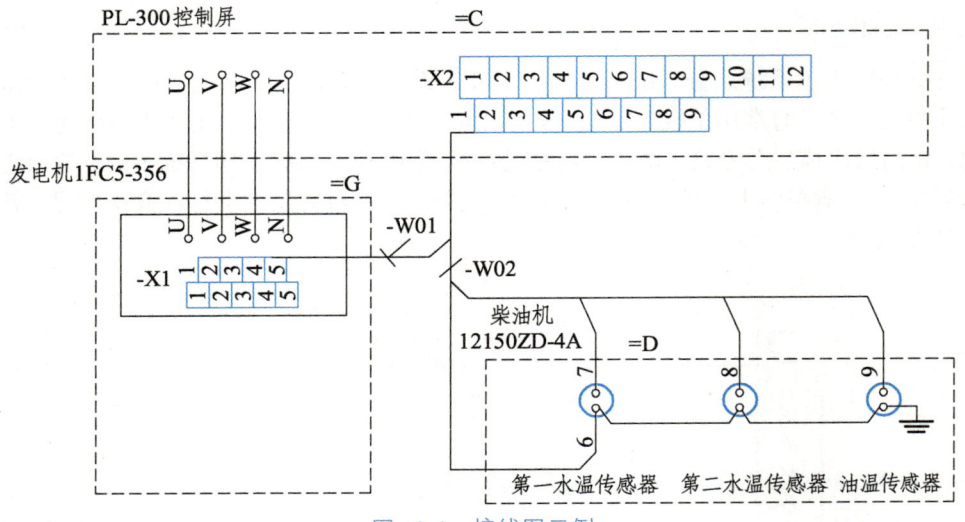

图 10-4 接线图示例

4. 位置图

位置图是表示成套装置、设备或装置中各个项目的具体位置的一种简图,如图 10-5 所示。常见的是电气平面图、设备布置图、电气元件布置图。

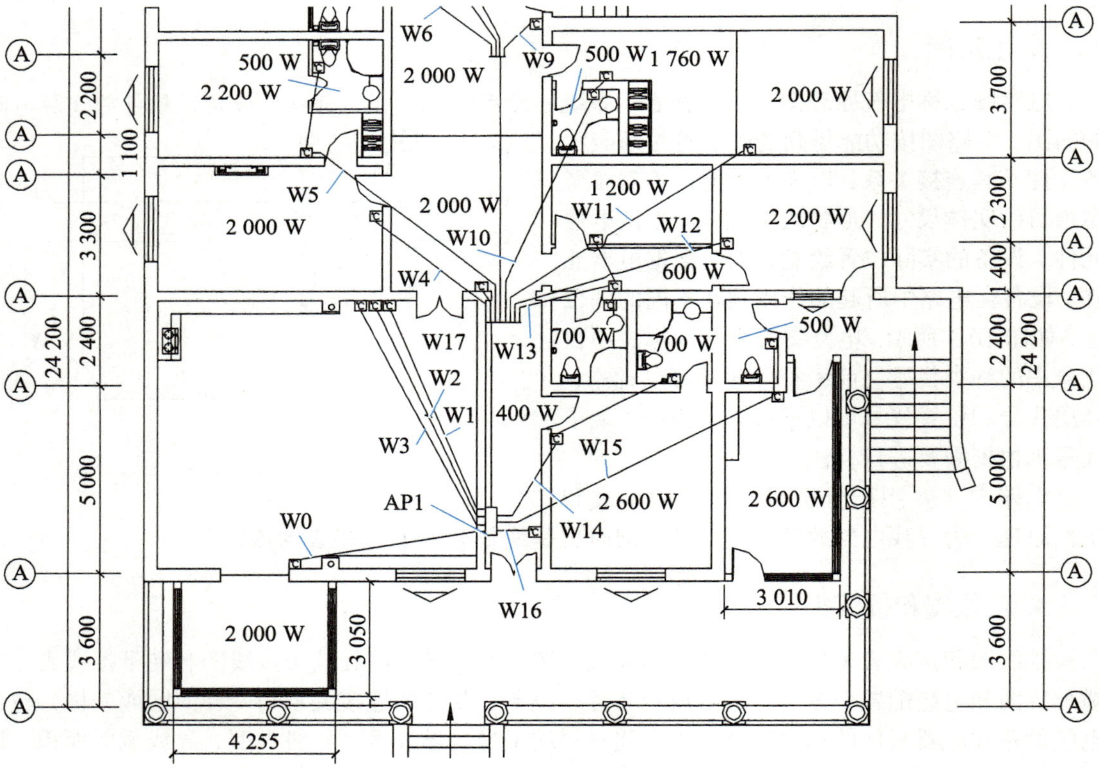

图 10-5 位置图示例

电气平面图：在建筑平面图上绘制而成，表示电气设备、装置及线路的平面布置情况，提供建筑物施工时预留管线、设备安装的位置。

设备布置图：表示工程项目中各类电气设备及装置的布置、安装方式和相互位置关系的示意图，尺寸数据是主要信息。

电气元件布置图：用图形符号绘制，表明成套电气设备中一个区域内所有电气元件和用电设备的实际位置及其连接布线，是电气控制设备制造、装配、调试和维护必不可少的技术文件，如图 10-5 所示。

5. 逻辑图

逻辑图是用线条把二进制逻辑（与、或、异或等）单元图形符号按逻辑关系连接起来而绘制成的一种简图，用来说明各个逻辑单元之间的逻辑关系和逻辑功能，如图 10-6 所示。绘制逻辑图时必须附加输入、输出线。逻辑图的布图通常从左到右或从上到下，输入线在左，输出线在右，要清晰反映信号流的方向，图形符号的方位不能随意改变。有时为了更清晰表示输入信号与输出信号之间的关系，除了逻辑图外，通常还补充时序图、真值表等。

真 值 表

1车间	2车间	3车间	第一发电机	第二发电机
A	B	C	Y1	Y2
0	0	0	0	0
0	0	1	1	1
0	1	0	0	1
0	1	1	1	0
1	0	0	0	0
1	0	1	1	0
1	1	0	1	1
1	1	1	0	0

$Y1=\overline{A}\overline{B}C+A\overline{B}\overline{C}+AB\overline{C}=\overline{A}BC+A\overline{C}$
$Y2=\overline{A}\overline{B}C+\overline{A}B\overline{C}+AB\overline{C}=\overline{A}BC+B\overline{C}$

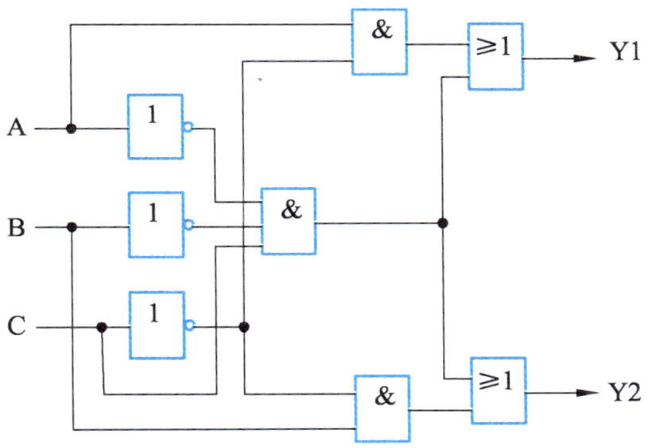

图 10-6　逻辑图示例

6. 功能图

功能图用理论或理想的电路而不涉及实现方法来详细表示系统、分系统、装置、部件、设备、软件等功能的简图。如图 10-7 所示的简图，就是一种功能图，用来表示控制系统的作用和状态。

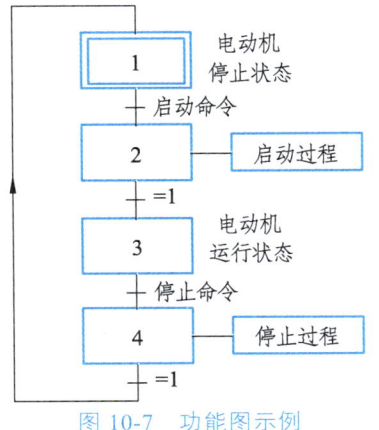

图 10-7　功能图示例

二、电气图特点

1. 电气图主要表达方式

简图是电气图的主要表达方式，是用图形符号、带注释的框或简化外形表示包括连接线在内的一个系统或设备中各组成部分之间相互关系的一种图示形式。简图这个概念是相对于严格按几何尺寸、绝对位置而绘制的机械图而言的，是图形表达形式上的"简"，而非内容上的"简"。

概略图、电路图、接线图等绝大多数电气图都在采用简图，除了必须标明实物形状、位置、安装尺寸的图外，大量的图都是简图，仅表示电路中各设备、装置、电气元件等功能及连接关系的图。

简图的特点如下：
（1）各组成部分或电器元件用电气图形符号表示，而不具体表示其外形及结构等特征。
（2）在相应的图形符号旁标注文字符号、数字编号。
（3）按功能和电流流向表示各装置、设备及电器元件的相互位置和连接顺序。
（4）没有投影关系，不标注尺寸。

2. 电气图主要组成部分

一个电气系统或一种电气装置是由许多器件和功能单元组成的，在电气工程图中并不按比例绘出它们的外形尺寸，而是通过各种图形符号、文字符号、项目代号来说明电气装置、设备和线路的安装位置、相互关系和敷设方法等，有时还要添加一些注释、技术数据等详细信息。

3. 电气图主要元素

构成电气图的主要元素是元件和连接线，即电气图中的电气设备或装置可以通过电气元件和连接线进行描述。这里的元件在电路原理图中可以是电源、开关、指示灯等电路元件，也可以是继电器、按钮等控制器件；在系统图中可以是电动机等用电设备，也可以是接触器等开关设备；在接线图中可以是各类触点、接线柱等；在位置图中可以代表开关柜、变压器等各类电气设备。

（1）电气元件的表示方法。

① 集中表示法，也称整体表示法，是把一个元件的各个部分集中在一起绘制，并用虚线连接起来，如图 10-8（a）所示。其连接线必须为直线，项目代号只在元件图形符号旁标注一次。这种表示法的优点是整体性较强，任一元件的所有部件及其关系一目了然，但不利于对电路功能原理的理解，一般适用于简单电路。

② 分开表示法，也称展开表示法，是把同一元件的不同部分在图中按作用、功能分散布置，而它们之间的关系用同一元件项目代号来表示，即每个图形符号旁都要标注元件的项目代号。用分开表示法能得到一个清晰的电路布局图，易于阅读，便于了解整套装置的动作顺序和工作原理，适用于复杂的电气图，如图 10-8（b）所示。

③ 半集中表示法，介于集中表示法和分开表示法之间的一种表示方法，是把电器中的部分元件的图形符号在简图上分开布置，并用机械连接线符号表示它们之间关系的方法，目的是使设备和装置的电路布局清晰，易于识别，如图 10-8（c）所示。机械连接线可以弯折、分支、交叉，项目代号也只需要在元件图形符号旁标注一次。

 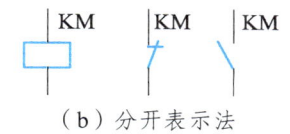 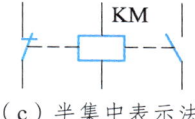

(a)集中表示法　　　　　　（b）分开表示法　　　　　　（c）半集中表示法

图 10-8　电气元件的表示方法

（2）电气元件工作状态表示方法。

在电气图中绘制电气元件时，其可动部分都要按照元件"正常状态"表示，即非激励或不工作的状态或位置。例如常开触点在绘制时使用"开"的状态，紧急停止按钮在绘制时使用常闭按钮，即按钮"闭"的状态。

（3）电气元件触点表示方法。

电气元件的触点分为两类：一类是由电磁力或人工操纵的触点，如接触器、电继电器、开关、按钮等的触点；另一类是非电和人工操作的触点，如速度继电器、行程开关等的触点。

① 接触器、电磁继电器、开关、按钮等的触点符号，在同一电路中，在加电或受力后各触点符号的动作方向应一致。触点符号垂直放置时采用左开右闭方式，即动触点在静触点左侧（常开触点）为动合，动触点在静触点右侧（常闭触点）为动断，如图 10-9（a）所示。触点符号水平放置时，采用下开上闭方式，即动触点在静触点下方（常开触点）为动合，动触点在静触点上方（常闭触点）为动断，如图 10-9（b）所示。

② 非电磁力和人工操作的触点符号，必须在触点附近表明运行方式。如图 10-9（c）所示，横轴表示转轮的位置，纵轴"0"表示触点断开，"1"表示触点闭合，即转轮在 60°～180°，240°～330°时触点闭合，其余情况下触点断开。

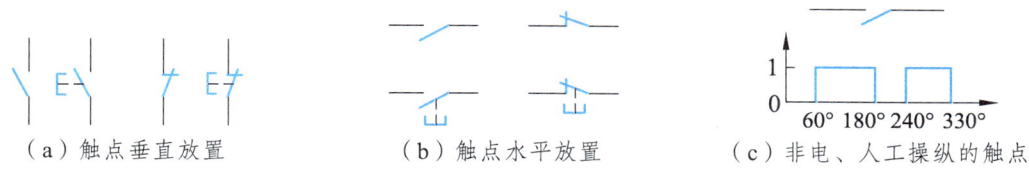

（a）触点垂直放置　　　　　　（b）触点水平放置　　　　　　（c）非电、人工操纵的触点

图 10-9　电气元件触点表示方法

（4）连接线的表示方法。

连接线是电气图上各种图形符号间的相互连线。

导线的表示方法如图 10-10（a）所示。若导线有"T"形或"十"字形连接时，可在连接点处加实心圆点，若导线交叉，在交叉处绝不能加实心圆点，也不要在交叉处改变方向，并避免穿过其他导线的连接点，如图 10-10（b）所示。在实际应用中，如果电路图中导线之间明显相交，则可以不用画实心圆点。

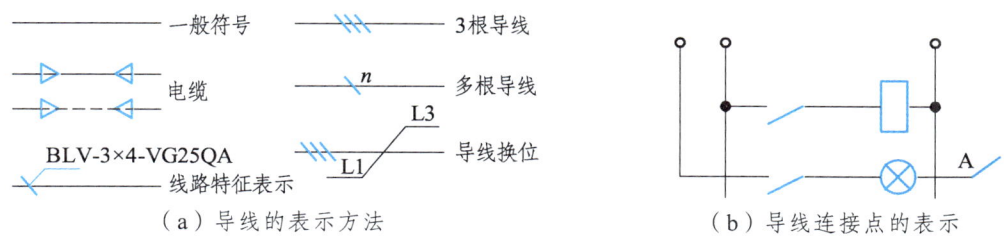

（a）导线的表示方法　　　　　　（b）导线连接点的表示

图 10-10　导线及其连接点的表示方法

309

在电路图中，连接线有单线表示法和多线表示法。如果将各元件之间走向一致的连接导线用一条线表示，即用一根线来代表一束线，就是单线表示法，如图 10-11（b）所示。如果元件之间的连线是按照导线的实际走向一根一根地分别画出的，就是多线表示法，如图 10-11（a）所示。

多线表示法能详细表达各相、各线的内容，特别适用于各相或各线内容不对称的情况，但是对于较复杂的设备来说，图线太多会有碍读图。所以根据绘制设备、系统的复杂性，一般采用混合表示法，即灵活采用单线、多线，既有单线表示法的简洁精练性，又不失多线表示法的精确充分性。

在接线图及其他图中，连接线有连续线表示法和中断线表示法两种方式，连续线表示两端子之间导线的线条是连续的。中断线表示两端子之间导线的线条是中断的，在中断处必须标明导线的去向，如图 10-11（c）所示。

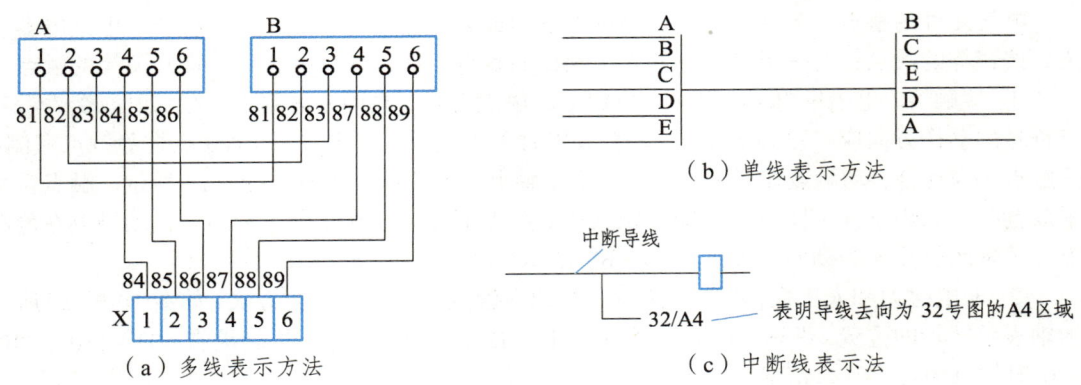

图 10-11　连接线的表示方法

4. 电气图的基本布局方法

电气图有两种基本布局方法：功能布局法和位置布局法。

（1）功能布局法：在图中元件符号的位置只考虑元件之间的功能关系，而不考虑实际位置的一种布局方法。在此布局中，将表示对象划分为若干功能组，按照工作关系从左到右或从上到下布置，每个功能组的元件集中布置在一起。大部分电气图采用功能布局法，如概略图、电路图等。

（2）位置布局法：在图中元件符号的位置按该元件的实际位置在图中布局，清晰反映元件的相对位置和导线的走向，平面图、安装接线图就是采用位置布局法，以利于装配接线时的读图。

5. 电气图的多样性

一个电气系统中，各种电气设备和装置之间，不同角度、不同侧面存在着不同的关系，构成了电气图的多样性，并通过对能量流、信息流、逻辑流、功能流的不同描述来反映。

能量流：电能的流向和传递；
信息流：信号的流向、传递和反馈；
逻辑流：相互间的逻辑关系；
功能流：相互间的功能关系。

在电气图中，对能量流和信息流进行描述的有概略图、框图、电路图、接线图、位置图等；对逻辑流进行描述的有逻辑图；对功能流进行描述的有功能图、程序图、系统说明书等。

任务二 电气识图基本知识

任务引入

要求会识读电气原理图,掌握识读方法,了解图纸所用的标准,熟悉国家统一的图形符号、文字符号和项目代号,知道各种电气图的关系。

任务分析

电气图为电气工程图的组织和实施提供必要的信息,能够按照国家标准识图,为后续电路图的识读、绘制打下基础。

知识链接

一、电气图的有关国家标准

电气图中的图形符号、文字符号必须统一才具备通用性,才能被技术人员识读,并有利于技术交流,这种"统一"就是国家标准(不定期修订,可在国家标准化管理平台查询最新标准信息)。我国现行的主要相关标准有:

GB/T 6988.1—2024《电气技术用文件的编制 第 1 部分:规则》
GB/T 4728.1—2018《电气简图用图形符号 第 1 部分:一般要求》
GB/T 18135—2008《电气工程 CAD 制图规则》
GB/T 19045—2003《明细表的编制》
GB/T 19678.1—2018《使用说明书的编制 构成、内容和表示方法 第 1 部分:通则和详细要求》

二、电气图形符号

图形符号是用于图样或其他文件以表示一个设备或概念的图形、标记或字符,是一种以简明易懂的方式来传递一种信息、表示一个实物或概念,并可提供有关条件、相关性及动作信息的工业语言。电气图中用以表示电气元件、设备及线路等的图形符号就称为电气图形符号。

1. 电气图形符号的组成

电气图形符号主要由一般符号、符号要素、限定符号和方框符号组成。

311

（1）一般符号。一般符号是一种表示一类产品或此类产品特征的简单的符号，如电阻器、二极管、开关、电容器等。

（2）符号要素。符号要素是具有确定意义的简单图形，一般不能单独使用，必须同其他图形组合以构成一个设备或概念的完整符号。例如，电子管的符号要素包括灯丝、栅极、阳极和管壳。符号要素组成符号时，其布置可以同符号所表示设备的实际结构不一致，且符号要素的不同组合可以构成不同的符号。

（3）限定符号。限定符号是一种用以提供附加信息的加在其他符号上的符号，用来说明某些特征、功能和作用，一般不能单独使用。

（4）方框符号。方框符号是用来表示元件、设备等的组合及其功能，既不给出元件、设备的细节，也不考虑所有连接的一种简单图形符号。方框符号通常用在使用单线表示法的图中，也可用在全部示出输入和输出接线的图中。

2. 电气图形符号的分类

最新的《电气简图用图形符号》的国家标准代号是 GB/T 4728，采用国际电工委员会 IEC 标准，具有国际通用性。

3. 常用电气工程图形符号

表 10-1 给出了部分常用的电气图形符号和文字符号，更加详细的资料可以查询相关国家最新标准。

表 10-1　常用的图线形式及应用说明

名　称		图形符号	文字符号	名　称		图形符号	文字符号
三级电源开关			Q	中间继电器线圈			KA
低压断路器		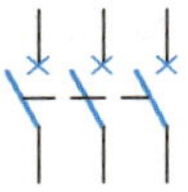	QF	欠电压继电器线圈		 $U<$	KV
熔断器			FU	继电器	过电流继电器线圈	 $I>$	KI
位置开关	常开触头		SQ		欠电流继电器线圈	 $I<$	
	常闭触头				常开触头		与对应继电器线圈符号一致
	复合触头	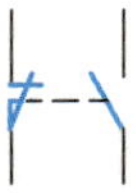			常闭触头		

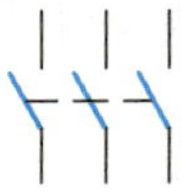

续表

名称		图形符号	文字符号	名称		图形符号	文字符号
接触器	线圈	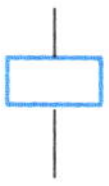	KM	热继电器	热继电器线圈		FR
	主触头				热继电器触点	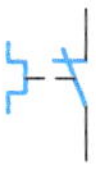	
	常开辅助触头			速度继电器	常开触头	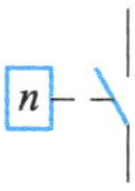	KS
	常闭辅助触头				常闭触头	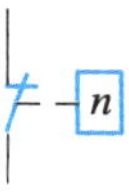	
他励直流发电机		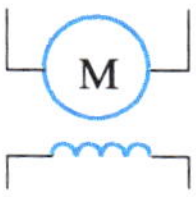	M	复励直流发电机		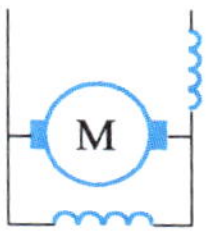	M
并励直流发电机		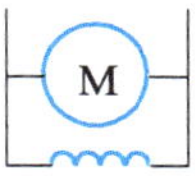	M	三相绕线式异步电动机			M
串励直流发电机		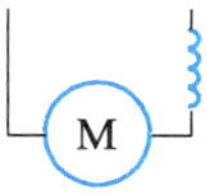	M	三相鼠笼式异步电动机		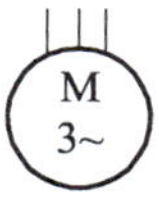	M
双绕组变压器			TM	照明灯			EL
三绕组变压器		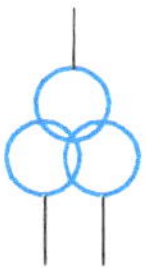		信号灯			HL
电阻器			R	转换开关、控制开关、选择开关		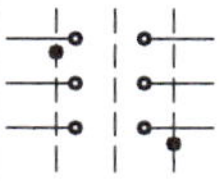	SA
电位器		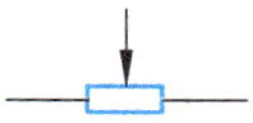	RP	直流发电机			G

313

续表

名　称		图形符号	文字符号	名　称	图形符号	文字符号
时间继电器	线圈	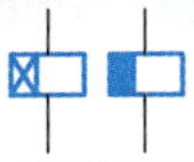 ⊠▭	KT	压敏电阻器	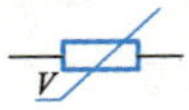 ⏦(V)	RV
	常开延时闭合触头	 ⤴		热敏电阻器	 ⏦(T)	RT
	常闭延时闭合触头	 ⤵		接插器	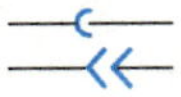 ⊰⊱	X
	常闭延时打开触头	 ⤶		桥式整流装置	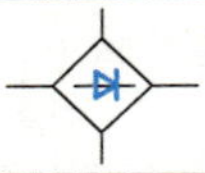 ◇▶	VC
	常开延时打开触头	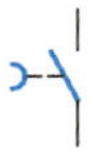 ⤷		电磁铁	 ▭	YA
按钮	启动	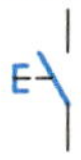 E-\	SB	制动电磁铁	▯	YB
	停止	 E-/		电磁离合器		YC
	复合	 E-⫶		电磁吸盘	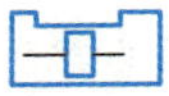 ⊏▭⊐	YR

4. 图形符号应用的说明

在绘制电气图时，第一要注意所用的图形符号，均按无电压、无外力作用的正常状态画出；第二，某些设备元件有多个图形符号，尽可能采用优选形、最简单的形式，并在同一图号的图中使用同一种形式图形符号；第三，符号的大小和图线的宽度一般不影响符号的含义；第四，避免导线弯折或交叉；第五，若某些特定装置或概念的图形符号在标准中未列出，允许通过已规定的一般符号、限定符号和符号要素适当组合派生出新的符号。

三、文字符号和项目代号

1. 文字符号

文字符号是由电气设备、装置和元器件的种类（名称）字母代码和功能（与状态、特征）字母代码组成的，以表明名称、功能、状态和特征。此外，还可与基本图形符号和一般图形符号组合使用，以派生新的图形符号。

文字符号分为基本文字符号和辅助文字符号。

（1）基本文字符号。基本文字符号有单字母符号和双字母符号。

① 单字母符号是按拉丁字母将各种电气设备、装置和元器件划分为 23 大类，每大类用 1 个专用单字母符号表示，如"C"表示电容器类、"R"表示电阻器类等。

② 双字母符号由一个表示种类的单字母符号与另一字母组成，其组合形式应以单字母符号在前而另一字母在后的次序列出，如"R"表示电阻器，"RP"表示电位器，"RT"表示热敏电阻器；"G"表示电源、发电机、发生器，"GB"表示蓄电池，"GS"表示同步发电机、发生器，"GA"表示异步发电机。

表 10-2 给出了常用的基本文字符号。

表 10-2 常用基本文字符号

种类	实例	基本文字符号		种类	实例	基本文字符号	
		单字母	双字母			单字母	双字母
组件、部件	分离元件放大器调节器	A	—	保护器件	熔断器	F	FU
	电桥		AB		限压保护器件		FV
	晶体管放大器		AD	发生器、发电机、电源	振荡器	G	—
	集成电路放大器		AJ		发生器		GS
	印刷电路板		AP		同步发电机		GA
	抽屉柜		AT		异步发电机		
	支架盘		AR				
非电量到电量变换器或电量到非电量变换器	送话器、扬声器、晶体换能器	B	—		蓄电池		GB
	压力变换器		BP	信号器件	声响指示	H	HA
	温度变换器		BT		光指示器		HL
电容器	电容器	C	—		指示灯		HL
二进制元件、延迟器件、存储器件	数字集成电路和器件	D	—	继电器、接触器	交流继电器	K	KA
					双稳态继电器		KL
					接触器		KM
					簧片继电器		KR
其他元器件	其他元器件	E	—	电感器、电抗器	感应线圈、电抗器	L	—
	发热器件		EH	电动机	电动机	M	—
	照明灯		EL		同步电动机		MS
					力矩电动机		MT
保护器件	过电压放电器件避雷器	F	—	模拟元件	运算放大器混合模拟/数字器件	N	—

续表

种类	实例	基本文字符号 单字母	基本文字符号 双字母	种类	实例	基本文字符号 单字母	基本文字符号 双字母
测量设备、试验设备	指示器件信号发生器	P	—	电子管、晶体管	二极管、晶体管、晶闸管	V	—
	电流表		PA		电子管		VE
	（脉冲）计数器		PC	传输通道波导天线	导线、母线、波导、天线	W	—
	电度表		PJ				
	电压表		PV				
电力电路的开关器件	断路器	Q	QF	端子、插头、插座	连接插头和插座、接线柱焊、接端子板	X	—
	电动机保护开关		QM		连接片		XB
	隔离开关		QS		测试插孔		XJ
电阻器	电阻器、变阻器	R	—		插头		XP
	电位器		RP		插座		XS
	热敏电阻器		RT		端子板		XT
	压敏电阻器		RV				
控制、记忆、信号电路的开关器件、选择器	控制开关、选择开关	S	SA	电气操作的机械器件	气阀	Y	—
	按钮开关		SB		电磁铁		YA
	压力传感器		SP		电动阀		YM
	位置传感器		SQ		电磁阀		YV
	温度传感器		ST				
变压器	电流互感器	T	TA	终端设备、混合变压器、滤波器、均衡器、限幅器	晶体滤波器	Z	—
	控制电路电源用变压器		TC				
	电力变压器		TM				
	电压互感器		TV				

（2）辅助文字符号。辅助文字符号表示电气设备、装置和元器件以及线路的功能、状态和特征，如"SYN"表示同步，"L"表示限制左或低，"RD"表示红色，"ON"表示闭合，"OFF"表示断开等。表 10-3 给出了常用辅助文字符号。

表 10-3　常用辅助文字符号

序号	文字符号	名称	序号	文字符号	名称
1	A	电流	9	ASY	异步
2	A	模拟	10	B、BRK	制动
3	AC	交流	11	BK	黑
4	A、AUT	自动	12	BL	蓝
5	ACC	加速	13	BW	向后
6	ADD	附加	14	C	控制
7	ADJ	可调	15	CW	顺时针
8	AUX	辅助	16	CCW	逆时针

（3）文字符号的使用规则。文字符号在使用时单字母符号优先，只有当用单字母符号不能满足要求时，才采用双字母符号，如"F"表示保护器类，"FU"表示熔断器，"FV"表示限压保护器件。

辅助文字符号可以单独使用，也可以放在单字母符号后边组成双字母符号，如"ST"表示启动，"DC"表示直流，"AC"表示交流。若辅助文字符号由多个字母组成时，可以用其第一位字母进行组合，如"M"表示电动机，"S"为辅助文字符号"SYN"（同步）的第一位字母，则"MS"就表示同步电动机。

2. 项目代号

项目代号是用以识别图、表图、表格和设备上的项目种类，并提供项目的层次关系、实际位置等信息的一种特定的代码。通过项目代号可以将不同的图或其他技术文件上的项目（软件）与实际设备中的该项目（硬件）一一对应联系起来。

项目代号由拉丁字母、阿拉伯数字、特定的前缀符号，按照一定规则组合而成。一个完整的项目代号含有 4 个代号段：高层代号段、种类代号段、位置代号段、端子代号段。

（1）高层代号。高层代号是指系统或设备中任何较高层次（对给予代号的项目而言）项目的代号，前缀符号为"="。例如，=S2-Q3 表示 S2 系统中的开关 Q3，其中=S2 为高层代号。

（2）种类代号。种类代号是用以识别项目种类的代号，前缀符号为"-"。种类代号可以由字母代码和数字组成，如-K2 和-K2M；也可以用顺序数字（1、2、3、…）表示图中的各个项目，同时将这些顺序数字和它所代表的项目排列于图中或另外的说明中，如-1、-2、-3、…，对不同种类的项目采用不同组别的数字编号。

（3）位置代号。位置代号指项目在组件、设备、系统或建筑物中的实际位置的代号，其前缀符号为"+"。位置代号由自行规定的拉丁字母或数字组成。在使用位置代号时，就给出表示该项目位置的示意图。例如，+204+A+4 可写为+204A4，意思为 A 列柜装在 204 室第 4 机柜。

（4）端子代号。端子代号通常只与种类代号组合，前缀符号为"："，采用数字或大写字母组成。例如，-S4：A 表示控制开关 S4 的 A 号端子。

项目代号的应用格式为

$$=\text{高层代号段-种类代号段（空隔）+位置代号段}$$

其中，高层代号段对于种类代号段是功能隶属关系，位置代号段对于种类代号段来说是位置信息。

例如，=A1-K1+C8S1M4 表示 A1 装置中的继电器 K1，位置在 C8 区间 S1 列控制柜 M4 柜中；=A1P2-Q4K2+C1S3M6 表示 A1 装置 P2 系统中的 Q4 开关中的继电器 K2，位置在 C1 区间 S3 列操作柜 M6 柜中。

四、电气图的布局

1. 图线的布置

电气图中表示导线、信号通路、连接线等的图线一般应为直线，在绘制时要求横平竖直，尽可能减少交叉和弯折，并根据所绘电气图种类合理布置。

（1）水平布置形式。将设备及电器元件图形符号从上至下横向排列，连线水平布置，类似项目纵向对齐，如图 10-12（a）所示。

（2）垂直布置形式。设备及电器元件图形符号从左至右纵向排列，连接线垂直布置，一般电气原理图均采用此布置方法，如图 10-12（b）所示。

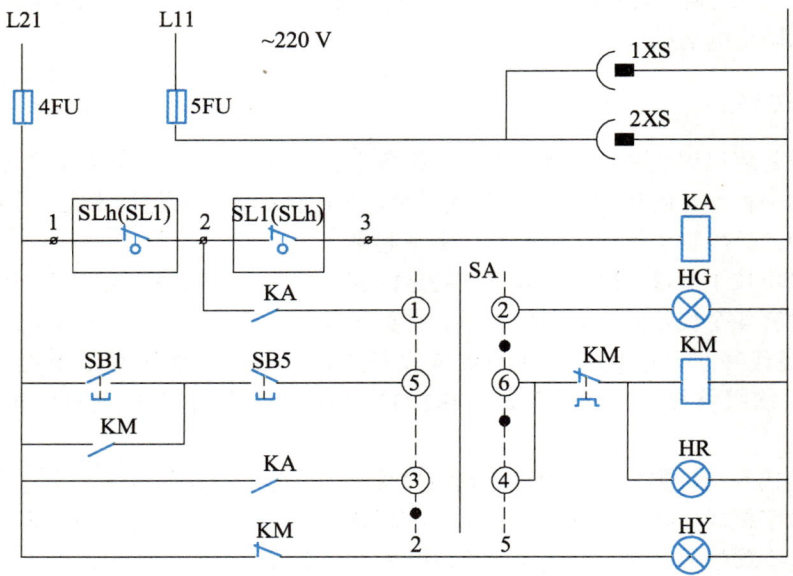

(a) 水平布置的电气原理图

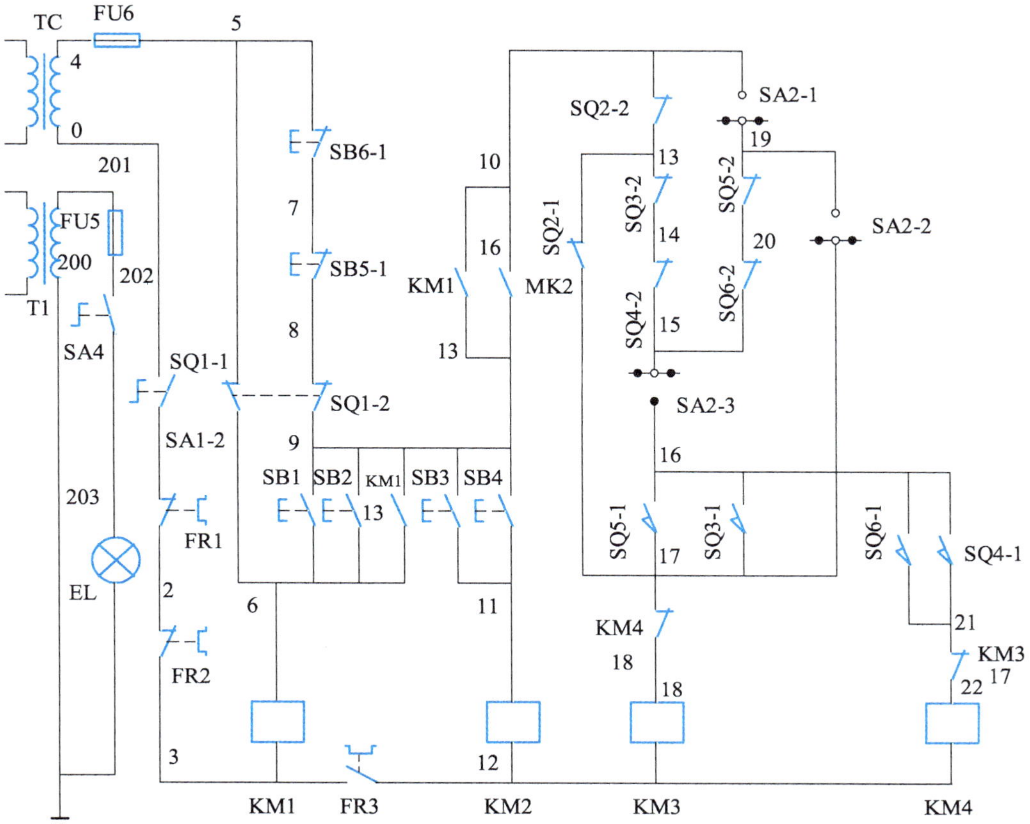

（b）垂直布置的电气原理图

图 10-12　电气图图线布置形式

若图中图线出现交叉，要遵循交叉节点的通断原则，即十字交叉节点处绘制黑圆点表示两交叉连线在该节点处接通，无黑圆点则无电联系；T 字节点则为接通节点，无须黑圆点表示。如图 10-13 所示。

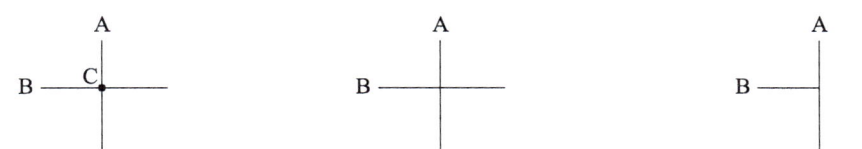

（a）A线、B线在节点C处接通　　（b）A线、B线无联系　　（c）A线、B线接通于T形节点

图 10-13　图线交叉通断表示

2. 电路或元件的布局

电气图的基本布局方法前面已经讲过了，分别是功能布局法和位置布局法。在进行功能布局时应注意以下几点：

（1）布局顺序应是从左到右或从上到下。

（2）如果信息流或能量流从右到左或从下到上，以及流向对看图都不明显时，应在连接线上画开口箭头，且不应与其他符号相邻近。

319

（3）在闭合电路中，前向通路上的信息流方向应该是从左到右或从上到下。反馈通路的方向则相反。

（4）图的引入、引出线最好画在图纸边框附近。

3. 文字标注规则

电气图中文字标注遵循就近标注规则与相同规则。所谓就近规则，是指电气元件各导电部件的文字符号应标注在图形符号的附近位置；相同规则是指同一电气元件的不同导电部件必须采用相同的文字标注符号。

电路图的线号一般以用 L1/L2/L3 或 L11/L21/L31 标注，也可用 U、V、W 等标注。如果必须标出连线规格，则采用就近原则用引出线标注，若标注过多，可在电气元件明细表中集中标注。

为了注释方便，电气原理图各电路节点处还可标注数字符号。数字符号一般按支路中电流的流向顺序编排，遵循自左向右和自上而下的规则。节点数字符号的作用除了注释作用外，还起到将电气原理图与电气接线图相对应的作用。

五、电气图的读图方法

1. 读图的基本要求

（1）应具有电工学的基础知识。
（2）掌握各类电气图的绘制特点。
（3）图形符号和文字符号要熟记会用。
（4）把电气图与其他相关图纸对应起来读图。
（5）了解涉及电气图的有关标准和规程。

2. 读图的一般步骤

（1）详看图纸说明。

仔细阅读图纸的主标题栏和有关说明，如图纸目录、技术说明、元件明细表等，整体了解图纸概况。

（2）再看系统图。

了解整个系统或分系统的基本组成、相互关系及其主要特征等。

（3）阅读电路图。

首先要看其图形符号和文字符号，了解电路图各组成部分的作用，分清主电路和辅助电路、交流回路和直流回路。其次，按照先看主电路，再看辅助电路的顺序进行读图。

看主电路时，通常要从下往上看，即先从用电设备开始，经控制元件，顺次往电源端看；看辅助电路时，则自上而下、从左至右看，即先看主电源，再顺次看各条回路，分析各条回路元件的工作情况及其对主电路的控制关系，注意电气与机械机构的连接关系。

（4）对看接线图。

接线图和电路图互相对照读图，弄清楚线路走向、连接方法以及整个电路的来龙去脉。

课题二 典型电气图的绘制与识读——用 AutoCAD 绘制典型电气图

本课题要求运用 AutoCAD 软件的图层图块功能、绘图命令、常用修改命令，同时结合对象捕捉追踪工具完成典型电路图、接线图、布置图标准件的绘制，合理布置电路图、接线图、布置图，使用文字工具对电气元件进行标识，使学生形成电路图、接线图、布置图的概念并具备绘制和识图能力。

任务一 用 AutoCAD 绘制调频器电路图

 任务引入

调频器广泛用于调频广播、电视伴音、微波通信、锁相电路及扫频仪等电子设备中，是一种使受调波的瞬时频率随调制信号变化而变化的电路，如图 10-14 所示。请完成调频器电路图的绘制，掌握电路图（电路原理图）的识绘技能。

绘制调频器电路图

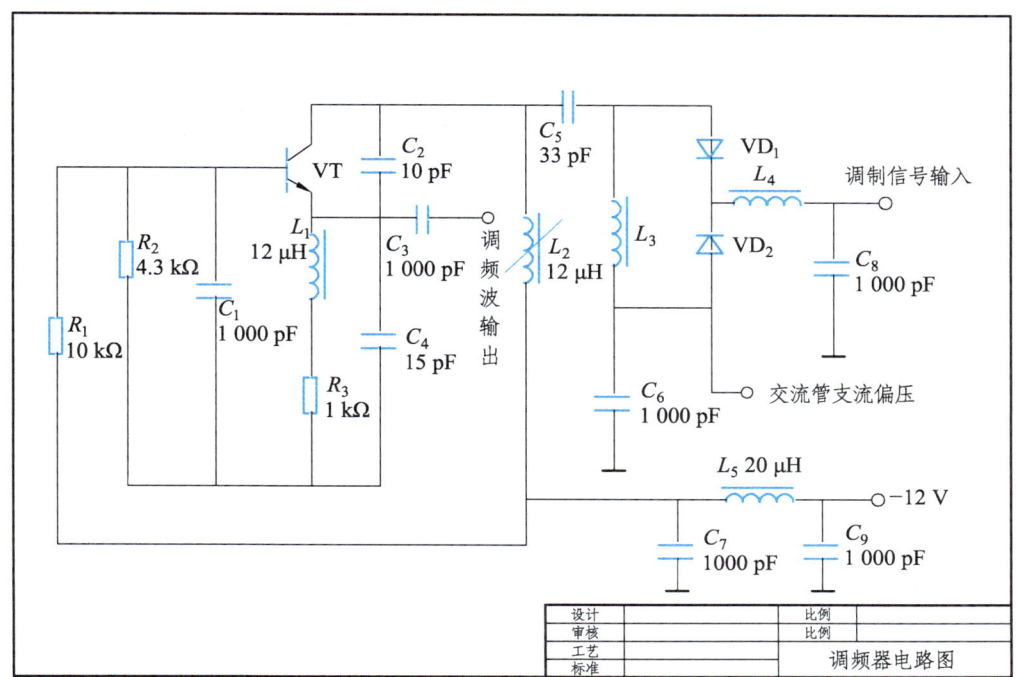

图 10-14 典型调频器电路图

任务分析

调频器电路图的绘制，应先完成电路图各标准元器件的绘制，然后合理布置电路图，使用文字工具对电路元器件进行标识，形成电路原理图的概念。

任务实施

对图 10-14 所示电路原理图进行分析后，本任务还有以下几个主要任务：定义各元器件图块、绘制线路结构图、插入各元器件、添加注释文字。

一、创建项目图形文件

打开 AutoCAD 2020 应用程序，选择"AutoCAD 经典"工作空间。系统创建一个默认文件名为"Drawing1.dwg"的文件，对该文件进行另存或保存操作就可以改变文件的存储位置和文件名，这里保存时输入"调频器电路图"为文件名即可。

二、创建图层

打开"图层特性管理器"对话框，新建 3 个图层，分别为："文字层"，用来放置元器件名称、说明等文字信息；"线路层"，用来绘制电路图中的线路；"元器件层"，用来绘制所有元器件图块。系统默认的图层可用来绘制图框、标题及标题文字。所有图层的颜色、线型、线宽都采取系统默认设置。

三、创建电路元器件

本项目所用的元器件主要有电阻器、电感器、电容器、二极管、三极管，如图 10-15 所示，都放在"元器件层"。先将图层切换到"元器件层"，下面的操作都在该层进行。本项目主要用到的绘图命令有直线、矩形、多线段、圆弧、分解、复制、镜像等。

图 10-15 项目中主要元器件图形符号

1. 绘制电阻器符号

打开"正交""对象捕捉"模式("中点"必选,其他为常用即可),电阻器绘制过程如图 10-16 所示。

(1)单击"绘图"工具栏中的"矩形"图标,或者在命令行窗口中输入"rectang",绘制一个长 15、宽 5 的矩形,如图 10-16(a)所示。

(2)单击"直线"图标,捕捉图 10-16(b)中矩形的右侧中点,用相对坐标输入直线长度。

(3)用同样的方法绘制另一边直线,即可得到电阻器图形,如图 10-16(c)所示。

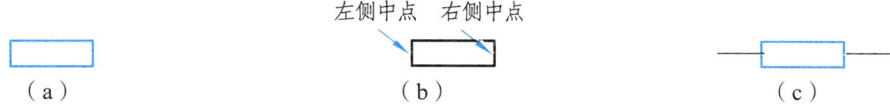

图 10-16 电阻器的绘制

在电路图中多次使用电阻器对象,所以要将该对象定义成块。选择下拉菜单"绘图"→"块"→"创建"命令或单击"绘图"工具栏中的"创建块"图标,打开图 10-17 所示的"块定义"对话框,选取图 10-16(c)所有图形,创建名为"电阻"的图形块。再次使用电阻器元件时,可以使用"插入块"命令或对块进行多次复制即可。

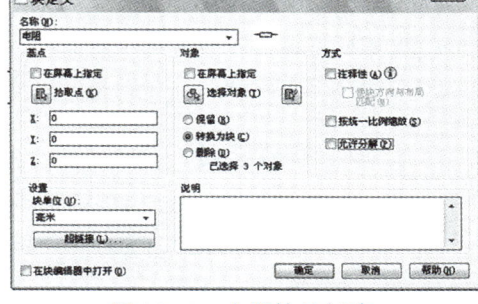

图 10-17 电阻块的创建

2. 绘制电容器符号

电容器符号的绘制过程如图 10-18 所示。

图 10-18 电容器的绘制

(1)单击"绘图"工具栏中的"矩形"图标,绘制一个长 15、宽 5 的矩形,如图 10-18(a)所示。

(2)单击"直线"图标,捕捉矩形上边的中点,用相对坐标输入直线长度 7,画出矩形上端垂线;用同样的方法,绘制出矩形下端垂线,如图 10-18(b)所示。

(3)再单击"分解"图标,选中矩形并确认,则矩形打散为 4 条直线;选中左右两条直线,如图 10-18(c)所示。

(4)按 Delete 键完成删除,即可得到电容器符号,如图 10-18(d)所示。

(5)调用"创建块"命令,把电容器符号生成"电容器"图块并保存。

注意:"分解"命令是将一个合成图形分解成为其部件的工具。例如,上面的矩形被分解之后就变成 4 条直线。若对一个有宽度的直线执行分解,分解后会失去其宽度属性。

3. 绘制二极管符号

绘制二极管符号的过程如图 10-19 所示。

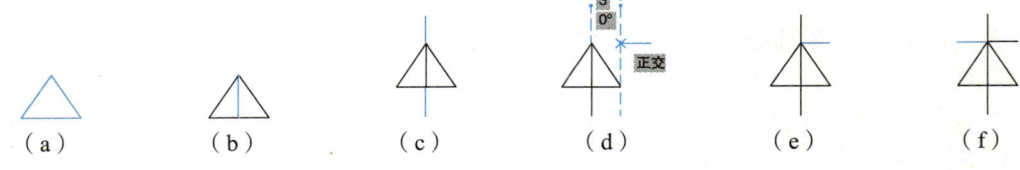

图 10-19　二极管的绘制

（1）单击"绘图"工具栏中的"正多边形"图标，或在命令行窗口中输入"polygon"，在"正交"模式下，按照命令行提示画出图 10-19（a）所示的等边三角形。

（2）单击"直线"图标，连续顶点和底边中点，如图 10-19（b）所示。

（3）继续单击"直线"图标，在直线的两头向外各画一条长为 3 的直线，如图 10-19（c）所示。

（4）打开"对象追踪"模式，继续单击"直线"图标，捕捉顶点为第一点，从底边端点向上移动鼠标，通过追踪确定图 10-19（d）所示的第二点。

（5）单击鼠标左键确定，画出图 10-19（e）所示的图形。

（6）用同样的方法画出另一边直线，即可完成二极管符号的绘制，如图 10-19（f）所示。

（7）调用"创建块"命令，把二极管符号生成"二极管"图块并保存。

4. 绘制三极管符号

绘制三极管符号的过程如图 10-20 所示。

（1）打开"正交"和"动态输入"模式，单击"直线"图标，绘制一条长 15 的直线，并进行三等分，进行标记，如图 10-20（a）所示。

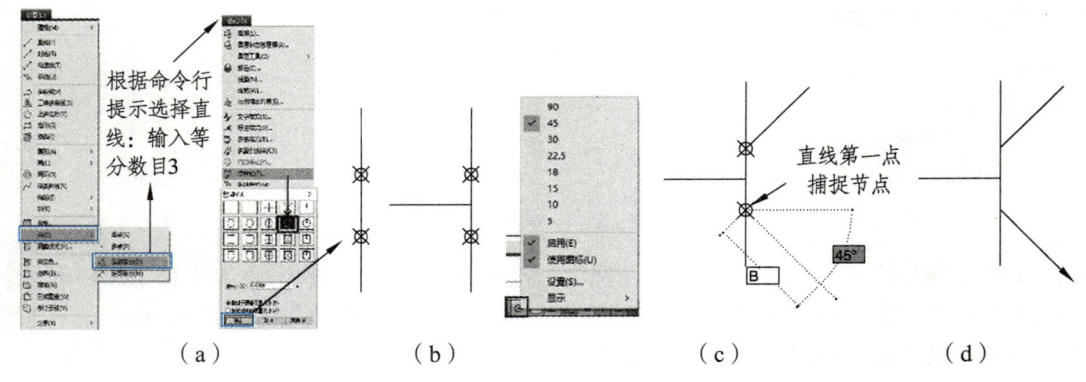

图 10-20　三极管的绘制

（2）打开"对象捕捉"模式，单击"直线"图标，第一点选择直线中点，绘制一条长 8 的水平线作为基极，如图 10-20（b）所示。

（3）绘制集电极和发射极。关闭"正交"模式，打开"极轴"模式，设置 45°。调用"直线"命令，选择等分的节点为第一点，45°方向，长度为 8，绘制完成，如图 10-20（c）所示。

（4）单击"多段线"图标，或者在命令行窗口中输入"pline"，根据命令行参数绘制 PNP 三极管发射极，然后选中两个节点标记进行删除，绘制结果如图 10-20（d）所示。

（5）调用"创建块"命令，生成"三极管"图块并保存。

5. 绘制电感器符号

绘制电感器符号的过程如图 10-21 所示。

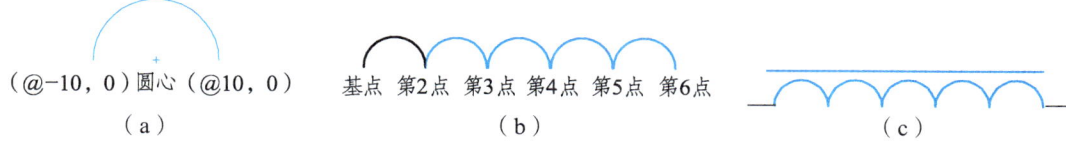

图 10-21 电感器的绘制

（1）单击"绘图"工具栏中的"圆弧"图标，或者在命令行窗口中输入"arc"，按照命令行提示，画半径为 R10 的圆弧，绘制结果如图 10-21（a）所示。

（2）打开"对象捕捉"模式（确保"端点捕捉"选中），调用"复制"命令，选中圆弧，按照图 10-21（b）所示确定基点和第 2 点，复制完成其他 4 个相切半圆弧绘制。

（3）调用"直线"命令，分别捕捉两端圆弧的外侧端点，用定长绘制方法绘制两端长 10 的引线，并在线圈上部画出表示铁心的直线（两端比圆弧略长即可），电感器符号绘制完毕，如图 10-21（c）所示。

（4）调用"创建块"命令，把电感器符号生成"电感"图块并保存。

四、绘制线路结构图

图中所有的元器件之间都是用直线来表示的导线连接而成的，如果除去元器件，电路图就变为只有直线的结构图，称之为线路结构图。许多电路图的绘制都是在线路结构图的基础上添加元器件、设备的图块来完成的。电路图的线路结构图如图 10-22 所示，绘制过程如图 10-23 所示。

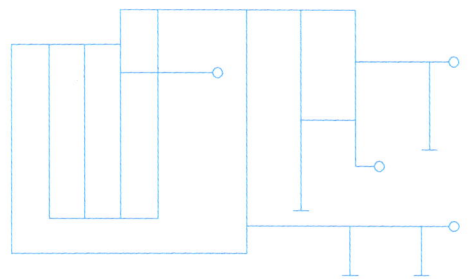

图 10-22 电路图的线路结构图

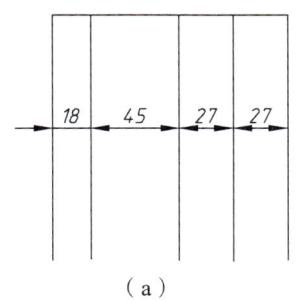

(a)

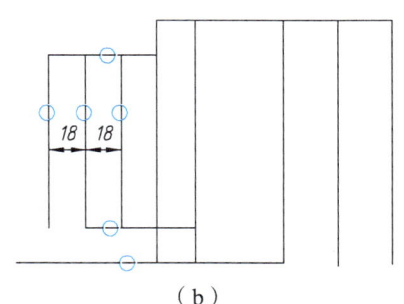

(b)

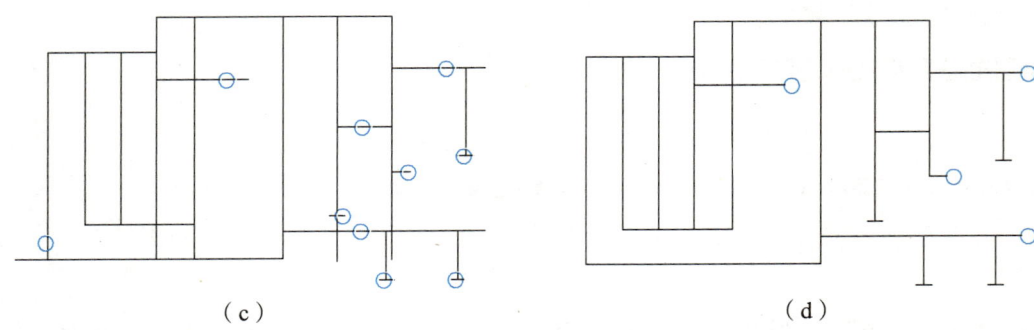

图 10-23 线路结构图的绘制

（1）将图层切换到"线路层"，关闭"元器件层"，打开"正交"和"对象捕捉追踪"模式。调用"直线"命令，画一根垂线，按照图 10-23（a）中的尺寸用"偏移"命令得到其他垂线，并连接垂线上端。

（2）在左侧一定距离再画一根垂线，按图 10-23（b）所示距离依次向右用"偏移"命令得到两条垂线，再调用"直线"命令结合端点、垂点捕捉画出 3 条水平线，如图 10-23（b）中圆圈标识的线条。

（3）根据图 10-23（c）重复"直线"命令，在相应位置上画出若干条长、短水平线和 3 条垂线，如图 10-23（c）中圆圈标识的线条。

（4）根据图 10-23（d）的指示，用"修剪"命令完成多余线条的修剪，在箭头标识位置上画出表示输入/输出点的圆，即可完成图 10-22 所示的线路结构图的绘制。

五、插入图形符号到结构图

打开"元器件层"，将前面画好的元器件图形符号依次复制、移动到线路结构图的相应位置上。插入过程中，结合使用"对象捕捉"等功能，同时注意各图形符号的大小与线路结构不协调时，要根据实际需要利用"缩放"功能来及时调整。

图 10-14 中电器图形符号比较多，下面以将电阻器符号插入导线之间这一操作为例来说明插入、调整块的操作方法。

（1）调用"插入块"命令，在弹出的"插入"对话框里选择"电阻"为插入对象，如图 10-24 所示。插入点在屏幕上插入位置（AB 线）附近选一点，若插入位置和电阻预览图形方向不一致，可在"旋转角度"文本框内输入旋转角度，通常为 90°/–90°（垂直翻转）或 180°（水平翻转），也可以先插入，然后再根据需要执行"旋转"命令调整。这里直接单击"确定"按钮插入电阻器符号，结果如图 10-25（a）所示。

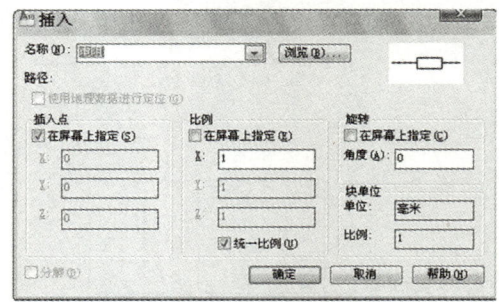

图 10-24 插入电阻块对话框

（2）选中电阻块，执行"旋转"命令，输入 90，结果如图 10-25（b）所示。

（3）在线上画两条垂直的小直线来确定电阻在线上的位置和大小，如图 10-25（c）所示。

（4）用"修剪"命令得到电阻预留位置，如图 10-25（d）所示。

（5）选中电阻块，执行"缩放"命令（用参照长度法进行），按照命令行提示操作，结果如图 10-25（e）所示。

（6）单击"移动"命令，选中电阻块，以上顶点或下顶点为基点，移动到线路中（捕捉线段相应位置的端点为移动的第 2 点）按 Enter 键确定，并将定位用的两根小线段删除，如图 10-25（f）所示。

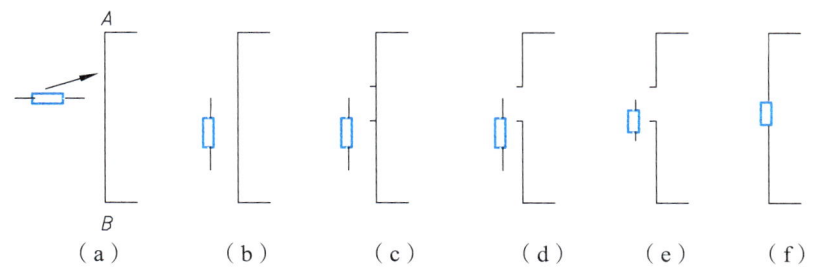

图 10-25 电阻块的第一次插入

第一个电阻器插入完成后，其他的电阻器就可以通过复制这个电阻块得到，并保持整个图形的统一性。其他元器件块第一次插入时采用的方法和电阻块插入方法一致，再插入重复元器件时，还可采用以下方法。现以第 2 个电阻器插入为例介绍该方法。

（1）关闭"正交"模式，保留"对象捕捉"模式。选中电阻块，调用"复制"命令，以电阻上端点为基点复制到第 2 个插入位置附近，如图 10-26（a）所示。

（2）从电阻两端点画两条垂线到插入线段，如图 10-26（b）所示。

（3）用"修剪"命令剪去中间线段，结果如图 10-26（c）所示。

（4）用"移动"命令，将电阻移入线段空位（基点取电阻任意端点，第 2 点捕捉对应的线段端点），并删除两条小线段，完成插入，结果如图 10-26（d）所示。

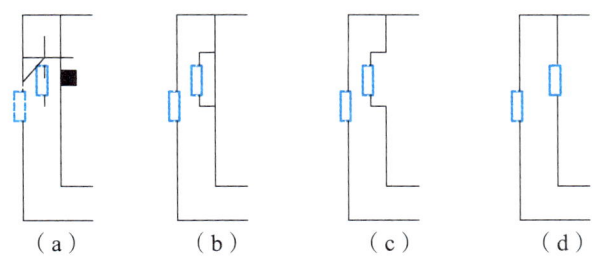

图 10-26 电阻块的重复插入

按照上面的方法将全部的元器件插入完成后的电路图如图 10-27 所示。

六、添加文字和注释

选择下拉菜单"格式"→"文字样式"命令或单击"文字"工具栏中的"文字样式"图标，打开"文字样式"对话框。单击"新建"按钮，然后输入样式名"工程字"并单击"确定"按钮，如图 10-28 所示。

字体选用"仿宋_GB2312"，高度选择默认值为 5，

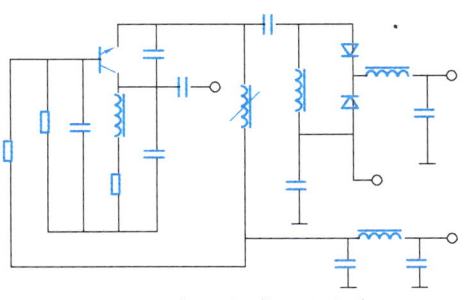

图 10-27 插入完成后的电路图

宽度因子输入值为 0.7，倾斜角度默认值为 0。检查预览区文字外观，如果合适，依次单击"应用"和"关闭"按钮，如图 10-29 所示。

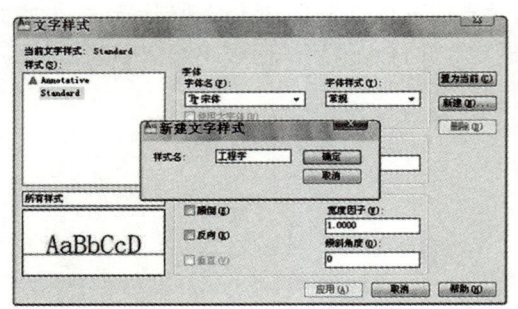 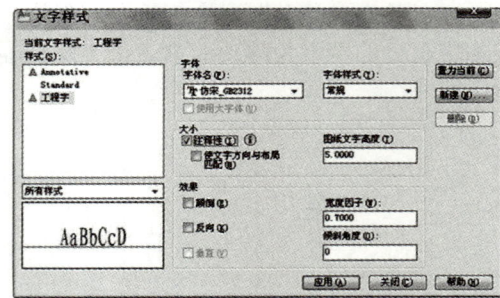

图 10-28　在"文字样式"对话框中新建"工程字"样式　　　　图 10-29　设置文字样式

文字格式设置完毕后，下面开始进行文字输入。单击"绘图"工具栏中的"多行文字"图标 A，或者在命令行窗口中输入"mtext"，在要添加文字的位置上单击确定文字框，弹出添加文字框，如图 10-30 所示。在文字框中可以十分方便地修改字体、字号、行间距等。

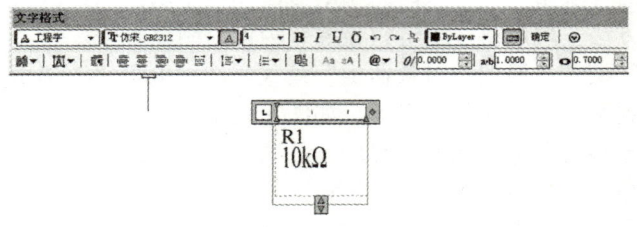

图 10-30　添加文字框

在光标闪烁的框内输入"R1"后按 Enter 键，继续输入"10kΩ"。用鼠标选中"R1"，将字体大小改为 2.5，选中"10kΩ"，将字体大小改为 4。用同样的方法输入全部元器件的名称、值以及说明文字，完成整个电路图。

任务二　用 AutoCAD 绘制继电器-接触器控制电路图

 任务引入

目前，机电设备的控制技术进入了无触点、连续控制、弱电化、微机控制的时代，但由于继电器-接触器控制系统中所用的控制电器结构简单、价格便宜，并能满足机械设备的一般生产要求，因此，其在许多简单控制系统和一些生产设备中仍然具有广泛的应用，而作为电气工程技术人员，必须熟悉继电器-接触器控制电路，并能熟练绘制该类电气设计图。

本任务将以图 10-31 所示的三相异步电动机直接启动电路和图 10-32 所示的电动机顺序控制电路这两个基本控制电路图入手，介绍基本识图的知识和简单控制电路的绘制。

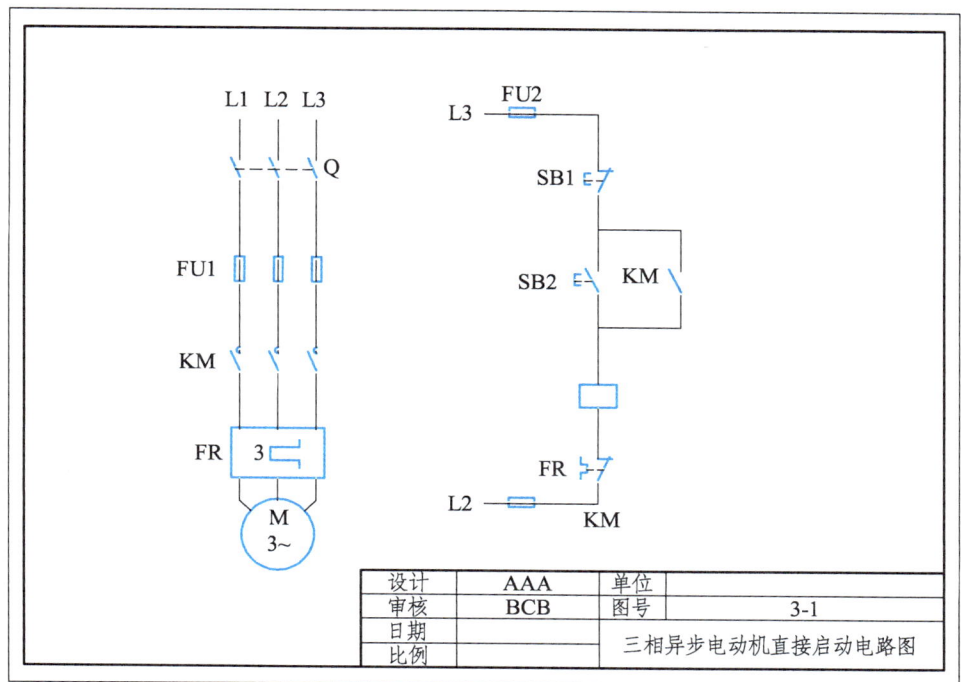

图 10-31　三相异步电动机直接启动电路图

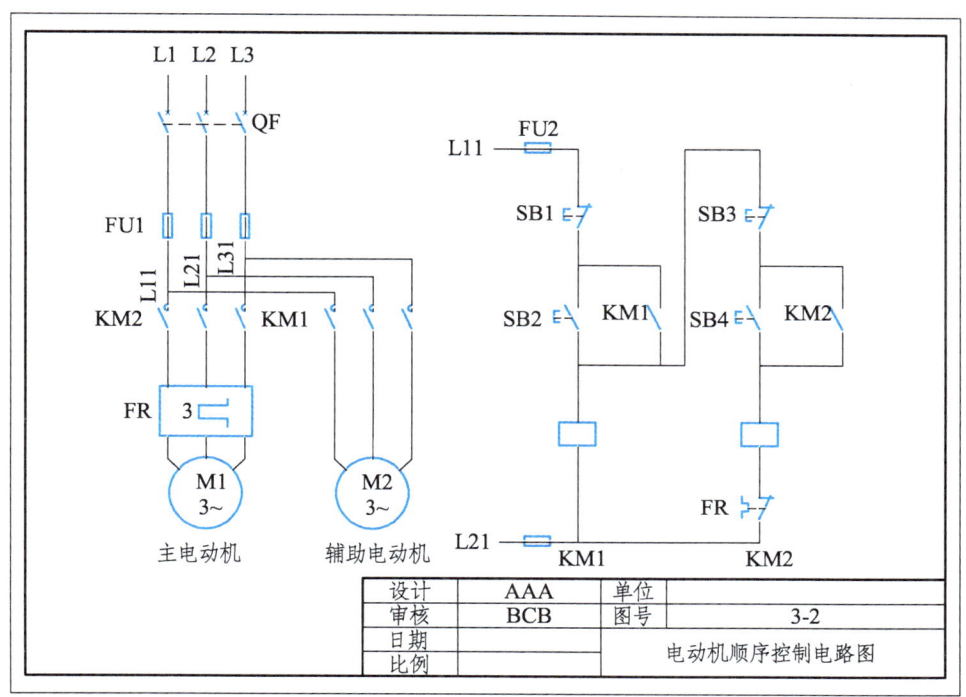

图 10-32　电动机顺序控制电路图

 任务分析

本任务要求为图纸加入简单图框，运用前面所学的绘图命令、修改命令，正交、捕捉追踪工具，应用辅助线绘图方法、栅格及捕捉功能，完成继电器-接触器典型控制元器件的绘制。使用线路结构图合理分布电路图，使用"文字"工具栏对电路进行标识，形成继电器-接触器控制电路图的概念。

 任务实施

一、电动机直接启动控制电路图绘制

1. 建立图层

按照图 10-33 所示新建 3 个图层，即"标题层""线路层"和"文字层"，其他为原"A4 简单图框.dwg"文件的图层。"线路层"用来绘制电路原理图，"文字层"用来放置元器件、线路等的说明文字。由于本图较为简单，我们使用系统默认设置，当然读者也可以为各层设置不同颜色，尤其是在进行多功能复杂图设计时，常需要为各图层设置不同线型、线宽或颜色，以方便区分和管理。

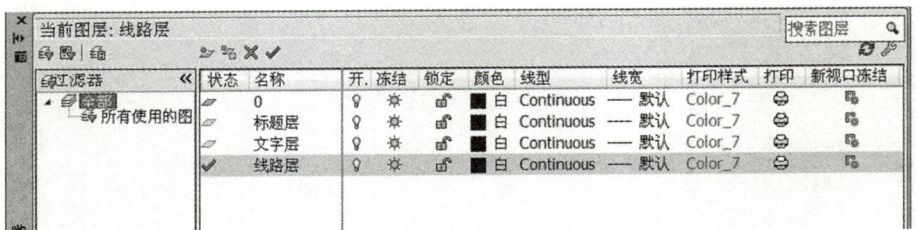

图 10-33　新建图层

2. 绘制电路的线路结构图

打开"线路层"，使用"正交"模式和"对象追踪"模式，用"直线"命令、"偏移"命令画出系列水平线和垂直线（主电路和控制电路雏形），以及用以预留元器件位置的辅助水平线；用"矩形"命令画出右侧控制电路中代表线圈的矩形、左侧代表 FR 的线圈；最后用"修剪"命令将辅助线之间的多余线段、矩形中的线段去除，再删除所有辅助线，即可得到图 10-34 所示的线路结构图。

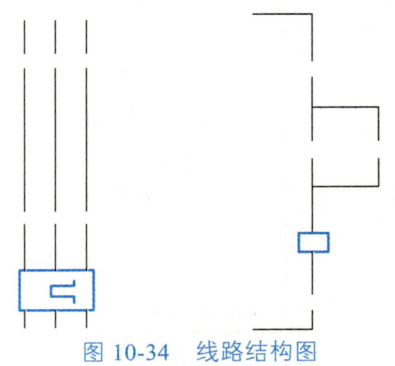

图 10-34　线路结构图

3. 绘制控制元器件和电动机

用创建块的方法将控制电路中的各元器件和电动机分别画出，如图 10-35 所示。下面分别

来学习这些图块的绘制,在学习中注意体会辅助线的作用。辅助线不是设计对象的一部分,仅是为了绘图定位而画的图线,在完成图形对象的绘制后必须删除。

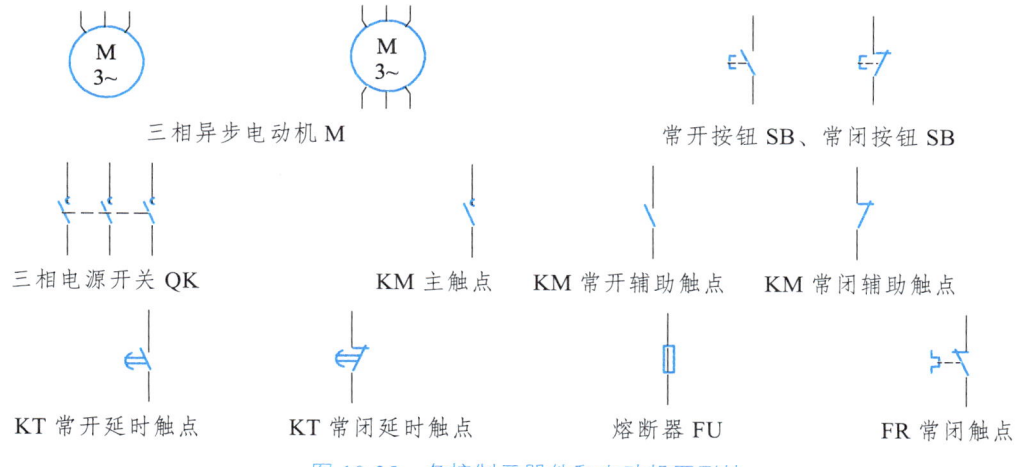

图 10-35　各控制元器件和电动机图形块

(1)三相异步电动机的绘制。

三相异步电动机的绘制过程如图 10-36 所示。

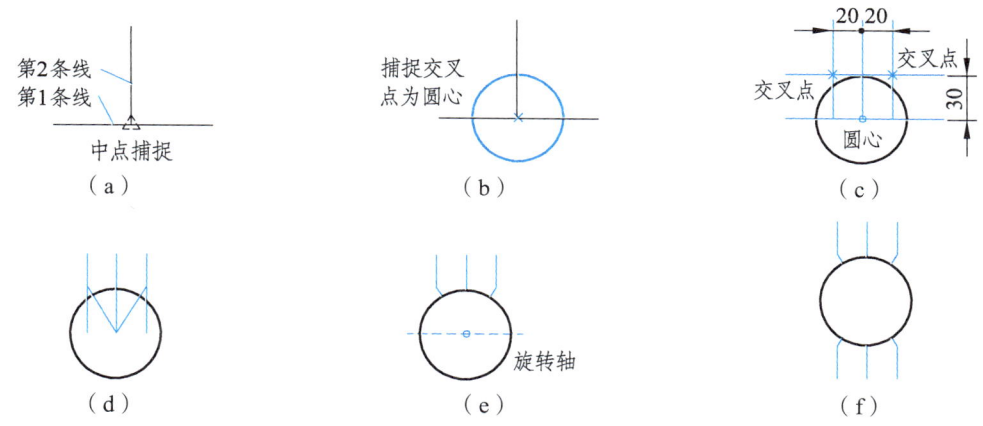

图 10-36　三相异步电动机的绘制过程

(2)按钮的绘制。

常开按钮的绘制过程如图 10-37 所示。常闭按钮可通过对常开按钮进行少许改动得到,整个过程如图 10-38 所示。

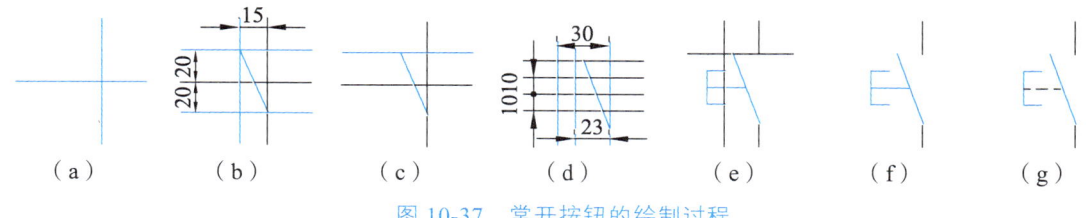

图 10-37　常开按钮的绘制过程

331

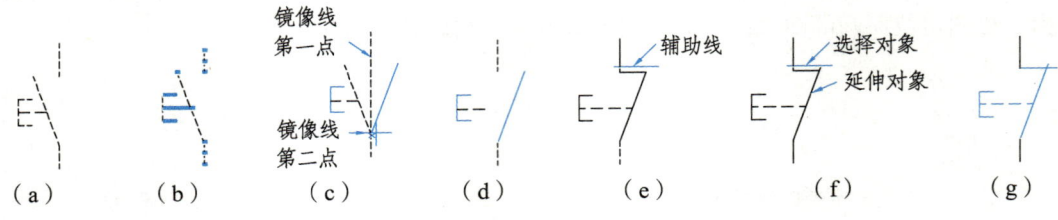

图 10-38　常闭按钮的绘制过程

（3）三相电源开关的绘制。

三相电源开关的绘制过程如图 10-39 所示。

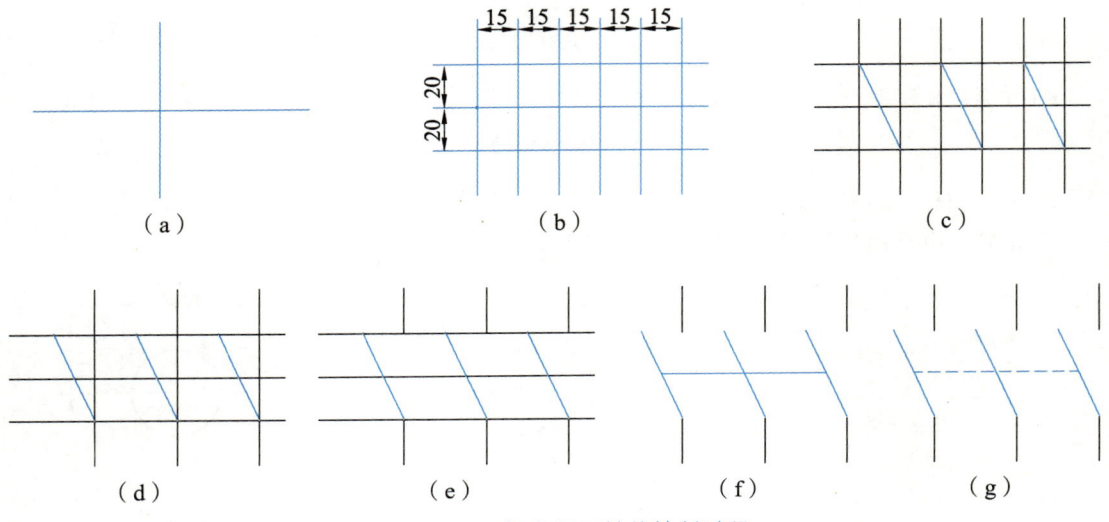

图 10-39　三相电源开关的绘制过程

（4）KM 主触点的绘制。

KM 主触点的绘制过程如图 10-40 所示。

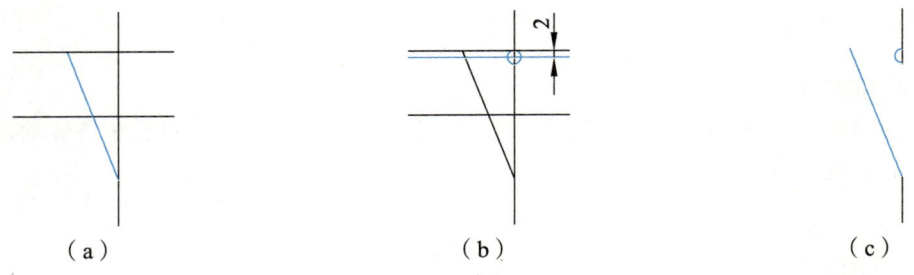

图 10-40　KM 主触点的绘制过程

（5）熔断器的绘制。

熔断器的绘制过程如图 10-41 所示。

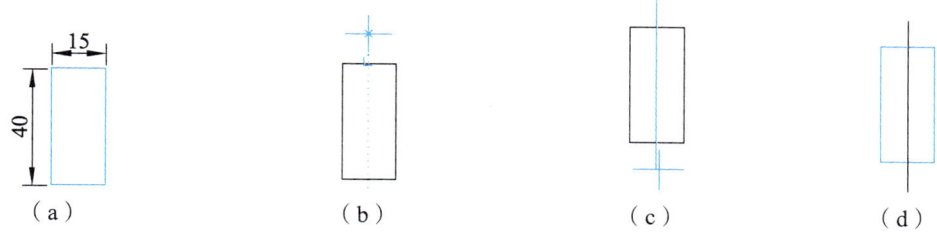

图 10-41 熔断器的绘制过程

（6）KT 常闭延时触点的绘制。

KT 常闭延时触点的绘制过程如图 10-42 所示。

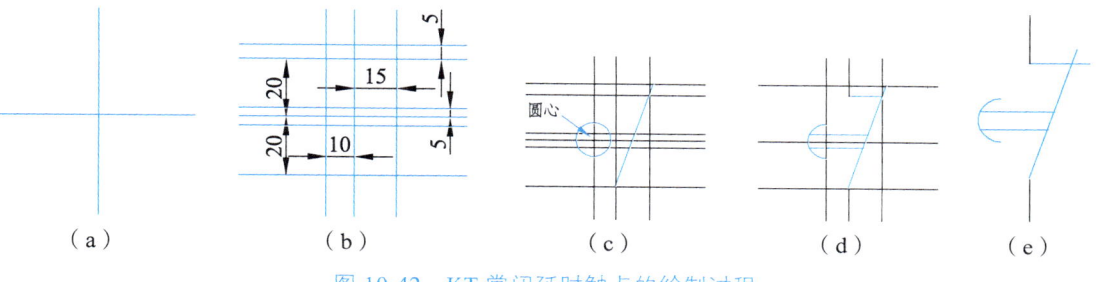

图 10-42 KT 常闭延时触点的绘制过程

KT 常开延时触点可在其常闭延时触点的图形上修改完成，如图 10-43 所示。

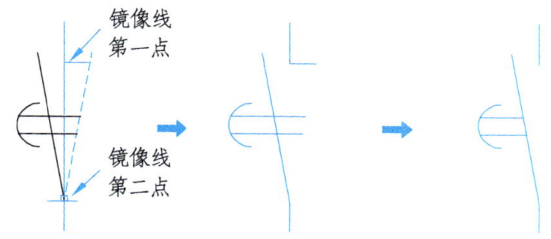

图 10-43 KT 常开延时触点的绘制

FR 常闭触点的绘制过程如图 10-44 所示。

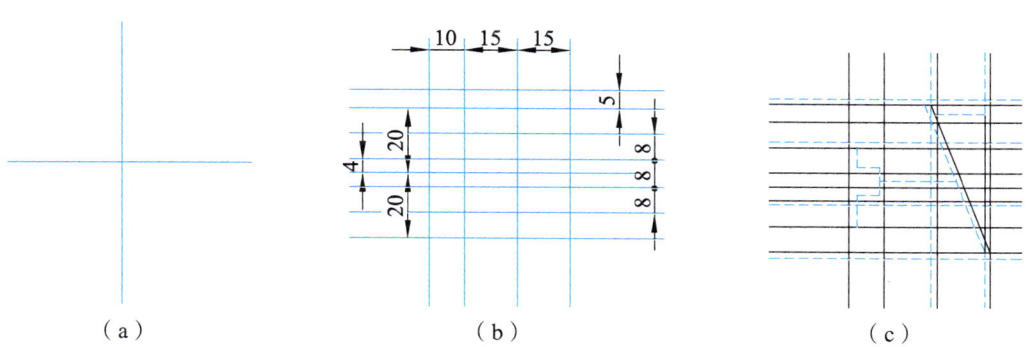

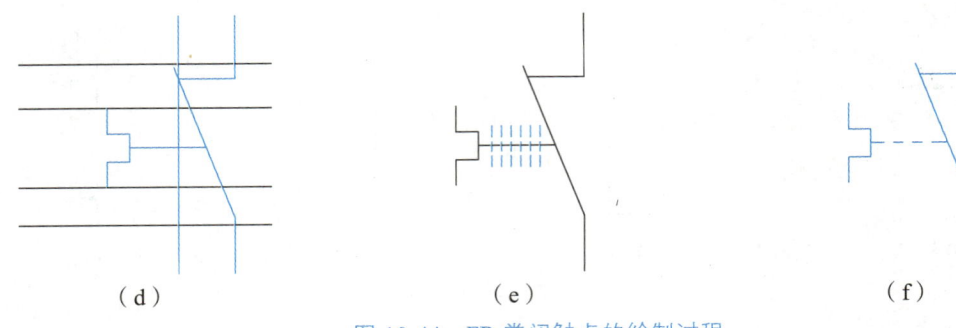

图 10-44 FR 常闭触点的绘制过程

4. 插入图块

根据电路图要求,在各结构图中调入刚才创建的图块,使用"缩放"功能来调整块的大小,用"对象捕捉追踪""对象捕捉"等功能确定插入位置,具体方法在之前已经介绍过了,此处不再重复,留给读者练习。完成全部图块摆放后,电路图的绘制基本完成,进入最后的文字处理阶段。

5. 添加文字和注释

按要求添加文字和注释。

二、电动机顺序控制电路图绘制

1. 绘制电路的线路结构图

与直接启动控制线路相比,顺序控制电路稍显复杂一些,我们需要画更多的直线,但大体过程基本相似。首先将图层切换为"线路层",打开"正交"和"对象捕捉追踪"模式;然后根据电路图,单击"直线"命令,并结合"偏移"命令画出系列水平线和垂直线(主电路和控制电路雏形),以及用以预留元器件位置的辅助水平线;用"矩形"命令画出右侧控制电路中代表线圈的两个矩形、左侧主电路中代表 FR 线圈的矩形;最后用"修剪"命令将辅助线之间的多余线段、矩形中的线段去除,再删除所有辅助线,即可得到图 10-45 所示的结构图。

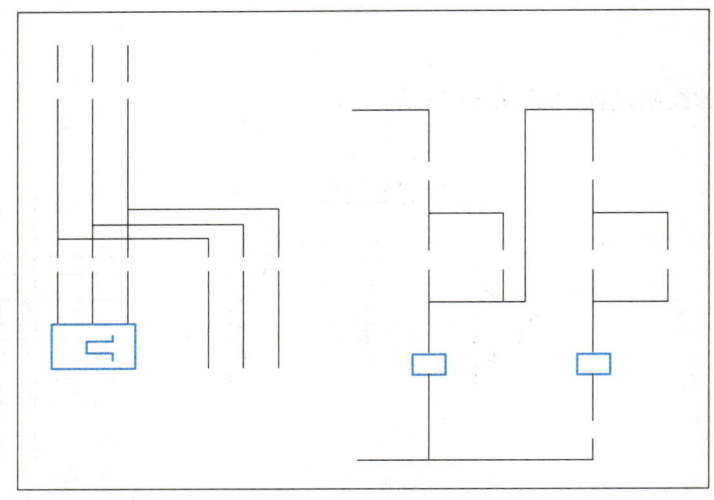

图 10-45 电动机顺序控制电路的线路结构图

2. 绘制控制元器件

电动机顺序控制电路中所用的元器件如图 10-46 所示，除去第一个图块断路器 QF 外，其他图块的绘制在前面已经介绍过。若仔细观察断路器 QF 图形，会发现只要在前述的"三相电源开关"图块上稍加改动就可以了，读者可自行练习。下面让我们用另外一种方法——"栅格"和"捕捉"功能来完成断路器 QF 的绘制，注意体会"栅格"和"捕捉"的作用。

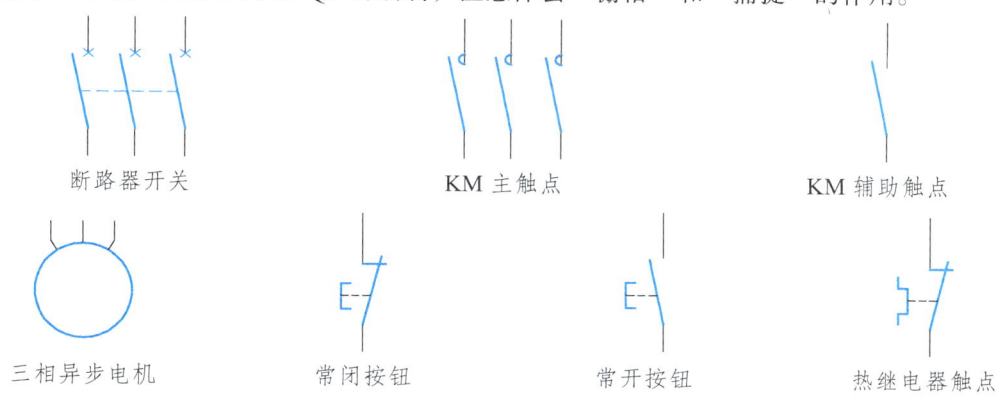

图 10-46 各控制元件块和电动机图形块

断路器 QF 的绘制过程如图 10-47 所示。

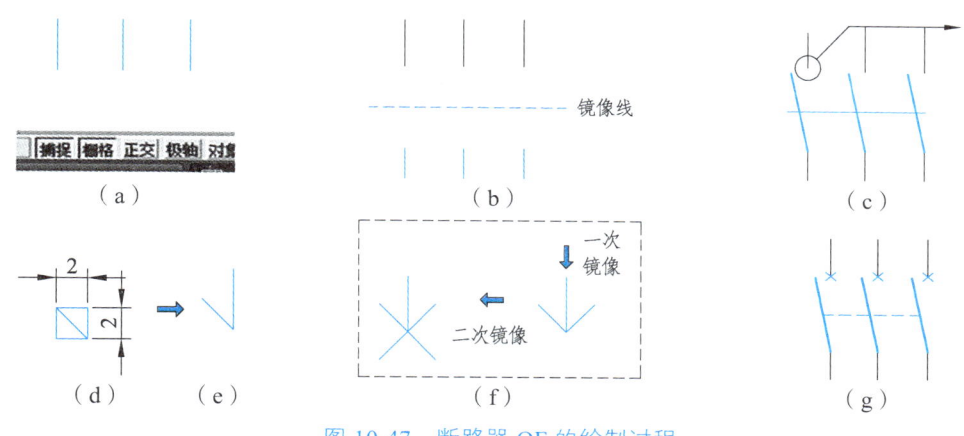

图 10-47 断路器 QF 的绘制过程

任务三 用 AutoCAD 绘制电气接线图

任务引入

电气接线图是电气工程图中重要的一部分，本任务通过两个电力工程供配电系统的典型接线图：10 kV 低压配电系统主接线图（见图 10-48）、10 kV 变电站主接线图（见图 10-49），介绍识读供配电系统接线图的基本知识，并讲解绘制该类接线图的方法。

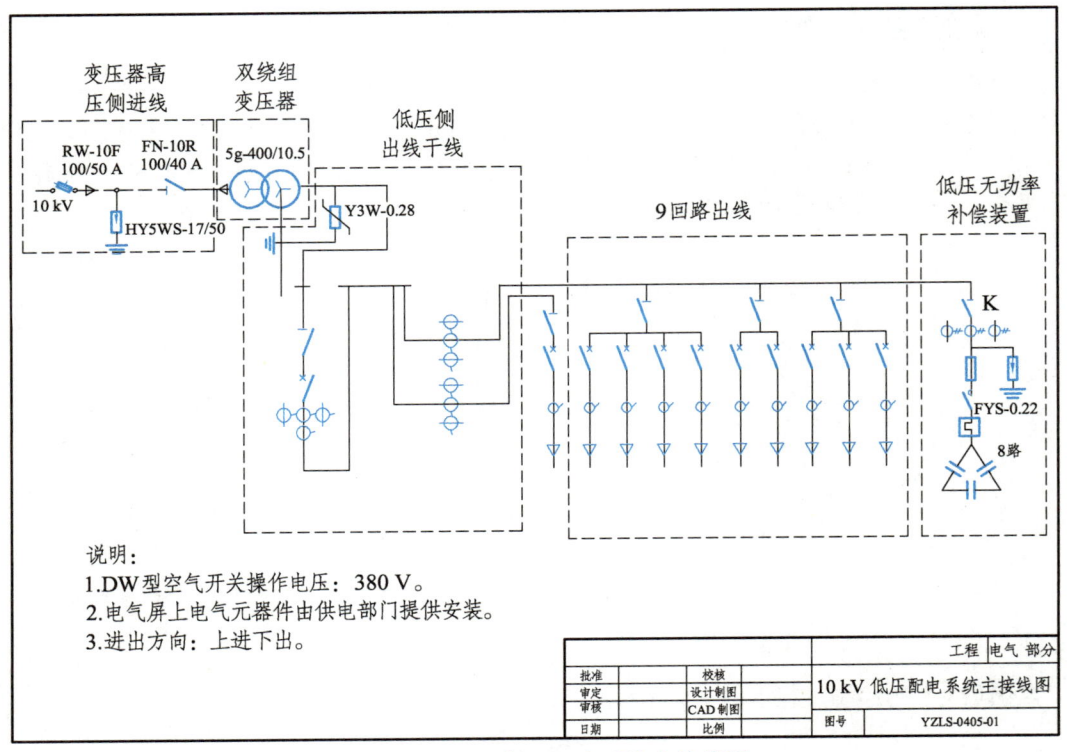

图 10-48 10 kV 低压配电系统主接线图

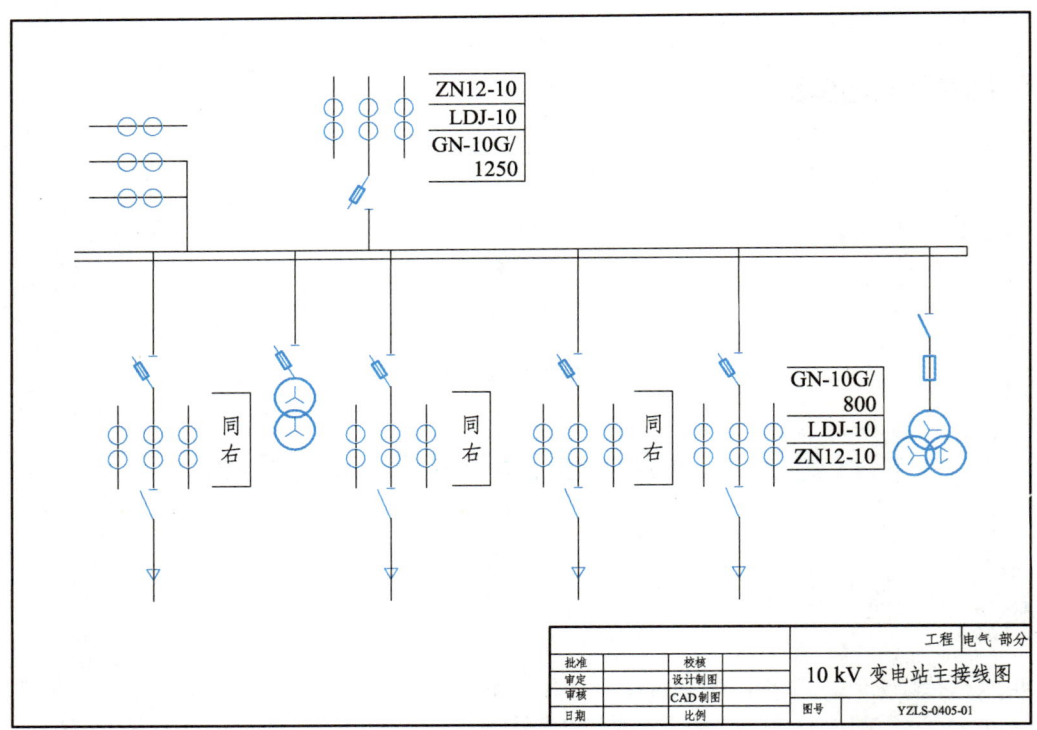

图 10-49 10 kV 变电站主接线图

 **任务分析**

本任务要求运用绘图工具,根据接线图的特点合理分布和绘制接线图,合理设计表格,并通过绘图形成供配电系统接线图的概念。

 **任务实施**

一、低压配电系统主接线图绘制

打开新文件,保存为"配电系统主接线图.dwg"。

1. 设置图层

选择下拉菜单"格式"→"图层"命令,新建"文字层"和"绘图层",将"文字层"设为蓝色,以便在整图中辨识图层信息,其他采用默认设置。"0"图层用来绘制图幅,"绘图层"用来绘制接线图,"文字层"用来加入说明、标注文字。其图层特性管理器如图 10-50 所示。

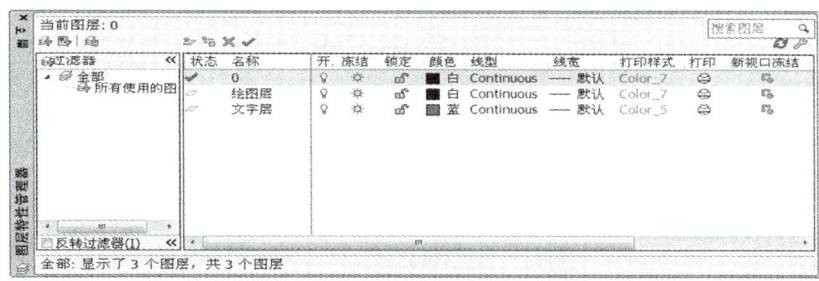

图 10-50 图层设置

2. 绘制 A3 图幅

将"0"图层设置为当前图层,按"绪论"电气图规范中图幅尺寸的规定,绘制 A3 规格(420×297)图框,标题栏采用图 10-51 所示的格式,包含批准、审定、审核、日期、校核、设计制图、CAD 制图、比例、工程、图号、标题内容。

批准		校核			工程	电气 部分
审定		设计制图		10 kV 电气接线图		
审核		CAD 制图				
日期		比例			图号	YZLS-0405-01

图 10-51 标题栏格式

3. 绘制元器件图块

在该图的绘制过程中,主要应用到断路器、隔离开关、电流互感器、阀型避雷器、双绕组变压器、电缆头等基本元器件，如图 10-52 所示。前两项的图形在前面已经讲过，下面给出其他 4 个元器件的绘制方法。

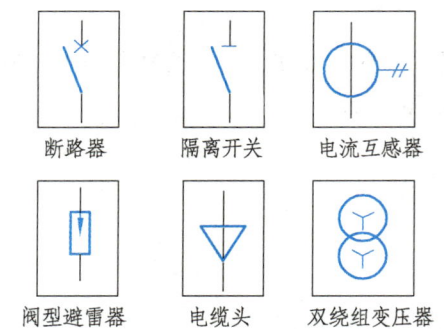

图 10-52　配电系统主接线图的基本元器件

（1）电流互感器的绘制。

① 利用"圆"命令，绘制半径为 R8 的圆。

② 打开"对象捕捉"功能（设置象限点捕捉），使用"直线"命令，第一点捕捉圆右侧象限点，输入"@8<0"，绘制出长为 8 的水平线段。

③ 继续"直线"命令，第一点捕捉直线中点，在命令行输入"@2<70"，绘制一条短斜线。

④ 复制该条短斜线，并单击斜线上端，捕捉端点完成第二根斜线的摆放。

⑤ 利用"合并"命令，分别单击两根短斜线，将它们合并为一根斜线。

⑥ 利用"复制"命令，单击斜线，在命令行输入"d"，然后输入"@2<0"，即可复制一条间距为 2 的平行斜线。

⑦ 按 F11 或单击状态栏中的"对象捕捉"按钮，打开"对象捕捉"模式，然后使用"直线"命令，光标捕捉象限点并向上移动到距离 7 左右处单击确定第一点。

⑧ 光标向下移动经过下象限点在大约距离 7 处单击确定，完成长贯穿直线输入，绘制过程如图 10-53 所示，最后将其保存为图块。

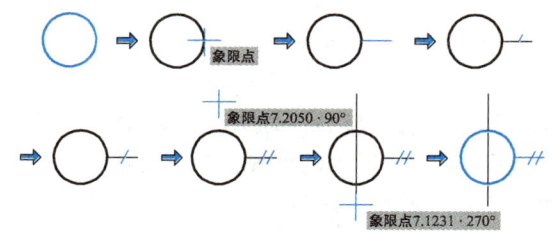

图 10-53　电流互感器的绘制

（2）阀型避雷器的绘制。

① 使用"矩形"命令，绘制一个 5×13 的矩形。

② 使用"直线"命令，结合"对象捕捉"功能，捕捉中点，画出两端直线。

③ 选择"多段线"命令，单击矩形中直线下端，选定为第一点，在命令行输入"w"，指定输入 2 为起始宽度，0 为结束宽度，移动光标到合适位置单击确认按钮，即可完成阀型避雷器图形的绘制，绘制过程如图 10-54 所示，最后将其保存为图块。

（3）电缆头的绘制。

① 利用"直线"命令，绘制一根长为15的垂线。

② 选择"正多边形"命令，在命令行输入3绘制一个正三角形，指定直线中点为正多边形中心，移动光标使顶点向下，到合适位置单击，即可完成电缆头图形的绘制，绘制过程如图10-55所示，最后将其保存为图块。

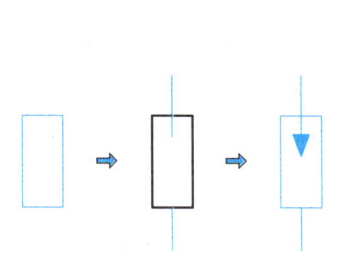

图 10-54　阀型避雷器的绘制过程

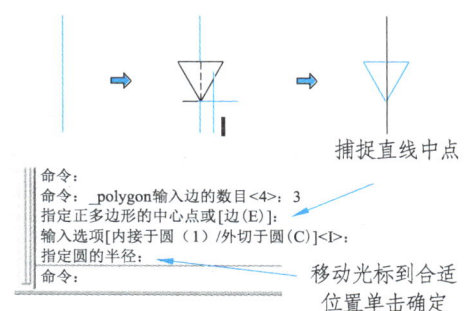

图 10-55　电缆头的绘制过程

（4）双绕组变压器的绘制。

① 用"圆"命令，绘制半径为 $R15$ 的圆。

② 打开"正交"模式，用"复制"命令，并单击圆心，将复制的圆与第一个圆垂直交叉摆放。

③ 利用"直线"命令，第一点捕捉圆心，命令行输入"@9<-90"，绘制一条长为9的垂直线段，用同样的方法绘制第二个圆内长度为9的直线。

④ 选中任意圆内某段直线，使用"阵列"命令，选中环形阵列，单击中心作为圆心，项目总数输入3，填充角度保持默认360°，完成后即可画出Y形，用同样的方法完成另一个圆内Y形的绘制，即可得到双绕组变压器图形，绘制过程如图10-56所示，最后将其保存为图块。

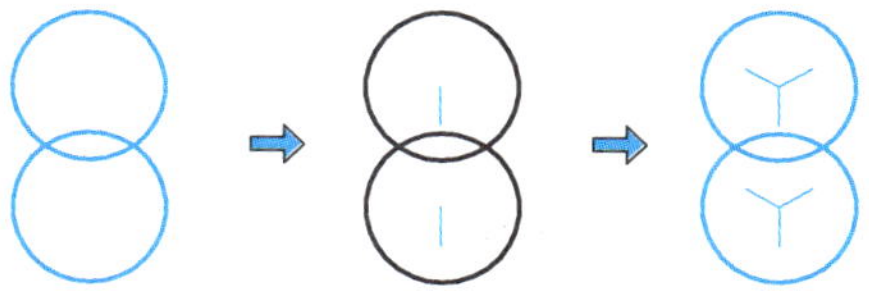

图 10-56　双绕组变压器的绘制过程

4. 绘制电器主接线图

（1）绘制变压器高压侧进线图。

① 用"直线"命令结合"正交""对象捕捉"模式（中点捕捉）画一个长约为70、宽约为15的丁字形电缆架空干线进线，如图10-57所示。

② 使用两次"打断"命令将水平直线打断成3段，再用"圆"命令分别选取4个打断点为圆心，绘制4个半径为 $R0.6$ 的圆，然后用"修剪"命令剪去各圆内线段（见图10-58），得到4个空心圆；捕捉T形交点绘制一个半径为 $R0.4$ 的圆。

图 10-57　电缆架空干线进线 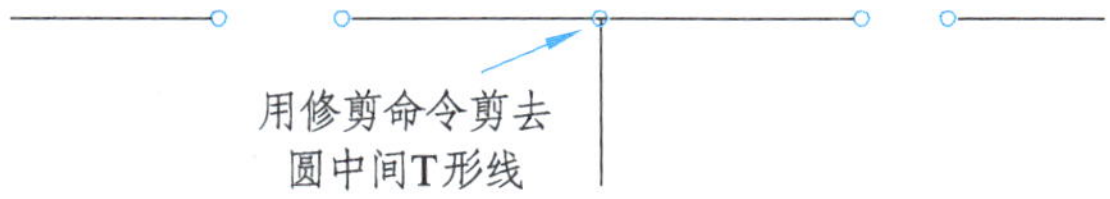　　　　图 10-58　进线节点绘制

③ 用"修剪"命令剪去半径 $R0.4$ 的圆内线段，选中中间的两条线段，打开"特性"对话框，将线型设置成"虚线型"以表示较长电缆线路。在虚线第一段位置用"正多边形"命令绘

制一个三角形，关闭"对象捕捉"模式，使用"直线"命令通过"对象捕捉追踪"在电缆右端外绘制一条直线，再对三角形使用"复制"命令得到第二个三角形，通过"旋转"命令和"移动"命令调整第二个三角形位置，绘制结果如图 10-59 所示。

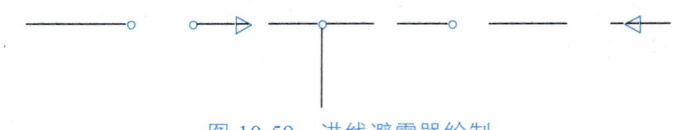

图 10-59　进线避雷器绘制

④ 打开"对象捕捉"模式，结合象限捕捉，用"窗口缩放"命令放大干线右侧部分图形，再用"矩形"命令画一个矩形，短边与两个圆的左右象限点相切；使用"直线"命令，分别捕捉圆的下象限点，在两个圆之间画一条直线。用"窗口缩放"命令放大干线左侧部分图形，使用"直线"命令，单击圆左象限点，将其作为直线第一点，然后输入"@9.5<150"绘制一条倾斜 30°的直线；使用"矩形"命令再画一个矩形，旋转 150°，用"移动"命令将矩形斜线移动到斜线上，移动并单击矩形短边中点，第二点单击斜线上适当位置，即可绘制出刀熔开关图形。在刀熔开关右上侧一段位置上，调用"直线"命令，绘制一条到矩形的垂直短线，接着使用"多段线"命令，画一个与矩形垂直的三角形箭头，箭头部分起始宽度设定为 1.5，最终宽度设为 0，绘制结果如图 10-60 所示。

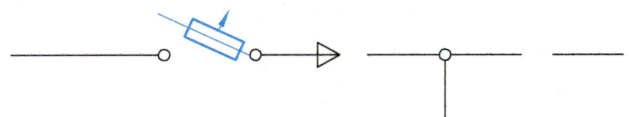

图 10-60　进线刀熔开关绘制

⑤ 捕捉图 10-60 中垂线下端点，插入绘制好的避雷器，使用"直线"命令，画一条长度适中的水平线，用"移动"命令，单击该水平线中点作为第一点，第二点单击避雷器下端点，并打开该水平线的"特性"对话框，将线型宽度设定为 0.4。用"偏移"命令，向下依次偏移 1 距离，得到另外两条平行线。使用"缩放"命令对这两条平行线进行 0.5 和 0.25 缩放的操作，注意基点要选操作水平线中点。然后在右侧小圆点处使用"直线"命令，绘制户外高压负荷开关。绘制结果如图 10-61 所示。

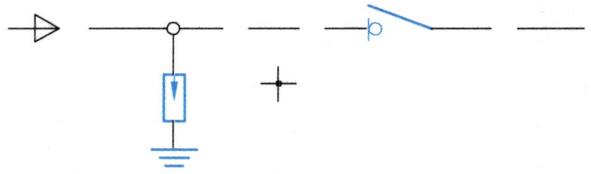

图 10-61　进线避雷器及接线绘制

（2）绘制变压器低压侧出线干线部分。

① 接着高压侧进线图之后，插入双绕组变压器图块，在变压器低压输出侧开始绘制出线干线。

② 用"直线"命令绘制图 10-62（a）所示的出线框架；在图 10-62（b）所示位置依次插入断路开关和隔离开关各一个，并注意调整图块大小，以适应框架大小；如图 10-62（c）所示，插入 10 个电流互感器图块，调整图块大小，移入框架相应位置。

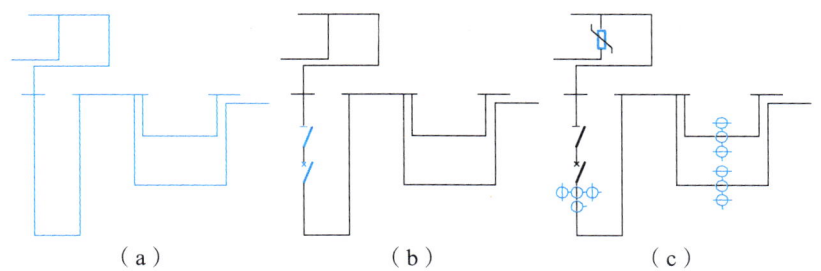

图 10-62　低压侧出线干线部分的绘制过程

（3）绘制出线端部分。

① 接着出线干线继续水平延伸，开始绘制出线回路部分。

② 使用"直线"命令绘制图 10-63（a）所示出线端线路框架；如图 10-63（b）所示，复制 4 个隔离开关插入到 4 条出线端；复制 9 个断路开关插入到 9 条出线端相应位置；复制 10 个电流互感器图块，插入到图 10-63（c）所示的 10 条出线端下部相应位置；在 10 个出线端端点（应用端点捕捉）处插入 10 个保护接地图块。绘制结果如图 10-63（d）所示。

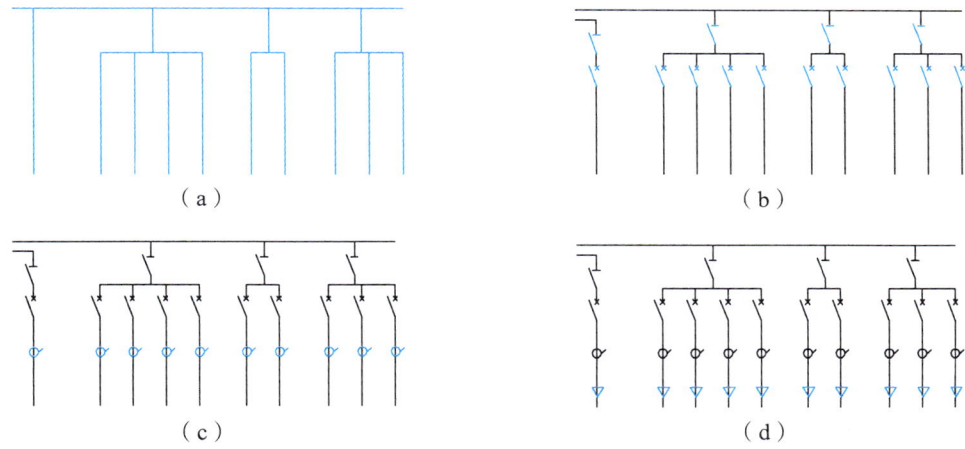

图 10-63　出线端部分的绘制过程

（4）绘制低压无功补偿装置。

低压无功补偿装置绘制过程如图 10-64 所示。

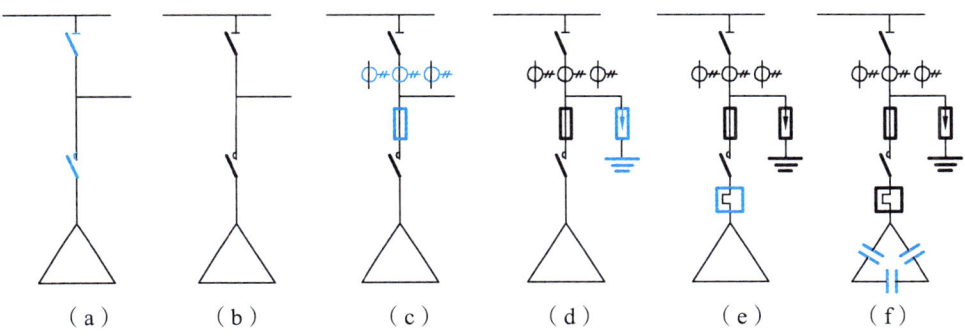

图 10-64　低压无功补偿装置的绘制过程

341

二、变电站主接线图绘制

1. 建立图形文件及其图层

打开 AutoCAD 2020 应用程序，调入前面绘制的 A4 图幅，另存为"某 10 kV 变电站主接线图.dwg"并保存。打开"图层特性管理器"对话框，按照图 10-65 所示新建图层，其中"线路层"用来绘制线路，"元器件层"用来绘制元器件图块。"变压器层"用来绘制变压器图块，"文字层"用来绘制说明表格及文字。

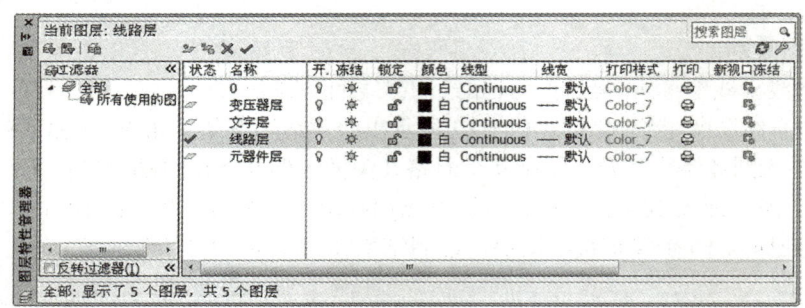

图 10-65　图层设置

2. 绘制元器件图块

（1）互感器的绘制。

① 用"直线"命令绘制一条长约 40 的直线。

② 用"圆"命令绘制一个半径为 R5 的圆，圆心在直线中点偏上位置；打开"正交"模式，复制圆到直线下部适当位置。

③ 用"偏移"命令对全部图形进行相距 14 的右侧偏移操作，即可完成互感器图形的绘制，最后定义该图块。

其绘制过程如图 10-66 所示。

（2）刀熔开关的绘制。

① 插入熔断器图形，用"分解"命令对其进行分解。

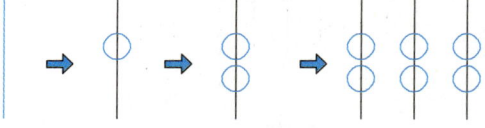

图 10-66　互感器的绘制过程

② 选中直线，将下端适当延长。

③ 选中所有图形，用"旋转"命令，以下端点为基点，旋转角度为 30°，即可完成刀熔开关图形的绘制，最后将其定义成块，其绘制过程如图 10-67 所示。

（3）熔断电阻的绘制。

① 插入熔断器图形，用"分解"命令对其进行分解。

② 打开最近点捕捉，在矩形内绘制一条短线，使用"修剪"命令剪去下方线段，即可完成熔断电阻图形的绘制，并将其定义为块，其绘制过程如图 10-68 所示。

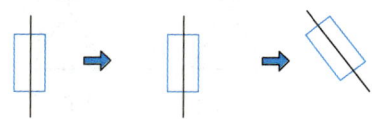

图 10-67　刀熔开关的绘制过程

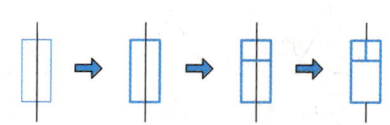

图 10-68　熔断电阻的绘制过程

（4）三绕组变压器的绘制。

三绕组变压器的绘制过程如图 10-69 所示。

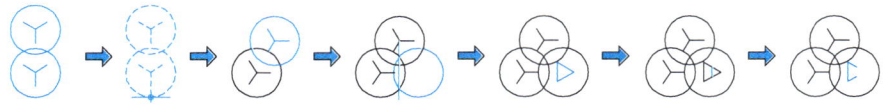

图 10-69　三绕组变压器的绘制过程

3. 绘制主接线图

（1）将"线路层"设为当前图层。在图纸水平中线位置附近，绘制一条水平线（长度应在图框内框附近），偏移 4.5 得到另外一条直线，将两条线右端端点直线连接得到母线，如图 10-70 所示。

图 10-70　母线的绘制

（2）在母线上左端插入互感器组图块，在"插入"对话框中设置旋转角度为 90°；捕捉第二个互感器右端点，画垂线与母线相交，如图 10-71 所示。

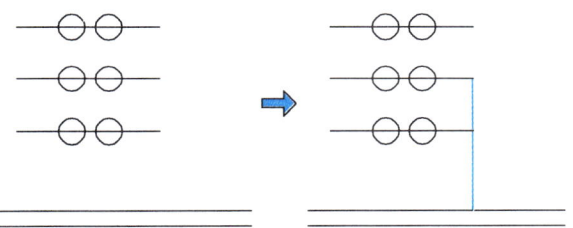

图 10-71　母线互感器组绘制

（3）在互感器组右边再插入互感器组图块，使用"直线"命令，加长中间直线下端，并插入刀熔开关图块，如图 10-72（a）所示；用"镜像"命令调整图形方向，如图 10-72（b）所示；单击"移动"命令，捕捉刀熔开关上端点，将刀熔开关移到图 10-72（c）所示位置；打开"对象追踪"模式画一条垂直母线的直线，并在附近画一短直线，捕捉短线中点作为基点，移动到直线端点，如图 10-72（d）所示。

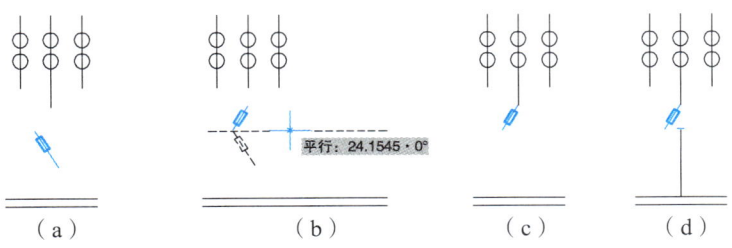

图 10-72　母线刀熔开关绘制

（4）完成母线上半部分接线图，如图 10-73 所示。继续母线下半部分的绘制。
（5）选择母线上方第二个图形的全部对象，用"镜像"命令得到 x 轴的对称图形，创建为支路图块，如图 10-74 所示。

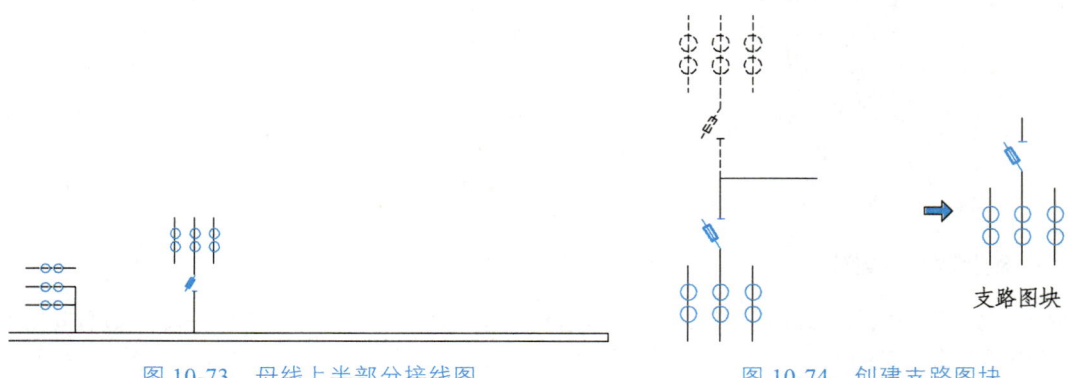

图 10-73　母线上半部分接线图　　　　图 10-74　创建支路图块

（6）在母线下方复制出 4 个支路图块，移动分布到母线下方，如图 10-75 所示。

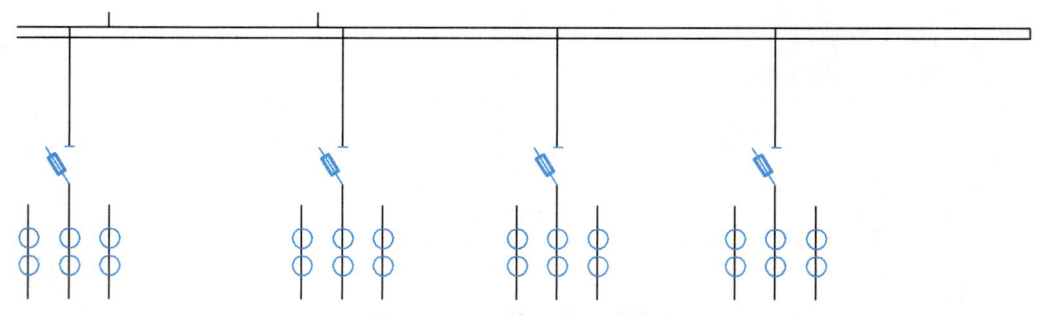

图 10-75　母线下方支路绘制

（7）在互感器中间支路下段通过捕捉端点复制得到一根短线；插入保护接地图块，关闭"正交"模式，利用"对象追踪"功能将接地图块移动到中间互感器正下方一段距离处；绘制一根直线加长至接地图块上端；绘制斜线作为隔离开关；同时可将支路出线端定义为块。绘制过程如图 10-76 所示。

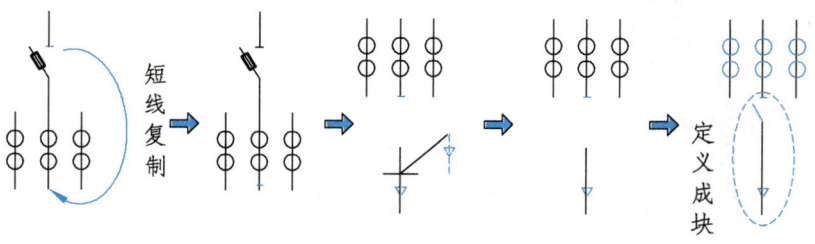

图 10-76　支路出线端块的绘制

（8）复制支路出线端图块到其他互感器线下，如图 10-77 所示。在母线下方第一、第二个互感器块中间插入前面绘制好的双绕组变压器图块；捕捉变压器圆的上象限点，插入熔断刀开关图块；调用"直线"命令，利用"对象追踪"功能在端点正上方确定第一点位置；画一条垂直母线的直线；复制短横线到直线下端，完成母线下方双绕组变压器部分的绘制。绘制过程如图 10-78 所示。

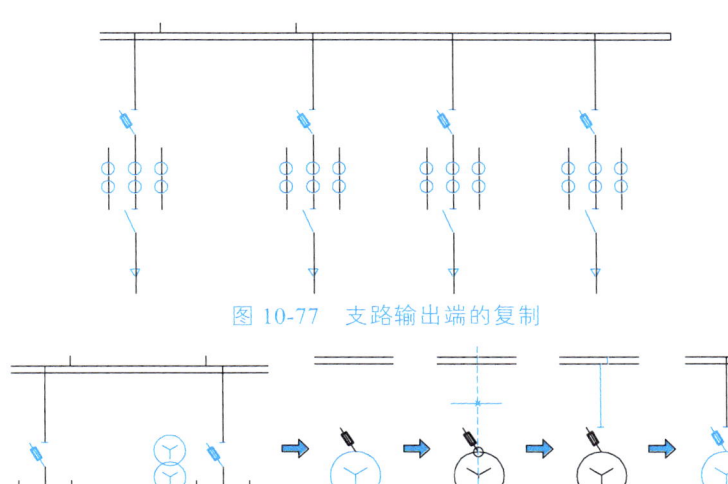

图 10-77 支路输出端的复制

图 10-78 双绕组变压器的插入

（9）在母线下端最右端插入前面绘制好的三绕组变压器图块；捕捉三绕组变压器圆的上象限点，插入熔断器图块；调用"直线"命令，利用"对象追踪"功能画一条到母线的垂线，并复制短横线到直线下端；绘制斜线作为隔离开关线，即可完成母线下方三绕组变压器部分的绘制，如图 10-79 所示。

到这里变电站的主接线图基本已经完成，结果如图 10-80 所示，最后的工作是文字注释。

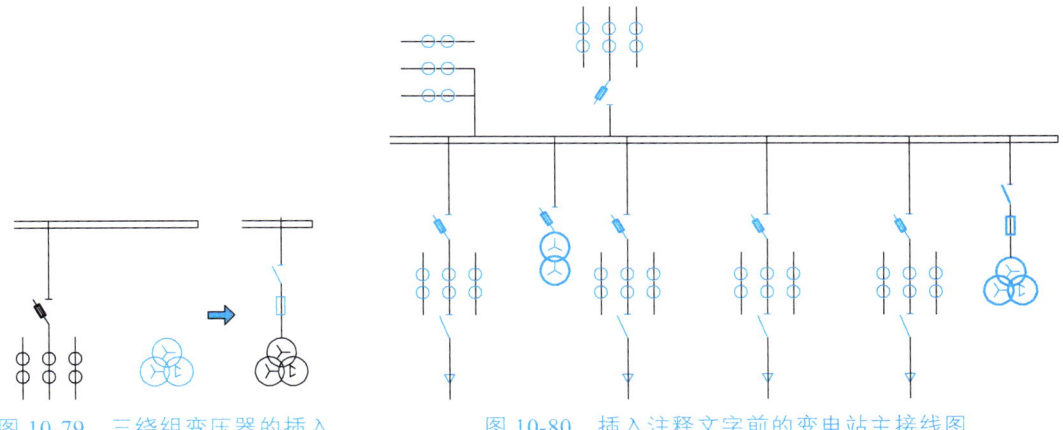

图 10-79 三绕组变压器的插入　　　　图 10-80 插入注释文字前的变电站主接线图

4. 插入注释文字

该主接线图包括对 6 组互感器参数的文字注释，注释通过图 10-80~图 10-82 所示的 3 个表格实现。将绘制的 3 个表格定义成块，在互感器右边插入注释图块即可完成文字注释。

（1）绘制注释表格一。

① 在母线下方第一个互感器边上绘制一个与互感器等高的矩形。

② 在矩形内用文字工具添加"同右"，各占一行。

③ 分解矩形并删除矩形左边线，得到注释表格一图形，如图 10-81 所示。

345

④ 将该表复制到母线下方第二、第三个互感器右边。

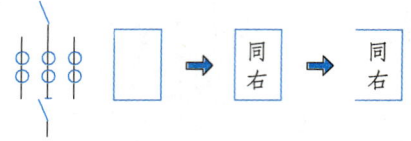

图 10-81　注释表格一的绘制

（2）绘制注释表格二。

① 用"直线"命令和"偏移"命令，在母线下方第四个互感器边上绘制一个与互感器等高的表格。

② 在矩形内用文字工具添加 3 行如图 10-82 所示的互感器参数，得到注释表格二，并完成出线段互感器注释的添加任务。

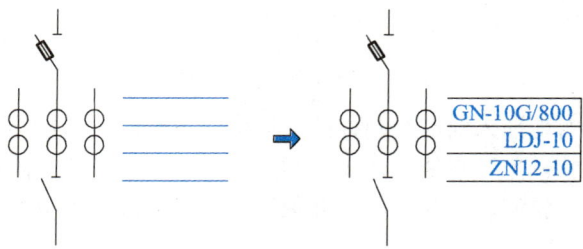

图 10-82　注释表格二的绘制

（3）绘制注释表格三。

① 复制注释表格二到母线上端第二个互感器右边。

② 将表格第一行和第三行对调，并将第三行内的参数由 800 改为 1250，如图 10-83 所示，至此完成了进线端互感器注释的添加任务。

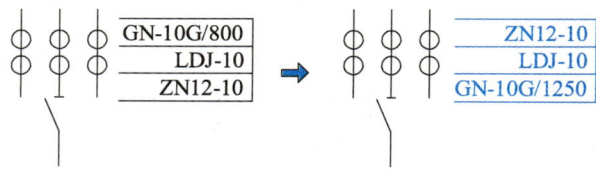

图 10-83　注释表格三的绘制

参考文献

[1] 胡建生. 机械制图[M]. 2版. 北京：机械工业出版社，2023.

[2] 邵红硕. 电气识图与CAD制图[M]. 北京：机械工业出版社，2022.

[3] 闫文平，戚文革. 机械制图与CAD教程[M]. 2. 北京：机械工业出版社，2024.

[4] 胡建生. 机械制图[M]. 2版. 北京：机械工业出版社，2023.

[5] 钱可强，王瑶. 机械制图（少学时）[M]. 3版. 北京：机械工业出版社，2023.